现代羊场
兽医手册

第二版

任和平　主编

中国农业出版社

本书有关用药的声明

兽医科学是一门不断发展的学科，标准用药安全注意事项必须遵守。但随着科学研究的发展及临床经验的积累，知识也不断更新，因此治疗方法及用药也必须或有必要做相应的调整。建议读者在使用每一种药物之前，参阅厂家提供的产品说明以确认推荐的药物用量、用药方法、所需用药的时间及禁忌等。医生有责任根据经验和对患病动物的了解决定用药量及选择最佳治疗方案。出版社和作者对任何在治疗中所发生的对患病动物和/或财产所造成的伤害不承担任何责任。

中国农业出版社

第二版编写人员

主　　编　任和平

副主编　张　敏　田文霞　韩香芙

编　　委　（按姓名笔画排序）

　　　　　尹　钊　田文霞　邢全福

　　　　　乔升民　任彦龙　齐守军

　　　　　吴日峰　张　敏　张树方

　　　　　郭再平　郭宇平　郭艳萍

　　　　　韩香芙　蔡新军

第一版编写人员

主　　编　张树方

副主编　石晋虎　　田太平　　来廷亮

编　　委　张树方　　石晋虎　　田太平

　　　　　来廷亮　　侯东来　　曹炳明

　　　　　冯俊吾　　邰国伟　　杜慧英

第 二 版 前 言

　　《现代羊场兽医手册》一书自 2005 年问世以来，是中国农业出版社养殖出版分社多年来印次较多、印量较大、读者反馈较好，经受得住市场检验的精品图书，深得各方好评。

　　本书虽然取得了一定成绩，但也存在不少问题。其中最主要的是书中用药方法及剂量、违禁和淘汰兽药都引用于《中华人民共和国兽药典》2005 年前修订版，此版已按最新版《药典》规定改正。新的适用养殖技术和用药技术也在日新月异地发展，为适应形势和实际需要，此版已删去书中与中华人民共和国农业部公告第 193 号和 235 号中公布的禁用药，对限用药作了补充说明，对一些药品剂量也作了修改。并且增加了免疫学检验常用的方法：如凝集反应、沉淀反应、补体结合反应、中和试验等血清学检验方法，且对免疫扩散、荧光抗体技术、酶标记技术、单克隆抗体技术和 PCR 技术等进行了简要介绍。还增加了口蹄疫、小反刍兽疫两个病的介绍。但由于编者水平有限、恐难尽如人意。敬请同仁们批评指正，以便在下一版中进行修改。

编　者

2013 年 12 月

目　录

第一章
羊 病 概 述

一、羊病的病因

羊病的发生原因一般可分为两大类：一是外界致病因素；二是内部致病因素。

（一）外界致病因素

外界致病因素是指存在于外界环境中的各种致病因素，主要有生物性致病因素、物理性致病因素、化学性致病因素、机械性致病因素、管理和营养性因素五大类。

1. **生物性致病因素** 指致病的微生物和寄生虫，包括细菌、真菌、支原体、衣原体、螺旋体、病毒和寄生虫等。生物性致病因素是危害养羊业最主要的一类致病因素，可引起羊的传染病和寄生虫病。

2. **物理性致病因素** 指高温、低温、电流、光照、噪音、气压、湿度和放射线等因素，这些因素达到一定强度或作用时间较长时，多可使机体发生物理性损伤。

3. **化学性致病因素** 主要有强酸、强碱、重金属盐类、农药、化学物质、氨气、一氧化碳、硫化氢等化学物质，可引起中毒性疾病。

4. **机械性致病因素** 指包括打、压、刺、钩、咬等各种机械力，它们都可引起羊的机体发生损伤。

5. 营养和管理因素　由于饲养管理不当和饲料中各种营养物质不平衡（营养不足或过剩），也可引起羊病的发生。

（1）营养过剩　羊饲养中蛋白质、脂肪、糖、盐、微量元素、维生素等长期过多时，会引起疾病的发生，如饲料中蛋白质过多，可诱发母羊酮病；微量元素过多可引起中毒等。

（2）营养不足　饲料中维生素、微量元素、蛋白质、脂肪、糖等营养物质不足，会引起相应的缺乏症，如维生素 D、维生素 A 缺乏症，硒缺乏症等。

（3）管理不当　羊舍饲时，密度过大、停水、羊舍通风不良、长途运输、惊吓、追赶过急等，均可诱发羊发病。

（二）羊病发生的内因

羊病发生的内因，主要是指羊体对外界致病因素的感受性和羊体对致病因素具有抵抗力。机体对致病因素的易感性和防御能力，既与机体各器官的结构、机能和代谢特点及防御机构的机能状态有关，也与机体一般特性，即羊的品种、年龄、性别、营养状态、免疫状态等个体反应有关。

1. 品种差异　由于羊的品种不同，对同种致病因素的反应也有差别，如绵羊易感染巴氏杆菌，而山羊不易感染；羊快疫绵羊比山羊易感。

2. 年龄差异　一般幼龄羊和老年羊抵抗力较弱，成年羊的抵抗力较强，所以有些羊病与年龄大小有很大关系。如羔羊易感染大肠杆菌，发生羔羊痢疾；而羊黑疫则多发于 2～4 岁、膘情较好的羊。

3. 性别差异　不同性别的羊，对某些疾病有不同的感受性，如母羊比公羊更易得布鲁氏菌病。

4. 营养差异　营养不良的羊，对疾病的感受性明显增高，因为营养状态与机体抵抗损伤的能力有密切关系。

5. 免疫状态差异　免疫能有效地抵抗病原微生物的侵袭，

防止传染病的发生。因此，羊体免疫状态不同，对同一种病原的抵抗力也不同。如经过免疫接种羊快疫疫苗的羊，就比未接种过的羊对羊快疫病原的抵抗力强，不易得羊快疫。

任何羊病的发生，都不是单一原因引起的，而是外因和内因相互作用的结果。在养羊生产中，必须首先加强对羊的饲养管理，做好预防接种工作，以提高机体的抵抗力和健康水平。同时，也要做好环境卫生和清洁消毒工作，以便消除外界致病因素的致病作用。

二、羊病的分类

根据羊病发生的原因，可将羊病分为传染病、寄生虫病和普通病（中毒病、营养代谢病、外产科病等）。

（一）传染病

1. 概念和特征　传染病是指由病原微生物引起，具有一定的潜伏期和临床表现，并具有传染性的疾病。

每种传染病都有其特异的致病性微生物；具有传染性和流行性；羊被感染后，大多数发生特异性免疫反应，获得特异的抵抗能力；大多数传染病具有特征性的临床综合征。

2. 感染的类型

（1）病毒引起的疾病　如口蹄疫、羊痘、羊狂犬病等。

（2）细菌引起的疾病　如羊炭疽、破伤风、羊布病等。

（3）支原体引起的疾病　如羔羊支原体病。

（4）衣原体引起的疾病　如羊衣原体病。

（5）真菌引起的疾病　如山羊皮肤霉菌病。

3. 羊传染病的发生和流行

（1）流行过程的三个基本环节　①传染源。又称传染来源，指受感染的羊，包括传染病病羊和带（毒）菌的羊。②传播途径。指病原体从传染来源排出后，经过一定的方式侵入健康动物经过的途径。③羊的易感性。指羊对某种传染病病原体感受性的大小。

（2）当前我国羊传染病发生和流行的特点　①疾病的种类增多，传染病的危害增大；②新发生的羊病种类增多；③某些细菌性疾病的危害加大；④混合感染和复合症使疾病更为复杂化。

（二）寄生虫病

1. 概念和分类　寄生虫指营寄生生活的动物，被寄生虫寄生的动物称为宿主。生活于宿主体表的寄生虫称为外寄生虫，如蜱、螨等。生活于宿主体内组织、细胞、器官和体腔中的寄生虫称为内寄生虫，如球虫、肝片吸虫等。寄生虫成虫期寄生的宿主称为终末宿主，寄生虫幼虫期寄生的宿主称为中间宿主。寄生于各种羊体内、外的寄生虫，大小不一，种类繁多，根据虫体特征，通常将它们分为吸虫、绦虫、线虫、棘头虫及蜘蛛昆虫等。羊场常见重要内寄生虫有日本血吸虫、肝片吸虫、前后盘吸虫、莫尼茨绦虫、脑包虫、胃线虫、球虫、消化道线虫等；外寄生虫主要有螨及羊毛虱等。这些寄生虫可造成羊的机械损伤、营养消耗，甚至分泌毒素及有毒产物，降低羊对不良因素的抵抗力，严重影响羊的健康和生命活动。由寄生虫引起动物的疾病称为寄生虫病。

2. 危害性　寄生虫病同传染病、普通病一样，对羊的健康有较大的危害性。如可引起羊的大批死亡，降低羊的生产性能，影响羊的生长、发育和繁殖，以及造成羊产品的废弃等。在生产上，由于多数寄生虫病表现为慢性病程，甚至不表现临床症状，往往不易及时发现，加之防治疾病的实践中，常常忽视寄生虫病，致使养羊业遭受巨大损失，人类的健康也受到一些人畜共患寄生虫病的严重威胁。

（三）普通病

普通病是指由非生物性致病因素引起的疾病。引起羊普通病的常见病因有创伤、冻伤、高温、化学毒物、毒草和营养缺乏等。临床上比较重要且常见的病有：

（1）消化系统疾病　如口炎、食道梗塞、前胃弛缓、瘤胃积食、瘤胃臌气、瓣胃阻塞、创伤性网胃腹膜炎及心包炎、皱胃炎等。

（2）呼吸系统疾病　如感冒、支气管肺炎等。

（3）营养代谢性疾病　如维生素 A 缺乏症、佝偻病、酮病、白肌病等。

（4）中毒性疾病　如氢氰酸中毒、有机磷中毒、食盐中毒、棉籽饼中毒、尿素中毒、酒糟中毒、氟中毒、菜籽饼中毒等。

（5）外产科疾病　如流产、难产、阴道脱出、胎衣不下、生产瘫痪、子宫内膜炎、乳房炎、创伤等。

第二章

羊场常用药物

一、羊场兽医用药须知

（一）兽药的概念

兽药是指用于动物（包括家禽、家畜、鱼类、蚕、蜜蜂等人工饲养的动物）疾病的预防、诊断、治疗，有目的地调节其生理机能并规定作用、用途、用法、用量的物质。兽药按其来源，可分为天然兽药和合成兽药两大类。

1. 天然兽药　这类药物是存在于自然界的物质，经加工精制或提炼而作药用。如黄连素来自植物黄连，硫酸钠来自矿物硝，胃蛋白酶来自动物的胃黏膜，抗生素来自微生物的培养液等。

2. 合成兽药　系人工合成的化工产品。如有抗菌作用的磺胺药。

3. 新兽药　指我国新研制出或仿制成功的兽药原料药品。

4. 制剂　指为便于使用和提高疗效，将药物制成一定剂量和规格的药剂。剂型是指根据需要，为便于使用、运输和保存，将药品加工制成一定规格、形状而有效成分不变的形式。按形态制剂可分为：固体制剂，如片剂、散剂或粉剂、粉针剂等；半固体制剂，如软膏剂、糊剂、舔剂等；液体制剂，如溶液剂、酊剂、合剂、乳剂、擦剂等；气雾型剂。

（二）药物的作用

1. **药物的基本作用**　药物对机体的基本作用，是使动物生理生化机能发生变化，常称为药物的作用或药物的效应，也可简称药效。各种药物最基本的作用都是使机体原有的生理机能提高或降低。提高称为兴奋，降低称为抑制，如呼吸的加快或减慢，腺体分泌的增加或减少等。某些药物的作用，表现为使机体发生组织形态学方面的改变，如苛性钠对局部组织的腐蚀作用。某些药物可以杀灭或抑制病原体，如抗生素和抗寄生虫药，这些药物称为化学治疗药，简称"化疗药"。还有些药物本身就是机体的营养代谢物质或激素，它们能对相应的缺乏症起补充治疗效果，如维生素等。

2. **局部作用与吸收作用**　药物在用药局部发挥作用时，称为局部作用。如乙醇涂擦于局部皮肤，有消毒局部皮肤的作用。药物被吸收后产生的作用称为吸收作用。如安钠咖经内服或注射被吸收后，能兴奋大脑皮层、改善心脏功能和利尿。由于药物被吸收后，能分布到全身多数组织器官，发挥较广泛的作用，所以，吸收作用又可称为全身作用。

3. **直接作用与反射作用**　药物与所接触的组织器官发生反应，称为直接作用。如上述乙醇的局部消毒作用。如药物的作用是通过神经反射发生的，称为反射作用，如苦味酸通过与舌黏膜的接触，可反射地使食欲增强。

4. **药物作用的选择性**　多数药物在适当剂量时，只对机体某些组织器官产生较明显的作用，而对其他组织器官的作用不明显或几乎没有作用，称为药物作用的选择性。选择性高的药物，在应用时，其针对性较强，可以较准确地治疗某种疾病或某一症状，且副作用较少。选择性低的药物，在应用时，虽然针对性不强，副作用较多，但作用范围比较广泛，如广谱抗生素、广谱驱虫药等，可以治疗混合感染，也有其有利之处。

剂量对药物的选择性作用有明显的影响。多数药物在剂量增加时，其选择性降低，甚至引起较广泛的全身性毒性反应。如安钠咖在治疗剂量时，选择地兴奋大脑皮层，随着剂量的增加，其兴奋可扩展至延髓甚至脊髓，使动物产生惊厥等中毒症状。

5. 药物作用的效果　用药的目的在于防治疾病。凡符合用药目的、能达到防治效果的作用称为治疗作用。不符合用药目的，甚至对机体产生损害的效果称为不良反应。在多数情况下，这两种效果会同时出现，这就是药物作用的两重性。在用药中，应尽量发挥药物的治疗作用，避免或减少不良反应。

（1）治疗作用　治疗作用可分为对因治疗与对症治疗。对因治疗能消除疾病的原因，如抗生素能杀灭引起疾病的病原微生物。对症治疗仅能减轻或消除疾病的某些症状，如解热药氨基比林可降低发热动物的体温，但不能消除引起发热的原因。对因治疗和对症治疗是相辅相成的，要看病情的需要灵活运用。

（2）不良反应　不良反应有副作用、毒性作用和过敏反应等。

1）副作用　指药物在治疗剂量时出现的与治疗目的无关的作用。如阿托品有松弛平滑肌和抑制腺体分泌的作用，当利用其松弛平滑肌的作用而治疗肠痉挛时，同时出现的唾液腺分泌减少（口腔干燥）即为其副作用。

2）毒性作用　也称毒性反应，指用药量过大、时间过长而造成对机体的损害作用。毒性作用可在用药不久后发生，称为急性毒性；也可能在长期用药过程中逐渐蓄积后产生，称为慢性毒性。大多数药物都有一定的毒性，当达到一定剂量后，多数动物均可出现相同的中毒症状，故药物的毒性作用大多也是可以预知和预防的。在用药实践中，企图以增加剂量的方法来增强药物的作用，不但是有限的，而且也是很危险的。此外，有些药物可以致畸、致癌，也属药物的毒性作用，必须警惕。

3）过敏反应　是指少数具有特异质的物质，在应用治疗量小甚至极小的某种药物时，产生一种与药物作用性质完全不同的反应，称为过敏反应。它与药物剂量的大小无关，而且不同的药物发生的过敏反应大多相似。轻度的过敏反应，常有发热、呕吐、皮疹、哮喘等症状，可给予苯海拉明、溴化钙等抗过敏药物进行处理。严重的过敏反应，可引起动物发生过敏性休克，应使用肾上腺素或高效糖皮质激素等进行抢救。

6. **半衰期和残效期** 半衰期是指药物在血浆中的浓度下降一半所需要的时间。要维持药物在体内比较稳定的有效浓度，应按半衰期给药。残效期亦称残留期，指一些半衰期长的药物，在体内血浆浓度虽然不高，但还会存留较长一段时间。这些药反复使用易引起蓄积中毒。

7. **影响药物作用的因素** 主要有药物方面、动物方面和给药方法等。

（1）**药物方面** 溶解度大的发挥作用快、药效较强；化学结构相似的药物大多具有相似的药理作用；剂型不同，吸收率不同；剂量即药物的用量，直接影响药物作用的强度和持久性。在一定的范围内，药物的剂量愈大作用愈强。这种规律，称为"量效关系"。

（2）**动物方面** 不同种类、年龄、性别、个体的家畜对药物的敏感性、耐受性不同。

（3）**给药方法** 给药方法不同，药物出现的时间和维持时间就不同。内服给药主要适用于胃肠道疾病及慢性病的治疗。注射给药药效较迅速、剂量准确。皮下注射药效维持时间较长；肌内注射药效较迅速；静脉注射则药效更快，适宜于急救或需要输入大量药液时。直肠给药不受肝脏影响，作用比内服快而强。皮肤黏膜给药多数是发挥局部保护、消炎、杀菌、杀虫等作用。吸入给药则是直接作用于呼吸道局部，亦可经肺泡吸收而产生全身作用。

8. **联合用药** 两种以上药物在同一时间里合用可以不互相

影响，但是在许多情况下两药合用总有一药或两药作用受到影响，其结果可能：比预期的作用更强（协同作用）；减弱一药或两药的作用（拮抗作用）；产生意外的毒性反应。药物的相互作用，可发生在药物吸收前、体内转运过程、生化转化过程及排泄过程中。当两药互相无影响时，其合用后的药物作用可以预知，不会有问题。若存在相互作用则应注意利用协同作用提高疗效（如磺胺与抗菌增效剂联合），尽量避免出现拮抗作用或产生毒性反应。但是拮抗作用有时可用来治疗药物中毒，如麻醉药中毒可用中枢兴奋药解救。

9. 配伍禁忌　为了获得更好的疗效，常将两种以上药物配伍使用。但配合不当，则可能出现减弱疗效或增加毒性的变化。这种配伍变化属于禁忌，必须避免。药物的配伍禁忌可分为药理的（药理作用互相抵消或使毒性增加）、化学的（呈现沉淀、产气、变色、燃爆及肉眼不可见的水解等化学变化）和物理的（产生潮解、液化或从溶液中析出结晶等物理变化）配伍禁忌。

（三）兽药法规

主要有《中国兽药典》、《兽药规范》、《兽用麻醉药品的供应、使用、管理办法》、《兽药管理条例》、《兽药管理条例实施细则》《兽用处方药和非处方药管理办法》等。

1. 《中国兽药典》　为记载兽药规格和标准的国家法典，是国家对兽药质量规格及检验方法所作的技术规定，是兽药生产、经营、使用、检验和监督管理部门共同遵循的法规技术依据。国家农业部于 1986 年组成中国兽药典编辑委员会，进行了大量调查研究和测试工作，于 1991 年出版了《中国兽药典》（第一版）。它分一、二两部分，一部收载化学药品、抗生素、生物制品和各类制剂，二部收载中药材和成方制剂。两部有各自的凡例、附录、索引。2005 年版分为一、二、三部、一部收载化学药品、抗生素、生化药品原料及制剂等共 446 种，新增 27 种；二部收载中药材、中成药方制剂共 685 种，新增 31 种；三部收载生物制品共 115 种，新增 72 种。三部有各自的凡例、附录、引索等。2010 年又作了再版。

2.《药典规范》 是我国农业部制定的关于兽药规格、标准的法定技术依据。新的《中华人民共和国兽药法规》（1992 年版）分一、二两部分。一部收载化学药品、抗生素及生化制品，二部收载中药材及成方制剂。

3. 其他药政法规 《中华人民共和国药品管理办法》于1984 年颁布，1985 年 7 月 1 日施行。与《药品管理办法》配套实施的有关法规还有国务院 1978 年颁布实施的《麻醉药品管理条例》，卫生部和国家医药管理总局 1979 年颁布的《医疗用毒药、限制性剧毒药管理规定》，农业部、卫生部、国家医疗管理总局 1980 年制定了《兽用麻醉药品的供应、使用、管理办法》。《兽药管理条例》是 1987 年为保证兽药质量、加强兽药的监督管理，由国务院颁布的。1988 年，农业部又颁布了《兽药管理条例实施细则》。2013 年 8 月 1 日经农业部第 7 次常务会议通过了《兽用处方药和非处方药管理办法》，2014 年 3 月 1 日起施行。凡从事兽药生产、经营、使用、研究、宣传、检验、监督管理活动者，都必须遵守以上法规。

（四）处方知识和药物保存

1. 处方 是兽医师根据畜禽病情开写的药单，是药房配药、发药的依据。每张处方都有上、中、下三项组成。

（1）上项 包括编号、处方时间、畜主、地址、畜别、性别、年龄或体重、特征等。

（2）中项 为处方的主体部分，左上角有 Rp（请取药或取药的意思）符号。在 Rp 之后书写药物或制剂的名称及剂量。以克或毫克为单位时，可以省略单位，而在阿拉伯数后加一位小数表示。只是各药剂量的小数点必须上下对齐。一张处方开写多种药物时要按一定顺序开写。西药方首先开发挥主要治疗作用的主药，然后开协助或加强主药作用的佐药，其次开矫正主、佐药不良气味、副作用或毒性作用的矫正药，最后开能调制成适当剂型的赋形药。中药方则按君、臣、佐、使及引药顺序开写。最后是调制方法和用法。

（3）下项　由开写处方的兽医师和调配处方的药剂人员分别签名。根据《兽药管理条例》和《兽用处方药和非处方药管理办法》规定，农业部组织制定了《兽用处方药品种目录（第一批）》于 2014 年 3 月 1 日起施行。兽用处方药请参照执行。

2. 药物保存　应有专人负责，建立严格的保管制度，对剧毒药品和麻醉药品，应严格按照药政法规进行管理、保存。贮存时要按药典的要求进行，即按药物的理化性质、用途不同，采用遮光、密封等方法分类进行，以免药物被污染，或发生挥发、潮解、分化、变质、燃烧甚至爆炸等事故。对有一定保存期限的药品，应经常检查，以免失效而浪费。

二、抗微生物药

（一）抗菌类药

抗生素是某些微生物在其代谢过程中所产生的、能抑制或杀灭其他病原微生物的化学物质。抗生素主要从微生物的培养液中提取，有些已能人工合成或半合成。抗菌药应指用来治疗细菌性传染病的一类药物。

1. 抗菌谱及抗菌活性

（1）抗菌谱　指药物抑制或杀灭病原微生物的范围。凡仅作用于单一菌种或某属细菌的药物称窄谱抗菌药，例如青霉素主要对革兰氏阳性细菌有作用，链霉素主要作用于革兰氏阴性细菌。凡能杀灭或抑制多种不同种类的细菌，抗菌谱的范围广泛，称广谱抗菌药，如四环素类、庆大霉素、第三代头孢菌素、氟喹诺酮类等。

（2）**抗菌活性** 指抗菌药抑制或杀灭病原微生物的能力。可用体外抑菌试验和体内治疗实验方法测定。体外抑菌试验，对临床用药具有重要参考意义。能够抑制培养基内细菌生长的最低浓度称为最小抑菌浓度，能够杀灭培养基内细菌生长的最低浓度称为最小杀菌浓度。抗菌药的抑菌作用和杀菌作用是相对的，有些抗菌药在低浓度时呈抑菌作用，而高浓度呈杀菌作用。临床上所指的抑菌药是指仅能抑制病原菌的生长繁殖，而无杀灭作用的药物，如磺胺类、四环素类等。杀菌药是指具有杀灭病原菌作用的药物，如青霉素类、氨基糖苷类、氟喹诺酮类等。

2. 抗菌机理

（1）**抑制细菌细胞壁的合成** 大多数细菌细胞（如革兰氏阳性菌）的胞浆膜外有一坚韧的胞壁，具有维持细胞形状及保持菌体内渗透压的功能。青霉素、头孢菌素类、万古霉素、杆菌肽和环丝氨酸等，能分别抑制黏肽合成过程中的不同环节。这些抗生素的作用均可使细菌细胞缺损，菌体内的高渗压在等渗环境中，外面的水分不断地渗入体内，引起菌体膨胀变形，加上激活自溶酶，使细菌裂解而死。它们主要影响正在繁殖的细菌细胞，故这类抗生素称为繁殖杀菌剂。

（2）**增加细菌胞浆膜的通透性** 胞浆膜即细胞膜，是包围在菌体原生质外的一层半透性生物。它的功能在于维持渗透屏障、运输营养物质和排泄菌体内的废物，并参与细胞壁的合成等。当胞浆膜损伤时，通透性将增加，导致菌体内胞浆中的重要营养物质外漏而死亡，产生杀菌作用。如两性霉素 B、制霉菌素、万古霉素等。

（3）**抑制菌体蛋白质的合成** 蛋白质的合成是一个非常复杂的生物过程（可分为三个简单的阶段，即起始、延长和终止）。氨基糖苷类、四环素类、大环内酯类和林可霉素，在菌体蛋白质合成的不同阶段，与核蛋白体的不同部位结合，阻断蛋白质的合成，从而产生抑菌或杀菌作用。

（4）抑制细菌核酸的合成　核酸包括脱氧核糖核酸和核糖核酸，它们具有调控蛋白质合成的功能。新生霉素、灰黄霉素和抗肿瘤的抗生素（如丝裂霉素 C、放线菌素等）、利福平等可抑制或阻碍细菌细胞脱氧核糖核酸或核糖核酸的合成，从而产生抗菌作用。

3. 耐药性　耐药性又称抗药性，分为天然耐药性和获得耐药性两种。前者属细菌的遗传特征，不可改变。获得耐药性，即一般所指的耐药性，是指病原菌与抗菌药多次接触后对药物的敏感性逐渐降低，甚至消失，致使抗菌药对耐药病原菌的作用降低或无效。某种病原菌对一种药物产生耐药性后，往往对同一类的药物也具有耐药性，这种现象称为交叉耐药性。交叉耐药性包括完全交叉耐药性及部分交叉耐药性。完全交叉耐药性是双向的，如多杀性巴氏杆菌对磺胺嘧啶产生耐药后，对其他磺胺类药均产生耐药；部分交叉耐药性是单向的，如氨基糖苷类之间，对链霉素耐药的细菌，对庆大霉素、卡那霉素、新霉素仍然敏感，而对庆大霉素、卡那霉素、新霉素耐药的细菌，对链霉素也耐药。

4. 抗生素的效价　抗生素的效价通常以重量或国际单位来表示。效价是评价抗生素效能的标准，也是衡量抗生素活性成分含量的尺度。每种抗生素的效价与重量之间有特定转换关系。青霉素钠，1 毫克等于 1 667 国际单位，或 1 国际单位等于 0.6 微克；青霉素钾，1 毫克等于 1 559 国际单位，或 1 国际单位等于 0.625 微克。

5. 常用药物

（1）青霉素类

1）青霉素

【性状】是从青霉菌培养液中提取的一种有机酸，难溶于水。临床上的氨苄青霉素，为白色结晶性粉末，无臭或微有特异性臭，有吸湿性，遇酸、碱或氧化剂等迅速失效。青霉素的效价用国际单位（IU）来表示，一个国际单位等于 0.6 微克的青霉素 G 钠盐。

【作用和用途】对大多数革兰氏阳性菌、革兰氏阴性球菌、放线菌和螺旋体等高度敏感，常作为首选药。对结核杆菌、病毒、立克次体及真菌则无效。对青霉素敏感的病原菌主要有链球菌、葡萄球菌、肺炎球菌、脑膜炎球菌、丹毒杆菌、化脓棒状杆菌、炭疽杆菌、破伤风梭菌、李氏杆菌、产气荚膜梭菌、魏氏梭菌、牛放线杆菌和钩端螺旋体等。大多数革兰氏阴性杆菌对青霉素不敏感。主要用于各种敏感菌所致的呼吸系统感染、乳腺炎、子宫炎、化脓性腹膜炎、恶性水肿、气肿疽、气性坏疽、肾盂肾炎及创伤感染等，对泌尿系统感染及恶性水肿、放线菌病等也有良好效果。

【用法与用量】青霉素 G 钾（或钠）盐，每支 40 万、80 万、160 万国际单位，粉针剂。用时，以灭菌生理盐水或注射用水溶解，供肌内注射；以生理盐水或 5% 葡萄糖注射液稀释至每毫升 5 000 国际单位以下浓度静脉注射。每天 2~4 次，每次每千克体重 1 万~1.5 万国际单位。

【注意事项】青霉素水溶液极不稳定，必须现用现配。不宜与四环素、卡那霉素、庆大霉素、维生素 C、碳酸钠、磺胺钠盐等混合使用，随着青霉素的广泛应用，耐药菌株逐渐增加，因而选用青霉素一定要给予足够的剂量和疗程，以免产生耐药性，目前临床应用中可适当加大剂量。青霉素的过敏反应是其主要的不良反应，家畜的主要临床表现为流汗、兴奋、不安、肌肉震颤、呼吸困难、心率加快、站立不稳，有时见麻疹，眼肿、头面部水肿，阴门、直肠肿胀和无菌性蜂窝织炎等，严重时休克，抢救不及时，可导致迅速死亡。因此，在用药后应注意观察，若出现过敏反应，要立即进行对症治疗，严重者可静注肾上腺素，必要时可加用糖皮质激素等，增强或稳定疗效。注射用青霉素钾（钠）盐休药期为 0 日，弃奶期为 3 日。

2）氨苄青霉素

【性状】白色或近白色粉末或结晶，有吸湿性，易溶于水。其钠盐易溶入水，水溶液极不稳定，耐酸不耐酶。

【作用与用途】广谱抗生素，对革兰氏阳性及阴性菌均有较强的抗菌作用。主要用于敏感菌所致的肺部、尿道感染和革兰氏阴性杆菌如大肠杆菌、沙门氏菌、变形杆菌和巴氏杆菌引起的某些感染等，严重感染时，可与氨基糖苷类抗生素合用以增强疗效。

【用法与用量】粉剂：2％、2.5％、5％预混剂，50克/代，内服、拌料、饮水每千克体重每次10～15毫克氨苄青霉素纯粉，每天2～3次。针剂：每支0.5克，每次每千克体重2～7毫克，肌内或静脉注射。

【注意事项】同青霉素。

3）阿莫西林（羟氨苄青霉素）

【性状】为白色或类白色结晶性粉末，味微苦。在水中微溶，在乙醇中几乎不溶。

【作用与用途】广谱抗生素，对革兰氏阳性及阴性菌均有较强的抗菌作用，对肠球菌属和沙门氏菌的作用较氨苄青霉素强2倍。临床上多用于呼吸道、泌尿道、皮肤、软组织及肝胆系统等的感染。

【注意事项】羊产品中最高残留限量以鲜重计，肌肉、脂肪、肝、肾中每千克中不得超过50微克，鲜奶中每千克中不得超过10微克。

（2）头孢菌素类　头孢菌素类又称先锋霉素类。根据头孢菌素类的发展可分为一、二、三、四、五、六代头孢菌素，但由于价格昂贵，兽医临床主要应用的是第一代头孢菌素类。

1）头孢噻吩（头孢菌素Ⅰ、先锋霉素Ⅰ）

【性状】钠盐为白色或类白色结晶粉末，能溶于水，水溶液在低温时比较稳定。

【作用与用途】抗菌谱广、杀菌力强、毒性小、过敏反应较少，对酸和β-内酰胺酶比青霉素类稳定等优点。主要治疗耐药金黄色葡萄球菌及某些革兰氏阴性杆菌如大肠杆菌、沙门氏菌、伤寒杆菌、痢疾杆菌、肺炎球菌、巴氏杆菌等引起的消化道、呼吸道、泌尿生殖道感染，乳腺炎和预防术后败血症等。

【注意事项】头孢菌素的毒性较小，对肝脏、肾脏无明显损害作用。过敏反应的发生率较低。与青霉素 G 偶尔有交叉过敏反应。肌注给药时，对局部有刺激作用，导致注射部位疼痛。

2) 头孢氨苄（先锋霉素Ⅳ、头孢霉毒Ⅳ、头孢力新）

【性状】白色或乳黄色结晶粉末，有特异的微臭。溶于水。12％水溶液 pH4.2～4.3。在 0～40℃时，其溶解度和生物活性不受影响。在酸性、碱性溶液及血清中易溶，在大多数有机溶剂中微溶。

【作用与用途】抗菌谱广，耐酸，口服吸收好。对大肠杆菌、肺炎杆菌、变形杆菌有较好的抗菌作用；对肺炎、支气管炎、肺脓肿、喉炎、泌尿系统、皮肤软组织感染有作用，对绿脓杆菌、产气杆菌、真菌、病毒和原虫无作用。耐青霉素的葡萄球菌、链球菌、肺炎球菌和革兰氏阳性菌中的双球菌对本品高度敏感。

【注意事项】肾功能损伤动物，剂量酌减。

3) 头孢环己烯（头孢拉定、先锋霉素Ⅵ）

【性状】白色结晶性粉末，注射用制剂易溶于水。

【作用与用途】体外抑菌作用与先锋霉素Ⅳ相似，本品对革兰氏阴性菌的作用较弱，对金黄色葡萄球菌与克雷伯肺炎杆菌有较强抗菌作用。口服能吸收，血药浓度高，排泄快，用于泌尿系统、呼吸系统、皮肤感染。

【注意事项】注射液需现配现用。和青霉素有交叉过敏。

（3）氨基糖苷类 本类药物的化学结构含有氨基糖分子和非糖部分的糖原结合而成，故称为氨基糖苷类抗生素。临床上常用的有链霉素、卡那霉素、丁氨卡那霉素、庆大霉素、新霉素、阿米卡星、小诺霉素、大观霉素等。作用机理均为抑制细菌蛋白质的生物合成，在低浓度时抑菌，高浓度时杀菌，对静止期细菌的杀灭作用较强，为一静止期杀菌剂。

1）链霉素

【性状】是从灰链霉菌培养液中提取的碱性物质。常用其硫酸盐为白色或类白色粉末，有吸湿性，易溶于水。

【作用与用途】抗菌谱比青霉素广，链霉素主要是对革兰氏阴性菌有抑制作用，高浓度才有杀菌作用，主要用于敏感菌所致的急性感染，例如大肠杆菌、巴氏杆菌、布鲁氏菌、沙门氏菌等引起的肠炎、乳腺炎、子宫炎、肺炎、败血症等。

【用法与用量】粉针：每支 100 万国际单位（1 克），有效期 3～4 年。用注射用水稀释，羊每次每千克体重 10 毫克，每天 2 次，内服；羔羊每千克体重 20 毫克，每天 2 次。

【注意事项】易产生耐药性。对链霉素的不良反应不多见，但一旦发生，死亡率较高。过敏反应时可出现皮疹、发热、血管神经性水肿、嗜酸性粒细胞增多等。长时间应用可损害第八对脑神经，出现行走不稳、共济失调和耳聋等症状。用量过大可阻滞神经肌肉接头，出现呼吸抑制、肢体瘫痪和骨骼肌松弛等症状。若出现以上症状应立即停药，静脉注射 10％葡萄糖酸钙等抢救。

绵羊动物产品，肌肉、脂肪、肝每千克鲜重不得超过 600 微克，肾脏每千克鲜重不得超过 1 000 微克。

2）卡那霉素

【性状】是从卡那链霉菌的培养液中提取的。有 A、B、C 3 种成分。临床应用以卡那霉素 A 为主，常用其硫酸盐为白色或类白色结晶性粉末，易溶于水。

【作用与用途】抗菌谱广，主要对多数革兰氏阴性杆菌如大肠杆菌、肺炎杆菌等有作用，对部分耐青霉素金黄色葡萄球菌、链球菌等有效。临床用于呼吸道炎症、坏死性肠炎、泌尿道感染、乳腺炎等。

【用法与用量】片剂：每片 0.25 克，内服，羊日用量每千克体重 6～12 毫克，分 2 次内服。注射液：每支 2 毫升，肌内注射，每次每千克体重 10～15 毫克。

【注意事项】使用硫酸卡那霉素注射液（单硫酸盐）休药期为 28 日。

3）庆大霉素

【性状】庆大霉素系从小单孢子属培养液中提取获得的复合物。其硫酸盐为白色或类白色结晶性粉末，无臭，有吸湿性，易溶于水，不溶于酒精。

【作用与用途】本品抗菌谱广，抗菌活性较链霉素强。特别对绿脓杆菌及耐药金黄色葡萄球菌的作用最强。临床主要用于耐药金黄色葡萄球菌、绿脓杆菌、变形杆菌和大肠杆菌、泌尿道感染、乳腺炎、子宫内膜炎和败血症等，内服还可用于治疗肠炎和细菌性腹泻。

【用法与用量】片剂：每片 20 毫克，内服，羔羊每千克体重 10～15 毫克，均分 3～4 次内服。注射液：每支 2 毫升，40 毫克（4 万国际单位）；5 毫升，80 毫克（8 万国际单位）；10 毫升：200 毫克（20 万国际单位）等剂型。肌内注射，每千克体重每次 1～1.5 毫克，每天 2 次。

【注意事项】与链霉素相似。影响第八对脑神经，对肾脏有损害作用，不可静脉推注。

4）阿米卡星（丁胺卡那霉素）

【性状】是在卡那霉素的基团上引入较大的丁胺基团而生成的半合成衍生物。

【作用与用途】本品抗菌谱较卡那霉素广，对绿脓杆菌、金黄色葡萄球菌有效，并对耐庆大霉素、卡那霉素的绿脓杆菌、大肠杆菌、变形杆菌、肺炎杆菌亦有效。主要用于治疗敏感菌引起的菌血症、败血症，呼吸道、泌尿道、消化道感染，腹膜炎、关节炎及脑膜炎等。

【用法与用量】注射液：每支 5 毫升，150 毫克（15 万单位），羊每千克体重 0.1 毫升，肌内注射，每日 2 次。

【注意事项】有不可逆耳毒性及肾毒性，使用时宜足量，疗程不宜过长；不宜作静脉推注或大剂量快速静滴，防止呼吸抑制；患畜应足量饮水，以减少对肾小管的损害。

（4）大环内酯类

1）红霉素

【性状】是从红链霉菌的培养液中提取的，为白色或类白色的结晶或粉末，难溶于水，在酸性溶液中易破坏，可与有机酸结合成盐而溶于水。

【作用与用】其抗菌谱和青霉素相似。对革兰氏阳性球菌和杆菌均有较强的抗菌作用，对部分革兰氏阴性杆菌如布鲁氏菌、立克次氏体、钩端螺旋体等也有抑制作用，但对肠道革兰氏阴性杆菌如大肠杆菌、变形杆菌、沙门氏菌等不敏感。兽医临床上主要用于耐青霉素金黄色葡萄球菌及化脓性链球菌、肺炎球菌、肠球菌等所引起的肺炎、子宫炎、乳腺炎等的治疗，亦可用于支原体病和传染性鼻炎。可与链霉素等合用，具有协同作用。

【用法与用量】片剂：每片 0.1 克、0.2 克、0.25 克，羔羊日用量每千克体重 6.6～8.8 毫克，分 3～4 次内服。粉针：每支 0.3 克、0.5 克，有效期 1～3 年。羊每千克体重每次 2～4 毫克，每天 2 次，用注射用水配成 5% 注射液，肌内注射，或用 5% 葡萄糖注射液稀释成 0.5% 浓度缓慢静注。

【注意事项】忌与酸类药物配伍，毒性低，但刺激性强。肌内注射可发生局部炎症，宜采用深部肌内注射。静脉注射速度要缓慢，同时应避免漏出血管外。粉针剂为乳糖酸盐，用生理盐水稀释产生沉淀。成年羊内服无效。

对于所有食用动物，红霉素在肌肉、脂肪、肝、肾动物产品中，每千克鲜重中含量不得超过 200 微克，每千克鲜奶中含量不得超过 40 微克。注射用乳糖酸红霉素，羊休药期 3 日，弃奶期

3 日。

2）泰乐菌素

【性状】是从弗氏链霉菌的培养液中提取的无色晶体。微溶于水，与酸制成盐后则易溶于水。pH 小于 4 或大于 10 时失去活性。若水中含铁、铜、铝等金属离子时，则可与本品形成络合物而失效。兽医临床上常用其酒石酸盐和磷酸盐。

【作用与用途】可抗大多数革兰氏阳性菌、非典型性分枝杆菌、支原体、衣原体和立克氏体，防治羊的支原体感染、羊胸膜性肺炎。此外，亦可作为畜禽的饲料添加剂，以促进增重和提高饲料转化率。

【用法与用量】参照红霉素。

【注意事项】一般不与林可霉素合用，不能与聚醚类抗生素合用，否则导致后者的毒性加强，一般不用在酸性环境中。

（5）多肽类

1）多黏菌素

【性状】本类抗生素是从多黏芽孢杆菌的培养液中提取的，有 A、B、C、D、E 五种成分，临床常用多黏菌素 B、E 两种。内服不吸收，肌内注射则吸收良好，主要用于肠道感染。

【作用与应用】本品为窄谱杀菌剂，对革兰氏阴性杆菌的抗菌活性强。主要敏感菌有大肠杆菌、沙门氏菌、巴氏杆菌、布鲁氏菌、弧菌、痢疾杆菌、绿脓杆菌等。尤其对绿脓杆菌具有强大的杀菌作用，是目前最有效的杀绿脓杆菌抗生素。细菌对本品不易产生耐药性。临床主要用于革兰氏阴性杆菌的感染，特别是绿脓杆菌、大肠杆菌所致的严重感染。局部应用可治疗创面、眼、耳、鼻部的感染等。

2）杆菌肽

【性状】杆菌肽是来自枯草杆菌培养液中的多肽类抗生素。内服不吸收，局部用药也很少吸收，主要经肾脏排泄，易损害肾脏。

【作用与用途】本品抗菌谱与青霉素相似，对各种革兰氏阳性菌、耐金黄色葡萄球菌、肠球菌、非溶血性链球菌有较强的抗菌作用，对少数革兰氏阴性菌、螺旋体、放线菌也有效。临床上常与链霉素、新霉素、多黏菌素合用，治疗家畜的肠道疾病。

（6）四环素类　四环素类可分为天然品和半合成品两类。前者由不同链霉菌的培养液中提取获得，有四环素、土霉素、金霉素和去甲金霉素。后者为半合成衍生物，有多西环素、甲烯土霉素等。兽医临床常用的有四环素、土霉素、金霉素和多西环素。

1）土霉素

【性状】从土壤链霉菌中获得。为淡黄色的结晶性或无定形粉末；无臭，在日光下颜色变暗，在碱性溶液中易被破坏失效。在水中极微溶解，易溶于稀酸、稀碱。常用其盐酸盐，易溶于水，水溶液不稳定，宜现用现配。

【作用与用途】广谱抗生素。用于革兰氏阳性菌、阴性菌感染，对螺旋体、放线菌、支原体、衣原体、立克次氏体和某些原虫都有抑制作用。主要用于治疗敏感菌（包括对青霉素、链霉素耐药菌株）所致的各种感染如布鲁氏菌病等。此外对防治羊的支原体病、放线菌病、球虫病、钩端螺旋体病等也有一定疗效。作为饲料添加剂，对畜禽有促进生长的作用。

【用法与用量】土霉素片每片0.05克（5万单位）、0.125克（12.5万单位）、0.25克（25万单位），内服，一次量羊每千克体重10～20毫克，每天2～3次。成年反刍动物不宜内服。注射用盐酸土霉素，每支0.2克（20万单位）、1克（100万单位），静脉或肌内注射，一次量羊每千克体重2.5～5毫克，每天2次。静脉注射配成0.5％浓度，用5％葡萄糖注射液或氯化钠注射液溶解；肌内注射，配成5％浓度，最好用专用溶液每100毫升中含氯化镁5克、盐酸普鲁卡因2克溶解。

【注意事项】其盐酸盐水溶液属强酸性，刺激性大，不宜肌注，静注时药液漏出血管外可导致静脉炎。成年食草动物内服后，易引起肠道菌群紊乱，消化机能失调，造成肠炎和腹泻。长期应用还可导致肝脏脂肪变性，甚至坏死，尤以金霉素为甚。为防止不良反应的产生，应用四环素类应注意除土霉素外，均不宜肌内注射，静脉注射时勿漏出血管外，成年食草动物不宜内服，大剂量或长期应用时，应检查肝功能和二重感染的临床迹象。

所有食用动物，每千克肌肉产品中土霉素、金霉素、四环素含量不得超过 100 微克，每千克肝产品中含量不得超过 300 微克，每千克肾产品中含量不得超过 600 微克，每千克奶中含量不得超过 100 微克。使用土霉素片，羊休药期为 7 日，弃奶期为 3 日；使用土霉素注射液，羊休药期为 28 日，弃奶期为 7 日。

2）四环素

【性状】由链霉菌所得。为淡黄色的结晶或无定形粉末，在日光下颜色变暗，易溶于稀酸、稀碱，常用其盐酸盐。

【作用与用途】广谱抗生素，作用与土霉素相似，但对革兰氏阴性杆菌的作用较好，对螺旋体、放线菌、支原体、衣原体、立克次体和某些原虫有抑制作用。对革兰氏阳性球菌，如葡萄球菌的效力则不如金霉素。

【用法与用量】片剂或胶囊为 0.125 克、0.25 克，内服每千克体重 10～15 毫克，每日 2～3 次；粉针剂每支 0.125 克、0.25 克、0.5 克，肌内、静脉注射每千克体重 7～15 毫克，每日分 1～2 次使用。

【注意事项】临床肌内注射不如口服效果好。

3）多西环素（强力霉素）

【别名】长效土霉素，去氧土霉素，盐酸多西霉素，盐酸多西环素。

【性状】其盐酸盐为淡黄色或黄色结晶性粉末，易溶于水，微溶于乙醇。内服后吸收迅速，生物利用度高，维持有效血药浓度时间长，对组织渗透力强，分布广泛，易进入细胞内。

【作用与用途】抗菌谱与其他四环素类相似，体内、外抗菌活性较土霉素、四环素强。本品对土霉素、四环素等有密切的交叉耐药性。临床上用于治疗畜禽的支原体病、大肠杆菌病、沙门氏菌病、巴氏杆菌病等。本品在四环素类中毒性最小，但给马属动物静脉注射致死已有多起报道。

【用法与用量】内服：一次量每千克体重，羊2～5毫克，牛、马1～3毫克，犬、猫5～10毫克，每日1次；静脉注射：一次量每千克体重，猪、羊1～3毫克；牛1～2毫克。

【注意事项】使用盐酸多西环素片，羊休药期为28日。

（7）氯霉素类　本类抗生素包括氯霉素、甲砜霉素及其衍生物氟苯尼考（氟甲砜霉素）等，它们均属广谱抗生素。氯霉素由于毒副作用大，已经禁用。主要介绍氟苯尼考。

【性状】白色或类白色粉末，在水中微溶，易溶于乙醇。

【作用与用途】本品是一种化学合成的氯霉素类广谱抗生素，是甲砜霉素的单氟衍生物，作用机理和抗菌谱同氯霉素，能抑制与干扰细菌蛋白质的合成，对革兰氏阴性菌和阳性菌均有抑制作用，耐氯霉素的菌株对其比较敏感。对畜禽大肠杆菌、痢疾杆菌、沙门氏菌、巴氏杆菌、猪胸膜肺炎放线菌、葡萄球菌等敏感。临床上主要用于呼吸道、消化道炎症的治疗。

【用法与用量】针剂：肌内注射每千克体重10～20毫克，静脉注射每千克体重10毫克，分2次注射，间隔48小时。

【注意事项】牛、羊泌乳期禁用。每千克鲜羊肉产品中氟苯尼考的最高含量不得超过200微克，每千克鲜肝、肾产品中最高含量不得超过300微克。

（8）抗真菌抗生素　真菌种类很多，根据感染部位的不同，可分为两类：一为浅表真菌感染，引起多种癣病；二为深部真菌感染，主要侵犯机体的深部组织及内脏器官，如念珠菌病。兽医临床常用的抗真菌药有两性霉素B、灰黄霉素、酮康唑、制霉菌素及克霉唑。

1）制霉菌素

【性状】是从链霉菌或放线菌的培养液中提取获得。为淡黄色粉末，有吸湿性，不溶于水，性质不稳定，可为热、光、氧等所迅速破坏。

【作用与用途】抗真菌作用与两性霉素 B 基本相同，内服不易吸收，注射给药毒副作用较大，故不宜用于全身感染。临床主要用其内服治疗胃肠道真菌感染，局部应用治疗皮肤、黏膜的真菌感染，如念珠菌病和曲霉菌所致的乳腺炎、子宫炎等。

【用法与用量】50 万国际单位，内服，50 万～100 万国际单位，每天 2 次。

2）克霉唑

【性状】属咪唑类，是人工合成的广谱抗真菌药。为白色结晶性粉末，难溶于水。内服易吸收，单胃动物约 4 小时可达血药峰浓度，广泛分布于体内各组织和体液中。

【作用与用途】主要在肝脏代谢失活，代谢物大部分由胆汁排出，很小部分经尿排泄。对浅表真菌的作用与灰黄霉素相似，对深部真菌作用较两性霉素 B 差。临床主要用于体表真菌病，若长时间应用可见肝功能不良反应，但停药后恢复。

【用法与用量】克霉唑片：内服，羊每千克体重 1～1.5 克，每天 2 次。软膏外用。

（9）磺胺类药物　磺胺类药物的基本化学结构是对氨基苯磺酰胺，简称磺胺。磺胺类药物根据内服后的吸收情况可分为肠道易吸收、肠道难吸收及外用等三类。

1）抗菌谱及作用　抗菌谱较广，对大多数革兰氏阳性菌和部分革兰氏阴性菌有效，甚至对衣原体和某些原虫也有效。对磺胺药较敏感的病原菌有：链球菌、肺炎球菌、沙门氏菌、化脓棒状杆菌、大肠杆菌等；一般敏感菌有：葡萄球菌、变形杆菌、巴氏杆菌、产气荚膜杆菌、肺炎杆菌、炭疽杆菌、绿脓杆菌等。某些磺胺药还对球虫、卡氏白细胞原虫、疟原虫、弓形虫等有效，但对螺旋体、立克次体、结核杆菌等无效。

2）抗菌机理　主要通过干扰敏感菌的叶酸代谢而抑制其生长繁殖。对磺胺药敏感的细菌在生长繁殖过程中，不能直接从生长环境中利用外源叶酸，而是利用对氨基苯甲酸及二氢喋啶，在二氢叶酸合成酶的催化下合成二氢叶酸，再经二氢叶酸还原酶还原为四氢叶酸。四氢叶酸是一碳基团转移酶的辅酶，参与嘌呤、吡啶、氨基酸的合成。磺胺类的化学结构与对氨基苯甲酸的结构极为相似，能与对氨基苯甲酸竞争二氢叶酸合成酶，抑制二氢叶酸的合成，进而影响了核酸合成，结果细菌生长繁殖被阻止。根据上述作用机理，应用时须注意：①首次量应加倍（负荷量），使血药浓度迅速达到有效抑菌浓度；②在脓液和坏死组织中，含有大量的对氨基苯甲酸，可减弱磺胺类的局部作用，故局部应用时要清创排脓；③局部应用普鲁卡因时，普鲁卡因在体内可水解生成对氨基苯甲酸，亦可减弱磺胺类的疗效。

3）耐药性　在药量不足时细菌对磺胺类易产生耐药性，尤以葡萄球菌最易产生，大肠杆菌、链球菌等次之。各磺胺药之间可产生程度不同的交叉耐药性，但与其他抗菌药之间无交叉耐药现象。使用足够的剂量与疗程，与甲氧氨苄嘧啶合用时，可减少或延缓抗药性的产生。

4）常用药物及应用

磺胺嘧啶

【性状】白色结晶性粉末，几乎不溶于水，其钠盐易溶于水。

【作用与用途】抗菌力强，疗效较高，副作用小，吸收快，排泄慢，易进入组织和脑脊液，是治疗脑部感染的首选药物。对肺炎、上呼吸道感染具有良好作用。对球菌和大肠杆菌效力强。也用于防治混合感染。

【用法与用量】片剂：0.5 克，内服首次用量每千克体重0.4～0.2 克，维持量减半，每天 2 次。注射液：10 毫升（1克），静脉注射或深部肌内注射，每千克体重 0.07～0.1 克，每天 2 次。

【注意事项】针剂呈碱性，忌与酸性药物配伍，也不宜用5‰葡萄糖注射液稀释，不能与维生素C、氯化钙等药物混合使用。本品服用时应配合等量碳酸氢钠。

磺胺脒（磺胺胍）

【性状】白色针状结晶性粉末，微溶于水。遮光、密封保存。

【作用和用途】内服吸收少，在肠内可保持较高浓度，适用于肠炎、腹泻等肠道细菌性感染。

【用法与用量】内服，日用量，各种家畜、家禽每千克体重0.1～0.3克，分2～3次内服，首次量加倍。

5）磺胺类药在临床应用时常出现的不良反应　①急性中毒。多见于静脉注射，通常因注射速度过快，剂量过大引起，表现为神经症状，如共济失调、痉挛性麻痹、呕吐、昏迷、腹泻等；羊还可见目盲、散瞳。②慢性中毒。常见于用量过大，疗程过长（超过7天以上），主要表现为乙酰化物结晶损伤泌尿系统导致的血尿、蛋白尿。③二重感染。干扰了胃肠道正常菌群的平衡而致食草畜的多发性肠炎。④出现溶血性贫血，白细胞、红细胞数和血红蛋白浓度降低，使用时应予以注意。

磺胺类药物，如磺胺嘧啶、磺胺二甲嘧啶、磺胺甲基嘧啶、磺胺间甲氧嘧啶等容易引起兽药残留，不能使用未经批准的磺胺类药作饲料添加剂。对于所有食用动物，每千克鲜肌肉、脂肪、肝、肾及奶产品中，磺胺类药物最高残留量不得超过100微克。使用磺胺类药物，羊休药期为28日。

（10）喹诺酮类　近十几年来，这类药物的研究进展十分迅速，临床常用有：诺氟沙星、氧氟沙星、环丙沙星、恩诺沙星、达氟沙星、二氟沙星、单诺沙星、沙拉沙星等。这类药物具有抗菌谱广、杀菌力强、吸收快和体内分布广泛、抗菌作用独特、与其他抗菌药无交叉耐药性、使用方便、不良反应小等特点。

1）抗菌谱　氟喹诺酮类为广谱杀菌性抗菌药。对革兰氏阳性菌、阴性菌、支原体、某些厌氧菌均有效，对复方磺胺制剂耐药的细菌、庆大霉素耐药的绿脓杆菌、耐甲氧苯青霉素的金色葡萄球菌也有效。

2）作用机理 能抑制细菌脱氧核糖核酸回旋酶，干扰脱氧核糖核酸复制而产生杀菌作用。氟喹诺酮类药物最好不要与利福平联合应用。

3）常用药物及应用

诺氟沙星（氟哌酸）

【性状】为类白色至淡黄色结晶性粉末，无臭，味微苦，在水或乙醇中微溶，在醋酸、盐酸或氢氧化钠溶液中易溶。

【作用与用途】本品为广谱杀菌药。对革兰氏阴性菌如大肠杆菌、沙门氏菌、巴氏杆菌及绿脓杆菌的作用较强；对革兰氏阳性菌有效；对庆大霉素、氨苄青霉素及复方磺胺制剂等耐药菌株仍有较好的抗菌作用，对支原体亦有一定的作用；对大多数厌氧菌结核杆菌、衣原体不敏感。主要用于敏感菌引起的消化系统、呼吸系统、泌尿道感染和支原体病等的治疗，如肾盂肾炎、肠炎、菌痢等。

【用法与用量】粉剂：2%、5%，50克/袋，羔羊每千克体重 10～15 毫克。针剂：2%，10 毫升/支，肌内注射，10～15 毫升/次，每天 2 次。

【注意事项】饲喂诺氟沙星、盐酸小檗碱预混剂，休药期为500 度日。

环丙沙星

【性状】其盐酸盐和乳酸盐为淡黄色结晶性粉末，易溶于水。

【作用与用途】属广谱杀菌药。对所有的细菌抗菌活性均较诺氟沙星、乙基环丙沙星强 2～4 倍，对革兰氏阴性菌的抗菌活性是目前应用的氟喹诺酮类中较强的一种；对革兰氏阳性菌、厌氧菌、绿脓杆菌亦有较强的抗菌作用且不易产生耐药性。临床应用于全身各系统的感染，对消化道、呼吸道、泌尿生殖道、皮肤软组织感染及支原体感染等均有良好效果。

【用法与用量】环丙沙星盐酸盐混饮浓度，每千克水 30 毫克，连用 3～5 天为一疗程。乳酸环丙沙星注射液，肌内注射，每次用量，每千克体重 2.5～5 毫克；静脉注射，犬每千克体重 5～15 毫克，其他家畜每千克体重 2 毫克，每天 2 次。

【注意事项】使用盐酸环丙沙星粉剂和针剂，羊休药期为 28 日；饲喂盐酸环丙沙星、盐酸小檗碱预混剂，羊休药期为 500 度日。

恩诺沙星（乙基环丙沙星）

【性状】为类白色结晶性粉末，无臭，味苦，在水或乙醇中极微溶解，在醋酸、盐酸或氢氧化钠溶液中易溶。

【作用与用途】本品为动物专用的广谱杀菌药，对支原体有特效。其抗支原体的效力比泰乐菌素和泰妙菌素强。对耐泰乐菌素、泰妙菌素的支原体，本品亦有效。对反刍动物主要应用于大肠杆菌性腹泻、败血症、溶血性巴氏杆菌、沙门氏菌及支原体、链球菌、葡萄球菌引起的呼吸道感染及泌尿生殖道感染、创面感染和隐性乳腺炎。

【用法与用量】主要用于大肠杆菌、鼠伤寒沙门氏菌感染，内服，每次用量每千克体重 2.5 毫克，每天 2 次，连用 3～5 天。混饮浓度，每千克水 30 毫克，连用 3～5 天。

【注意事项】使用恩诺沙星注射液，羊休药期为 14 日。

单诺沙星

【作用与用途】抗菌谱广，对溶血性巴氏杆菌、多杀性巴氏杆菌、支原体等抗菌活性强，主要用于羊巴氏杆菌病、支原体肺炎、放线菌胸膜炎和大肠杆菌病等。

【用法与用量】肌内注射，每千克体重 1.5 毫克，每日 2 次。

（二）抗病毒药

病毒是最小的病原微生物，无完整的细胞结构，由脱氧核糖核酸或核糖核酸组成核心，外包蛋白外壳（分别称脱氧核糖核酸或核糖核酸病毒），需要寄生于宿主细胞内，并利用宿主细胞的代谢生存、增生。2005年10月发布的农业部第560号公告列出了《兽药地方标准废止目录》，由于金刚烷胺、吗啉胍、利巴韦林等人用抗病毒药移植兽用，缺乏科学规范、安全有效的实验数据，给动物疫病控制带来不良后果，影响到国家动物疫病防控政策的实施，经兽药评审后确认，予以废止。目前临床上多用的抗病毒药为中药制剂。

（1）黄芪多糖

【性状】该品为棕黄色粉末，味微甜，具引湿性。

【作用与用途】黄芪多糖是一种干扰素诱导剂，其抗病毒原理主要是它能刺激巨噬细胞和T细胞的功能，使E环形成细胞数增加，诱生细胞因子，促进白细胞介素诱生，而使动物机体产生内源性干扰素，从而达到抗病毒的目的。用于治疗仔猪圆环病毒病、鸡传染性法氏囊病、流感艾病毒性传染病。黄芪可预防感冒、降低发病率50%以上，黄芪与干扰素联合应用可降低发病率70%以上。主治家畜水疱、疱疹、痘病引起的体温升高、食欲不振、精神萎靡、口腔部溃疡等症状；家畜流行性感冒、心肌炎、病毒性蹄炎、病毒性腹泻；鸡传染性法氏囊炎、鸡新城疫、传染支气管炎、鸭病毒性肝炎、浆膜炎、猪圆环病毒、细小病毒病、蓝耳病、伪狂犬病、猪瘟流感等病毒感染引起的高热、精神不振、食欲减退、呕吐、呼吸急促等症状。

【用法与用量】黄芪多糖注射液，肌内、皮下注射一次量每千克体重马、牛、羊、猪、禽0.1~0.2毫升；驹、犊、羔羊、仔猪每头（只）3~5毫升，一天1次，连用2天。

【注意事项】对于黄芪多糖注射液，长久贮存或冷冻后有沉淀析出，可加温溶解后使用，不影响疗效。本品能增强抗生素的疗效，直接稀释抗生素粉针有助溶增效作用。

（2）清瘟败毒散

【性状】本品为棕黄色粉末，气微香，味苦，微甜。

【作用与用途】清热解毒、泻火凉血、抑菌抗病毒、能快速杀灭病原体，药效持久，不易产生耐药毒株。具有提高机体免疫力、诱导机体产生干扰素、提高吞噬细胞的吞噬功能，具有涩肠止泻、杀菌消炎、修复肠道，增强食欲等功能。主治禽流行性感冒、传染性法氏囊炎、新城疫、传染性喉气管炎、传染性支气管炎、鸭病毒性肝炎、禽痘、传染性脑脊髓炎；病毒性腹泻及不明原因的顽固性水泻、肠毒综合征；各种细菌及原虫感染等引起的畜禽各种疑难杂症。

【用法与用量】家禽混饲：治疗时每1 000千克饲料添加本品3千克（即每袋拌料300千克），充分混匀，每天2次，连用3～5天，预防量减半；家畜混饲，每千克体重内服10～20克，连用5～7天，重症加倍或遵医嘱；畜禽混饮，用适量温开水浸泡20分钟后药液兑入全天饮水量的1/3或1/4水中集中饮用，药渣拌料，效果更佳，每天2次，连用3～5天。

三、驱 虫 药

凡能驱除或杀灭畜禽体内、外寄生虫的药物均称为抗寄生虫药。使用此类药物时，要同时搞好畜舍的环境卫生（如粪便的无害处理、杀灭病媒昆虫等），使用清洁的饲料特别是青饲料，给予干净的饮水等，以免重复感染。抗寄生虫药大多对畜禽有一定的毒性作用，用量过大时，容易发生中毒。因此，要十分注意掌握药物的用量和中毒时的症状与解救办法。

1. 盐酸噻咪唑（驱虫净）

【性状】白色结晶粉末，无臭，味苦带涩，易溶于水。

【作用与用途】是一种广谱、低毒驱虫药，对畜禽近70多种寄生虫的成虫和幼虫都有很好的驱虫效果，特别是对肺线虫病有特效。

【用法与用量】盐酸噻咪唑粉剂：内服，每次每千克体重

10～20毫克。盐酸噻咪唑注射液：每支 5 毫升（0.25 克）、10 毫升（0.5 克），肌内或皮下注射，每次每千克体重 10～12 毫克。

2. 丙硫咪唑

【性状】白色或浅黄色粉末，无臭，不溶于水。

【作用与用途】驱虫药，具有广谱、高效、低毒、低残留等特点，本品对羊常见的肠道线虫、肺线虫、绦虫和肝片吸虫均有显著驱杀作用。在一般剂量时，对成虫的效果优于幼虫。

【用法与用量】丙硫咪唑粉，内服，每次每千克体重 5～15 毫克。本品适口性差，若混饲给药，应少添多次喂服。

【注意事项】本品具有致畸作用，孕羊禁用。屠宰前 14 日停药。

3. 盐酸左旋咪唑（左咪唑）

【性状】本品为噻咪唑左旋异构体，白色或带黄色结晶粉末，易溶于水。

【作用与用途】左旋咪唑能抑制虫体延胡索酸还原酶的活性，影响虫体的氧代谢，使能量产生减少，虫体肌肉麻痹而被排出。本品为广谱驱虫药，对胃肠道的 70 余种线虫及其幼虫有效，对肺线虫也有良好效果。主要用于各种动物的蛔虫病、绦虫病和肺线虫病等。左旋咪唑还能增强机体的免疫力，是一种非特异性免疫增强剂。

【用法与用量】盐酸左旋咪唑粉剂，内服，每次每千克体重 5～10 毫克。饲喂前给药（一般指饲喂前 30 分钟）。盐酸左咪唑注射液，每支 5 毫升（0.25 克）、10 毫升（0.5 克），肌内或皮下注射，每次每千克体重 5～6 毫克。

【注意事项】左旋咪唑对动物的毒性比较小，有时动物会出现流涎、腹痛、腹泻（或排粪次数增加）和呼吸困难等。一般经数小时可以缓解，必要时给予阿托品。口服盐酸左旋咪唑，羊休药期为 3 日，注射盐酸左旋咪唑注射液休药期为 28 日，泌乳期禁用。在用有机磷药物和乙胺嗪驱虫后 14 天内，不能再用本品驱虫。

4. 硫苯咪唑

【性状】无色粉末，不溶于水。

【作用与用途】驱虫药，对胃肠道线虫的成虫和幼虫有高效。对牛、羊矛形双腔吸虫、片形吸虫、绦虫也有较好药效，而且具有抑制产卵的作用。

【用法与用量】硫苯咪唑粉，内服，每次 5～20 毫克（可直接投服或制成悬浮液灌服），可拌到饲料中给药。

5. 甲苯咪唑（甲苯唑）

【性状】米色或米黄色非结晶性粉末，无臭，不溶于水。

【作用与用途】驱虫药。不仅对多种胃肠道线虫有效，对某些绦虫亦有良效，并且是治疗旋毛虫的有效药品之一。

【用法与用量】甲苯咪唑粉，用前应磨成极细粉末，可供内服或混到饲料中给药。每次每千克体重 10～15 毫克；治疗羊绦虫病 45 毫克。

6. 精制敌百虫

【性状】精制敌百虫为白色结晶性粉末，有氯仿气味，易挥发，易潮解，有腐蚀性，易溶于水和乙醇，水溶液呈酸性反应。性质不稳定，遇热易分解失效，遇碱则可变为毒性更大的敌敌畏，然后分解失效。应密封、于阴凉干燥处贮存。

【作用和用途】敌百虫为有机磷酸类广谱杀虫药。能与虫体内的胆碱酯酶结合，使之失去水解乙酰胆碱的能力，导致虫体内蓄积大量乙酰胆碱，引起虫体肌肉过度兴奋，以至痉挛、麻痹死亡。内服或接触本品，均能发挥杀虫作用。内服时，能杀灭畜禽消化道内大多数线虫，如蛔虫、鞭虫、钩虫、食道口线虫、毛首线虫等；外用对多种外寄生虫和病媒昆虫，如三蝇（马胃蝇、羊鼻蝇、牛皮蝇）及其幼虫和蜱、螨、虱、蚤、蚊、蝇等有很强的杀虫作用。

【用法与用量】精制敌百虫粉，内服，每次量，绵羊每千克体重80～100毫克；山羊每千克体重50～70毫克。治疗羊鼻蝇蛆，绵羊每千克体重0.1克；山羊每千克体重0.075克，颈部皮下注射。

【注意事项】敌百虫也能与动物体内的胆碱酯酶结合，使之失去水解乙酰胆碱的能力。故过量时，也能使动物中毒，甚至死亡。敌百虫轻度中毒时，动物出现流涎、厌食、沉郁、局部肌肉颤动、步态不稳、腹痛、腹泻、呼吸困难等症状。解救办法：轻度中毒时，可用阿托品以对抗其中毒症状；严重中毒时，必须反复使用解磷定等特效解毒药，并同时应用大剂量阿托品直至症状完全消失。还应根据病情给予强心药（如安钠咖）、镇静药（如氯丙嗪）和体液补充剂（如5％葡萄糖注射液、糖盐水等）以促进动物痊愈。不可与碱性药物并用，孕畜、有心脏病及胃肠炎患畜忌用。休药期为28日。

7. 吡喹酮

【性状】无色结晶粉末，味微苦，无臭，微溶于水，能溶于乙醇，应遮光、密封贮存。

【作用与用途】本品为新型广谱、高效、低毒驱绦虫和抗血吸虫药。可使进入钉螺体的幼虫发育受阻，对绦虫成虫及未成熟虫体有效。对多头绦虫、细粒棘球虫有效。对羊多头蚴、猪囊尾蚴均有效。

【用法与用量】吡喹酮片，每片0.1克、0.5克，内服。每次每千克体重：犊牛100毫克；猪200毫克，一次内服，或50毫克连服5天；羔羊30～50毫克，连服5天，或75毫克连服3天；治疗羊肺吸虫病65～80毫克，腹腔注射量30～50毫克；治疗犬绦虫及其蚴虫病，2.5～5毫克；治疗中华支睾吸虫病75毫克；肺吸虫病50毫克。

【注意事项】吡喹酮的不良反应比较少。有时可出现肌肉震颤、步态不稳，多在停药后逐渐消失。对于绵羊仅用于非泌乳绵羊。使用本品羊休药期为 28 日，弃奶期为 7 日。

8. 氯硝柳胺（灭绦灵）

【性状】为黄色或白色粉末或结晶性粉末，无味，几乎不溶于水，微溶于乙醇。露置空气中颜色变深，应遮光、密封贮存。

【作用与用途】驱虫药，对多种绦虫有高效，对移行在胃和小肠中前后盘吸虫的童虫、犬多头绦虫也有效。可治疗各种畜禽的绦虫病，也可治疗牛、羊的前后盘吸虫病和杀灭日本血吸虫的中间宿主钉螺。

【用法与用量】氯硝柳胺粉，内服，每次量羊每千克体重 50～70 毫克。

9. 硫双二氯酚（别丁）

【性状】白色或类白色粉末，无臭或微带酚臭，不溶于水。易溶于乙醇和稀碱溶液中。应遮光、密封贮存。

【作用与用途】驱虫药，主要用于反刍动物的肝片吸虫、前后盘吸虫、猪姜片吸虫、反刍动物绦虫、禽绦虫。对童虫无效。但对绦虫的幼虫效果较差，必须增加剂量才有作用。

【用法与用量】硫双二氯酚片，每片 0.5 克内服，每次量羊每千克体重 0.075～0.1 克。

【注意事项】治疗剂量时，一般无毒性反应，剂量增大则可出现厌食、沉郁、短暂性腹泻、羊产乳量下降。

10. 硝氯酚（拜耳 9015）

【性状】为深黄色结晶性粉末，无臭，难溶于水，其钠盐则易溶于水。应遮光、密封贮存。

【作用与用途】驱虫药，影响虫体能量代谢，使其麻痹而死亡。对牛、羊肝片吸虫的成虫有很强的杀灭作用，但对幼虫的效果差。主要用于治疗牛、羊肝片吸虫病。具有疗效高、毒性小、用量少的特点。

【用法与用量】0.05 克/片、0.1 克/片。内服量（每千克体重）：山羊 3～4 毫克，绵羊 8 毫克。硝氯酚注射液：0.08 克/2

毫升、0.4 克/10 毫升。肌内注射量（每千克体重）羊 1～2
毫克。

【注意事项】用量过大时，动物出现体温升高、厌食、流涎、
沉郁、步态不稳、心跳和呼吸加快等现象。可用安钠咖、10%葡
萄糖注射液等进行对症治疗。

11. 阿维菌素（灭虫丁、虫克星）

【性状】白色或类白色粉末。

【作用与用途】广谱抗寄生虫新药，高效、低毒、安全、无
残留。对家畜体内外寄生虫如线虫、蜱、螨、虱等具有高效驱杀
作用，一次用药可同时驱除体内外多种寄生虫。

【用法与用量】片剂：每片（粒）2 毫克、5 毫克、10 毫克，
口服，每千克体重 0.3～0.4 毫克，首次用药后 7 天可重复用药
一次。针剂：2 毫升（2 毫克）、5 毫升（50 毫克），皮下注射，
每千克体重 0.2 毫克。

【注意事项】羊休药期为 35 日，泌乳期禁用。

12. 二氯苯醚菊醋（除虫精）

【性状】为淡黄色油状液体。有除虫菊醋的芳香气味，不溶
于水，能溶于丙酮、乙醇等有机溶剂。性质稳定，但在碱性环境
下易水解失效。

【作用与用途】除虫精为速效、高效、长效、不污染环境的
广谱杀虫药，对人、畜安全无毒。能杀灭农作物的多种害虫和
人、畜体外寄生虫、蜘蛛昆虫，如蚊、蝇、虱、蜱、蛹、蚜等。

【用法与用量】二氯苯醚菊醋乳剂：杀蜱、蚜等，用
0.025%乳剂喷雾体表。灭虱、螨等可用 0.02%乳剂药浴。羊药
浴一次，可保持效力数周。杀蚊、蝇等，可用 0.1%乳剂喷雾体
表，用于室内灭蝇、蚊、蟑螂等，按每平方米 25～125 毫克喷
雾，效力可维持 4～12 周。

【注意事项】这类药物有的对人、畜都有毒性，用时宜慎重。

13. 伊维菌素（害获灭注射液）

【性状】本品为无色透明液体。

【作用与用途】伊维菌素是从土壤微生物阿佛曼链霉菌发酵产生的半合成大环内酯类多组分抗生素。伊维菌素是广谱抗寄生虫药，对体内外寄生虫特别是某些线虫（圆虫）类和节肢动物类具有良好的驱杀作用，但对绦虫、吸虫及原生动物无效。本品主要在于增加虫体的抑制性递质 γ 氨基丁酸的释放，从而阻断神经信号的传递，使肌肉细胞失去收缩能力，而导致虫体死亡。哺乳动物的外周神经递质为乙酰胆碱，不会受到伊维菌素的影响，且伊维菌素不易透过血脑屏障。用于治疗家畜的胃肠道线虫病、牛皮蝇蛆、纹皮蝇蛆、羊鼻蝇蛆、羊痒螨和猪疥螨病。

【用法与用量】皮下注射一次量，羊每 25 千克体重 0.5 毫升（相当于每千克体重 200 微克伊维菌素）。

【注意事项】有些羊在皮下注射本品后有时会出现剧痛，但通常是短暂的。使用伊维菌素注射液休药期为 35 日，产奶期禁用。本品不得用于肌内或静脉注射。

四、作用于消化系统的药物

（一）健胃药、促反刍药及止酵药

1. 稀盐酸

【性状】无色透明液体。

【作用与用途】内服有健胃、止酵作用，可治疗前胃弛缓，与胃蛋白酶配伍能治疗羔羊消化不良。

【制剂与用法】溶液（含盐酸 9.5%～10.5%），内服，2～5 毫升/次，稀释成 0.5%～1%灌服。

2. 胃蛋白酶

【性状】由家畜的胃黏膜提取而成。为淡黄色粉末，能溶于水。

【作用与用途】助消化药，在酸性环境中能水解蛋白质，多与稀盐酸配伍，治疗胃肠卡他及羔羊消化不良。

【用法与用量】粉剂，内服，每次1～2克。

3. 鱼石脂

【性状】糖浆状液体，能溶于水。

【作用与用途】外用有消炎作用；内服能促进胃肠蠕动，并能防腐止酵。可用于治疗瘤胃弛缓和胃肠臌胀。外用可治疗烧伤、湿疹、皮肤及软组织炎症。

【用法与用量】内服时先用酒精（热水）溶解，加水稀释后灌服，每次2～5克。20%～25%的软膏可外用，患部涂擦。

4. 马钱子酊

【性状】棕色液体，味极苦。

【作用与用途】内服有健胃作用，并能促进瘤胃运动、兴奋反刍，吸收后对中枢神经有兴奋作用。临床上可用做健胃和瘤胃兴奋药。但其毒性较大，且有蓄积作用，应注意控制剂量。

【用法与用量】酊剂，每天或隔天一次，每次1～5毫升，加适量水内服。

5. 人工盐（人工矿泉盐）

【性状】白色粉末，易溶于水，是由硫酸钠、硫酸氢钠、氯化钠、硫酸钾混合而成。

【作用与用途】内服，小剂量能增强胃肠蠕动，增加消化液分泌，促进消化吸收。大剂量具缓泻作用。用于治疗消化不良、慢性胃肠炎、胃肠弛缓及便秘。

【用法与用量】内服，用于健胃量10～30克/次，缓泻量50～100克/次，加水适量灌服。

【注意事项】本品禁与酸类药物配合服用。

6. 龙胆酊

【性状】棕色液体，味苦。

【作用与用途】健胃药，经口服能刺激味觉感受器，反射性地兴奋采食中枢，使胃液分泌增加，食欲增强，故有健胃作用。

可用于治疗食欲减退，消化不良。

【用法与用量】内服，每次 5～15 毫升。

7. 高渗氯化钠注射液

【作用与用途】静脉注射，能促进胃肠蠕动及腺体分泌，主要用于反刍动物前胃弛缓。

【注意事项】静脉注射速度不能太快，同时不能漏于血管外。

【用法与用量】针剂，每瓶 500 毫升、250 毫升，静脉注射，每千克体重 0.1 克。

8. 干酵母（食母生）

【性状】黄色干粉末。

【作用与用途】含有酵母及多种 B 族维生素，可用于一般消化不良及 B 族维生素缺乏。

【用法与用量】片剂，每片 0.3 克、0.5 克，内服，每次 5～10 克。

（二）泻药、止泻药及解痉药

1. 矽碳银

【性状】由白陶土 480 份、药用炭 120 份和氯化银 3 份混合组成。

【作用与用途】有吸附、收敛和防腐作用。用于急性肠炎、腹胀、腹泻等。

【用法与用量】片剂，0.3 克/片，内服，每次 5～10 克。

2. 硫酸钠（芒硝）

【性状】无色，透明柱状结晶，无臭，味清凉而苦咸，易溶于水（1：15）。

【作用与用途】内服，可使消化道内保持大量水分，使肠道内容积增大，产生机械刺激作用，促使胃肠蠕动增加，同时能软化粪便，故而有良好的泻下作用。可用于治疗便秘及排除肠道内毒物。

【用法与用量】内服时配成 5%～10%溶液灌服，每次 40～100 克。

【注意事项】应用硫酸钠时应使羊大量饮水。

3. 硫酸镁（硫苦）

【性状】无色结晶，能溶于水。

【作用与用途】大量内服与硫酸钠作用相同，具有下泻作用，但静脉注射有镇静作用。

【用法与用量】内服同硫酸钠。针剂，25% 20 毫升/支，10～20 毫升/次，静脉注射。

【注意事项】硫酸镁遇氯化钙容易发生沉淀，遇碳酸氢钠微温后发生浑浊。

4. 液体石蜡

【性状】无色，透明稠性油状液体，无臭，无味，中性。

【作用与用途】液体石蜡是一种矿物油，在肠道内不被吸收和消化，能润滑肠壁，阻止水分吸收，软化粪便，具有缓泻作用。可用于治疗便秘及排除肠道内有害物质，多用于小肠便秘。

【用法与用量】每瓶 500 毫升。内服，每次 50～200 毫升。

5. 鞣酸蛋白

【性状】淡棕色或淡黄色粉末，不溶于水。

【作用与用途】在胃内不发生变化，在小肠内遇碱液分解成鞣酸及蛋白，呈现收敛、消炎、止泻作用，可治疗非细菌性腹泻。

【用法与用量】片剂，每片 0.25 克、0.5 克。内服 2～5 克/次。

6. 活性炭

【性状】黑色，颗粒性粉末。

【作用与用途】内服能减轻肠内容物对肠壁的刺激，使肠蠕动减弱，呈现止泻作用。用于腹泻、肠炎、毒物中毒等。

【用法与用量】片剂，每片 0.3 克、0.5 克。内服 10～

25 克。

7. 颠茄酊

【性状】为棕红色或棕绿色液体，主要成分有阿托品、莨菪碱和东莨菪碱等。

【作用与用途】有抑制胃肠蠕动、解除平滑肌痉挛、减少腺体分泌等作用，但作用弱于阿托品。主要用于腹泻和肠痉挛等症。

【用法与用量】内服，每次 2～5 毫升，加水适量内服。

8. 次硝酸铋

【性状】白色结晶性粉末，不溶于水，溶于弱酸。

【作用与用途】内服，大部分覆盖于肠黏膜表面，呈机械保护作用，减少肠内容物对黏膜的刺激，使肠蠕动变慢而出现止泻作用。在酸性环境，有少量铋离子游离出，可产生收敛和抑菌作用。主要用于治疗肠炎和腹泻。

【用法与用量】片剂，每片 0.3 克、0.5 克。内服每次 4～8 克。

【注意事项】本品用量过大可引起亚硝酸盐中毒。

五、作用于呼吸系统的药物

1. 复方甘草片

【性状】本品为深棕色片剂，由甘草浸膏、阿片粉等组成。

【作用与用途】祛痰、镇咳药。

【用法与用量】片剂，每片 0.3 克。内服，每次 2～4 片，每天 3 次。

2. 氨茶碱

【性状】白色或淡黄色的颗粒或粉末。微有氨味，易溶于水。

【作用与用途】对支气管平滑肌有松弛作用，解痉、平喘疗效较稳定。主要用于治疗痉挛性支气管炎、支气管喘息等。

【用法与用量】注射液：每支 5 毫升（1.2 克），静脉注射或肌内注射，0.25～0.5 克/次。片剂：0.1 克、0.2 克。内服，0.2～0.4 克/次。

【注意事项】羊使用氨茶碱注射液休药期为 28 日，弃奶期为7 日。

3. 氯化铵

【性状】无色结晶或白色结晶性粉末，易溶于水。

【作用与用途】内服，使支气管腺体分泌增加，痰液变稀，故有祛痰作用。主要用于急性支气管炎。

【用法与用量】片剂，每片 0.3 克。内服，每次 2～4 克。

【注意事项】对肝、肾功能异常的患畜慎用。本药不能与碱性药物、碘胺类药物配合使用。

4. 咳必清（维静宁）

【性状】枸橼酸维静宁为白色结晶粉末，无臭，味苦。

【作用与用途】镇咳药。一般认为有中枢性镇咳作用，但试验证据不足。本品还有阿托品样作用，可松弛支气管平滑肌，起到镇咳作用。可用于呼吸道炎症引起的干咳。

【用法与用量】片剂，每片 25 毫克。内服，每次 50～100毫克。

【注意事项】心功能不全并伴有肺瘀血的病畜忌用。

六、作用于泌尿、生殖系统的药物

1. 利尿酸（依他尼酸）

【性状】白色粉末，易溶于水。

【作用与用途】能抑制肾小管对水分和某些盐类的再吸收，从而使尿量增加。主要用于心脏、肾脏性水肿。

【用法与用量】片剂，内服，每次每千克体重 0.5～1 毫克，每日 2 次。

2. 双氢克尿噻

【性状】白色粉末，微溶于水。

【作用与用途】能抑制肾小管对钠离子的重吸收，使尿量显著增加，适用于心脏、肝脏及肾脏性水肿。

【用法与用量】片剂，250 毫克/片。内服，每次 50～200 毫克。

3. 乌洛托品

【性状】无色，细小结晶体，能溶于水。

【作用与用途】在酸性环境中能分解出甲醛和氨，产生抗菌作用，由尿道排出，发挥尿道防腐作用。主要用于肾炎、膀胱炎、尿道炎等。

【用法与用量】粉剂：内服，2～5 克/次；针剂：40% 20 毫升，静脉注射，5～10 毫升（2～5 克）/次。

4. 黄体酮

【性状】白色或几乎为白色的结晶粉末，不溶于水。

【作用与用途】激素类药物，能抑制子宫收缩，降低子宫对缩宫素的敏感性，有安胎作用。主要用于先兆性流产、习惯性流产等。

【用法与用量】注射液，每支 1 毫升（50 毫克、20 毫克、10 毫克）。肌内注射，10～25 毫克/次。

5. 催产素

【性状】白色粉末，能溶于水，水溶液呈酸性。

【作用与用途】激素类药，由动物脑垂体后叶中提取。能兴奋子宫平滑肌，使子宫收缩；并能收缩乳腺平滑肌，促进排乳；收缩毛细血管，起到止血作用。用于催产、子宫出血、胎衣不下等。

【用法与用量】注射液 1 毫升（10 国际单位）、5 毫升（50 国际单位），皮下或肌内注射，每次 10～50 国际单位。

6. 绒毛膜促性腺激素

【性状】白色或类白色粉末，溶于水。

【作用与用途】激素类药物，有促性腺的作用。主要用于性机能障碍、卵巢囊肿、习惯性流产、促进发情、排卵等，有时可提高母羊受精率。

【用法与用量】粉针：每支含 500 国际单位、1 000 国际单位，用生理盐水稀释，每次 100～500 国际单位，肌内注射。

7. 促滤泡素（促滤泡素、促卵泡素 FSH）

【性状】本品为类白色或淡黄色的冻干粉末或块状物。

【作用与用途】激素类药。能促进母畜卵巢滤泡的生长发育，与 LH 协同可促进卵巢雌激素的分泌，引起正常发情。刺激公畜细精管上皮及次级精母细胞的发育，与 LH 协同促进精子形成。常用于：胚胎移植之超数排卵；治疗卵巢机能静止性不发情；治疗卵巢机能不全性多卵泡发育，两侧卵泡交替发育之久配不孕。

【用法与用量】粉针：100 单位/支。①羊超数排卵：用孕激素预处理 12～14 天，预处理结束前 2 天开始超排处理；或在母羊发情周期的第 12 或 13 天，间隔 12 小时连续 3 天（绵羊）或 4 天（山羊）肌内注射 FSH，总量为 200～250 单位；②羊发情控制：在非繁殖季节，先用孕激素预处理 14 天，预处理结束前 1 天与当天各肌内注射促滤泡素 50 单位一次，可诱发母羊发情，并获得较高的同期发情率。注射时，用注射水、生理盐水等灭菌水稀释即可。

七、作用于血液和心血管系统的药物

1. 安络血

【性状】橘红色结晶或结晶性粉末，难溶于水。

【作用与用途】能增强毛细血管壁对损伤的抵抗力，可作为止血药用于毛细血管损伤所致的出血性疾病。如肺出血、血尿、子宫出血等。

【用法与用量】注射液：2毫升（10毫克）、5毫升（25毫克）。肌内注射，每次2～4毫升。

2. 仙鹤草素

【性状】黑色的小颗粒或粉末，热水中易溶。

【作用与用途】能增加血钙和血小板数，可缩短凝血时间。适用于各种内脏出血及一般性外伤出血。

【用法与用量】注射液：1毫升（10毫克）、5毫升（50毫克）。肌内注射，每次5～10毫升。

3. 羧苯磺乙胺（止血敏注射液）

【性状】无色，澄明液体。

【作用与用途】能增加血小板的数量和机能，增强毛细血管抵抗力，减少毛细血管壁的通透性，从而发挥止血作用。

【用法与用量】每支2毫升（0.25克）、10毫升（1.25克）。肌内注射或静脉注射，每次2～4毫升。

4. 苯甲酸钠咖啡因（安钠咖）

【性状】白色粉末或颗粒，略溶于水。

【作用与用途】对中枢神经系统有兴奋作用。能使心脏收缩加快、加强，使皮肤、肾脏、脑及冠状血管扩张，内脏血管收缩。主要用于治疗严重传染病、麻醉药过量及各种毒物中毒引起的急性心脏衰弱和呼吸困难等。

【用法与用量】粉剂：内服，每次1～2克；注射液：10％10毫升，每支含1克，每次0.5～2克，皮下、肌内、静脉注射。

【注意事项】使用安钠咖注射液休药期为28日，弃奶期为7日。

5. 亚硫酸氢钠甲萘醌（维生素K$_3$）

【性状】白色结晶性粉末，无臭，易溶于水。遇光分解。

【作用与用途】维生素K的主要作用是参与凝血因子Ⅶ、Ⅸ、Ⅹ和凝血酶原的形成，以促进血液的凝固，缩短凝血时间而止血。主要用于慢性出血性疾病、术后出血等各种原因引起的维生素 K 缺乏症。大剂量也用于解救"敌鼠钠"中毒。

【用法与用量】可内服或肌内注射。混饲：每 1 000 千克饲料，幼雏（1～8 周龄）0.4 克，产蛋鸡、种鸡 2 克。维生素 K_3 注射液：牛、马肌内注射用量 0.1～0.3 克；猪、羊 0.03～0.05 克。

【注意事项】不能和巴比妥类药物合用，肝功能不良的病畜应改用维生素 K_1，临产母畜大剂量应用，可使新生畜出现溶血、黄疸或胆红素血症。

八、镇静与麻醉药

1. 二甲苯胺噻唑（静松灵）

【性状】白色或类白色结晶性粉末，味微苦，微溶于水，溶于乙醇。

【作用与用途】具有镇静、镇痛和中枢性肌肉松弛作用。肌内注射后，10 分钟显效，1 小时后恢复。

【用法与用量】注射液：2 毫升（0.2 克）、10 毫升（0.2 克、0.5 克），肌内注射，每次每千克体重 1～3 毫克。

【注意事项】中毒时可注射肾上腺素、尼可刹米等对症治疗。

2. 盐酸普鲁卡因

【性状】无色、无臭结晶，能溶于水中。

【作用与用途】局部应用能阻断神经冲动的传导，产生局部麻醉作用。但其穿透力差，一般不做表面麻醉，主要用于浸润麻醉、传导麻醉。

【用法与用量】注射液，每支 10 毫升（0.3 克，0.15 克）浸润麻醉，0.1%～0.5% 浓度用于皮下、黏膜下注射，传导麻醉浓度为 2%～5%，分点注射。

3. 冬眠灵

【性状】白色或微红色结晶粉末，易溶于水。

【作用与用途】为中枢神经抑制药，能镇静、催眠、镇吐、缓解胃肠平滑肌，并能增强麻醉药和镇痛药的作用。可用于狂躁症、脑炎、破伤风及麻醉前给药。

【用法与用量】注射液，每支 2 毫升（50 毫克），肌内注射，每次每千克体重 1～3 毫克。

4. 乙醇（酒精）

【性状】无色，透明液体。易挥发、易燃，含乙醇量不少于95％。无水乙醇含量为99％。

【作用与用途】75％的浓度，具有较好的杀菌作用，外用可作为消毒药使用，吸收后对中枢神经有抑制作用。小剂量可镇痛、镇静，大剂量可引起麻醉。由于其兴奋期长、安全范围小，一般较少单独用作麻醉剂。其优点是不引起大量流涎和臌气。反刍动物对其耐受性比其他动物高，因而适用于羊的浅麻醉。

【用法与用量】静脉注射，浅麻醉，每次 30～50 毫升。内服，浅麻醉，每次 50～100 毫升；健胃止酵，每次 15～30 毫升，用 5％葡萄糖液稀释成 10％浓度灌服。外用，75％浓度作消毒剂。

九、解热镇痛抗风湿药

1. 安痛定

【性状】淡黄色灭菌水溶液，含氨基比林、安替比林和巴比妥。

【作用与用途】解热镇痛药。镇痛作用强，主要用于发热性疾病，关节、肌肉镇痛和风湿症等。

【用法与用量】针剂，10 毫升/支。皮下、肌内注射，每次5～10 毫升。

2. 安乃近

【性状】白色或淡黄色结晶性粉末，无臭，易溶于水。

【作用与用途】解热作用比氨基比林强，镇痛作用与氨基比林相同，也有抗炎作用。主要用于解热、镇痛、抗风湿；也用于肠臌气、腹痛，具有不影响肠蠕动的优点。

【用法与用量】注射液，每支 10 毫升（3 克）。皮下或肌内注射1～3 克。

【注意事项】本品用量过大会导致动物出汗过多而虚脱，应注意给动物补液。此外，使用本品可抵制凝血酶原的形成，有增加出血的倾向。羊休药期为 28 日，弃奶期为 7 日。

3. 氨基比林

【性状】白色，结晶粉末，溶于水，易溶于乙醇。

【作用与用途】有明显的解热镇痛和消炎作用，退热效果良好，镇痛作用强而持久。单一制剂已被淘汰，目前应用为复方制剂。

【用法与用量】复方安基比林注射液，氨基比林 7.15％、巴比妥 2.85％，每支 10 毫升，皮下、肌内注射，每次 5～10毫升。

【注意事项】本品不能长期使用。

十、体液补充剂

1. 葡萄糖酸钙

【性状】白色结晶或颗粒，能溶于水。

【作用与用途】能补充血钙，并有抗炎、抗过敏、解镁中毒和促进凝血的作用。但含钙量较低，对组织刺激性较小。因此，比氯化钙安全性高。

【用法与用量】注射液，每支 20 毫升（2 克），静脉注射，每次 5～15 克。

2. 氯化钙

【性状】白色半透明的坚硬碎块或颗粒，味微苦，易溶于水和乙醇。

【作用与用途】同葡萄糖酸钙，可用于治疗钙缺乏症、软骨病、过敏性病等。3%、5%浓度的注射液，每支10毫升，静脉注射，每次1～5克。

【注意事项】对组织刺激较大，静脉注射时不可漏出血管外，速度不可太快。

3. 碳酸氢钙（小苏打）

【性状】白色结晶性粉末，能溶于水。

【作用与用途】内服或静脉注射，可直接增加机体碱贮量，主要用于防治代谢性酸中毒。

【用法与用量】5%注射液每支20毫升，静脉注射40～120毫升。

4. 葡萄糖

【性状】无色或白色粉末，味甜，易溶于水。

【作用与用途】具有供能、强心、利尿、解毒等作用。5%等渗液可用于各种急性中毒，以促进毒液排泄。10%～50%的高渗液可用于低血糖症、营养不良、心力衰竭、脑水肿等症。

【用法与用量】5%、10%、25%、50%等浓度注射液，每瓶500毫升，静脉注射，每次10～50克。

5. 氯化钠

【性状】无色或白色结晶粉末，易溶于水。

【作用与用途】小量内服，有健胃作用，0.9%等渗液静脉注射可补充体液、维持血压。主要用于大失血和缺盐性脱水症。外用可冲洗外伤及眼、鼻、口等。也用于稀释其他注射剂。

【用法与用量】0.9%注射液（生理盐水），每瓶500毫升。静脉注射，每次250～500毫升，每天1～2次。

6. 氯化钾

【性状】本品为无色长棱形、立方形结晶或白色结晶性粉末；

无臭，味咸涩。本品在水中易溶，为无色澄明液体。在乙醇或乙醚中不溶。

【作用与用途】钾补充药。用于低血钾症和强心苷中毒等。

【用法与用量】静脉注射，一次量：马、牛2～5克，羊、猪0.5～1克，必须以5％葡萄糖注射液稀释成0.3％以下溶液。

十一、解 毒 药

1. 阿托品

【性状】白色粉末，无臭，味苦，易溶于水。

【作用与用途】能阻断M胆碱受体的作用，用药后可减轻部分有机磷中毒症状。主要用于有机磷中毒的解毒，用药越早越好。剂量可酌情加大或重复用药。

【用法与用量】注射液，1毫升（5毫克）、5毫升（25毫克），肌内或皮下注射，每次10～30毫克。

2. 碘解磷啶

【性状】黄色结晶性粉末，略溶于水。

【作用与用途】为胆碱酯酶复活剂。其具有强大的亲磷酸酯作用，能把结合在胆碱酯酶上的磷酰基夺过来，恢复酶的水解能力，并能使进入体内的有机磷酸酯失去毒性，因而常用于有机磷类中毒的解毒剂。

【用法与用量】注射液，每支10毫升（0.4克），静脉注射，每千克体重每次15～30毫克。

十二、消毒药及外用药

1. 氧化钙（生石灰）

【性状】白色或灰白色硬块，无臭，易吸收水分，在空气中能吸收二氧化碳，渐渐变成碳酸钙而失效。氧化钙与水混合，生成氢氧化钙。

【用法与用量】对大多数繁殖型病菌有较强的消毒作用，但对炭疽芽孢无效。加水配成 10%～20% 石灰乳，涂刷厩舍墙壁、畜栏和地面消毒。氧化钙 1 千克加水 350 毫升，生成消石灰的粉末，可撒布在阴湿地面、粪池周围及污水沟等处消毒。

2. 碘伏（强力碘）

【性状】棕红色液体，具有亲水、亲脂两重性。溶解度大。无味、无刺激，毒性较低。本品是由表面活性剂与碘络合而成的不稳定络合物，杀菌作用持久，能杀死病毒、细菌、细菌芽孢、真菌及原虫等。

【用法及用量】可用于畜舍、饲槽、饮水、皮肤和器械等的消毒。用 5% 溶液喷洒消毒畜舍，每立方米用药 3～9 毫升；5%～10% 溶液刷洗或浸泡消毒室内用具、手术器械等。每升饮水中加原药液 15～20 毫升，饮用 3～5 天，防治家畜肠道传染病。

3. 过氧化氢溶液（双氧水）

【性状】本品为 3% 过氧化氢的无色澄明液体。

【作用与用途】过氧化氢与组织中触酶相遇，立即分解，放出初生态氧而呈现杀菌作用。但作用时间短，穿透力也很弱，且受有机物质的影响，故杀菌作用很弱，临床上主要用于清洗化脓创面或黏膜。过氧化氢在接触创面时，由于分解迅速，会产生大量气泡，将创腔中的脓块和坏死组织排除，有利于清洁创面。

【用法与用量】清洗化脓创面，用 1%～3% 溶液；冲洗口腔黏膜，用 0.3%～1% 溶液。3% 以上高浓度溶液对组织有刺激性和腐蚀性。

4. 鱼石脂

【性状】糖浆状液体，能溶于水。

【作用与用法】具有缓和刺激的作用，能消炎、消肿、促进肉芽生长。用于治疗慢性皮肤炎、蜂窝织炎、健炎、腱鞘炎、溃疡及湿疹等，局部患处外用。

5. 氢氧化钠（苛性钠）

【性状】白色块状、棒状或片状结晶，易溶于水及酒精，极易潮解，在空气中易吸收二氧化碳，形成碳酸盐。应密封保存。能溶解蛋白质，破坏细菌的酶系统与菌体结构，对机体组织细胞有腐蚀作用。

【用法与用量】对细菌繁殖体、芽孢、病毒都有很强的杀灭作用，对寄生虫卵也有杀灭作用。2%热溶液用于被病毒和细菌污染的厩舍、饲槽和运输车船等的消毒；3%～5%溶液用于炭疽芽孢污染的场地消毒；5%溶液用于腐蚀皮肤赘生物、新生角质等。

6. 高锰酸钾

【性状】深紫色结晶，能溶于水。

【作用与用法】为强氧化剂，与有机物相遇时放出新生态氧而将有机物氧化，其本身还原为二氧化锰。常用0.1%水溶液冲洗创伤，0.2%水溶液冲洗子宫、膀胱等。

【注意事项】禁止与酒精、糖、甘油、鞣酸等有机物或易被氧化物质合用。

7. 甲紫（龙胆紫）

【性状】属碱性染料，为暗绿色带金属光泽的粉末，可溶于水及醇。

【作用与用途】对革兰氏阳性菌有选择性抑制作用，对霉菌也有作用，其毒性小，对组织无刺激性，有收敛作用。

【用法与用量】1%水溶液或酒精溶液、2%～10%软膏，治疗皮肤、黏膜创伤及溃疡；1%水溶液也用于治疗烧伤。

8. 碘酊（碘酒）

【性状】为碘、碘化钾的酒精溶液，棕红色透明液体。

【作用与用法】有较强的杀菌能力，可杀死细菌、芽孢、病毒和霉菌。2%浓度可用作注射、手术部位的消毒；5%～10%浓度可用作治疗慢性腱炎、关节炎；1‰碘甘油可用于治疗各种黏膜炎症，如口腔炎、口疮等。

9. 二氯异氰尿酸钠（优氯净）

【性状】白色晶粉，有氯臭。易溶于水，水溶液显酸性，稳定性差。杀菌力较氯胺强，对细菌繁殖体、芽孢、病毒、真菌孢子均有较强的杀灭作用。

【用法与用量】用于水、加工器具及餐具、食品、车辆、厩舍、用具等的消毒。以有效氯含量计算消毒浓度，饮水浓度0.5克/千克，厩舍、用具、车辆消毒浓度50～100毫克/千克。消毒灵为优氯净加稳定剂的专用制剂，0.25％～0.5％溶液（含有效氯125～250毫克/千克），消毒厩舍、车辆、用具等。

10. 氯石灰（漂白粉）

【性状】白色颗粒状粉末，有氯臭。微溶于水和醇，久露在空气中，能吸收水分潮解失效。新制漂白粉含有效氯25％～30％。遇水产生次氯酸，可放出活性氯和初生态氧，呈现杀菌作用。能杀灭细菌、芽孢、病毒及真菌。其杀菌作用强，但不持久。在酸性环境中杀菌作用强，碱性环境中杀菌作用减弱。

【用法与用量】用于厩舍、畜栏、饲槽、车辆等的消毒。用5％～20％混悬液喷洒，也可用干粉末撒布。每升水中加0.3～1.5克，用于饮水消毒。不能用于金属制品及有色棉织物的消毒。用时现配，久贮易失效。保存于阴暗、干燥处，不可与易燃、易爆物品放在一起。

11. 三氯异氰尿酸

【性状】白色结晶性粉末或粒状固体，具有强烈的氯气刺激味，含有效氯在85％以上，水中的溶解度为1.2％，遇酸或碱易分解。本品是一种极强的氧化剂和氯化剂，具有高效、广谱、较为安全的消毒作用，对细菌、病毒、真菌、芽孢等都有杀灭作用，对球虫卵囊也有一定杀灭作用。

【用法与用量】用于环境、饮水、饲槽等的消毒。用粉剂配制 4～6 毫克/千克浓度饮水消毒，用 200～400 毫克/千克浓度的溶液进行环境、用具消毒。

12. 新洁尔灭

【性状】无色或淡黄色胶状液体，易溶于水。

【作用与用法】季胺盐类消毒药，具有较强的杀菌作用，对病毒效力差。对组织刺激性较小。0.1%溶液消毒手、皮肤、器械；0.01%～0.05%溶液消毒黏膜及伤口。0.15%～0.2%浓度可用于栏舍喷雾消毒、外用喷雾。

【注意事项】本品不能与肥皂、合成洗涤剂及盐类物质接触，现用现配。上述剂量为 2 岁以上成年羊剂量，幼羊及羔羊用药量应酌情减少。

第三章

羊病的诊断技术

一、保定方法

保定方法分物理（人力、器械）保定法和化学保定法。

（一）机械保定法

1. **羊的接近** 接近个体较大的羊只（特别是种公羊）前，应向饲养员了解其性情，以防止有顶撞等恶癖，接近时要胆大、心细、温和、沉着，同时应提高警觉，注意安全。检查者应先向其发出欲要接近的信号，然后再从其侧前方徐徐接近。接近后，可用手轻轻抚摸其颈侧或臀部，使其保持安静和温顺状态，以便进行检查。接近时，一般要有饲养人员在旁进行协助。

2. **羊的保定** 在了解其习性的基础上，视个体情况，应尽可能在其自然状态进行检查。但必要时，可采取一定的保定措施。保定的目的在于防止羊骚动，便于检查和处理，保障人、畜安全。

（1）握角骑跨夹持保定法 保定者两手握住羊的两角或头部，骑跨羊身，以大腿内侧夹持羊两侧胸壁即可保定。适用于临床检查或治疗时的保定（图 3-1）。

（2）两手围抱保定法 保定者从羊胸侧用两手（臂）分别围抱其前胸或股后部加以保定。羔羊保定时，保定者坐着抱住羔羊，羊背向保定者，头朝上、臀部向下，两手分别握住前后肢。

适用于一般检查或治疗时的保定（图3-1）。

（3）倒卧保定法 保定大羊时，保定者俯身从对侧一手抓住羊两前肢系部或抓住一前肢臂部；另一手抓住腹肋部膝壁处扳倒羊体；另一只手改为抓住羊两后肢的系部，前后一起按住即可。为了保定牢靠，可用绳将四肢捆绑在一起。适用于治疗或简单手术时的保定（图3-1）。

（4）倒立式保定法 保定者骑跨在羊颈部，面向后，两腿夹紧羊体，弯腰将两后肢提起。适用于阉割、后躯检查等。

握角骑跨夹持保定法　　　　两手围抱保定法　　　　　倒卧保定法

图3-1　羊的机械保定法

3.注意事项 向饲养员了解羊平时的性情，熟悉其习性，以便选择适宜的接近与保定方法。接近时，一般宜从侧前方进行。根据习性及诊疗需要，选择保定方法，确保人、畜安全。保定时不宜太复杂。大羊倒卧保定时应特别小心，最好在松软或铺有垫草的地面上进行。

（二）化学保定法

又叫化学药物麻醉保定法。指应用化学试剂，使动物暂时失去运动能力，以便于人们对其接近捕捉、运输和诊疗的一种保定方法。化学保定剂的种类较多，不同的药物所用剂量也不同。对羊每千克体重常用的药物和剂量（毫克）为：静松灵（二甲苯胺噻唑）1.3～3.0，氯胺酮 20.0～40.0，司可林（氯化琥珀胆碱）2.00。化学保定剂一般作肌内注射，可用金属注射器或玻璃注射器吸取药剂后按常规进行注射。化学保定一定注意保定剂量，量少起不到保定作用，量多则容易引起中毒、休克、死亡。

二、临床诊断

（一）检查方法

临床检查的方法主要有问诊、叩诊、视诊、触诊、嗅诊、听诊。这些方法简便易行，在任何地方都可以实施，可直接地、较准确地判断病理变化，往往可对疾病做出诊断或为进一步确诊提供依据。

1. 问诊　即向畜主、饲养人员等调查和了解病羊或羊群发病情况和经过的一种方法。问诊的主要内容包括现病史、既往病史、饲养管理情况等。

（1）现病史　包括本次发病的发生时间、发病只数、死亡只数，发病前和病后有何表现，如采食、反刍、排便、排尿、呼吸及运动等异常变化。

（2）既往病史　过去病畜或畜群患病情况，是否发生过类似疾病，其经过和结果如何，本地和邻近乡村的常在疫情及地区性的常发病，预防接种的内容、时间及结果等。

（3）饲养管理情况　羊群规模的大小、羊的品种、年龄、性别，饲料的种类、品质、饲喂的制度和方法，畜舍的环境卫生条件及运动场、农牧场的位置、地形、附近厂矿的废水、废气及污物的处理。

2. 视诊　即用肉眼或借助简单器械观察病羊病理现象的一种检查方法。视诊的主要内容包括病羊的放牧、采食、运动、膘情、被毛、皮肤、黏膜和粪便等。

（1）放牧情况　健康羊一般精神状态良好，争食反应敏捷。

病羊萎靡不振，落群，呆立和卧地不起。

（2）姿势与步态　健康羊两眼有神，神态安详，行动活泼、平稳。病羊姿态不稳，不愿行走，有的表现四肢僵直，有的做转圈运动，有的表现为跛行。

（3）膘情　一般病羊患有急性病，如急性炭疽、羊快疫、羊黑疫、羊肠毒血症等疾病时，身体仍可表现肥壮。当羊患有慢性传染病和寄生虫病时，身体多瘦弱。

（4）被毛和皮肤　健康羊被毛平整光亮。病羊的被毛常粗乱、无光、质脆、易脱落。如羊患螨病时，常表现为被毛脱落、结痂、皮肤增厚和蹭痒擦伤等现象。在检查皮肤时，除要注意皮肤的外观，还要注意有无水肿、炎症肿胀和外伤等。如重症寄生虫病，常在颌下、胸前、腹下等部位出现水肿。

（5）可视黏膜　健康羊的可视黏膜（眼结膜、鼻腔、口腔、阴道、肛门等黏膜）呈粉红色，且湿润光滑。当黏膜变为苍白，则是贫血征兆；黏膜潮红，多为能引起体温升高的热性病所致；黏膜发黄，说明血液内的胆红素增加，见于多种原因造成的肝实质病变、胆管阻塞和溶血性贫血等病。如羊患焦虫病、肝片吸虫病、双腔吸虫病，可视黏膜均呈现不同程度的黄染现象，发生黄疸。当黏膜的颜色变为紫红色（又称发绀），说明血液中的还原血红蛋白或变性血红蛋白增加，是严重缺氧的征兆，常见于呼吸困难性疾病、中毒性疾病和某些疾病的垂危期。黏膜颜色的变化，反映心脏、肺脏功能及血液成分的改变。在诊断羊病时不要忽视该项目的检查。

（6）采食、饮水及粪尿的检查　食欲的好坏，直接反映出羊全身及消化系统的健康状况。羊喜欢舔泥土、吃草根等嗜癖，是慢性营养不良的表现；饮食废绝，说明病情严重；若想吃而不敢咀嚼，应检查口腔和牙齿有无异常。健康羊，通常鼻镜湿润，饮喂后30分钟开始出现反刍，每次反刍持续时间30～40分钟，每一食团咀嚼50～70次，每昼夜反刍6～8次。若发现鼻镜干燥，反刍减少或停止时，多见于高热、严重的前胃及真胃疾病或肠道的炎症。热性病的初期，常表现出饮欲增加。对羊粪便的检查，主要注意其形状、硬度、颜色及附着物等的变化。正常的羊粪，呈小球形灰黑色，软硬适中。如粪便过于干小、色黑，为缺水和胃肠道弛缓；粪便出现特殊臭味或过于稀薄，多为各类型的急慢性肠炎所致；前部消化道出血时，粪便呈现黑褐色，后段肠道出血，粪便为暗红色；当粪便混有寄生虫及其节片时，表示体内有寄生虫寄生。对尿液的观察，健康羊每天排尿 3～4 次，尿液清亮、无色或稍黄。羊排尿的次数和尿量过多或过少，尿液的颜色发生变化以及排尿痛苦、失禁或尿闭等，都是有病的症状。

（7）呼吸检查　胸壁与腹肌同时一起一伏为一次呼吸，亦可用听诊器在气管或肺区听取呼吸音来计数。健康羊每分钟呼吸 10～20 次。当患有热性病、呼吸系统疾病、心脏衰弱、贫血、中暑、胃肠臌气、瘤胃积食等病时，呼吸次数增加。某些中毒性疾病和代谢障碍等，可使羊呼吸次数减少。此外，还应结合检查呼吸类型、呼吸节律及呼吸是否困难等。

3. 嗅诊　嗅诊是利用嗅觉嗅闻发自动物的异常气味（如呼出气、口腔、排泄物和病理性分泌物的气味）来判断疾病的一种检查方法。嗅闻病羊的分泌物、排泄物、呼出的气体及口腔的气味也很重要。如鼻液和呼出的气体常带有腐败性恶臭时，提示呼吸道及肺脏有坏疽性病变的可能；如粪便腥臭或恶臭，从呼气中闻到酸臭味，提示消化不良，患胃肠炎；如从胃内容物和呼出的气体中闻到有机磷特殊的大蒜味道，提示有机磷制剂中毒。

4. 触诊　触诊是用手指、手掌或拳头触压被检部位，感知其硬度、温度、压痛、移动性和表现状态，以确定病变的位置、大小和性质。

（1）浅部触诊　检查者将手掌平放在羊被检部位，按一定顺序触摸，或以手指及指尖稍加压力于被检部位，以检查是否正常。一般用来检查皮肤温度、皮肤弹性、肌肉紧张度及敏感性。

也可触摸体表的固定部位，感知淋巴结和心搏情况等。

1）皮肤弹性及敏感度的检查　以拇指和食指捏紧皮肤向上提起，然后突然松开。正常皮肤应立即恢复原状，当羊营养不良、患有皮肤疾病或全身性脱水时，皮肤则失去弹性；中枢或末梢神经麻痹时，则相关皮内的敏感度降低或消失。

2）体温的检查　一般用手触摸羊的耳根或将手指插入口腔即可感知病羊是否发烧。但最准确的方法是用兽用体温表进行直肠测温。具体方法是：将体温表用力甩到35℃以下，涂上润滑剂（凡士林、石蜡油、植物油等）后，再将有水银的一端从肛门口边旋转边插入直肠内，然后将体温表的夹子固定在尾根部的背毛上，经3～5分钟后取出，读取水银柱顶端的刻度数，即为羊的体温度数。正常羊的体温在38～39.5℃。一般羔羊比成年羊的体温要偏高些，热天比冷天高些，下午比上午高些，运动后比运动前高些，均属正常生理现象。如果体温超过正常范围，则为发烧。多见于传染病、各种炎症性疾病和一些血液原虫病等。在一些中毒性疾病和蠕虫病过程中，羊的体温常没有变化。

3）体表淋巴结的检查　主要检查颌下、肩前、膝上和乳房上淋巴结。当羊发生结核病、伪结核病、羊链球菌病以及四肢组织器官发生炎症时，相应的淋巴结往往肿大；患乳房炎时，乳房上淋巴结肿大，有热痛感；患伪结核病时，淋巴结初期肿大变硬，以后化脓，触压有波动感，最后淋巴结内常呈现干酪样变，容易挤出。一般的传染病或炎症过程，触摸相应淋巴结都有肿大、发热、变硬和疼痛的感觉。但羊患结核病时，淋巴结只有肿大、变硬，但无热、无痛。

4）脉搏的检查　用手指触摸颌外动脉或股内侧动脉，感知羊心搏的情况。健康羊的脉搏每分钟跳动70～80次，一般在发热、心肌炎初期和疼痛性疾病时，心搏数增加；相反，在导致心脏传导和兴奋性降低的疾病中，脉搏的次数减少。

（2）深部触诊　是用不同的力量对患部进行按压，以便进一步探知病变的性质。触压肿胀部位，呈现生面团状，指压后长时间留有痕迹，无热、无痛，为组织水肿的表现；触压感觉发硬，并伴有热痛感觉，为炎性肿胀；触压不留痕迹，柔软而有弹性，内有液体移动感，为组织间有血肿、脓肿或淋巴外渗；按压时感觉柔软，稍有弹性且不时发出细小捻发音，并有气泡向邻近组织窜动感，为皮下聚集大量气体所致。触诊瘤胃或真胃内容物的性状及腹水的波动时，常以一手放在羊的背腰部作支点；另一只手四指伸直并拢，垂直放在被检部位，指端不离开体表，用力做短而急的触压。触诊网胃区（剑状软骨后方）或瓣胃区（羊右侧第7～9肋间和肩关节水平线上下）时，如发生前胃疾患，病羊会感觉疼痛，即哞叫、呻吟或表现骚动不安。

5. 叩诊 叩诊是通过用手指或叩诊器（叩诊锤和叩诊板），叩打羊的体表相应部位所发出不同的声音，判断其被叩击的组织、器官有无病理变化的一种诊断方法。

（1）基本叩诊音 叩诊健康羊可发出4种基本叩诊音。

1）清音 叩击健康羊的胸廓时，发出持续、高而清亮的声音。

2）浊音 叩击健康羊臀部、肩部肌肉及不含空气的脏器时，发出弱而钝浊的声音。当羊胸腔聚集大量渗出液时，叩打胸壁，可出现水平浊音界。

3）半浊音 介于浊音和清音之间的一种声音。叩打肺部的边缘时，即可产生半浊音。患支气管肺炎时，肺泡含气量减少，叩诊肺部，可产生半浊音。

4）鼓音 叩打含有一定量气体的腔体时，可产生类似击鼓音，如叩诊左侧瘤胃的上部，可发出鼓音，当瘤胃臌气时，则鼓音增强。

（2）叩诊方法

1）手指叩诊法 检查者以左手食指和中指紧密贴在被检处，充当叩诊板。右手的中指稍弯曲，以中指指尖或指腹做叩诊锤，向左手的第二指节上叩打，则可听到被检部位的叩诊声音。此方法适用于对羔羊及瘦弱成年羊的检查。

2）用叩诊器叩诊　选用小型叩诊锤和叩诊板，以左手拇指和食指（或中指）固定叩诊板，注意叩诊板一定要紧贴体表，右手握锤，用同等的力量垂直做短而急的叩打。辨别其声音类型，并注意与对侧进行比较。

6. 听诊　听诊是直接或间接听取体内各种脏器所发出声音的性质，进而推断其病理变化的方法。临床上常用于心脏、肺脏及胃肠病的检查。

（1）听诊方法

1）直接听诊法　用一块大小适当的布（听诊布）贴在被检部位，检查者将耳朵直接贴在布上进行听诊。此方法常用于胸、肺部的听诊，其效果往往优于间接听诊。

2）间接听诊法　是借助听诊器进行听诊。听诊器的头端要紧贴于体表，防止相互间摩擦而影响效果。

（2）羊体各器官的听诊

1）心脏的听诊　心脏的听诊区位于羊左侧肘突内的胸部。健康羊的心脏随着心脏的收缩和舒张，产生"嘣"第一心音和"咚"第二心音，第一心音低而钝、长，与第二心音的间隔时间较短，听诊心的尖部清楚。第二心音高而锐、短，与第一心音的间隔时间较长，听诊心的基部明显。两个心音构成一次心搏动。听诊时要注意两个心音的强度、节律、性质有无异常。当第一、二心音均增强时，见于热性病的初期；第一、二心音均减弱时。见于心脏机能障碍的后期或患有渗出性胸膜炎、心包炎；在第一心音增强，并伴有明显的心搏动增强和第二心音的减弱，主要见于心脏衰弱的晚期；单纯第二心音强，见于肺气肿、肺水肿和肾炎等病理过程。如在以上两种心音以外，听到其他杂音，如摩擦音、拍水音和产生第三心音（又称奔马调），多因胸膜炎、创伤性心包炎和瓣膜疾病所致。

2）肺脏的听诊 是听取肺脏在吸气和呼气时由肺部直接发出的声音。一般有下列 5 种。肺泡呼吸音：听诊健康羊的肺部，在吸气时可听到"夫"的声音，呼气时可听到"呼"的声音。它是空气在毛细支气管与肺泡之间进出时发出的声音，其音性柔和。当病羊发烧时，呼吸中枢兴奋，局部肺组织代偿性呼吸加强，可出现肺泡呼吸音增强和肺泡呼吸音过强，多为支气管炎、支气管黏膜肿胀等。支气管呼吸音：其声音较粗，类似"赫"的声音，在羊呼气时容易听到，在肺的前下部听诊较为明显。它是空气通过声门裂隙时所发出的声音。如果在广大肺区都可听到支气管呼吸音，而且肺泡呼吸音相对减弱，则为支气管呼吸音增强，多见于肺炎的肝变期，如羊传染性胸膜肺炎等。干性啰音：是支气管发炎时分泌物黏稠或炎性水肿造成狭窄时，听到的类似笛音、哨音、"咝咝"声等粗糙而响亮的声音，常见于慢性支气管炎、支气管肺炎、肺线虫病等。湿性啰音：当支气管内有稀薄的分泌物时，随呼吸气流形成的类似漱口音、沸腾音或水泡破裂音。常见于肺水肿、肺充血、肺出血、各种肺炎和急慢性支气管炎等。捻发音：当肺泡内有少量液体存在时，肺泡随气流进出而张开、闭合，此时即产生一种细小、断续、大小相等而均匀，似用手指捻搓头发时所发出的声音。肺实质发生病变时，如慢性肺炎、肺水肿等可出现这种呼吸音。摩擦音：类似粗糙的皮革互相摩擦时发出的断续性的声音。常见有两种情况：一种是发生在肺脏与胸膜之间称胸膜摩擦音，多见于纤维素性胸膜炎、胸膜结核等，此时胸膜发炎，有大量纤维素沉积，使胸膜变得粗糙，当呼吸运动时互相摩擦而发出声音；另一种是心包摩擦音，在纤维素性心包炎时，听诊心区有伴随心脏跳动的摩擦声音。

（3）腹部的听诊 主要是听取腹部胃肠蠕动的声音。在健康羊的左侧肷窝处可听到瘤胃的蠕动音，声音由远而近、由小到大的噼啪、沙沙音，到达蠕动高峰时，声音又由近而远、由大到小，直至停止蠕动，这两个过程为一次收缩运动。经过一段休止后再开始下一次的收缩运动，平均每 2 分钟 4～6 次。当羊发生前胃弛缓或患发热性疾病时，瘤胃蠕动音减弱或消失。在健康羊的右侧腹部，可听到短而稀少的流水声音或漱口声，即为肠蠕动音。当羊患肠炎的初期，肠音亢进，呈持续高昂的流水声；发生便秘时肠音减弱或消失。

（二）临床检查顺序

临床检查应按一定顺序，有目的、有系统地进行，这样可避免遗漏主要症状，防止产生误诊，从而获得完整的病史及症状资料，这对于综合判断疾病是十分必要和重要的。也就是说，要拟定总体方案，有条不紊地进行临床检查。对病羊一般应按下列顺序进行检查，即登记、病史调查、现症检查以及病历书写等。

1. 登记　登记就是把病羊的个体特征，如品种、性别、年龄、牲口号等，逐项登记在病历表上，便于识别病羊，并为诊断、预后及治疗提供参考。

（1）品种　品种不同，对疾病的感受性和抵抗力也不一样。一般情况下，本地羊的抗病力比引进的新品种强得多。

（2）牲畜性别　由于公、母羊的解剖生理特点不同，在某些疾病的发生上有一定差异。公羊尿道细长，并呈 S 状弯曲，易发生尿结石而阻塞尿道；母羊在妊娠期及分娩前后的特定阶段，常会出现一些相关疾病（如乳房炎等）。

（3）年龄　年龄不同，对疾病的抵抗力和感受性存在差异，在不同年龄阶段发生特定的多发病，如幼龄易患某些传染性和寄生虫性疾病；老龄常患肺气肿及慢性心脏病等器质性疾病。预后判断时要考虑动物的使用年限，治疗的用药量等，也应考虑年龄因素。

2. 病史调查　通常在登记后，接着就询问了解病史，即进行问诊。问诊就是以询问的方式，听取饲养、管理人员关于羊发病情况和经过的介绍。问诊的主要内容包括：现病历、既往史、平时的饲养管理及利用情况等。

（1）现病历　即本次发病的情况与经过。其中应重点了解：

1）发病的时间与地点　如饲前或喂后、舍饲时或放牧中、清晨或夜间、产前或产后等，不同的情况和条件，有助于了解病因，推断病性及病程。

2）主要表现　饲养员所见到的有关疾病症状表现，如腹痛不安、咳嗽、喘息、便秘、腹泻或尿血，反刍减弱或不反刍等。这些内容，常是提出假定症状诊断的线索。必要时可提出某些类似的症状、现象，以求饲养员的解答。

3）疾病的经过　与发病初期比较，病势是减轻或加重；症状的变化，又出现了什么新的病状或原有的什么现象消失。这不仅可推断病势的进展情况，而且可作为诊断疾病的参考。

4）病因的初步估计　提供的线索如饲喂不当、受凉、被踢等，常是推断病因的重要依据。

5）流行病学调查　了解群体的发病情况，是单发还是群发，羊群的发病数、死亡数；邻舍及附近场、村最近是否有什么疾病流行等情况，可作为是否疑似为传染病的判断条件。

（2）既往史　即过去病羊或羊群的病史。其中的主要内容包括：

1）过去患病的情况，是否发生过类似疾病，其经过与结局如何，有些病可旧病复发，而有些疾病如果过去发生过，以后一般不会再发生。

2）本地区或邻近场、村的疫情及地区性常发病，过去的检疫结果是否被划定为某些疾病的疫区。

3）预防接种的内容及实施的时间、方法、效果等。

（3）饲养、管理　对平时饲养、管理的了解，不仅可从中查找饲养管理的失宜与发病的关系，而且在制定合理的防治措施上也是十分必要的。因此，应详细地进行询问。

1）饲料的种类、数量与质量，饲喂制度与方法。饲料品质不良与日粮配合不当，经常是营养不良、消化紊乱、代谢失调的根本原因；饲料与饲养制度的突然改变，常是引起消化不良的原因；饲料发霉、加工或调制方法的失误而形成有毒物质，或放置不当而混入毒物等，可成为饲料中毒的条件。

2）羊舍及周围卫生和环境条件（如光照、通风、保暖与降温、废物排除设备、羊床与垫草、围栏设备等）及运动场、牧场的地理情况（位置、地形、土壤特性、供水系统、气候条件等），附近厂矿三废（废水、废气及污物）的污染和处理等，对病因推断有重要意义。

3）运动不足，饲养人员技术的不熟练与管理制度的混乱等，也可能是致病的条件。

4）必要时尚应对羊群来源、组成及繁育方法等情况进行了解，以期掌握全面的资料。

3. 现症检查　对现症的检查通常遵循一般检查、系统检查及特殊检查的程序进行。

（1）一般检查　检查的主要内容包括整体状态、被毛和皮肤、眼结膜、浅表淋巴结和淋巴管、体温、脉搏次数及呼吸次数等。

（2）系统检查　即各器官系统的检查，包括心血管系统、呼吸系统、消化系统、泌尿生殖系统、神经系统等。

（3）特殊检查　经一般检查及系统检查以后，从实际情况出发，根据已获得的资料和症状还不足以做出明确的诊断时，就需要拟定必要的特殊检查方案，进一步选择并实施某些辅助或特殊的检查项目和内容。特殊检查的范围和项目涉及实验室检查（包括血、尿、粪的常规检验及生化分析；脑脊液、胸腹腔液检验；肝脏、肾脏功能试验等）、X线检查、超声波检查、心电描记、放射性同位素的应用、微生物学和免疫学诊断、寄生虫学检查、毒物分析、病理解剖和组织学诊断等。

4. 病历记录　病历是对登记、病史调查及现症检查全部资料的客观书面记载。病历记录不仅对疾病诊断和防治有重要价值，而且对总结经验、积累材料、指导临床实践等，均有积极的意义。因此，在整个临床诊疗过程中，自始至终必须认真填写，妥善保存，同时附上该病历的附件（如体温曲线表、临床检验和特殊检查卡片等）。

（三）一般检查

一般检查的主要内容包括：整体状态的观察；表被状态的检查；眼结膜的检查；浅表淋巴结的检查；体温、脉搏、呼吸数的检查。

1. **整体状态观察** 整体状态的观察，应注意其精神状态、体格与发育状况、营养状态、姿势与体态、运动与行为等。

（1）**精神状态检查** 临床上主要观察病畜的神态，注意其耳、眼活动，面部的表情及各种反应活动。根据精神状态的观察，可以很容易地从羊群中发现患病羊。健康羊表现精神状态良好，反应敏捷，行动活泼，动作协调，行为正常。在疾病情况下，可表现两种异常状态，即兴奋和抑制。兴奋状态时，是指兴奋、躁动不安。重则乱冲乱撞、狂奔乱跑，甚至踢咬；抑制状态时，表现离群呆立，萎靡不振，头低耳耷，双眼半闭，对周围事物反应迟钝，行动迟缓，重者卧地不起。

（2）**体格与发育状况检查** 通过视诊的方法，根据骨骼与肌肉的发育程度及各部位的比例关系来判定，必要时可用测量法。体格分为体格强壮、体格中等和体格纤弱；发育状况可分为发育良好和发育不良两种：发育良好表现为体躯大，结构匀称，肌肉结实；发育不良表现体躯矮小，结构不匀称，发育迟缓或停滞，多见于慢性消耗性疾病、矿物质、维生素缺乏病，如慢性传染病、佝偻病、骨软症等。

（3）**营养状态检查** 根据羊肌肉丰满程度、皮下脂肪蓄积程度和被毛光泽度可分为营养良好、营养中等和营养不良三个等级。营养良好表现为肌肉丰满，皮下脂肪充实，躯体圆润，骨骼棱角不显露，被毛有光泽，抵抗力强；营养中等表现为六七成膘，居于营养良好和营养不良之间；营养不良表现为五成膘以下，精神不振，乏力，消瘦，被毛松乱、无光泽，皮肤缺乏弹性，骨骼显露。短期内急剧营养不良，提示急性发热或大量失血、脱水。缓慢营养不良，提示有慢性传染病、蛔虫、肝片吸虫、球虫等寄生虫病；长期营养不足或缺乏，也能引起营养不良。高度消瘦且贫血称为恶病质，预后不良。

（4）姿势与体态检查 健康羊姿势和体态一般为正常状态，在病理状态下，常在站立、躺卧和运动时出现一些异常姿势：强迫站立，患某些疾病的羊，躯体被迫保持一定的站立姿势。如破伤风表现出全身肌肉强直，四肢开张站立，头颈平伸，尾根挺起，牙关紧闭，脊柱僵直，呈典型的木马样姿态；站立不稳，一般见于疼痛性疾病和神经系统疾患。当四肢的骨骼、关节和肌肉发生疾患（如风湿症时站立也呈现不自然姿势，或将四肢集于腹下而站立，或四肢频繁交替负重）呈站立困难的姿势；强迫躺卧，当患神经系统的损害、四肢骨骼、关节和肌肉的疼痛性疾患时，羊被迫躺卧不起。

（5）运动检查 健康的羊肢体动作协调一致、灵活自然。当四肢的机能或神经调节发生障碍时，就会出现运动异常。共济失调，表现运动不协调、机械，呈酒醉样，走路摇摆不定，肢蹄高抬后用力着地，如涉水样，常见于患脑脊髓炎或小脑受损伤等；盲目运动，表现无目的地徘徊，原地运动，前冲或后退不止，或以一肢为轴做表针运动，见于乙型脑炎、脑包虫等；腹痛不安，呈前肢刨地、后肢踢腹、伸腰、摇尾、回视腹部、碎步急行、起卧滚转、仰足朝天、犬坐姿势、做排尿动作等，见于腹痛性胃肠病；跛行，当一肢疼痛时，一肢不敢负重或不敢提起；当两前肢或两后肢疼痛时，两后肢尽量前伸或两前肢尽量后送；当四肢疼痛时，运动时碎步前进，站立时四肢尽量集于腹下。

2. 表被状态检查　包括被毛、皮肤及皮下结缔组织的变化以及表被病变的有无及其特点的检查。

（1）被毛检查　健康羊的被毛整洁有光泽，柔软致密，不易脱落。被毛的病理变化有：被毛蓬松，当患慢性疾病、寄生虫病、长期营养不良等疾病时，被毛蓬乱无光泽，脆弱易脱落；局部脱毛，当患外寄生虫病，如疥癣、皮肤病、秃毛癣、湿疹等疾病时，身体局部脱毛，也可能为缺乏某些营养物质时出现异嗜行为，常舔食自身或其他羊的被毛，造成局部脱毛；当胃肠道疾病下痢时，肛门周围及后肢被毛沾污粪便。

（2）皮肤检查　皮肤检查主要检查皮肤颜色、温度、湿度、弹性、有无疹疱及损伤、溃疡等。

1）皮肤颜色　健康绵羊皮肤没有色素，呈粉红色，容易检查出皮肤颜色发生的细微变化。病羊皮肤颜色可呈现苍白、黄染、发绀和潮红等变化。山羊（除白色的外）皮肤具有色素，所以辨认色彩的变化较为困难，一般通过检查可视黏膜的色彩足以反映病理变化。皮肤苍白，当皮肤血液供应减少或血液性质发生变化时，皮肤呈苍白色，如外伤性大出血，或脏器破裂而致的内出血时，呈急性苍白如患慢性贫血及慢性消耗性疾病等时，呈渐进性或较长时期的苍白；皮肤黄染，即黄疸，如患肝病（肝炎、肝营养不良等）、胆管阻塞（如蛔虫阻塞、胆道结石等）、溶血性疾病等时，皮肤呈现黄色；皮肤发绀，皮肤黏膜呈蓝紫色，当患严重呼吸器官疾病、心力衰弱、呼吸困难及某些中毒（如亚硝酸盐）等疾病时，皮肤发绀。检查时，轻者以耳尖、鼻端及四肢末端较明显，重者可遍及全身各部位；皮肤潮红，是皮肤充血的标志，当患发热性疾病时，全身皮肤潮红，体温升高，局部皮肤潮红见于局部炎症。

2）皮肤温度　通常用感觉灵敏的手背或手掌触诊被检部位进行判定。健康羊的皮温，以股内侧为最高，头、颈、躯干部次之，尾及四肢部最低。一般触诊的部位为羊的鼻镜、角根、胸侧、四肢下部，可出现皮温升高、降低和不均等病理变化。当患热性病以及心机能亢进、过度兴奋等时，全身皮温升高；当有局部炎症时，局部皮温升高；当患衰竭症、营养不良、大失血时，全身皮温降低。当一定部位水肿或外周神经麻痹时，该部位皮温降低；当血液循环障碍时，表现为耳鼻冰凉、四肢末梢冷厥，皮温不均。

3）皮肤湿度　健康、安静状态下，汗液一般随时分泌、随时蒸发，皮肤表面有腻滑感。病理状态下出现：发汗增多，当患热性病、高度呼吸困难（如肺炎）、剧烈疼痛性疾病（如疝痛、骨折）、循环障碍及有机磷农药中毒等时，病理性发汗增加，被毛及皮肤湿润，甚至出现汗珠。如心力衰竭、虚脱、休克时，则汗多而有黏腻感，同时皮温降低，四肢发凉，发冷汗；发汗减少，当机体脱水（如剧烈腹泻、呕吐）、多尿症、慢性营养不良、饮水不足等时，发汗减少，被毛粗乱无光，皮肤干燥，缺乏黏腻感。此外，瘦弱及老龄羊，皮肤湿度也降低。

4）皮肤弹性　检查皮肤弹性的方法为：用手将被检部位的皮肤捏成皱褶，并轻轻拉起，然后放开，根据皱褶恢复的速度判定。皮肤弹性良好，立即恢复原状；皮肤弹性减退，则恢复原状缓慢。如患慢性皮肤病、螨病、湿疹、营养不良、脱水及慢性消耗性疾病时，皮肤弹性减退。

5）皮肤疹疱　常见的皮肤疹疱有：斑疹，是由皮肤充血和出血所致，仅出现局部变红，并不隆起；丘疹，见于痘病、湿疹等，由米粒大至豌豆大，是皮肤乳头层发生浆液浸润而引起的圆形隆起；荨麻疹，是皮肤表面隆起，由豌豆大至核桃大甚至手掌大，表面平坦，颜色苍白或红色的局限性水肿，发生突然，消失迅速；饲料疹，喂饲过量含有感光物质的饲料（如荞麦、三叶草、灰菜等），照晒日光后，发生皮肤充血、潮红、水疱及灼热，颈部、背部明显；痘疹，有典型的分期性经过，一般经由红斑、丘疹、水疱、脓疱，终而结痂，是痘病毒侵害皮肤上皮细胞而形成的结节状肿物。

6）皮肤完整性检查　褥疮，局部有黑褐色结痂或较大溃烂，全身感染发生败血症，如在动物发生骨折、骨软病及衰竭症等；创伤，由外力作用引起皮肤、黏膜及其深部软组织发生棱裂或缺损则称为创伤。

（3）皮下组织检查　主要检查皮肤及皮下组织有无肿胀，常见的肿胀有炎性肿胀、浮肿、气肿、血肿、脓肿、淋巴外渗、疝及肿瘤等。

1）炎性肿胀　体表炎性肿胀可以局部或大面积出现，伴有病变部位的热、痛及机能障碍，严重者还有明显的全身反应。

2）浮肿　浮肿即皮下组织水肿，浮肿部位的特征是皮肤表面光滑、紧张而有冷感，弹性减退，指压留痕，硬捏粉样，无痛感，肿胀界限多明显。从临床角度，要多考虑营养性水肿、心脏性水肿、肾脏性水肿等。

3）皮下气肿　肿胀界限不明显，触压时柔软而容易变形，并可感觉到由气泡破裂和移动所产生的捻发音（沙沙声）。

4）血肿和淋巴外渗　特点是在皮肤及皮下组织呈局限性（多为圆形）肿胀，触诊有明显的波动感。

5）疝及肿瘤　疝是指肠管等脏器从腹腔脱垂到皮下，或其他生理乃至病理性腔穴内形成凸出的肿胀。常见于腹壁、脐部及阴囊部。触之常有波动感，可触及疝环及整复试验而与其他肿胀相鉴别。肿瘤，是在机体上发生异常生长的新生细胞群，形状多种多样，有结节状、乳头状等。应结合其他方面的状况作进一步检查，以诊断是良性肿瘤还是恶性肿瘤。

3. 可视黏膜检查　在临床上常进行眼结膜检查。眼结膜检查一般在自然光线下用视诊的方法，用两手拨开上、下眼睑进行检查。应注意眼的分泌物、眼睑状态、结膜颜色。

（1）眼睑及分泌物　眼睑肿胀并伴有畏光流泪，是眼炎或结膜炎的特征，脓性眼屎是化脓性结膜炎的特征，可见于某些热性传染病。

（2）颜色　潮红，单眼潮红为一侧性眼结膜炎所致，双侧潮红除可见于眼病外，多标志全身循环状态的变化，弥漫性潮红见于急性热性病、肺部疾病、胃肠疾病等，树枝状潮红，即结膜下小血管充盈特别明显而呈树枝状，称为树枝状充血，见于血液循环或心脏机能障碍；苍白，是贫血的表现。急速苍白，见于大失血，肝、脾内脏破裂。逐渐苍白见于慢性消耗性疾病；黄染，由血液中胆红素增多引起。见于实质性肝炎、胆道阻塞及溶血性疾病；发绀，结膜呈蓝紫色，是缺氧的标志，见于心脏、肺脏机能障碍的重症疾病、某些血液疾病、中毒性疾病。

（3）出血点、出血斑　检查眼结膜颜色变化时，应特别注意黏膜上有无出血点或出血斑。结膜上有点状或斑点状出血，常见于败血性传染病、出血性素质疾病。

4. 浅表淋巴结检查　临床上常检查的淋巴结有下颌淋巴结、肩前淋巴结、股前（膝襞）淋巴结、腹股沟淋巴结等。

（1）淋巴结检查的方法

1）下颌淋巴结　位于下颌间隙中，检查时将手指伸入下颌间隙，沿下颌内侧前后滑动。

2）肩前淋巴结　位于肩关节前上方，检查时将头颈略向检查侧弯曲，使肩前皮肤松弛，用手指在肩前凹陷处上下触捏，发现淋巴结后，即将手指深深插入其两侧，握住后仔细触诊。

3）股前淋巴结　位于髋关节和膝关节之间，股阔筋膜张肌前方，检查时将手放于该位置，以手指前后滑动，即可触及上下方向、呈条柱状的淋巴结。

4）腹股沟浅淋巴结　位于骨盆壁腹面、大腿内方，检查时在腹壁下精索前后（公羊）或乳房背侧（母羊），用手指左右触压。

（2）淋巴结的病理变化

1）淋巴结急性肿胀　临床特征是：淋巴结体积增大、坚实，活动性变小，表面光滑平坦，触诊热感、疼痛。主要见于急性感染性疾病。

2）淋巴结慢性肿胀　临床特征是：淋巴结坚硬，表面不平，与周围组织粘连，无热无痛。见于慢性感染性疾病。

（3）淋巴管的检查　淋巴管炎性肿胀时，呈索状突出于体表，有的淋巴管上出现豌豆至核桃大的许多结节。这些结节破溃内容物流出后，即成溃疡。淋巴管上的皮肤呈现水肿，触压时疼痛。

5. 体温的测定　健康羊的正常体温为 $38\sim40℃$。临床测温均以直肠温为标准。测温时，先将体温计充分甩动，以使水银柱降至 $35℃$ 以下；后用消毒棉清拭之并涂以润滑剂（如滑润油或水）；检温人员用一手将羊尾根部提起并推向对侧；以另一手持体温计徐徐插入肛门中，放下尾部后，用附有的夹子夹在尾毛上以固定。按体温计的规格要求，使体温计在直肠中放置一定时间（$3\sim5$ 分钟），取出后读取水银柱上端的度数即可。测温完毕，甩动体温计使水银柱降下并用消毒棉清拭，以备下次使用。

（四）系统检查

1. 循环系统检查

（1）心脏检查　羊的心脏约 5/7 在胸腔的左侧；心基部在胸腔 1/2 高度的水平线上；心尖与第 5 肋软骨相对，距胸骨背侧约 2 厘米；心脏前、后缘在第 $3\sim5$ 肋骨之间。心脏听诊是检查心脏最重要的方法之一。心脏听诊在左侧第 $3\sim4$ 肋间，肩端水平线下方。多使用软质双耳听诊器进行。羊取站立姿势，左前肢向前牵引伸出半步，以充分暴露心区。通常于左侧肘头内侧上方的胸壁上听取。

（2）动脉和静脉检查　主要包括检查动脉脉搏，检查浅表静脉，判定其充盈状态，有无颈静脉阳性搏动等。

1）动脉脉搏检查　①部位和方法。羊的脉搏检查在后肢的股内动脉。检查股动脉时，检查者用一手（左手）握住羊的一侧后肢的下部；检手（右手）的食指及中指放于股内侧的股动脉上，拇指放于股外侧。②频率的检查。在正常情况下，脉搏频率与心搏频率基本一致，脉搏数增多，是心动过速的结果，见于热性病、心脏病、呼吸器官疾病、各型贫血、疼痛性疾病等；脉搏频率减少，主要见于某些脑病及中毒。但临床上要注意区别由于外界温度高、海拔高、运动、采食、恐惧、兴奋等外界条件的变化引起脉搏数的一时性增多（生理性脉搏次数），勿将生理性脉搏数增多认为是病理性增多。③性质的检查。健康状态下，脉搏性质表现为：脉管有一定的弹性，搏动的强度中等，脉管内的血量充盈适度。正常的脉搏节律，其强弱一致、间隔均等。病理状态下的羊的脉搏变化主要有：振幅较弱、较小，脉搏力量微弱，脉管壁过于紧张而硬感，脉管内血液充盈不足，脉律不齐。

2）浅表静脉检查　一般营养良好的病羊，浅表静脉管不明显；病理状态羊较瘦或皮薄毛稀时较为明显。由于心力衰竭、体循环障碍、静脉回流受阻时，浅表静脉如颈静脉、胸外静脉、股内静脉等明显充盈，隆起呈条索状。

2. 呼吸系统检查　呼吸系统检查的内容包括：呼吸运动检查；上呼吸道检查；胸部检查。检查的方法主要有问诊、视诊、触诊、叩诊和听诊。

（1）呼吸运动检查　呼吸运动检查主要包括呼吸频率、呼吸类型、呼吸节律、呼吸困难及呼吸对称性等的检查。

1）呼吸频率　羊呼吸数的正常值为 10～25 次/分钟。呼吸数增加，见于热性病、高度贫血、心脏衰弱、支气管炎、肺炎、肺气肿、胸膜疾病等；呼吸数减少，是呼吸中枢受抑制的结果，见于慢性脑水肿、某些中毒，以及上呼吸道高度狭窄，每次吸气的持续时间延长等。

2）呼吸类型　即呼吸的方式，健康羊多为胸腹式呼吸。病理性的呼吸方式有胸式呼吸和腹式呼吸两种。胸式呼吸，多因腹壁和腹腔器官患病，膈肌和腹壁运动受阻而引起，常见于急性腹膜炎、膈肌炎、急性瘤胃臌气和积食、肠臌气及腹腔大量积液等。特征为呼吸时胸壁的起伏动作特别明显，而腹壁的运动极弱，多表明病变在腹部。腹式呼吸，多因胸壁或胸腔器官患病，胸壁运动受到限制而引起。常见于急性胸膜炎、胸膜肺炎、胸腔大量积液、肺气肿及肋骨骨折等。特征为呼吸时腹壁的起伏特别明显，而胸壁的活动极其微弱，表明病变多在胸部。

3）呼吸的对称性　正常呼吸时，两侧胸壁的起伏强度完全一致，如表现一侧呼吸运动显著减弱或消失，则该侧胸腹部有疾患存在，而健康一侧的呼吸运动常出现代偿性加强。见于单侧性胸膜炎、胸腔积液、气胸和肋骨骨折等；也见于一侧大支气管阻塞或狭窄、一侧性肺膨胀不全等。

4）呼吸节律　正常的呼吸是有节律地进行，病理情况下呼吸节律变化如下：①吸气延长，见于上呼吸道狭窄如鼻、喉和气管有炎性肿胀、肿瘤和异物梗阻，或呼吸道外有病变压迫等。特征为吸气异常费力，吸气的时间显著延长。②呼气延长，见于慢性肺泡气肿、慢性支气管炎等。特征为呼气异常费力，呼气的时间显著延长，表示气流呼出不畅，是支气管腔狭窄、肺的弹性不足所致。③断续性呼吸，见于细支气管炎、慢性肺气肿、胸膜炎和伴有疼痛的胸腹部疾病，也见于呼吸中枢兴奋性降低时，如脑炎、中毒和濒死期。其特征为间断性吸气或呼气。④潮式呼吸，是一种典型的病理性呼吸节律，是呼吸中枢衰竭的早期表现。其特征为呼吸由浅加深、加快，当达到高峰以后，又逐渐变弱、变浅、变慢，乃至呼吸中断，约经数秒乃至 $10 \sim 30$ 秒的短暂间歇后，又重复上述形式。如此反复，呈波浪式呼吸节律。见于脑炎、心力衰竭以及某些中毒，如尿毒症、药物或有毒植物中毒等。此时病羊可能出现昏迷、意识障碍、瞳孔反射消失以及脉搏的显著变化。⑤间歇呼吸，特征为数次连续的、深度大致相等的深呼吸和呼吸暂停交替出现，病情较潮式呼吸更为严重，是病情危重的标志。常见于各种脑膜炎，也见于某些中毒，如蕨中毒、酸中毒和尿毒症等。⑥深长呼吸，呼吸中枢衰竭的晚期表现，表明病情严重，预后不良。特征为呼吸运动显著深长，呼吸次数少，无呼吸终止期，混有呼吸杂音。见于酸中毒、尿毒症、濒死期，偶见于大失血、脑脊髓炎和脑水肿等。

5）呼吸困难 ①吸气性呼吸困难，特征为吸气时费力，时间显著延长，并伴有吸入性狭窄音。呼吸时，鼻孔张大，头颈伸展，肘头外展，肛门内陷，胸廓开张。可见于上呼吸道狭窄的疾病，如鼻腔狭窄、喉水肿、咽喉炎等。②呼气性呼吸困难，特征为呼气时费力，时间显著延长，呈两段呼气。高度呼气困难时，腹部用力收缩，可沿肋骨和肋软骨结合处出现较深的凹陷沟，同时可见背拱起，肷窝变平。肛门突出，可见于慢性肺气肿、急性细支气管炎、胸膜肺炎等。③混合性呼吸困难，为临床上最常见的一种呼吸困难。特征为吸气和呼气均发生困难，常伴有呼吸次数增加现象。常见于各种肺脏病、心脏病、热性病及中毒病。

（2）上呼吸道检查 上呼吸道检查的内容主要包括：鼻液、咳嗽、鼻腔、喉及气管的检查。

1）鼻液检查 健康羊有微量鼻液，一般被舌舔去或喷鼻排出，看不到鼻孔流鼻液，一旦鼻液大量增加即为病态。①浆液性鼻液：呈稀薄水样，无色透明，见于呼吸道急性炎症的初期。②黏液性鼻液：呈蛋清样，黏稠不透明，见于急性上呼吸道感染和支气管炎中期。③脓性鼻液：黏稠混浊，呈糊状、膏状或凝结成团块，有脓臭或恶臭味。因感染的化脓细菌不同而呈黄色、灰黄色或黄绿色，为化脓性炎症的特征，见于呼吸道急性炎症的后期。④腐败性鼻液：呈污秽不洁的灰色或暗褐色，液状，尸臭或恶臭味。常为坏疽性炎症的特征，见于肺坏疽、坏疽性鼻炎和腐败性支气管炎等。⑤血液性鼻液：呈红色液状，见于呼吸道损伤和肺充血。⑥铁锈色鼻液：呈铁锈色液状，是纤维素性肺炎肝变期的重要特征，也是大叶性肺炎和传染性胸膜肺炎一定阶段的特征，在病程经过中往往只在短时期内见到，故应注意观察才能发现。鼻液中的混杂物：鼻液中混有气泡，见于肺充血、水肿；鼻液内混有唾液、饲料碎片，多由吞咽障碍引起，见于咽炎、咽麻痹食道梗塞；鼻液中混有血液即血性鼻液，如混有呕吐物，提示胃内容物流出，往往预后不良。

2）咳嗽检查　咳嗽为呼吸器官疾病最常见的症状。一般分为干咳、湿咳、痛咳和痉咳。①干咳：特征为咳嗽的声音清脆，干而短，疼痛较明显。表明炎症初期，呼吸道无或仅有少量的分泌物，或分泌物黏稠。见于喉、气管异物和胸膜炎。②湿咳：湿咳的特征为咳嗽的声音钝浊、湿而长，提示呼吸道内有大量稀薄的分泌物往往随咳嗽从鼻孔流出多量鼻液。见于咽喉炎、支气管炎、支气管肺炎、肺脓肿和肺坏疽等。③痛咳：声音短弱，咳嗽伴有疼痛或痛苦症状者，其特征为病羊头颈伸直，摇头不安，前肢刨地，且有呻吟和惊慌现象，见于呼吸道异物、异物性肺炎、急性喉炎、胸膜炎。④痉咳：连续剧烈的咳嗽，表明呼吸道被强烈刺激或刺激因素不易排除。同时要注意区别非呼吸道因素引起的咳嗽与病理性咳嗽。

3）鼻腔的检查　注意鼻腔黏膜的色泽变化，有无肿胀、出血斑、水疱、结节、溃疡和斑痕等。

4）喉及气管检查　视诊注意观察喉是否肿胀，器官是否变形及头颈姿势有无变化。触诊有热感、压痛，并且咳嗽是急性喉炎的表现；触诊气管敏感，并发咳嗽是气管炎的特征。听诊，如果呼吸音增强，见于各种原因引起的呼吸困难；若听到吹哨声、锯木声等干性啰音，多说明喉腔狭窄，见于喉水肿、纤维素性喉炎等，到中、后期渗出物变稀薄则转为湿性啰音。必要时可进行内窥镜检查。

（3）胸部检查　胸廓检查，一般按视诊、触诊、叩诊和听诊的顺序进行。视诊和触诊也可同时或交替进行。

1）视诊　观察胸廓形状，胸壁有无外伤肿胀及其他病变。

胸廓向两侧扩大，左右横径显著增加，常见于重症慢性肺气肿；一侧胸壁平坦而下陷，而对侧常呈代偿性扩大，见于肋骨骨折、单侧性胸膜炎、胸膜粘连、骨软症和代偿性肺气肿等；胸腔狭小见于纤维性骨营养不良、佝偻病及慢性消耗性疾病等。

2）触诊　检查胸壁的温度、有无肿胀及敏感性等。局部温度增高，胸壁肿胀疼痛、敏感性高，常见于胸膜的炎症，也可见于胸壁的皮肤、肌肉或肋骨的发炎与疼痛性疾病，肋骨骨折时，疼痛非常显著。

3）叩诊　①羊的肺叩诊区。为三角形，上界为脊柱平行的直线，距背中线4～5指；前界为自肩胛骨后角沿肘向下所划的类似S形的曲线，止于第4肋间；后界由第12肋骨与上界交点开始，向下、向前的弧线，依次经髋结节水平线与第11肋间的交点，肩关节水平线与第8肋间的交点而止于第4肋间。②肺叩诊区的病理变化，主要表现为扩大或缩小。其变动范围与正常肺叩诊区相差2～3厘米以上时，才可认为是病理征象。肺叩诊区扩大：为肺容积增大（肺气肿）和胸腔内气体聚积（气胸）的结果。多见于急性肺气肿等。肺叩诊区缩小：为腹腔器官对膈的压力增大，并将肺的后缘向前推移所致。见于心肥大、心扩张、心包炎、心包积液、怀孕后期、急性瘤胃臌气、肠臌气、腹腔大量积液等。③正常肺叩诊音及其病理变化采用强叩诊，从上到下、由前到后地沿肋骨间顺序进行叩打，直至叩完整个肺区。肺正常叩诊音呈现清音，音响较长，音调较低。病理叩诊音常见以下几种：浊音，类似叩打肌肉发出的音响，见于大叶性肺炎的肝变期等；半浊音，类似叩打正常肺边缘发出的音响，声音钝浊而略带清音调，如支气管肺炎；鼓音，音调较清音高，见于大动物肺泡中空气含量减少并伴有弹性减退（大叶性肺炎的充血期和溶解吸收期）或肺部形成大的含气空洞与外界相通时（坏疽性肺炎或肺脓肿）；水平浊音，叩诊浊音上界呈水平，并随动物体位变换而变换，见于胸膜积有大量液体时，如渗出性胸膜炎；过清音，介于清音和鼓音之间，类似敲打空纸盒的声音，见于肺泡含气量增多并伴有弹性减退时，如急、慢性肺泡气肿和间质性肺气肿。

4）胸部听诊　胸听诊区和叩诊区基本一致。听诊时宜先从肺部的中 1/3 部始，由前向后、由上到下逐渐听取，其次是上 1/3，最后是下 1/3。每个点听 2～3 次呼吸音，如发现异常呼吸音，为确定其性质，应将该处与临近部位进行比较，对照听取。生理状态下，肺泡呼吸音类似柔和的"夫"音。肺泡呼吸音增强：如整个肺脏区域内肺泡呼吸音普遍性增强，并重复听到"夫、夫"的声音，是呼吸中枢兴奋，呼吸运动和肺换气加强的结果。见于发热、贫血、酸中毒、代谢亢进及其他伴有一般性呼吸困难的疾病。如肺泡音局限性增强（代偿性增强），这是由于肺脏一侧或局部灶性病变，则对侧或无病变的部分出现代偿性呼吸机能亢进的结果。见于大叶性肺炎、小叶性肺炎、渗出性胸膜炎等病变时的健康肺区。肺泡呼吸音减弱或消失：由于进入肺泡的空气量减少或不能进入肺泡所致，见于支气管炎、肺炎、慢性肺泡气肿、胸膜炎、胸水、支气管堵塞、大叶性肺炎的肝变期和渗出性胸膜炎等。病理性支气管呼吸音：呈强"赫、赫"音。常见于肺炎、肺结核、渗出性胸膜炎和胸水等。病理性混合呼吸音：吸气时主要是肺泡呼吸音，而呼气时则主要为支气管呼吸音，近似"夫—赫"的声音。见于小叶性肺炎、大叶性肺炎初期和散在性肺结核等。干啰音：当支气管黏膜上有黏稠的分泌物、支气管黏膜发炎、肿胀或支气管痉挛使其管径变窄，空气通过狭窄的支气管腔或气流冲击附着于支气管内壁的黏稠分泌物时引起振动而产生的类似哨音、笛音、飞箭音或呜呜声音。广泛的干啰音见于弥散性支气管炎、支气管炎、慢性肺气肿等；局限性干啰音常见于支气管炎。湿啰音：是当支气管内有稀薄液体（如渗出液、漏出液、分泌液、血液等）存在时，气流通过液体引起液体的移动或水泡破裂而发出的声音。湿啰音是支气管疾病和许多肺部疾病的重要症状之一。如支气管炎、各型肺炎、肺结核、心力衰竭、肺瘀血、肺出血、异物性肺炎。

3. 消化系统检查 消化系统检查的主要内容包括：饮食状态的观察；口、咽、食管的检查；腹部及胃肠的检查；排粪动作及粪便检查等。

（1）饮食状态的观察

1）饮食欲 在病理状态下，羊表现为食欲废绝、食欲减退、食欲亢进及异嗜等。食欲废绝常见于各种热性病、胃肠炎等；食欲减退见于热性病，口、咽、食管病；食欲亢进见于某些代谢障碍性疾病及肠道寄生虫病或慢性消耗性疾病；异嗜多提示为营养代谢病，尤其为矿物质、维生素缺乏症。饮欲增加，表现为口渴多饮，饮水量显著增加，见于热性、脱水性疾病（呕吐、腹泻、大出汗等）、渗出性病理过程；饮欲减退，表现为不喜饮水或饮水量显著减少，可见于伴有意识障碍的脑病及某些胃肠病。

2）采食障碍 表现为采食不灵活或不能用唇采食，或采食后不能用唇、舌运动将饲料送至臼齿间进行咀嚼。咀嚼障碍：表现为咀嚼困难、费力或疼痛，有时咀嚼时有饲草从口角漏出。采食、咀嚼障碍可见于口、唇、舌、齿等疾病，亦可见于中枢神经机能障碍。吞咽障碍表现为摇头、伸颈，企图试咽而中止，有时吞咽时引起咳嗽并伴有流涎。吞咽障碍可见于咽部及食道疾病，如咽炎、咽部异物或肿瘤、咽麻痹、食道阻塞、食道炎、食道痉挛或麻痹等。

3）反刍、嗳气 ①反刍。生理状态下，一般于饲后 0.5～1 小时开始反刍，每昼夜 1～10 次，每次持续 20～40 分钟，通常每个食团咀嚼 30～50 次再咽下。羊病理状态下，反刍机能障碍可包括反刍机能减弱及反刍完全停止。反刍机能减弱，可见于前胃病：前胃弛缓、瘤胃积食、瘤胃臌气、瓣胃阻塞等及引起前胃机能障碍的全身性疾病（热性病、中毒病、代谢病及多种传染性疾病等）。反刍完全停止，是病情严重的标志之一。②嗳气。健康羊一般每小时 10 次左右。嗳气的异常变化，主要有嗳气减少和嗳气完全停止。嗳气减少，可见于前胃弛缓、瘤胃积食、瓣胃阻塞、真胃疾病及继发前胃机能障碍的热性病及传染病。嗳气完全停止，可见于食管阻塞以及严重的前胃机能障碍，继发瘤胃臌气，急性瘤胃臌气初期。

4）呕吐　呕吐时，一般都有不安、头颈伸直等表现，腹肌强烈收缩。见于脑病（脑膜炎、延脑的炎症过程等）、某些传染病及某些中毒、咽内异物、食道疾病、真胃的炎症或溃疡、腹膜炎、肝炎、子宫炎等。

（2）上消化道检查

1）口腔检查　健康状态下，羊的上、下唇闭合良好。病理状态下常可出现：口唇下垂，口唇歪斜，口唇张开不能闭合，口唇紧闭。口腔气味：健康状态下一般无特殊臭味。病理状态下，如出现臭味，常见于口炎、肠炎、肠阻塞等；腐臭味常见于齿槽骨膜炎等；类似氯仿味的酮体气味常见于妊娠毒血症。温度：正常状态下口腔温暖。病理状态下，口温升高，可见于热性病、口腔黏膜的各种炎症（体温一般不高）；口温降低，可见于重度贫血、虚脱及动物的濒死期。

2）咽检查　当发现有局部肿胀、吞咽障碍、头颈伸直、运动不灵活等变化时，多提示为咽炎。如出现明显肿胀、增温、敏感（疼痛反应）或咳嗽时，多为急性炎症过程；如为邻近淋巴结的弥漫性肿胀，则可见于耳下腺炎、腮腺炎等。

3）食管检查　颈沟部（颈部食管）出现界限明显的局限性臌隆，可见于食管阻塞或食管扩张。当阻塞物上部继发食管扩张且积聚大量液状物时，触诊局部有波动感；食道炎时，触及患部，会有疼痛反应；食道痉挛时，可感知呈索状的食管。

（3）腹部检查

1）腹围增大，多见于胃肠臌气，积食，腹腔积液。腹围缩小，表示胃肠内容物显著减少或腹肌紧张，可见于顽固性腹泻、慢性消化机能紊乱、慢性消耗性疾病、慢性传染病、破伤风或腹膜炎。

2）胃肠检查　①瘤胃检查。正常时，左肷部稍凹陷，饱食后接近平坦，用力压也不能感到胃中坚实的内容物。瘤胃积食时，内容物硬固，触压呈生面团状或有坚实感；前胃弛缓时，内容物通常稀软，上部、中部都较柔软。正常情况下，瘤胃蠕动音似远方雷鸣音，夹杂沙沙音，随每次蠕动而出现，先逐渐增强，而又逐渐减弱至消失，山羊每 2 分钟出现 2～4 次，绵羊每 2 分钟出现 3～6 次，每次持续时间为 15～30 秒。瘤胃蠕动音减弱，次数减少，持续时间短暂，则标志瘤胃机能衰弱，可见于前胃弛缓、瘤胃积食以及引起前胃机能障碍的慢性前胃病、热性病、全身性疾病与传染病；瘤胃蠕动音完全消失，为前胃机能高度紊乱的表现，见于瘤胃臌气和积食的末期及其他严重的全身性疾病；瘤胃蠕动音明显增强，次数增多，持续时间延长，则为瘤胃兴奋性增高，见于瘤胃臌气初期、某些中毒或给予瘤胃兴奋药时。正常状态下，叩诊左肷上部为鼓音，由肷窝向下则为半浊音，下部为浊音。②网胃检查。网胃位于腹腔的左前下方剑状软骨突起的后方，相当于第 6～7 肋间，前缘紧张，膈肌面靠近心脏。压迫网胃区，如表现为不安、呻吟、挣扎、后肢前踏等行为，为网胃敏感反应的标志。③瓣胃检查。瓣胃检查通常在右侧第 7～10 肋间，肩端水平线上下附近的范围内进行。在瓣胃区用拳轻击，或用手指重压触诊，如出现疼痛反应，可提示瓣胃阻塞。正常状态下，在瓣胃区进行间接听诊，可听到微弱的瓣胃蠕动音，其性质类似细小的捻发音（沙沙音），瓣胃蠕动音减弱或消失，可见于瓣胃阻塞、严重的前胃病及热性病。④真胃检查。真胃位于右腹部 9～11 肋骨之间，沿肋弓下部区域直接与腹壁接触。如见到右腹侧真胃区向外突出，左右腹壁显得很不对称，则提示真胃严重阻塞或扩张。将手指插入真胃区肋弓下进行强压触诊，除正常的保护性反应外，如表现为回顾、躲闪、呻吟、后肢蹴腹，表示真胃区敏感，可见于真胃炎、真胃溃疡或扭转等；如感到内容物坚实或硬固，则提示真胃阻塞；在真胃区冲击触诊，如有波动感，并能听到击水音，可见于真胃扭转或幽门阻塞、十二指肠阻塞。真胃蠕动音类似肠蠕动音，呈流水声或含漱声。蠕动音增强，可见于真胃炎、真胃溃疡；蠕动音减弱或消失，可见于真胃阻塞、真胃变位。⑤肠管检查，羊的肠管位于腹腔右侧后半部，中间是结肠盘，盲肠位于右髂部，小肠蜷曲于结肠盘周围。健康状态下，肠蠕动音短而稀少，呈流水音或含漱音。如肠音明显增强，频繁似流水，表明肠蠕动亢进，见于肠痉挛及各类型肠炎；肠音微弱，可见于热性病及消化机能障碍；肠音消失，可见于肠阻塞性疾病等。正常时右腹部为软而不实之感。如触诊有充实感，多为肠便秘；如在右肷部触之有胀满感，或同时有击水音，叩诊呈鼓音，可疑为小肠或盲肠变位。

（4）排粪动作及粪便的检查

1）排粪动作的检查　正常状态下，羊排粪时背部微拱起，后肢稍开张并略前伸。羊一般每天排粪 6～8 次，粪呈球粒状。排粪动作障碍主要表现为便秘、腹泻、排粪失禁、排粪带痛、里急后重等，如患热性病、慢性胃肠卡他或胃肠弛缓（如前胃弛缓、瘤胃积食、瓣胃阻塞、真胃阻塞、肠便秘），表现为便秘。如患原发性、继发性或某些侵害胃肠道的疾病、肠道寄生虫病及中毒等表现为腹泻。如为顽固性腹泻的后期、腹荐部脊髓损伤及脑病后期，则排粪失禁。如患腹膜炎、直肠炎及直肠嵌入异物等等，则排粪带痛。如为顽固性腹泻后期，炎症波及直肠黏膜，表现为里急后重。

2）粪便的检查　粪便的数量、形状和硬度：一般在腹泻时（尤其是初期），粪便量多而稀薄，且不呈固有的形状；便秘时，粪便少而干硬，病程经过较长的便秘，粪便可呈算珠状。粪便的颜色和气味：下痢时，粪便一般呈白色或黄白色；便秘时粪色较深。前部肠管出血时，粪便呈褐色或黑色；后部肠管出血时，粪便表面附有鲜红色血液；阻塞性黄疸时，粪便呈灰白色。

3）粪便的混杂物　粪便中混有多量未消化的饲料颗粒和粗纤维，可见于消化不良；另外，粪便中有时混有寄生虫，也应予注意。

4. **泌尿生殖系统检查**

（1）排尿动作检查　正常状态下，公羊排尿时，尿液呈股状一排一停地流出，在行走或采食时均可进行；母羊排尿时，后肢张开下蹲，拱背举尾，尿液呈急流状排出。排尿次数与尿量的多少，一般情况下，羊每昼夜排尿 2～5 次，尿量 0.5～2 升。在病理状态下，如为膀胱炎、尿道炎等，则表现频尿。如为慢性肾炎、糖尿病时，表现多尿。如羊脱水、休克、心力衰竭、组织内水分滞留、急性肾小球肾炎、膀胱、肾盂或尿道结石，炎性水肿，或被血块、脓块阻塞、肾功能衰竭等时，表现少尿或无尿。如表现尿滞留，多见于尿道完全阻塞、膀胱麻痹等。如表现排尿失禁，多见于脊髓炎、膀胱括约肌麻痹、脑病昏迷和濒死的病畜。如表现尿淋漓，多见于膀胱炎、尿道炎引起的尿道肿胀、狭窄，或尿道结石引起的不完全阻塞等。如表现排尿痛苦，多见于膀胱炎、尿道炎、尿道结石、生殖道炎症及腹膜炎等。

（2）肾、膀胱及尿道检查

1）肾脏检查　某些肾脏疾病时，病畜常表现腰背僵硬、拱起，运步小心，后肢向前移动迟缓。用双手在腰椎横突下按压或叩击，肾脏的敏感性增高，则可能表现出不安、拱背、摇尾或躲避压迫等，多为急性肾炎或肾损害的可能。

2）膀胱检查　由腹壁外进行触诊，如触压敏感，多提示膀胱炎；如膀胱体积过大，多提示膀胱积尿。

3）尿道检查　如为母羊，将手指伸入阴道，在其下壁可触摸到尿道外口，亦可用开腔器对尿道口进行检查，还可用导尿管进行探诊，主要注意其炎症变化。公羊的尿道，可进行外部触诊，也可用导尿管探诊。如触诊或探诊尿道，羊表现剧痛不安，多提示尿道炎；触诊尿道某部有坚硬的固体物存在，探诊时导管不能通过，疼痛明显，可提示尿道结石。

（3）生殖器官及乳房检查

1）公羊外生殖器官检查　临床上常可见到阴囊水肿、阴囊显著增大及睾丸肿大、疼痛、增温。阴囊水肿，见于阴囊炎、睾丸炎，去势后阴囊积血。阴囊显著增大，具有明显的疝痛症状，触诊内容物柔软，见于阴囊疝。疼痛及增温，见于急性睾丸炎。

2）母羊外生殖器官检查　阴道黏膜潮红、肿胀、溃疡，见于阴道炎。阴道黏膜黄染，可见于各型黄疸。阴道分泌物增多，从阴门流出黏液性或脓性污秽腥臭的液体，甚至附着于阴门、尾根部变为干痂，见于阴道炎及子宫炎。阴道脱或子宫脱时，可见阴门外有脱垂的阴道或子宫。

3）乳房的检查　乳房肿胀，有热痛反应，见于急性乳房炎。乳房呈现硬结，无热痛反应，见于慢性乳房炎。乳汁中混有血液，见于出血性乳房炎。乳房淋巴结肿胀，质地坚硬，无热痛反应，见于乳腺结核。乳房皮肤上呈现疹疱及结痂，见于痘病。

5. 神经系统检查

（1）中枢神经机能检查　健康状态下表现精神正常，对外界刺激（往往以眼、耳、尾及四肢的动作）迅速做出反应，行为敏捷，姿态自然，动作协调。当中枢神经机能发生改变时，可出现精神状态异常，表现为精神兴奋或精神抑制。

1）精神兴奋　轻者表现骚动不安、惊恐、害怕；重者受轻微刺激即产生强烈反应，不顾障碍地前冲、后退，甚至攀登或跳入沟渠，狂奔乱跑，有时攻击人畜。精神兴奋见于脑疾患（如脑膜充血、炎症及颅内压升高等）、代谢障碍、中毒（如微生物毒素、化学药品或植物中毒等）、日射病和热射病、传染病（如传染性脑脊髓膜炎、狂犬病）。

2）精神抑制　①沉郁或嗜睡，表现为对周围事物反应迟钝，离群呆立，头低耳耷，眼睛半闭，不听呼唤。多见于一定程度的缺氧和血糖降低、毒素对脑的作用或各种发热性疾病。②昏睡，病羊处于不自然的熟睡状态，对外界刺激反应异常迟钝，给以强刺激才能产生短暂反应，但很快又陷入沉睡状态。见于脑炎、颅内压升高等。③昏迷，表现为意识完全丧失，对外界的刺激全无反应，卧地不起，全身肌肉松弛，反射消失，甚至瞳孔散大，粪尿失禁，仅保留节律不齐的呼吸和心脏搏动。对强烈刺激也无反应，常为预后不良的征兆。见于颅内病变（如脑炎、脑肿瘤、脑创伤）及代谢性脑病（由于感染、中毒引起的脑缺氧、缺血，低血糖，辅酶缺乏，脱水，代谢产物的滞留所致）。

（2）运动机能检查

1）强迫运动　①圆圈运动，按一定的方向做圆圈运动（左转或右转），见于脑炎、脑脓肿、一侧性脑室积水、羊脑包虫病等。②盲目运动，无目的地游走，不注意周围事物，不顾外界刺激而不断前进，遇障碍时则头顶障碍物而不动，见于脑部炎症。③暴进及暴退，将头高举或低下，以常步或速步不顾障碍地向前狂进（暴进），或连续后退，以至倒地（暴退）。④滚转运动，不自主地向一侧倾倒或强制卧于一侧，或以躯体的长轴为中心向患侧滚转，见于延脑、小脑脚、前庭神经、内耳迷路受损的疾病。

2）共济失调　运动不协调，见于大脑皮层、小脑、脊髓及前庭神经或前庭核、迷路的损害。

3）痉挛　①阵发性痉挛，见于病毒或细菌感染性脑炎、化学物质（如士的宁、有机磷、食盐等）或植物中毒、代谢障碍（如低钙血症）及循环障碍等。②强直性痉挛，全身性强直痉挛见于破伤风、中毒（如有机磷、士的宁）、脑炎、妊娠毒血症等。

4）瘫痪　见于由于机械性损伤或病毒和细菌性侵害而导致的全瘫、半瘫等。

（3）感觉机能检查

1）一般感觉　①浅感觉，检查时应在其安静的状态下或由饲养人员保定，为避免视觉的干扰，可用布将动物的眼睛遮住。健康羊针刺时，出现相应部位的被毛颤动，皮肤或肌肉收缩，竖耳、回头或四肢踢蹴动作。皮肤感觉性增高：见于脊髓膜炎、脊髓背根损伤、视丘损伤、末梢神经发炎或受压、局部组织的炎症。皮肤感觉性减弱或感觉消失：皮肤感觉迟钝或完全消失，对各种刺激的反应减弱或感觉消失，甚至在意识清醒下感觉能力完全消失；感觉异常，如发痒、蚁走感、烧灼感等。见于狂犬病、伪狂犬病、羊的痒病、神经性皮炎、荨麻疹等，病羊不断啃咬、搔抓、摩擦，使部分皮肤严重损伤。②深感觉（或称本体感觉），检查时应人为地将羊肢体自然姿势改变（如使两前肢交叉站立等）而观察其反应。健康状态下在除去外力后，羊立即恢复到原状。如深部感觉障碍时，则较长时间保持人为姿势而不变，提示大脑或脊髓受损害。

2）特殊感觉 ①视觉，视力：当动物前进通过障碍物时，冲撞于物体上；或用手在动物眼前晃动时，不表现躲闪，也无闭眼反应，则表明视力障碍。当视网膜、视神经纤维、丘脑、大脑皮层的枕叶受损害，伴有昏迷状态及眼病时，可导致目盲或失明。瞳孔：瞳孔扩大，是由于交感神经兴奋（与剧痛性疾病、高度兴奋、使用抗胆碱药有关）或动眼神经麻痹（与颅内压增高的脑病有关）使瞳孔辐射肌收缩的结果。瞳孔缩小，是由于动眼神经兴奋或交感神经麻痹使瞳孔括约肌收缩的结果。见于脑病（如脑炎、脑积水）、使用拟胆碱药及虹膜炎等。②听觉：听觉增强是指对轻微声音即有反应把耳转向声音的来源一方，或两耳前后来回移动。同时惊恐不安，乃至肌肉痉挛。见于脑和脑膜疾病。听觉减弱或消失，与延脑受损有关。

3）反射种类及检查方法 ①浅部反射，耳反射：检查时用纸卷、毛束轻触耳内侧被毛，正常时羊表现摇耳或转头。腹壁反射和提睾反射：用针轻刺腹部皮肤，正常时相应部位的腹肌收缩、抖动，即为腹壁反射。刺激大腿内侧皮肤时，睾丸上提，即为提睾反射。会阴反射：轻刺会阴部或尾根下方皮肤时，引起向会阴部缩尾的动作。肛门反射：刺激肛门周围皮肤时，正常时肛门括约肌迅速收缩。角膜反射：用手指、纸片或羽毛轻触角膜时，会立即闭眼。②深部反射，膝反射：检查时使羊侧卧，让被检测后肢保持松弛，用叩诊锤背面叩击膝韧带直下方。正常时，下肢呈伸展动作。跟腱反射：又称飞节反射，检查方法与膝反射检查相同。叩击跟腱，正常时跗关节伸展而球关节屈曲。

4）反射机能的病理变化　①反射增强或亢进，提示脊髓背根、髓腹根、外周神经的炎症、受压和脊髓膜炎等。在破伤风、士的宁中毒、有机磷中毒、狂犬病时常见全身反射亢进。②反射减弱，提示有关传入神经、传出神经、脊髓背根、髓腹根，或脑、脊髓灰白质受损伤。此外，处于意识丧失、麻醉或昏迷状态下的病羊，由于高级神经中枢的兴奋性降低，也会引起反射减弱或消失。

三、病理剖检

病理剖检是现场诊断羊病的一种重要方法。羊发生传染病、寄生虫病或中毒性疾病时，器官和组织常呈现出特征性病理变化，通过剖检可以直接观察到各器官的病理变化，迅速做出诊断。在实践中，有条件时应尽可能剖检病羊尸体，必要时可剖杀典型病羊。除肉眼观察外，必要时采取病料，进一步做病理组织学检查。

（一）尸体剖检注意事项

剖检所用器械要预先经煮沸消毒。剖检前对病羊或病变部位仔细检查。如怀疑炭疽病时，严禁剖检，先采耳尖血涂片镜检，当排除炭疽病时方可剖检。剖检时间越早越好（不超过 24 小时），特别是在夏季，尸体腐败后，影响观察和诊断。剖检时应保持清洁，注意消毒，尽量减少对周围环境和衣物的污染，并做好个人防护。剖检后将尸体和污染物做深埋处理。在尸体上撒上生石灰或洒上 10％石灰乳、4％氢氧化钠、5％～20％漂白粉溶液等。污染的表层土壤铲除后投入坑内，埋好后对地面要再次进行消毒。

（二）剖检方法和程序

尸体剖检必须按照一定的方法和程序进行。尸检程序通常为：外部检查→剥皮与皮下检查→腹腔剖开与检查→骨盆腔器官的检查→胸腔剖开与检查→脑与脊髓取出与检查→鼻腔剖开与检查→骨、关节与骨髓的检查。

1. 外部检查　主要包括羊的一般情况（品种、性别、年龄、毛色、特征、营养状况、皮肤等），死后变化、天然孔（口、眼、鼻、耳、肛门和外生殖器）与可视黏膜。

2. 剥皮与皮下检查

（1）剥皮方法　尸体仰卧固定，由下颌间隙经过颈、胸、腹下（绕开阴茎或乳房、阴户）至肛门做一纵切口，再由四肢系部经其内侧至上述切线分别做四条横切口，然后剥离全部皮肤。

（2）皮下检查　应注意检查皮下脂肪、血管、血液、肌肉、外生殖器、乳房、唾液腺、舌咽、扁桃体、食管、喉、气管、甲状腺、淋巴结等的变化。

3. 腹腔的剖开与检查

（1）腹腔剖开与腹腔脏器采出　剥皮后，让尸体左侧卧位，从右侧肷窝部沿肋骨弓至剑状软骨切开腹壁，再从髋结节至耻骨联合切开腹壁。将此三角形的腹壁向腹侧翻转，即可暴露腹腔。检查有无肠变位、腹膜炎、腹水或腹腔积血等异常。在横膈膜之后切断食道，用左手插入食道断端握住食道，向后牵拉，右手持刀将胃、肝脏、脾脏背部的韧带、后腔静脉、肠系膜根部切断，即可取出腹腔脏器。

（2）胃的检查　在沿皱胃小弯瓣皱孔→瓣胃大弯→网瓣孔→网胃大弯→瘤胃背囊→瘤胃腹囊→食管→右纵沟切开的同时，注意内容物的性质、数量、质地、颜色、气味、组成及黏膜的变化。特别应注意皱胃的黏膜炎症和寄生虫，瓣胃的阻塞状况，网胃内的异物、刺伤或穿孔，瘤胃的内容物。

（3）肠道检查　检查肠外膜后，沿肠系膜附着缘剪开肠管，要重点检查内容物和肠黏膜，注意内容物的质地、颜色、气味和黏膜的各种炎症变化。

（4）肝脏、胰脏、脾脏、肾脏与肾上腺的检查　主要检查这些器官的颜色、大小、质地、形状、表面和切面等有无异常变化。

4. 骨盆腔器官的检查　除输尿管、膀胱、尿道外，重点是公畜精索、输精管、腹股沟、精囊腺、前列腺及外生殖器官；母畜卵巢、输卵管、子宫角、子宫体、子宫颈与阴道。注意观察上述器官的位置和表面、内部的异常变化。

5. 胸腔的剖开与检查

（1）胸腔的剖开　可切割两侧肋骨与肋软骨交接处，去除胸骨；也可在肋骨与肋软骨的连接处，切断肋骨，再在肋骨上端锯断所有肋骨，并切断横膈，就可整片掀除一侧胸壁或用扭脱肋骨小头的办法，一根根地去除肋骨。

（2）胸腔器官的检查　割断前、后腔静脉、主动脉、纵隔和气管等同心脏、肺脏的联系后，将心脏、肺脏一同取出。心脏检查，应注意观察心包液的数量、颜色，心脏的大小、形状、软硬度，心室和心房充盈度，心内、外膜的变化。

6. 脑的取出与检查　先沿两眼的后缘用锯横行锯断，再沿两角外缘与第一锯相接锯开，并于两角的中间纵锯一正中线，然后两手握住左右角，用力向外分开，使颅顶骨分成左右两半，即可露出脑。应注意检查脑膜、脑脊液、脑回和脑沟的变化。

7. 关节检查　尽量将关节弯曲，在弯曲的背面横切关节囊。注意囊壁的变化，确定关节液的量、性质及关节面的状态。

四、实验室诊断

(一) 血液检查

1. **血红蛋白测定** 血红蛋白正常值，绵羊 $11\sim12$ 克/100 毫升，成年山羊 $6.0\sim10.0$ 克/100 毫升，羔羊 $6.0\sim11.5$ 克/100 毫升。血红蛋白增高的临床意义：①相对增高，见于各种原因引起的脱水而血液浓缩，使红细胞相对增多，见于腹泻、呕吐、大出汗、便秘、腹腔的渗出性炎症、瓣胃阻塞及某些中毒病等。②绝对增高，多见于真性红细胞增多症和心肺性疾病等。血红蛋白减少，见于造血物质不足、造血功能障碍、红细胞丢失或破坏过多所致的各种贫血和血孢子虫病、急性钩端螺旋体病、胃肠寄生虫病及毒物中毒等。

2. **红细胞压积容量 (PCV) 测定** 健康绵羊红细胞压积容量为 $0.30\sim0.37$，山羊 $0.23\sim0.38$，成年奶山羊平均为 0.35，羔羊平均为 0.36。临床意义：判断贫血与脱水程度。PCV 增高，见于各种原因引起的脱水，如急性肠炎、急性腹膜炎、急性胸膜炎、食管梗塞、咽炎、呕吐等；PCV 减少，见于各种原因引起的贫血。由于各种疾病时红细胞大小不一，故 PCV 减少的程度与细胞数不完全一致，但多数情况下与血红蛋白含量相一致，临床可按 PCV 增高的程度估算脱水程度、输液量和补液效果。

3. **红细胞计数** 绵羊红细胞数平均为 $8.8\sim11.2\times10^{12}$ 个/升，成年山羊平均为 15×10^{12} 个/升，乳山羊平均为 $16\times10^{12}\sim17\times10^{12}$ 个/升。临床意义：红细胞增多，见于各种原因引起的脱水及红细胞增多症，如急性胃肠炎、肠便秘、肠变位、渗出性胸膜炎与腹膜炎、日射病与热射病某些传染病及发热性疾病；红细胞数减少见于造血或生血因子缺乏，以及红细胞丢失或破坏过多、骨髓造血功能障碍等引起的各种贫血，如贫血、营养代谢病、血孢子虫病、白血病及恶性肿瘤等。此外，红细胞生成不足或破坏增多也会导致红细胞数显著减少。

4. 白细胞计数　健康绵羊平均每升血液中的白细胞数为 $6.4\sim10.2\times10^9$，成年山羊为 $4.3\sim14.7\times10^9$。临床意义：白细胞计数常用于诊断传染性疾病及血液病。白细胞增多，见于大多数细菌、真菌性传染病和炎性疾病，尤以球菌感染最为显著，如羊白血病、肿瘤、急性出血性疾病、炭疽病、创伤性心包炎、中毒，以及注射疫苗或免疫血清之后等。白细胞减少见于某些病毒性传染病；各种疾病的濒死期和再生障碍性贫血；长期、过量使用某些抑制造血机能的药物，如磺胺药、氯霉素；某些血液原虫病、休克、营养衰竭症等，白细胞总数均可减少。

5. 白细胞分类计数　健康羊各种白细胞的百分数平均为：嗜酸性粒细胞绵羊 5.0%，山羊 6.0%；嗜碱性粒细胞绵羊 0.5%，山羊 0.1%；嗜中性杆核细胞绵羊 1.5%，山羊 1.0%；嗜中性分叶型细胞绵羊 32.5%，山羊 34.0%；淋巴细胞绵羊 58%，山羊 57.4%；单核细胞绵羊 2.0%，山羊 1.5%。临床意义：嗜中性粒细胞总数增多，见于某些急性传染病，如羊炭疽、出血性败血症，某些化脓性疾病（化脓性胸膜炎、创伤性心包炎），某些急性炎症（胃肠炎、肺炎），某些慢性传染病（如结核）等；嗜中性粒细胞减少，见于病毒性疾病及各种疾病垂危期，也可见于造血器官机能的抑制与衰竭，羊妊娠中毒等。淋巴细胞增多，见于某些慢性传染病（羊结核病、布鲁氏菌病），急性传染病的恢复期，某些病毒性疾病；淋巴细胞减少，说明机体与病原处于激烈斗争阶段，常为预后良好的象征。单核细胞增多，见于某些原虫病、慢性细菌性疾病，某些病毒性疾病；单核细胞减少，见于传染病初期及某些疾病的垂危期。嗜酸性粒细胞增多见于某些寄生虫病（如肝吸虫、球虫、旋毛虫等）、过敏性疾病、湿疹及疥癣等；嗜酸性粒细胞减少见于毒血症、尿毒症、严重创伤、中毒、饥饿及过劳等。

（二）尿液常规检验

尿液的常规检验包括尿液的物理学检查和化学检验，以及用显微镜检查尿沉渣。

1. **尿液物理学检查**　尿量，健康羊一天的排尿量为 0.5～1千克，尿量增多见于肾充血、肾萎缩、饲料中毒等；尿量减少见于肾瘀血、急性肾炎、心脏机能不全、发热时渗出液和漏出液的贮存、下痢、发汗和呕吐等。尿色，羊尿为草黄色，尿色变淡，见于尿量增多；尿量减少，尿色加深，红尿，见于血尿、血红蛋白尿、肌红蛋白尿、叶琳尿。乳糜尿呈乳白色。此外，内服或注射某些药物时也可引起尿色的改变。气味，健康山羊尿无异常气味，膀胱炎和尿液潴留时，有氨臭味；膀胱炎或尿道有坏死性化脓性炎症时，尿液呈腐败臭味。透明度，山羊新鲜尿液澄清透明，无沉淀物，尿液变浑浊，见于泌尿系统疾病。

2. **尿液的化学检查**

（1）尿液 pH 测定　健康山羊的尿液 pH 为 8.0～8.5，羔羊的为 6.4～6.8。碱尿变成酸性尿见于高热性疾病、酮病、大出汗、营养不良、饥饿、酸中毒等。

（2）尿液蛋白质的检验　取少许过滤的尿液于载玻片上，滴加 20％磺柳酸液一至数滴，如有蛋白质存在，即产生白色混浊。健康羊的尿中含有极微量的蛋白，用此法无反应，当患肾病变、肾炎、尿道炎、膀胱炎时，尿中可出现多量的蛋白质。此外，某些急性中毒或慢性细菌性传染病以及血孢子虫病等，均可出现蛋白尿。

（3）尿中血液及血红蛋白的检验　取小试管 1 支，加入 1％冰醋酸联苯胺饱和溶液和 3％过氧化氢溶液各 1 毫升，再加被检尿（先煮沸冷却）2～3 毫升，呈绿色或蓝色时为潜血阳性。溶血性疾病和泌尿系统出血引起血红蛋白尿或血尿时，均可在尿中检出潜血，见于肾破裂、肾炎、肾盂结石、肾盂炎、膀胱炎及膀胱结石、尿道黏膜损伤、尿道结石和尿道炎等。

（4）尿中酮体的检验　正常尿中酮体含量很少，一般方法不能检出。测定时，取尿液2毫升于试管内，加亚硝基铁氰化钠粉末少许，加冰醋酸0.2毫升，混匀后沿管壁缓缓加入28%浓氨水0.5～1毫升，观察两液面接触处颜色变化，10分钟以上无紫红色环为阴性。尿酮中毒主要见于羊妊娠中毒病、酸中毒、长期饥饿。

3. 尿沉渣检验　将10毫升尿液在1 000转/分钟的速度下离心10分钟，吸取管底部的尿液置载玻片上，加盖玻片，低倍镜下观察有无管型、上皮细胞。如果被检尿液中发现肾上皮细胞、尿路上皮细胞及膀胱上皮细胞，就表明该部位患有炎症；尿液中发现管型（尿圆柱），肾脏一定患有急性或慢性炎症，因管型是肾实质有病理变化后，蛋白质在肾小管内凝聚而成圆柱形物体。

（三）粪便的检查

1. 粪便的物理学检查　主要包括粪便的数量、形状、硬度、颜色、气味、混杂物等项目。山羊粪呈小球状、较硬。阻塞性黄疸时，由于粪中不含粪胆素，粪呈黏土色或灰白色；出血性肠炎，粪呈红色；粪中有类似肠黏膜的白色管状物，见于黏液性肠炎；重症肠炎时，粪有恶臭味。

2. 粪便潜血的检查　取羊粪适量，放入试管中加蒸馏水少量，加热煮沸，过滤取滤液，按尿液潜血检查。正常粪便潜血试验为阴性，阳性结果提示胃肠出血、出血性肠炎、球虫病等。

3. 粪便寄生虫卵的检查　详见寄生虫检验。

（四）微生物学检验

1. 细菌学检验

（1）涂片镜检　将病料涂于清洁无油污的载玻片上，干燥后在酒精灯火焰上固定，选用单染色法（如美蓝染色法）、革兰氏染色法、抗酸染色法或其他特殊染色法染色镜检，根据所观察到的细菌形态特征，做出初步判断或确定进一步检验的步骤。

（2）分离培养　根据所怀疑传染病病原菌的特点，将病料接种于适宜的细菌培养基上，在一定温度（常为37℃）下进行培养，获得纯培养后，再用特殊的培养基培养，进行细菌的形态学、培养特征、生化特性、致病力和抗原特性鉴定。

（3）动物实验　用灭菌生理盐水将病料做成1∶10的悬液，或利用分离培养获得的细菌液感染实验动物，如小鼠、大鼠、豚鼠、家兔等。感染方法可用皮下、肌内、腹腔、静脉或脑内注射。感染后按常规隔离饲养管理，注意观察，有时还需对某种实验动物测量体温；如有死亡，应立即进行剖检及细菌学检查。

2. 病毒学检验　以无菌手段取出病料组织，用磷酸缓冲液反复洗涤3次，然后将组织剪碎、研细，加磷酸缓冲液制成1∶10悬液（血液或渗出液可直接制成1∶10悬液），以每分钟2 000～3 000转的速度离心沉淀15分钟，取出上清液，每毫升加入青霉素和链霉素各100单位，置冰箱中备用。把样品接种到鸡胚或细胞培养物上进行培养。对分离到的病毒，用电子显微镜检查，并用血清学试验及动物实验等方法进行化学和生物学特性的鉴定，或将待检样品经分离培养得到的病毒液，接种易感动物。

（五）免疫学检验

在羊传染病检验中，经常使用免疫学检验法。常用的方法有凝集反应、沉淀反应、补体结合反应、中和试验等血清学检验方法，以及用于某些传染病生前诊断的变态反应等。近年又研究出许多新的技术和方法。

1. 免疫扩散　抗原及相应的抗体分子在凝胶中扩散相遇，达到合适浓度比例时形成抗原抗体复合体沉淀的技术。可以检测特定的抗原或抗体。

2. 荧光抗体技术　是以荧光物标记抗体进行抗原定位的技

术。本技术较其他鉴定细菌的血清学方法有速度快、操作简单、敏感性高等特点，它在临床检验上已用作细菌、病毒和寄生虫的检验及自身免疫病的诊断等。

3. 酶联免疫标记技术　以酶标记的抗体、抗原作为主要试剂，将抗原-抗体反应的特异性和酶催化底物反应的高效性和专一性结合起来的一种免疫检测技术。

4. 单克隆抗体技术　将产生抗体的 B 淋巴细胞与骨髓瘤细胞杂交，获得既能产生抗体，又能无限增殖的杂种细胞，并生产抗体的技术。

5. 聚合酶链式反应　简称 PCR，是一种分子生物学技术，用于放大特定的 DNA 片段。可看作生物体外的特殊 DNA 复制。

（六）寄生虫病检验

羊寄生虫病的种类很多，但其临床症状除少数羊只外都不够明显。诊断往往需要进行实验室检验。

1. 粪便检查　粪便检查是寄生虫病生前诊断的一个重要手段。羊患了蠕虫病以后，其粪便中可排出蠕虫的卵、幼虫、虫体及其断片。某些原虫的卵囊、包囊也可通过粪便排出。检查时，粪便应从羊的直肠挖取，或用刚刚排出的粪便。用粪便进行虫卵检查时，常用的方法如下：直接涂片法，在洁净无油污的载玻片上滴 1～2 滴清水，用火柴棒蘸取少量粪便放入其中，涂匀，剔去粗渣，盖上盖玻片，置于显微镜下检查。此法快速简便，但检出率很低，最好多检查几个标本。漂浮法：取羊粪 10 克，加少量饱和盐水，用小棒将粪球捣碎，再加 10 倍量的饱和盐水搅匀，以孔径 0.25 毫米的铜筛过滤，静置 30 分钟，用直径 5～10 毫米的铁丝圈，与液面平行接触蘸取表面液膜，抖落于载玻片上并覆盖盖玻片，置于显微镜下检查。该法能查出多种线虫卵和一些绦虫卵，但对比重大于饱和盐水的吸虫卵和棘头虫卵，效果不明显。沉淀法：取羊粪 5～10 克，放在 200 毫升容量的烧杯内，加入少量清水，用小棒将粪球捣碎，再加 5 倍量的清水调制成糊状，用 0.25 毫米孔径的铜筛过滤，静置 15 分钟，弃去上清液，保留沉渣。再加满清水，静置 15 分钟，弃去上清液，保留沉渣。如此反复 3～4 次，最后将沉渣涂于载玻片上，置于显微镜下检查。该法主要用于诊断虫卵比重大的羊吸虫病。

2. 虫体检查法　蠕虫虫体检查：将一定量的羊粪盛于盆内，加入约 10 倍量的生理盐水，搅拌均匀，静置沉淀 10～20 分钟后，弃去清液，再于沉淀物中重新加入生理盐水，如此反复 2～3 次，最后取沉淀物于黑色背景上，用放大镜寻找虫体。如粪中混有绦虫节片，直接用肉眼观察新排出的粪便，就能见到似大米粒样的白色孕卵节片，有的还能蠕动。蠕虫幼虫检查法：取被检羊的新鲜粪球 3～10 粒，放在平皿内，加入适量 40℃的温水，10～15 分钟后，取出粪球，将留下的液体放在低倍镜下检查。一般幼虫多附着在粪球的表面，所以幼虫很快就会移到温水中，而沉于水的底层。此方法常用于羊肺线虫病的检查。螨的检查方法：首先剪毛去掉干硬的痂皮，然后用锐利刀片在患病部位与健康部位的交界处刮取病料（刮的深度以局部微微出血为宜）放在烧杯内，加入适量 10％氢氧化钾溶液，置室温下过夜或直接放在酒精灯上煮数分钟，待皮屑溶解后取沉渣涂片镜检。也可直接取少许病料于载玻片上，然后滴加 50％甘油水 2～3 滴，盖好盖玻片镜检。后者的检出率低，需多取几次样品检查。

第四章

羊场兽医常用治疗技术

一、常用治疗技术

(一) 经口给药方法

口服给药方法简便，适合大多数药物，可发挥药物在胃肠道的作用，如肠道抗菌药、驱虫药、制酵药、泻药等常常采用口服。有的生物制品口服后，反应轻微，亦在临床上应用。常用的口服方法有灌服、饮水、混到饲料中喂服、舔服等。应在饲喂前服用的药物有苦味健胃药、收敛止泻药、胃肠解痉药、肠道抗感染药、利胆药；应空腹或半空腹服用的药物有驱虫药、盐类泻药。刺激性强的药物应在饲喂后服用。

1. 自由采食法　多用于大群羊的预防性治疗或驱虫。将药物按一定比例拌入饲料或饮水中，任羊自行采食或饮用。大群羊用药前，最好先做小批羊用药后的毒性及药效试验。

(1) 混饲给药　是一种常用的给药方法，适用于病羊尚有食欲，或大群羊发病和进行药物防病。此法简便易行，适用于长期投药，不溶于水的药物用此法更为适宜。用于混饲的药物一般为粉剂或散剂，无异味或刺激性，不影响羊的食欲。首先根据羊的数量、采食量、用药剂量，算出药物和饲料的用量，准确称取后将所用药物先混入少量饲料中，反复拌和，然后再加入部分饲料拌和，这样多次逐步递增饲料，直至将饲料混完，充分混匀后将混药饲料喂给羊，让其自由采食。有些药物适口性差，混饲给药时要少添多喂。混饲给药时应特别注意将药物与饲料混合均匀，以免发生中毒和达不到防治目的。如为片剂药物则应将其研成细粉状再用，混药的饲料也应是粉末状的，才能将药物混匀。一般情况下要求将混药饲料现混现用，每次食净。为防止羊争食、暴食，应将其按大小、体质不同分群喂给药料。在给药料前可进行适当停食，以保证药料迅速食净。

（2）混水给药　也是一种常用的给药方法，适用于因病不能吃食但尚有饮欲的病羊，以及大批羊进行药物防病、应用疫苗和经口补液。根据羊的数量、饮水量及药物特性和剂量等准确算出药物和水的用量，所用药物应易溶于水。一般在水中不易破坏的药物，可以在一天内饮完，有些药物在水中时间长了易破坏变质，宜在规定时间内饮完，以防止药物失效。饮水应清洁，不含有害物质和其他异物，不宜采用含漂白粉的自来水来溶解药物。在给药前，一般应停止饮水半天，然后再饮用药水。药物应充分溶解于水，并搅拌均匀。冬季应将药水加温到 25℃ 左右，再给羊饮用。

2. 灌服投药法　是一种强迫经口投药法，适用于因病不能吃食和饮水的羊。

（1）经口灌药　经口灌药主要用于少量的无强刺激性或特殊异味的水剂药物或将粉剂、研碎的片剂加适量的水而制成的溶液、混悬液、糊剂、中药及其煎剂、片剂、丸剂、舔剂等剂型药物的投服，所有动物均可经口灌服药物。羊经口灌药通常用药匙（汤匙）、竹筒、橡皮瓶或长颈玻璃瓶、盛药盆等。灌药前应注意将其保定确实，操作须谨慎细心，每次灌入的药量不应太多，不宜过急，不能连续灌服，以防药物误入羊气管和肺中。灌药时，将药液装入长颈的橡皮瓶、塑料瓶或酒瓶内，抬高羊的头部，使口角与眼呈水平状态；操作者右手持药瓶，左手用食指、中指自羊右口角伸入口中，轻轻按压舌面，羊口即张开；然后右手将药瓶从右口角插入羊口中，并将左手抽出，待瓶口伸到舌面中部，即可抬高瓶底将药物灌入，如橡皮瓶则可轻压使药液流出，吞咽后继续灌服直至灌完。

（2）胃管投药　有两种方法，一是经鼻腔插入；二是经口腔插入。适用于灌服大量水剂或可溶于水的流质药液。羊常采用经口插入胃管的方法投药。用具为软硬适宜的橡皮管或塑料管，依羊的种类和个体大小不同，选用相应的口径及长度。胃管于用前应先清洁干净，将其前端涂以滑润油类或以水润湿。

具体操作：一人抓住羊的两耳（角），将前躯夹于两腿之间固定羊头部并稍抬高，而后装上横木开口器，系在两角根后部；胃管从开口器中间孔插入，沿上腭直插入咽部，前端抵达咽部时，轻轻抽动，刺激引起吞咽，随咽下动作将胃管插入食道；准确判定胃管确实在食道后，再将胃管前端推送至颈部下 1/3 处；连接漏斗，先投入少量清水，证明无误后，即可投药；药液灌完后，再灌少量清水，然后取掉漏斗，用嘴吹气或用橡皮球打气，使胃管内残留的液体完全入胃，用拇指堵住胃管管口，或折叠胃管，慢慢抽出。用完的胃管及其他器具应洗净，放在 2%煤酚皂溶液中浸泡消毒，再以清水冲净后备用。该法适用于灌服大量水剂及有刺激性的药液。患咽炎、咽喉炎或咳嗽严重的病羊，不可用胃管灌药。

（二）注射给药方法

注射给药是将各种注射剂型的药液使用注射器直接注入羊体内的给药方法。注射前应将注射器和针头等用清水冲洗干净，按规定煮沸消毒或高压灭菌后再用。根据羊的种类、病情、药物的品种及特性等，注射给药包括皮内注射、皮下注射、肌内注射、静脉注射、气管内注射、瓣胃内注射、乳房内注射等。注射给药具有用药量小、见效快，避免经口给药的麻烦和防止降低药效等优点。

注射前先将药液抽入注射器内或注入输液瓶内，如果使用粉针剂，应事先按规定用适宜的溶剂在原安瓿瓶内进行溶解。抽吸药液时，先将安瓿瓶封口端用酒精棉球消毒，同时检查药品名称、批号及质量，注意有无变质、浑浊、沉淀。敲破安瓿瓶玻管吸药时，应注意防止安瓿瓶破碎及刺伤手指，同时防止玻璃碎屑掉入药中，禁止敲破安瓿瓶底部抽吸药物。如果混注两种以上药液，应注意检查有无药物配伍禁忌。抽吸完药液后，排净注射器内的气泡。注射时按常规进行注射部位剪毛、消毒，严格无菌操作，注射完毕后用碘酒棉球消毒注射部位，并将注射器及针头清洗消毒后备用。

1. **皮内注射** 皮内注射是指将药液注入动物表皮和真皮层之间的一种方法。用于动物过敏试验及炭疽Ⅱ号苗、绵羊痘苗等的预防接种。常在羊的颈部两侧部位，局部剪毛，碘酊消毒后，使用小型针头，以左手大拇指和食指、中指固定（绷紧）皮肤，右手持注射器，使针头几乎与注射部位的皮面呈平行方向刺入，至针头斜面完全进入皮内后，放松左手，以针头与针筒交接处压迫固定针头，右手注入药液，至皮肤表面形成一个小圆形丘疹，并感到推药时有一定的阻力，如误入皮下则无此感觉。皮内注射的部位、方法及观察一定要准确无误，否则会影响诊断和预防接种的效果。

2. **皮下注射** 皮下注射是将药液注射于皮下结缔组织内，经毛细血管、淋巴管吸收进入血液循环，而达到防治疾病的目的。注射部位，在羊的颈侧或股内侧的皮肤松软处。常用于易溶、无刺激性的药物及某些疫苗等注射，如阿托品、肾上腺素、阿维菌素、炭疽芽孢苗等。注射时，将羊实行必要的保定，注射前局部剪毛消毒，以左手的食指和大拇指捏起注射部位的皮肤，右手持注射器，使皮肤和针头呈 45 度角，迅速刺入捏起的皮肤皱褶的皮下。如针头能左右自由活动，即可注入药液。注射完毕后，在注射部再次用碘酊棉球消毒。必要时，可对局部进行轻度按摩或进行温敷，以促进药物吸收。皮下注射时，每一注射点不宜注入过多的药液，如需注射大量药液则应分点注射。刺激性较强的药品不能做皮下注射，以防引起局部炎症、肿胀和疼痛，甚至造成组织坏死。因皮下有脂肪层，吸收较慢，皮下注射一般需5～10分钟才能呈现药效。但皮下注射给药比经口给药和直肠给药发挥药效要快而且确定。

3. **肌内注射** 肌内注射是兽医临床上最常用的给药方法。肌内注射的部位，多在颈侧肌肉丰满部位及臀部。但应注意避开大血管及神经的径路。适用于刺激性较大、吸收缓慢的药液，如青霉素、链霉素和各种油剂以及一些疫苗的注射。肌内注射时，将羊保定，局部常规消毒后，使注射器针头与皮肤呈垂直的角度，迅速刺入肌肉内2～4厘米（视羊品种、大小而定），然后抽动针筒活塞，确认无回血时，即可注入药液。注射完毕，用酒精棉球压迫针孔部，迅速拔出针头。

4. **静脉注射** 静脉注射是将药液注入静脉血管内的一种注射给药方法，适用于大量的输液、输血及治疗急需速效的药物（如急救、强心等）。一般刺激性较强的药物或皮下、肌肉不能注射的药物等可用静脉注射的方法，但也有些药物不宜进行静脉注射。静脉注射的方法有推注和滴注两种，静脉注射的部位，羊在颈静脉的上1/3与中1/3交界处。静脉注射前将羊站立保定，使头稍向前伸，并稍偏向对侧，小羊可进行侧卧保定。静脉注射前必须将注射用具进行灭菌处理，注射部位按常规严格进行剪毛、消毒，注射操作应遵守无菌规程。

静脉内注射：首先认清颈静脉径路，然后术者用左手拇指横压注射部位稍下方（近心端）的颈静脉沟上，使脉管充盈；右手持针头，针头斜面向皮肤外，沿颈静脉并朝头部方向，使针头与皮肤呈45度角左右，准确迅速地刺入颈静脉内；见有回血后，再沿脉管向前推送一段针体，使针体较稳固地插在静脉管内（若一次不能直接刺入静脉，可先刺入皮下，然后再刺入静脉）；此时松开左手，接上装满药液的注射器或连接输液瓶的乳胶管，药液即可由注射器徐徐推入，或由输液瓶慢慢滴入，并可用胶管夹控制滴的速度，同时用钳子将靠近针头的胶管固定在颈部皮肤上，适当提高输液瓶。注射完毕，左手持酒精棉球压紧针孔，右手迅速拔出针头，而后涂5％碘酊消毒。

5. *气管注射* 气管注射是指将药液直接注入气管内的给药方法，此法对羊使用较多。常用于碘液的注射，以治疗羊的肺线虫病等。注射时将羊行仰卧或侧卧（可使病侧肺部向下的方式侧卧）保定，并使后躯低于前部。注射部位在喉头的下方，气管上1/3处，以左手食指摸清气管软骨环之间，局部剪毛消毒后，以大拇指和中指固定皮肤，右手持注射器刺入气管内，抽动活塞，见有气泡时即可注入药液。如欲使药液注入两侧肺中，需隔天，将羊翻转，卧于另一侧，以同样方法注射药液。

6. *瘤胃穿刺注药法* 当羊发生瘤胃臌气时可采用本方法，穿刺部位在左肷窝中央或臌气的最高处。方法是局部剪毛，碘酊消毒，将皮肤稍向上移，将套管针头向下、向右侧肘的方向刺透皮肤及瘤胃胃壁，左手固定套管针，右手拔出套管针芯，使气体缓缓放出。如无专用套管针，也可使用较粗的盐水针头代替套管针。放气完毕，可从套管针孔注入止酵防腐药。最后用左手指压紧皮肤，右手迅速拔出针管或针头，穿孔处再用碘酊涂擦消毒。

（三）灌肠方法

指向直肠内注入大量的药液、营养物质或温水，直接作用于直肠黏膜，使药液、营养物质得到吸收，或促进粪便排出以及除去肠内代谢产物与炎性渗出物，达到治疗疾病目的的一种治疗方法。

1. *操作方法* 羊一般采取站立保定，配好的灌肠液应与体温相一致，盛于盆内。选用小型胃管或一端磨圆的橡皮管，前端涂上凡士林或植物油插入直肠内，另一端接上漏斗，加入灌肠液后，举高漏斗以增大灌肠液的压力，使其压入直肠内。灌肠完毕后一手压住肛门和尾根，另一只手的手指掐压羊的腰荐部，以防药液的流出。停留一段时间后，再松手拔出橡皮管。

2. 操作时注意事项 ①直肠内存有宿粪时，按直肠检查要领取出宿粪，再进行灌肠。②避免粗暴操作，以免损伤肠黏膜或造成肠穿孔。③溶液注入后由于排泄反射，溶液易被排出。为了防止排出，可用手压迫尾根，或在注入溶液的同时以手指刺激肛门周围，或按摩腹部。最有效的办法是用塞肠器固定肛门。

（四）穿刺法

1. 瘤胃穿刺法 是指用于瘤胃急性臌气时急救排气和瘤胃内注入药液的一种治疗技术。

（1）操作方法 ①确定穿刺部位。选在左侧肷窝部，由髋骨外角向最后肋骨所引水平线的中点，距腰椎横突 10～12 厘米处。也可选在瘤胃隆起最高点穿刺。②术者以左手将皮肤切口移向穿刺点，右手持套管将针尖置于皮肤切口内，向对侧肘头方向迅速刺入 10～12 厘米。③左手固定套管，拔出内针，用手指堵住管口，间断放出瘤胃内的气体。如果套管堵塞，可插入内针疏通。气体排出后，可经套管向瘤胃内注入制酵药，防止复发。④注完药液，插入内针，同时用力压住皮肤切口，拔出管针，消毒创口行一针结节缝合。⑤在紧急情况下，无套管针时，可就地取材，如竹管、鹅羽或静脉注射针头等进行穿刺，先挽救生命，然后再采取抗感染措施。

（2）操作注意事项 ①放气速度不宜过快，以防止发生急性脑贫血，造成休克，同时注意观察病畜的表现。②根据病情，为了防止臌气继续发展，需重复穿刺，可将套管针固定，留置一定时间后再拔出。③穿刺和放气时，应注意防止针孔局部感染。放气后期，往往伴有泡沫样内容物流出，污染套管口周围，甚至会流进腹腔继发腹膜炎，应予以高度重视。④经套管注入药液时，注药前一定要切确判定套管仍在瘤胃内后，方可注入。

2. 胸腔穿刺法　是指用于排出胸腔内的积液、血液，或洗涤胸腔，或注入药液，或用于检查胸腔有无积液并采取胸腔积液，鉴别其性质，有助于诊断的一种诊疗技术。

（1）操作方法　①确定穿刺部位。右侧第六肋间（左侧第七肋间），胸外静脉上方约2厘米处。②术者左手将术部皮肤稍向前方移动，右手持套管针（或针头），靠肋骨前缘垂直刺入3～5厘米。③当套管针刺入胸腔后，左手把持套管，右手拔出内针，即可流出积液或血液。④放液时不宜过急，用拇指堵住套管口，间断地放出积液，防止胸腔减压过急而影响心肺功能。⑤如果针孔堵塞不流时，可用内针疏通，直至放完为止。⑥有时放完积液，需要洗涤胸腔时，可将装有消毒药的输液瓶的乳胶管或注射器连接在套针管口上（或注射针），高举输液瓶药液即可流入胸腔。反复冲洗2～3次，最后注入治疗性药物。⑦操作完毕，插入内针，拔出套管针（或针头），使局部皮肤复位，术部涂碘酒。

（2）操作注意事项　①穿刺或排液过程中，要注意防止空气进入腹腔内。②排出积液和注入洗涤液时应缓慢进行，并注意观察病畜有无异常表现。③穿刺时，要以手指控制套管针的刺入深度，以防止刺入过深。④穿刺过程中，如遇有出血时，应充分地止血，并改变位置再进行穿刺。

3. 腹腔穿刺法　是指用于排出腹腔积液、洗涤腹腔以及注入药液的一种治疗技术，也可用于采取腹腔液体，鉴别其性质，有助于胃肠破裂、肠变位、内脏出血及腹膜炎等疾病的诊断。

（1）操作方法　①确定穿刺部位。羊在脐与膝关节连线的中点。②术者蹲下，左手稍移动皮肤，右手控制套管针（或针头）的深度。由下向上垂直刺入3～4厘米。③当套管针刺入腹腔后，左手把持套管，右手拔出内针，即可流出积液或血液。④放液时不宜过急，用拇指堵住套管口，间断地放出积液，防止腹腔减压过急而影响心肺功能。⑤如果针孔堵塞不流时，可用内针疏通，直至放完为止。⑥有时放完积液之后，需要洗涤腹腔时，可将装有消毒药的输液瓶的乳胶管或注射器连接在套针管口上（或注射针），高举输液瓶药液即可流入腹腔。反复冲洗2～3次，最后注入治疗性药物。⑦操作完毕，插入内针，拔出套管针（或针头），使局部皮肤复位，术部涂碘酊。

（2）操作注意事项　①穿刺或排液过程中，要注意防止空气进入腹腔内。②排出积液和注入洗涤液时应缓慢进行，并注意观察病畜有无异常表现。③穿刺时，要以手指控制套管针刺入的深度，以防止刺入过深刺伤腹腔内脏器官。④穿刺过程中，如遇有出血时，应充分地止血，并改变位置再进行穿刺。

（五）阴道与子宫清洗方法

阴道与子宫冲洗法是指用于母羊阴道炎和子宫内膜炎治疗的一种治疗技术，主要为了排出阴道或子宫内的炎性分泌物，注入治疗药液，促进黏膜修复，尽快恢复生殖机能。根据羊的种类、病情，选择不同类型的冲洗器具，用前洗净严格消毒处理。

1. 操作方法　①羊站立保定，充分洗净外阴部，术者手臂常规消毒，手握输液瓶或漏斗所连接的长胶管，徐徐插入子宫颈口，再缓慢导入子宫内，提高冲洗器、输液瓶或漏斗，冲洗液即可流入子宫内，待输液瓶或漏斗中的冲洗液快流完时，迅速把输液瓶或漏斗放低，借虹吸作用使子宫内液体自行排出。②如此反复冲洗2～3次，直至流出的液体与注入的液体颜色基本一致时为止，必要时可用开腔器开张阴道，用颈管钳和颈管扩张棒固定宫颈外口，扩张颈管后进行子宫冲洗。③阴道冲洗时，可将导管的一端插入阴道内，提高漏斗，冲洗液即可流入。借病畜努责冲洗液可自行排出。如此反复至冲洗液透明为止。阴道或子宫冲洗后，可放入抗生素或其他抗菌消炎药物。

2. 操作注意事项　①认真操作，避免粗暴，特别是插入导管时更需谨慎，以防子宫壁穿孔。②操作时严格遵守消毒规则。③在子宫积脓或子宫积水时，应先将子宫内积液排出之后，再进行冲洗。④不得使用强刺激性或腐蚀性的药液冲洗。⑤注入子宫内的冲洗药液，应尽量充分排出，必要时，可通过直肠按摩子宫促使排出。

（六）导尿方法

指用于尿道炎及膀胱炎治疗和采取尿液供化验诊断的一种治疗技术。

1. 操作方法　①羊保定后，助手将尾巴拉向一侧或吊起。②术者将导尿管握于掌心，前端与食指同长，呈圆锥形伸入阴道 10～15 厘米。先用手指触摸尿道口，轻轻刺激或扩张尿道口，乘机插入导尿管，徐徐推进。当进入膀胱后则无阻力，尿液自然流出。③排完尿后，导尿管另一端连接洗涤器或注射器，注入冲洗药液，反复冲洗，直至排出药液透明为止。④导尿或冲洗完之后，还可注入治疗药液。注入完毕，慢慢抽去导尿管。

2. 操作注意事项　①注意正确识别母畜尿道口。可用开腟器开张阴道，即可看到尿道口。②插入导尿管时，避免粗暴操作，以免损伤尿道黏膜或引起膀胱壁穿孔。

（七）洗胃方法

指用于羊胃扩张、瘤胃积食或瘤胃酸中毒时排除胃内容物，以及排除胃内毒物，或用于胃炎的治疗和吸取胃液供实验室检查等的一种治疗技术。

1. 操作方法　①先用胃管测量到胃内的长度，并做好标记。羊是从唇至倒数第二肋骨。②装上横木开口器，固定好头部。③从口腔徐徐插入胃管，到胸腔入口及贲门处时阻力较大，应缓慢小心插入，以免损伤食管黏膜。必要时，可灌入少量温水，待贲门弛缓后，阻力突然消失。此时可有酸臭味气体或食糜排出。如果不能顺利排出胃内容物时，可装上漏斗灌入温水，将头低下，采用虹吸原理或用吸引器抽出胃内容物。如此反复操作，逐渐排出胃内大部分内容物，直至病情好转为止。④治疗胃炎时，导出胃内容物后，还要灌入防腐消毒药。⑤冲洗完之后，缓慢抽出胃管，解除保定。

2. 操作注意事项　①操作过程中要注意安全。根据病羊的大小，选择不同的胃管，胃管长度和粗细要适宜。②瘤胃积食时宜反复灌入大量温水，方能洗出胃内容物。

（八）乳房注射送风疗法

指通过乳导管送入空气，治疗奶山羊的乳房炎和产后瘫痪的一种方法。

1. 操作方法　①羊站立保定，挤净乳汁，清洗乳房并拭干，用70%酒精消毒乳头。②用左手将乳头握于掌内，轻轻向下拉，右手持消毒的乳导管，自乳头口徐徐插入。③再以左手把握乳头及乳导管，右手持注射器与乳导管连接（或将输液瓶的乳胶导管与乳导管连接），然后徐徐注入药液。④注射完毕，拔出乳导管，以左手拇指与食指捏闭乳头开口，防止药液外流。右手按摩乳房，促进药液充分扩散。⑤如治疗产后瘫痪需要送风时，可使用乳房送风器（或100毫升注射器或消毒后用手打气），送风之前，在金属滤过筒内，放置灭菌纱布，滤过空气，防止感染。先将乳房送风器与乳导管连接（或100毫升注射器接合端垫2层灭菌纱布与乳导管连接），2个乳头分别充满空气，充气量以乳房的皮肤紧张、乳腺基部的边缘清楚变厚、轻敲乳房发鼓音为标准。充气后，可用手轻轻捻转乳头肌，并结系一条纱布，防止空气溢出，经1小时后解除。

2. 注意事项　①乳导管的前端在使用前必须涂布消毒的润滑油。如使用针头，尖端一定要磨光滑，防止损坏乳头管黏膜。②送风时要遵守无菌操作规程，以防感染，特别使用注射器送风时更应注意。③注入药液一般以抗生素溶液为主，洗涤药液多用 0.1％雷佛奴尔溶液、生理盐水及低浓度青霉素溶液等。

（九）常用手术技术

1. 麻醉技术　分局部麻醉、全身麻醉两种。

（1）局部麻醉

1）表面麻醉　麻醉角膜和结膜可用 0.5％～1％丁卡因或 2％～5％可卡因、利多卡因。点入结膜囊内 5～6 滴；麻醉口腔、鼻腔、直肠或阴道黏膜可用 1％～2％丁卡因或 5％～10％可卡因涂布或浸渍、填塞、喷雾；麻醉膀胱黏膜可用 0.5％～1％普鲁卡因注入膀胱内；麻醉关节、腱鞘及黏液囊中的滑膜可用 4％～6％普鲁卡因注入；体腔手术时常用 3％～5％普鲁卡因喷洒，以麻醉浆膜。

2）浸润麻醉　将局麻药注射到手术区局部的各层组织中，以麻醉神经末梢。常用 0.25％～1％普鲁卡因，为增强麻醉效果，可加入微量的 0.1％肾上腺素液。根据需要，操作方法有直线浸润、分层浸润、菱形浸润、扇形浸润、基低部浸润等多种，四肢及尾部手术时，可用环行浸润。在操作中，均应注意使麻醉药液能浸润到手术区的各层组织内。

3）传导麻醉　将局麻药注射于支配手术区的神经干或神经丛周围。常用 3％～5％普鲁卡因或 2％利多卡因。实施额部及上眼睑手术可做眶上神经传导麻醉；上臼齿拔出术可做上颌神经传导麻醉；下颌白齿、下唇及颏部手术可做下颌齿槽神经传导麻醉；舌手术可麻醉舌神经和舌下神经；髂区剖腹手术可做腰旁神经干传导麻醉。

4）椎管内麻醉　临床多用的是将局麻药注入椎管的硬膜外腔内，使某些脊髓神经被阻滞。穿刺部位可选在腰椎与荐椎间隙或第一、二尾椎间隙或荐骨与第一尾椎间隙。注射剂量：3%普鲁卡因2～5毫升或1%～2%利多卡因1～5毫升。

（2）全身麻醉

1）吸入麻醉　常用吸入麻醉剂有氟烷、甲氧氟烷、乙醚、氯仿、安氟醚、氧化亚氮、环丙烷等，需使用相应的吸入麻醉剂进行麻醉。对小羊也可实施开放式点滴法进行麻醉。先用凡士林涂于羊口、鼻周围，再用4～6层纱布的口罩将口、鼻罩住，周围用纱布或毛巾塞紧，最后在口罩上点滴乙醚或氟烷等进行麻醉。

2）非吸入麻醉　常用药物有二甲苯胺噻唑（静松灵）类麻醉剂、巴比妥类麻醉剂、水合氯醛、乙醇（酒精）、氯胺酮等。临床上常将几种麻醉药及镇痛（如吗啡、静松灵）、镇静、肌肉松弛（如司可林）、抗胆碱药（如阿托品）混合应用，以期提高麻醉效果，减少麻醉药量，减轻麻醉药的副作用。

3）羊的全身麻醉　戊巴比妥钠按每千克体重30毫克，静脉注射，可麻醉30～40分钟。异戊巴比妥钠按每千克体重5～10毫克，静脉或肌内注射。硫喷妥钠按每千克体重15～20分钟，静脉注射，麻醉持续时间10～20分钟。

2. 组织切开与分离

（1）选择切口的要求　①切口应尽可能靠近病变部位，最好能直接到达手术区。②切口应与局部重要血管、神经走向接近平行，以免损伤这些组织。③确保创液及分泌物的引流通畅。④二次手术时，应避免从疤痕上切开。

（2）操作注意事项　①切口大小要适当。②皮肤切开时，刀片与皮肤垂直，力度适当，力求一刀完成皮肤切口。对移动性较大的松弛皮肤，可将皮肤拎成皱褶，行皱壁法切开。③按解剖层次分层进行切开，从外至内切口大小相同。④切开肌肉时，一般尽量沿肌纤维方向钝性分离，这样易于缝合和愈合。在必要时为显露手术区也可斜切或横切肌肉。⑤切开腹膜时，应先用镊子夹起腹膜做一小切口，然后插入有沟探针或食指与中指，引导手术刀外向式切开腹膜或用钝头剪剪开腹膜，防止损伤内脏。⑥切开肠管时，事先做好隔离，严防污染。

（3）软组织分离

1）锐性分离　用手术刀切开或用手术剪剪开组织。

2）钝性分离　用刀柄、止血钳、手指等插入组织间隙内，用适当量推开周围组织。

3. 手术止血技术

（1）全身预防性止血　①输血，以提高动物血液的凝固性，可在术前 30～60 分钟输入相合血。②注射提高动物血液凝固性和使血管收缩的药物，如维生素 K_3、安络血、止血敏、抗血纤溶芳酸等。

（2）局部预防性止血

1）肾上腺素止血　常与局部麻醉配合进行，可在 1 000 毫升普鲁卡因液中加入 0.1％肾上腺素 2 毫升。也可加入生理盐水中，与压迫止血配合进行或直接喷洒于手术切口内。

2）止血带止血　适用于细长部位的止血。在手术切口部位上方加衬垫物后，用绷带、乳胶管、绳索等扎紧，以止血带远侧端脉搏将消失为度。止血带保留时间不超过 2～3 小时，期间可松解数次。最后去除止血带时，按"松、紧、松、紧"的方法逐次松开，严禁一次松开。

（3）手术过程中的止血

1）纱布块压迫止血法　适用于清除术部血液、辨清组织和神经、血管通路，以及毛细血管出血的止血。这种止血法只能是按压，不可来回的用纱布拭擦血液，以免损伤组织。

2）钳夹止血法　先用纱布块压迫，看清出血点或血管后，用止血钳的尖端垂直对准出血点进行迅速准确的钳夹，或钳夹后捻转，使血管闭塞而止血。一般小的出血点经持续钳夹，松开止血钳后不再出血。

3）结扎止血法　常用且可靠的基本止血法，一切动脉出血或较大的血管出血都采用结扎止血法。首先用止血钳钳夹血管断端，如果失败，用纱布先压迫止血，清晰创面，取掉纱布，在刚冒血的部位立即垂直钳夹，切勿钳夹过多周围组织，然后用缝线绕过止血钳所夹持的血管及少量组织而结扎；对较大血管或重要部位的出血，可采用贯穿结扎止血，将结扎线用缝针穿过所夹持的组织后进行结扎（不可穿透血管）。对于暴露完整的血管，可相距1厘米左右做两道结扎，然后从中间切断。

4）创内留钳止血　将止血钳留在创伤内24～48小时，主要用于大动物去势后防止精索内动脉的出血。

5）填塞止血　适用于一时找不到出血的血管断端以及钳夹或结扎止血困难时，用灭菌纱布紧塞于出血的创腔或解剖腔内。如创伤处理，可同时加入消炎、防腐药物，填塞1～3天后取出；如为手术创腔，则应在手术结束时，采取彻底的止血措施。

6）局部化学及生物学止血　①麻黄素、肾上腺素止血，用1%～2%麻黄素液或0.1%肾上腺素液浸湿的纱布进行压迫止血，也可用上述药品浸湿系有棉线绳的棉包做鼻出血、拔牙后齿槽出血的填塞止血，待止血后拉出棉包。②止血明胶海绵止血，用于一般方法难以止血的创面出血，实质器官、骨松质及海绵质出血。常用的止血海绵有纤维蛋白海绵、氧化纤维素、白明胶海绵及淀粉海绵等。使用时将其铺在出血面上或填塞在出血的伤口内，即能达到止血的目的，如再加以组织缝合，更能发挥优良的止血效果。③活组织填塞止血，用自体组织如网膜，或用取自腹部切口的带蒂腹膜、筋膜和肌肉瓣等填塞于出血部位。通常用于实质器官的止血。④骨蜡止血，用市售骨蜡制止骨质渗血，用于骨的手术和断角术。

4．组织缝合技术

（1）结节缝合　基本特点是缝一针打一结。用于皮肤、皮下组织的缝合（图4-1）。

（2）螺旋缝合　螺旋缝合用于肌肉、腹膜及肠、胃吻合口内层黏膜等的缝合（图4-2）。

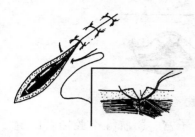 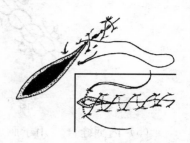

图4-1　结节缝合　　　　　　　图4-2　螺旋缝合

（3）钮孔状缝合　可分为水平、垂直、重叠三种钮孔状缝合法，前两者主要用于张力较大的肌肉和筋膜的缝合以及子宫阴道突出复合的固定，后一种常用于疝孔的修补。水平钮孔状缝合可形成外翻，又用于闭合疝孔（图4-3）。

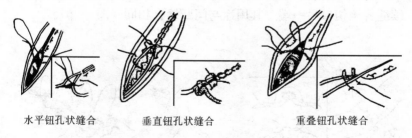

水平钮孔状缝合　　　　垂直钮孔状缝合　　　　重叠钮孔状缝合

图4-3　钮孔状缝合

（4）圆枕缝合　是一种减张缝合。在结节缝合完毕后，用一条较粗的双线套一个小纱布卷，在距离创缘两侧较远的部位（约3厘米），较深地刺入组织，于对侧相应部位穿出，再系一纱布卷，抽紧打结。可视切口长度做数针圆枕缝合，用于腹侧和腹下张力较大的创口缝合（图4-4）。

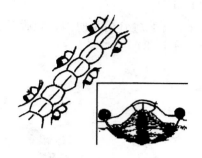

图 4 - 4　圆枕缝合

（5）内翻缝合　用于肠、胃、子宫、膀胱等空腔器官的缝合。要求缝合后组织内翻，表面光滑平整。

1）伦勃特氏缝合法　分间断与连续两种，常用的为间断法。在胃肠或肠吻合时，用以缝合浆膜肌层。①间断内翻缝合，缝线分别穿过切口两侧的浆膜及肌层即行打结，使部分浆膜内翻对合，用于胃肠道的外层缝合。②连续内翻缝合，于切口一端开始，先做一浆膜肌层间断内翻缝合，再用同一缝线做浆膜肌层连续缝合至切口另一端。其用途与间断缝合相同（图 4 - 5）。

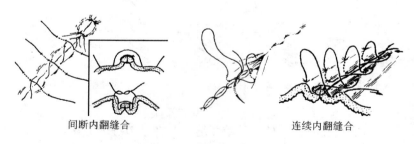

间断内翻缝合　　　　　　　　　　连续内翻缝合

图 4 - 5　伦勃特氏缝合法

2）库兴氏缝合法　这种缝合法是从伦勃特氏连续缝合演变来的，缝合方法是于切口一端开始先做一浆膜肌层间断内翻缝合，再用同一缝线平行于切口做浆膜肌层连续缝合至切口另一端。适用于胃、肠、子宫浆膜肌层缝合。

3）康乃尔氏缝合法　这种缝合法大致与连续内翻缝合相同，仅在缝合时要贯穿全层组织，当将缝线拉紧时，则肠管切面即翻向肠腔。多用于胃、肠、子宫壁缝合。

4）荷包缝合　即做环状的浆膜肌层连续缝合。主要用于胃肠壁上小范围的内翻，如缝合小的胃肠穿孔。此外，还用于胃肠、膀胱造瘘等引流管的固定或埋存蒂的残端等。

（6）打结

1）外科结的种类　外科结共有 3 种：方结、外科结和三重结，错误的结有假结和滑结（图 4-6）。

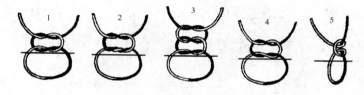

图 4-6　外科结的种类

1. 方结　2. 外科结　3. 三重结　4. 假结　5. 滑结

2）打结的方法　有单手打结、双手打结和器械打结（图 4-7）。

（7）缝合操作的注意事项　①应根据组织的解剖层次分层进行缝合，不要遗留残腔。②缝合时，应使缝针垂直刺入和穿出，拔针要按针的弧度方向拔出。缝合线在切口两侧所包含组织的多少要相等。③针距应整齐、相等。在能使切口密接的前提下，尽量减少针数。④结扎线的松紧度，也应以切口边缘紧密相接为准，不要过紧或过松。皮肤缝合后，应将皮下积液挤出，以免引起感染。⑤较长的切口缝合，可在切口的中点先缝合 1 针，将切口分成相等的两段，按照此法，顺次进行，这样可使切缘对合整齐，减少吻合口的皱褶。

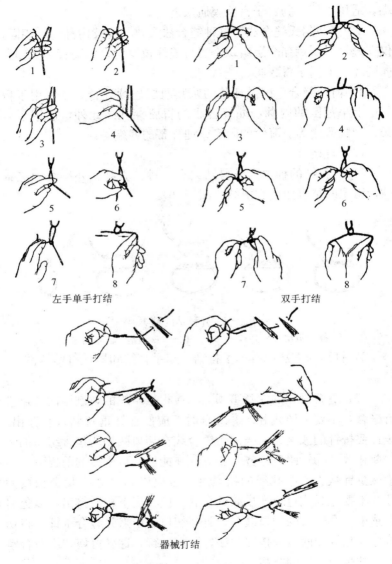

左手单手打结

双手打结

器械打结

图 4-7 打结的方法

二、兽医临床常用治疗方法及应用时机

（一）泻下与止泻方法

泻下可排除胃肠内积滞的各种有毒物质，从而减轻这些有毒物对胃肠黏膜的刺激和吸收。但是，长期腹泻或重剧腹泻，会给机体带来脱水、失盐、丢碱，导致电解质平衡失调。因此，适时泻下和止泻，对治疗胃肠病，调整胃肠机能，是相辅相成的两种常用的治疗措施。如果胃内有积滞、有炎症，该泻的不泻，或积滞未泻尽，炎症未消除，不该止泻的过早止泻，均可引起或加重自体中毒。如果积滞已基本泻尽，炎症消除，而仍剧泻不止，该止泻的不适时止泻，则可能引起高度脱水。故掌握好用药时机，是决定治疗效果的重要条件。

1. 泻下　泻下分为缓泻和剧泻。

（1）缓泻　也称润下法。适用于消化不良、热性病经过中，胃肠内有积滞而排粪迟滞，或粪球表面黏液多、臭味较大时，或脓血等物较多而排粪不太通畅时，尤其在以胃和小肠炎症为主的胃肠炎经过中，根本不腹泻的，均应给予缓泻剂。如可用人工盐、食盐、硫酸钠（镁）25～40克，加水配成5%溶液，一次内服；或液状石蜡、植物油类50毫升，一次内服。对老弱羊和妊娠母羊，经常出现粪便干燥、排粪迟滞、粪球表面黏液较多时，可内服润滑性泻剂植物油或双醋酚汀等。

（2）剧泻　用于便秘经过中疏通结粪。小肠便秘，一般以油类泻剂为宜；大肠便秘，一般可根据个体大小、病情轻重，用容积性泻剂硫酸钠（镁），配成5%溶液内服，或蓖麻油加等量温水内服。对不全阻塞性大肠便秘，应用碳酸盐缓冲剂或猪胰子，疗效很好，一般1次即愈。为提高泻剂的作用，加速粪便排出，可在用泻剂后1～2小时，肠音增强时，注射拟胆碱药氨甲酰胆碱或毛果芸香碱或新斯的明等。由于胃肠内积滞的内容物，经常

伴有不同程度的腐败发酵过程，所以使用泻剂的同时，可酌情配伍使用制酵剂，如鱼石脂、来苏儿、松节油或克辽林等。

2. 止泻　对一般非传染性腹泻，当泻粪臭味已不太大，黏液、脓血等异常混合物已不太多，病羊的脱水症状比较明显，而仍水泻不止时，则须止泻。传染性疾病的腹泻，一般不可轻易用止泻药。轻症的用被覆、吸收剂，如5%淀粉浆或木炭末内服。中等程度的用收敛剂，如鞣酸蛋白或次硝酸铋内服。重症的用涩肠止泻剂，可内服阿片制剂，如阿片配加淀粉浆，内服。同时可选用抗菌止泻剂，如磺胺脒、链霉素、黄连素等内服。

（二）健胃整肠疗法

健胃整肠临床上应用非常广泛，适用于消化障碍性疾病，如消化不良、胃肠炎等。在清理胃肠和炎症消除后，恢复胃肠机能时，伴有消化障碍的疾病，如热性病和重病羊的恢复期，为了改善胃肠机能和促进食欲，或便秘的结粪泻下后、驱虫后或瘦弱病羊的复壮期，为了恢复胃肠机能，以及纤维性骨营养不良、慢性贫血的辅助治疗等。实施健胃整肠疗法，必须除去病因，根据发病部位和病性辨证施治，效果才能好。

当出现口症重、黄疸明显，而腹泻较轻，甚至粪球干小等以胃机能紊乱为主的消化障碍症状时，应根据口症的特点选药。病羊口腔干燥时，应用促进胃液分泌的苦味健胃剂或酸类健胃剂比较适宜，如龙胆酊、苦味酊、大蒜酊或稀盐酸，内服，每日1～2次。病羊口腔湿润时，可用碱性健胃剂，如人工盐、碳酸氢钠等，作舔剂内服，每日1～2次。

当腹泻重，粪便变化大，而口症较轻等以肠机能变化为主的消化障碍症状时，应根据粪便的变化选药。粪便松散、泡沫多、色较淡、酸臭味的或呈酸性反应的，用碱性健胃药；粪便干、色较暗、腐败臭味或呈碱性反应的，用酸性健胃药。

当粪便干稀交替，食欲时好时坏，病羊逐渐消瘦等慢性消化障碍症状时，可用胃蛋白酶、胰蛋白酶或乳酶生、大蒜酊内服。

（三）保肝利胆疗法

保肝利胆疗法适用于肝功能障碍和胆汁淤滞时，如肝炎、毒血症及毒物中毒等。保肝常用葡萄糖和维生素，如 25％葡萄糖静脉注射，每日 1～2 次，维生素制剂常用维生素 C、维生素 B 等。利胆常用人工盐、硫酸镁或硫酸钠配成水剂内服。

（四）抗菌消炎疗法

抗菌消炎疗法是指应用具有杀菌或抑菌作用的药物，使致病菌被消灭或抑制，从而使炎症得以控制和消除的治疗方法，是一种治本的病因疗法。适用于一切炎症过程，如胃肠炎、支气管肺炎、肾炎、膀胱炎、蜂窝织炎等。治疗时，必须根据具体情况，恰当选药及使用方法，发挥最佳的效果。如消化道炎症时，应选用对胃肠作用强、内服消炎效果好的药物。如使用 0.1％高锰酸钾液，每日 1～2 次内服，磺胺脒、黄连素等都具有较强的抗消化道细菌作用。重病例，可使用合霉素内服，并配合静脉注射四环素，每日 1～2 次。其他器官炎症的消炎疗法，可根据发病器官和病情，适当选用消炎药。吡哌酸、乌洛托品等对尿路、膀胱急慢性感染有较好的疗效。全身性感染和实质脏器发炎，一般选择容易吸收，在尿中溶解度大的磺胺类药物，如磺胺噻唑、磺胺异噁唑内服，每 6 小时 1 次；中效磺胺甲基异噁唑，每日 2 次内服，或肌内、静脉注射，每日 1 次。薄荷脑液状石蜡疗法，用于呼吸道炎症。即用 5％薄荷脑石蜡油（配制法：先将液状石蜡煮沸，放凉至 40℃左右，加入薄荷脑，溶化后密封，备用），气管内注射，再配合磺胺疗法，对呼吸道炎症效果较好。一般来说抗生素比磺胺抗菌效果更好。常用的抗生素有：青霉素、土霉素、四环素、金霉素、红霉素、链霉素、庆大霉素、卡那霉素、先锋霉素等。在应用磺胺、抗生素等消炎剂时，首次应用倍量，以后用维持量。如多种抗菌药联合应用，则疗效更好。青霉素与链霉素联合应用，可产生协同作用，从而防止细菌产生抗药性。按时正规用药，至体温降到正常，白细胞总数和白细胞像恢复正常，尚需再继续用药 1～2 天。持续应用磺胺类药物，如尿量减少，易引起磺胺在体内蓄积，或见病羊排红尿时，表示已发生中毒，应停止用药。持续内服合霉素，如出现白细胞减少，则应停止用药，以防中毒。

（五）解热疗法

发热是机体的一种保护性反应，一般不用解热药，只有病羊高热或持续发热时，可根据病情，适当解热。解热药一般都同时兼有镇痛作用，其中大多数尚有抗风湿作用和消炎作用。常用的解热药有复方奎宁液（巴苦能）、30%安乃近液、复方安基比林液（安痛定）、10%水杨酸钠液、撒乌安注射液以及扑热息痛等。

（六）祛痰镇咳疗法

呼吸道炎症过程中，呼吸道内有黏稠分泌物妨碍呼吸，听诊有啰音，必须应用促进呼吸道内积痰排出的药物，常用溶解性祛痰剂，如氯化铵、人工盐、碘化钾等内服。对于因支气管平滑肌痉挛、支气管肿胀而发生喘息的羊，可应用扩张支气管的药物以平喘。常用的药物有盐酸异丙肾上腺素（喘息定）、氨茶碱、麻黄素等。也可用异丙肾上腺素气雾剂，每瓶 20 毫升，含异丙肾上腺素 0.1 克，气喘发作时，行喷雾吸入，使用方便。

（七）利尿脱水疗法

利尿疗法是使排尿量增多，其作用原理主要是增加肾小球的过滤作用，抑制肾小管吸收，增加肾小管液体的渗透压。主要用于治疗心性、肾性、肝性水肿及脑、肺水肿，有时也用其促进体内毒物和代谢产物的排出。常用的利尿剂有利尿素、醋酸钾。速效利尿剂有克尿塞、双氢克尿塞、速尿等。另外，10％～25％葡萄糖液及咖啡因制剂，具有强心兼利尿的作用，临床常用于心、肝和肾病引起的水肿。脱水疗法，适用于脑室积液、颅内压增高的疾病，常用的脱水剂有甘露醇和山梨醇。25％～50％葡萄糖液也具有脱水的作用，如无上述药品，可以代用。

（八）抗过敏疗法

抗过敏疗法适用于过敏性疾病，如麻疹、药物过敏、血斑病等，兽医临床常用盐酸苯海拉明、非那根等内服。氯化钙及维生素C也具有抗过敏作用，还可适当配合应用杜冷丁等药，效果更好。

（九）输血疗法

输血疗法是救治家畜的一种有效措施，目前已广泛用于兽医临床。输血能补偿患畜体内丧失的血液，同时能激发体内的凝血过程，具有止血作用。此外，血液的输入能使血压升高，新陈代谢旺盛，内分泌活动增强，血液内激素含量增高，血液内的毒素被红细胞吸附而变为无毒，从而使机体抵抗力增强。

1. 输血疗法的适应证　输血疗法适用于大失血、外伤性休克、非传染性贫血、严重中毒、败血症、体质极度衰弱、幼畜溶血病等。但在心脏病、并发心血管机能不全的肺脏疾病及肾脏疾病时禁用。

2. 血型与输血的关系　各种家畜的血型不同。羊有 7 个类型的血型因子。在理论上，输血时应输以同型血液或相合血液。但实践证明，各种动物首次输血都可以选用任何一个同种动物作供血者，而不必考虑它与受血者血型是否相符，通常都不会发生严重危险。而无论何种动物，受血后都能在 3～10 天内产生免疫抗体，如果此时又以同一供血动物再次输血，就容易产生输血反应。因此，临床上常常对需多次输血的动物，准备多个供血动物，并把重复输血的时间缩短在3天以内。异型血液的血清和红细胞相混合，会迅速凝集成团，随后发生溶血，从而出现输血反应，所以在输血前进行血液相合检验更为安全。

3.血液的相合检验　血液的相合检验有交叉配血凝集试验和生理学试验两种方法。

（1）交叉配血试验（玻片凝集反应）　①预选供血动物3～5只，各静脉采血1～2毫升，用全血时以生理盐水稀释5倍，用红细胞时则稀释10倍。②采受血动物（病畜）的血液5～10毫升于试管内，室温下静置或离心分离血清（也可加4％枸橼酸钠液1毫升，采血9毫升，分离血浆）。③用吸管吸取受血动物血清（或血浆），于每一玻片（供血动物几头，就用几张玻片）上各滴两滴，立即用另一吸管吸取供血动物血液稀释液，分别加一滴于血清（或血浆）内。④用手轻轻摇晃玻片，使血清与血液稀释液充分混合后，在约20℃的室温内，经10～15分钟，观察红细胞凝集反应结果。⑤红细胞呈沙粒状凝集块，液体透明，显微镜下红细胞彼此堆积在一起，界限不清者为阳性反应，不能用于输血。玻片上的液体呈均匀红色，无红细胞凝集现象，显微镜下观察，每个红细胞界限清楚，均匀分布，无凝集现象者为阴性反应，可用于输血。⑥凝集反应须在18～20℃的室温下进行，观察时间不能超过30分钟，以免液体蒸发而发生假凝集。必须用新鲜而无溶血现象的血液，所用玻片、吸管等器材必须清洁。

（2）生物学试验　生物学试验，能客观地代表体内反应，是检查血液是否相合的可靠依据，在输入全血量血液之前，或情况紧急来不及做凝集试验时，可采用此法。具体方法是在输血前检查病畜的体温、呼吸、脉搏、黏膜色泽等。抽取供血羊血液100～200毫升（按病畜大小决定需用量），一次静脉输入，10分钟后，若病羊无异常反应，则可进行输血。倘若注射后病羊不安、呼吸、脉搏增数，黏膜发绀，肌肉震颤，胃肠蠕动亢进，频频排尿、排粪，则说明血液不相合，应更换供血动物。出现的反应一般经 20 分钟即可自行消失，通常不必进行处理。

4. 输血方法　兽医临床上最常采用的是间接输血法。其操作步骤是将抗凝剂置于灭菌的贮血瓶内，随后从供血羊静脉采血（二者比例为 1∶9），边采血边轻轻晃动贮血瓶，使血液与抗凝剂充分混合，以防血液凝固。采出需要血量后，即可给病羊输入，输入速度要尽量缓慢。在输血过程中，要不断轻轻晃动贮血瓶，避免红细胞与血浆分离，给输入带来困难。贮血瓶可用 500毫升生理盐水瓶代替，瓶塞上插入长、短针头各 1 个，分别连接 1 根 1 米左右长的胶管，采、输血时，各用 1 个。临床上常用的抗凝剂有：3.8％～4％枸橼酸钠液，抗凝时间为数天；10％氯化钙液，抗凝时间为 2 小时。它们与血液的比例都是 1∶9。10％水杨酸钠液，抗凝时间为 2 天，与血液比例为 1∶5。

5. 输血不良反应及其防治

（1）溶血反应　当输入大量不相合的血液，特别是 7 天后第二次输入时，可引起溶血性休克。病羊在输血过程中突然出现不安，呼吸、脉搏频数，肌肉震颤，不时排尿、排粪，高热，尿中出现血红蛋白，可视黏膜发绀，出现休克。溶血反应是一种比较严重的输血反应。因此，应立即停止输血，改用葡萄糖或右旋糖酐等，并加入安钠咖输入，随后再注入 5％碳酸氢钠液。皮下注射 0.1％盐酸肾上腺素。出现血红蛋白尿时，可用 0.25％普鲁卡因液做双侧肾区封闭。肝功能差时，尚需注射维生素 B、维生素C、维生素 K 等。

（2）发热反应　主要由于抗凝剂不纯，用具有致热源所致。有时也可由于在多次输血后病羊血液中产生血小板凝集素或白细胞凝集素所引起。发热反应轻者仅发生短时间体温升高，多在输血后 12 小时内消失。重者，恶寒战栗，食欲废绝，体温升高持续 2～3 天。此时要严格执行消毒技术与无致热源技术。在每 100 毫升血液中加入 2％普鲁卡因液 5 毫升，或氢化可的松 50 毫克输入。反应严重者，停止输血，并肌内注射杜冷丁或异丙嗪，或两者合用，静脉输液，肌内注射 0.1％肾上腺素液 3～5 毫升。

（3）过敏反应　可能因输入的血液中含有致敏物质，或因多次输血后，体内产生过敏性抗体所致。少数情况可能是一种对蛋白过敏反应的现象。主要表现为呼吸促迫、痉挛、皮肤上出现麻疹等症状，甚至发生过敏性休克。此时应停止输血，肌内注射苯海拉明、扑尔敏等抗组织胺的药物，并用钙剂等解救。

6. 输血中应注意的事项　①在输血中的一切操作均应严格无菌操作。②采血时，须注意抗凝剂的应用量，血采入瓶中后，应充分混匀，以防出现凝块；摇晃时要轻，以免破坏血球和产生气泡。在输血过程中，严防空气注入血管。③输血时，密切注意病畜表现，出现异常反应，应即停止输血。④在输血前要做生物学试验，输血时血液不需加温，否则容易造成血浆中的蛋白质凝固或变性及红细胞破坏。⑤用枸橼酸钠抗凝血进行输血后，应立即补充钙剂。⑥严重溶血的血液，不宜应用，应废弃。

（十）冷疗法

冷疗主要应用于一切急性无菌性炎症的早期，其作用是减少炎性渗出、制止溢血、消除或减轻疼痛。临床上常用于创伤、扭伤、腱鞘炎、蹄叶炎的初期，手术后出血及组织溢血的止血等。对一切化脓性炎和慢性炎症，禁用冷疗法，有外伤的部位也不能用湿的冷疗。

1. 冷敷法　将毛巾或脱脂棉卷入 5～10℃的冷水或冷药液中，取后贴于患部，并以绷带固定。不断交换冷的敷料或浇注冷敷液。每日数次，每次 30 分钟，也可采用干冷法，即将装有冷水、冰块或雪的胶袋用毛巾包裹后以绷带固定于患部，干冷法可避免患部遭受浸渍，可用于有外伤的部位。

2. 冷蹄浴疗法　多用于蹄、指趾部或屈腱部的急性炎症。先将冷水注入蹄浴桶内，然后将彻底洗净的患肢蹄置于桶内冷浴，每次 0.5～1 小时，每日 2～3 次，应经常换水或不断注入冷水；也可将患畜牵到砂石底的小河沟内，使其站在冷的流水中。

3. 冷黏土疗法　用冷水将无砂石的黏土调制成黏糊状，涂于患部。每 500 克水中添加一食匙食醋，效果好。

（十一）热疗法

热疗适用于急性炎症的后期及亚急性炎症和慢性炎症。此外，风湿症也可应用热疗。急性无菌性炎症的初期、组织内有出血倾向、炎性肿胀剧烈、急性化脓坏死及恶性肿瘤等禁用热疗。另外，有创伤时也不能用湿的热疗。

1. 热敷法　一般由 4 层组成：一层为湿润层，常用 2 层毛巾、4 层布片或脱脂棉等制成，较患部稍大些；第二层为隔离层，一般用油纸、油布、塑料布制成，稍大于第一层；第三层为保温层，用棉垫或毡垫，与第二层同大；第四层为固定层，即用绷带固定前三层。热敷时，先将患部用肥皂水洗净擦干，然后将湿润层用热水（40～50℃）浸渍，适当拧挤后覆于患部，再包扎外三层。用复方醋酸铅液（醋酸铅 5.0 克、明矾 1.0 克、水 1 000 毫升）、10%硫酸镁溶液或食醋等效果更好。把热麸皮、砂子装到布袋里，置于患部；或把热水装胶皮袋中，置于患部；或将热水通入盘成一定形状的胶管内，置于患部，外用绷带固定，即所谓的干热疗法，有创伤的部位也可应用。应保持温热层的温度，每法每日 3 次，每次 30～60 分钟。

2. 热蹄浴疗法　先将热水 42℃倒入蹄浴桶内，然后将已洗净的患肢蹄放入桶中热浴，不断更换热水，每次 0.5～1 小时，每日 2～3 次。可向热水内加入适量的高锰酸钾、来苏儿、碘酊或食盐等。

3. 石蜡疗法　患部彻底剪毛，用毛刷或排笔蘸取 65℃的融化石蜡，反复涂于患部，使局部形成 0.5 厘米厚的防烫层。然后根据不同部位，选用以下方法。

（1）石蜡棉纱热敷法　适用于各种部位，用 4～8 层纱布，按患部大小叠好，浸于石蜡中（第一次温度为 65℃，以后逐渐提高温度，但最高不超过 85℃），取出挤去多余蜡液，敷于患部，外用棉垫保温并固定。也可把融化的石蜡灌于各种规格的塑料袋中，密封备用。使用时，用 70～80℃ 水浴加热，敷于患部，绷带固定，可反复应用，方便经济，效果很好。

（2）石蜡热浴法　适用于四肢游离部。做好防烫层后，从肢端套上一个胶皮套，用绷带把胶皮套下口绑在腿上固定，以上口灌入 65℃ 石蜡，用绷带绑紧上口。外面包上保温棉花并固定。石蜡热容量大、导热性低、保温性高、可塑性好，对局部尚有一定的压敷作用。但在加热融化过程中要除尽水分，以免应用时发生烫伤。

（十二）刺激疗法

刺激疗法是由一种或几种对组织有刺激作用的药品按不同浓度或不同的比例配合制成的，直接涂擦于患部皮肤上来治疗某些疾病，特别是治疗跛行的最常用的方法。适用于非开放性亚急性和慢性炎症，强刺激剂只能用于慢性炎症，其他刺激剂也应按刺激性强弱分等，强者用在慢性、弱者用在亚急性炎症。当急性炎症或有创面时禁用刺激剂。有时因长期反复应用具有收敛消炎、制止渗出的刺激剂，可造成皮肤肥厚、硬结、赘生等现象。所以要注意刺激剂的浓度及时间。强刺激剂也称发疱剂，应用时须将患处周围健康的部位用凡士林保护起来。患处剪毛后，涂擦刺激剂，最后包扎绷带保护，防止羊撕咬、摩擦。常用的强刺激剂有 20％红色碘化汞软膏、斑蝥软膏、碘汞软膏（水银软膏 30，纯碘 4）、巴豆擦剂等。比较温和的刺激剂可连续使用，其刺激作用随使用次数增加而增强，轻者能使皮肤充血，多次使用能使皮肤结痂脱皮，产生发疱剂的作用。常用药剂有氨擦剂、四三一擦剂、10％碘酊、碘醚樟脑搽剂、1：12 升汞酒精、1：1：7 酚甘油碘酊等。

（十三）普鲁卡因封闭疗法

这种疗法是将一定浓度的盐酸普鲁卡因溶液，注射于一定部位的机体组织或血管内，以改变神经的反射兴奋性，促进中枢神经系统机能恢复正常的治疗疾病的一种疗法，在兽医临床上已得到广泛应用。它是一种辅助疗法，在治疗过程中，应与其他疗法配合应用。

1. 病灶局部周围封闭法　用 0.25%～0.5% 盐酸普鲁卡因溶液，分数点注射于患部周围健康的组织内皮下、肌肉或病灶基底部，使盐酸普鲁卡因溶液包围整个病灶。一般用 50～100 毫升，每天或隔天 1 次。为了提高疗效，可于药液内加入 50 万～100 万单位青霉素进行封闭，则效果更好，称为盐酸普鲁卡因青霉素封闭疗法。本法常用于治疗创伤、烧伤蜂窝织炎、乳房炎、溃疡、各种急性与亚急性炎症等。

2. 静脉内封闭疗法　将普鲁卡因溶液注射于静脉内，使药液作用于血管壁的感受器以达到封闭的目的。方法是用 0.25%～0.5% 的盐酸普鲁卡因生理盐水按每千克体重 1 毫升的剂量，缓慢静脉注射，每天 1 次，连用 3～4 次。常用于治疗挫伤、烧伤、去势后水肿、久不愈合的创伤、湿疹、皮肤炎、风湿病、乳房炎等病。

3. 四肢环状封闭法　一般应于病灶上方 3～5 厘米处的健康组织内注射 0.25%～0.5% 的盐酸普鲁卡因溶液，可分成 3～4 点注射，用量应根据部位的粗细而定。本法常用于治疗四肢蜂窝织炎初期、愈合迟缓的创伤及蹄部疾病。

4. 穴位封闭法　是指应用某些药物注射于传统的针灸穴位内，以治疗疾病的一种疗法。临床上常用 0.25%～0.5% 盐酸普鲁卡因溶液注入抢风穴或百会穴，分别治疗前后肢的疾病，每日 1 次，连用 3～5 次。适用于风湿病、四肢带痛性疾病的治疗。

5. 交感神经干胸膜上封闭法　是把普鲁卡因溶液注入胸膜

外、胸椎下的蜂窝组织里，这样可使所有通向腹腔和盆腔脏器的交感神经通路发生阻断，因此，可用这种方法控制腹腔及盆腔器官手术后炎症的发展，以及治疗这些器官的炎症。

（十四）自体血疗法

这是一种用自身血液治疗疾病的方法，是一种蛋白刺激疗法，有人认为它兼有自体血清和自体疫苗的作用，可促进机体的免疫功能，兼有治疗和预防疾病的作用。外科临床上广泛用以治疗皮肤病、传染性疾病、某些眼病、淋巴结炎、睾丸炎、精索炎、肌肉风湿等疾病。方法：在严密消毒后，行静脉采血。为防止凝血，可先在注射器内吸入少量抗凝剂。采血量应根据羊的大小及病灶大小而定。采血后立即注射到已消毒好的部位常常在颈部皮下，也可于病灶附近健康组织部位做皮下注射。第二次注射应等前次注射完全吸收后再进行，可连用4～5次。此疗法没有严格的禁忌症，但对高热病畜、网状内皮系统有明显抑制时不要应用。

三、器械消毒灭菌法

（一）高压蒸气灭菌法

用高压灭菌锅进行灭菌。当压力为102.97千帕（1.05千克/厘米^2）时，温度可达121℃，在这种条件下，一般经30分钟就能达到可靠的灭菌效果，但压力不能过高。本法适用于各种布类、敷料、金属器械、搪瓷用品、玻璃制品、缝合丝线的灭菌。灭菌前，应将物品冲洗干净，晾干，然后用白平纹布包好，以防灭菌后污染。物品排列不可太紧，橡胶制品应防止叠压和缠绕，玻璃制品防止压力过高破裂。

（二）干热灭菌法

用电热干燥灭菌箱的高热空气进行灭菌。适用于玻璃注射器、针头、培养皿、试管等玻璃器具的灭菌。灭菌物品应冲洗干净，晾干，包装或密封，加热至 160℃，保持 2 小时可以达到灭菌的目的，待冷后取出。

（三）煮沸灭菌法

将物品洗净（易损坏的物品用白平纹布包好），放入水中，水面应浸过物品，加盖，自水沸开始计时，保持水沸 15～30 分钟。煮沸时如在水中加入 1％～2％碳酸氢钠或碳酸钠，可增强杀菌作用，还可防止金属器械生锈。本法适用于金属器械、玻璃器具、缝合丝线、橡胶制品、搪瓷器具等的灭菌。

（四）紫外线消毒法

通过紫外线照射进行灭菌消毒的方法。主要适用于手术室空气和手术器械表面消毒。紫外灯管应悬在距地面 2.5 米空间，一般每平方米的面积可装 30 瓦紫外灯管 1 支，每天照射 3～4 次，每次 40～120 分钟。

（五）化学消毒法

通过化学试剂进行灭菌消毒的方法。常用的化学试剂有酒精、新洁尔灭、碘酊。75％酒精常用于皮肤消毒、手臂消毒、体温计消毒；0.1％～0.5％新洁尔灭（或洗必泰、度米芬）常用于手术区及手臂消毒，也可用于器械、胶制品、缝线的消毒，一般须浸泡 30 分钟；3％～5％碘酊常用于手术区皮肤消毒、手指消毒、体温计及一般医疗用品消毒。

第五章

现代养羊的防疫体系

一、现代养羊防疫体系的建立

(一) 现代养羊业及疫病流行的特点

1. 集约化程度高，羊只接触频繁　我国养羊业正在由自然放牧形式向集约化养羊模式转化。在牧区以放牧为主，并实行围栏化和分区轮牧，当年羔羊实行放牧加补饲的方法；半农半牧区采用放牧加舍饲相结合的方式；农区以舍饲养羊为主，建立规模化育肥基地，实行异地育肥。由于高密度、大规模集约化饲养，羊只间接触频率增高，对传染病的传播也就更容易，易导致传染病的爆发流行。

2. 品种优良化，羊只流动性大　为了追求高效益，各地均希望采用繁殖性能优良、生长速度快、产肉或产毛率高的优良品种羊。但是当前我国优良品种繁育体系建设滞后，一方面许多种羊场羊群健康水平不高，另一方面许多商品羊场种群来源不稳定，多途径购买种羊，又缺乏必要的隔离检测手段，使得不同地域间、不同繁育体系间疫病的传播越来越多。

3. 冬春饲料不足　我国的天然草场改良、人工草场建设都抓得较晚，不少地方草场沙化、植被退化，产草量、载畜量低。冬春饲料普遍不足，农副产品没有很好的加工处理、科学利用，所以地区间、季节间存在着比较严重的草畜不平衡现象。导致羊只冬春营养不足、消瘦，从而使得一些非传染性疾病和条件性病原体所致的疫病易发生与流行。

（二）现代养羊业防疫体系建立的基本原则

1. 坚持预防为主，防重于治的原则　现代兽医学按其研究的范畴可划分为基础兽医学、临床兽医学和预防兽医学三大部分。现代养羊业中的兽医工作者必须熟悉临床诊疗，掌握基础兽医学和临床兽医学的基本知识与技能，但又不能仅仅是一名临床兽医师，只注重于单个动物疾病的治疗，还应该是一名预防兽医学的专家，必须学习与熟练掌握预防兽医学的基本理论和方法，坚持"预防为主、防重于治"的原则。重点研究提高羊群整体健康水平，防止外来疫病传入羊群，控制与净化羊群中已有疫病的策略与技术措施。

2. 确立疫病的多因论观点，采用综合性防疫措施　疫病的发生和流行都与其决定因素相关，任何一种疫病的发生与流行都不是单一因素造成的。通常可将这些因素划分为致病因子、环境因子和宿主因子，三者相互依赖、相互作用，从而导致了羊群群体的健康或疫病。采用单一措施常不能有效预防、控制或消灭疫病，也不能提高群体的健康水平。必须确立疫病的多因论观点，在现代养羊的兽医工作中采用综合性防治措施来防治疫病。

3. 切断传染病的流行环节　目前在我国传染性疾病依然是现代化养羊的最大威胁，特别是烈性传染病对生产所造成的危害十分巨大。必须学习和运用家畜传染病的流行病学知识，针对传染病流行过程的 3 个基本条件（传染源、传播途径、对传染病的易感动物）及其相互关系，采取消灭传染源、切断传播途径、提高羊只群体抗病力的综合防疫措施，才能有效降低传染病的危害。

4. 制定兽医保健防疫计划　现代养羊是一项系统工程，在系统内各个子系统相互关联，相互影响。现代养羊中的兽医技术人员应熟悉其他子系统的情况，例如生产工艺流程、养羊设备性能、不同品种羊的特征、饲料及其加工调制、饲养与管理、经营与销售、资金流动等。依据现代养羊不同生产阶段的特点，合理制定兽医保健防疫计划。

二、现代养羊业综合防疫体系的基本内容

（一）加强饲养管理

1. 坚持自繁自养　羊场或养羊专业户应选养健康的良种公羊和母羊，自行繁殖，以提高羊的品质和生产性能，增强对疾病的抵抗力，并可减少入场检疫的劳务，防止因引入新羊带来病原体。

2. 合理组织放牧　牧草是羊的主要饲料，放牧是羊群获得其营养需要的重要方式。因此，合理组织放牧，与羊的生长发育好坏和生产性能的高低有着十分密切的关系。应根据农区、牧区草场的不同情况，以及羊的品种、年龄、性别的差异，分别编群放牧。为了合理利用草场，减少牧草浪费和减少羊群感染寄生虫的机会，应推行划区轮牧制度。

3. 适时进行补饲　羊的营养需要主要来自放牧，但当冬季草枯、牧草营养下降或放牧采食不足时，必须进行补饲，特别是对正在发育的幼龄羊、怀孕期和哺乳期的成年母羊补饲尤其重要。种公羊如仅靠平时放牧，营养需要难以满足，在配种期更需要保证较高的营养水平。因此，种公羊多采取舍饲方式，并按饲养标准喂养。

4. 妥善安排生产环节　养羊的主要生产环节是：鉴定、剪毛、梳绒、配种、产羔和育羔、羊羔断奶和分群。每一生产环节的安排，都应在较短时间内完成，以尽可能增加有效放牧时间，如某些环节影响放牧，要及时给予适当的补饲。

（二）环境卫生与消毒

1. 环境卫生　为了净化周围环境，减少病原微生物滋生和

传播的机会，对羊的圈舍、活动场地及用具等，要经常保持清洁、干燥；粪便及污物要做到及时清除，并堆积发酵；防止饲草、饲料发霉变质，尽量保持新鲜、清洁、干燥；固定牧业井，或以流动的河水作为饮用水，有条件的地方可建立自动卫生饮水处，以保证饮水的卫生。此外，还应注意消灭蚊蝇，防止鼠害等。

2. 消毒

（1）消毒的目的和意义

1）目的　消灭传染源散播于外界环境中的病原微生物，切断传播途径，阻止疫病继续蔓延。

2）意义　①有效防止羊传染病的发生和传播。②控制羊病原体的感染和发病。③保护养羊业的健康发展。④保障人民身体健康。

（2）消毒的方法　①物理消毒法。用物理因素杀灭或消除病原微生物及其他有害微生物的方法。常用的方法有：自然净化、机械除菌、热力灭菌和紫外线辐射等。其中有良好灭菌作用的方法是热力消毒灭菌。②化学消毒法。是用化学药物进行消毒的方法。常用的消毒剂有甲醛、戊二醛、环氧乙烷、碘仿、酚、乙醇、新洁尔灭等。③生物消毒法。是利用生物消灭致病微生物的方法。常用的方法是生物热消毒技术和生物消毒技术。

（3）羊舍消毒　一般分两个步骤进行：①物理性消毒，即清扫或刷洗。机械清扫是搞好羊舍环境最基本的一种方法。据试验，采用清扫方法，可使舍内的细菌数减少 20% 左右，再用清水刷洗，则舍内细菌数可减少 50% 以上。为了避免尘土及微生物飞扬，清扫时应先用水或消毒液喷洒。扫除的污物集中进行烧毁或生物热发酵。污物清除后，如是水泥地面，还应再用清水进行洗刷。②化学消毒，即消毒药喷洒或熏蒸。消毒时应按一定的顺序进行，一般从远离门处开始，以地面、墙壁、棚顶的顺序喷洒，最后再将地面喷洒一次。消毒液的用量，以羊舍内每平方米面积用 1 升药液计算。常用的消毒药有 10%～20% 的石灰乳、10% 的漂白粉溶液、0.5%～1.0% 菌毒敌、0.5%～1.0% 二氯异氰尿酸钠（以此药为主要成分的商品消毒剂有强力消毒灵、灭菌净、抗毒威等）、0.5% 过氧乙酸等。消毒方法是将消毒液盛于喷雾器内，喷洒地面、墙壁、棚顶，然后再开门窗通风，用清水刷洗饲槽、用具，将消毒药味除去。如羊舍有密闭条件，可关闭门窗，用福尔马林熏蒸消毒 12～24 小时，然后开窗通风 24 小时。福尔马林的用量为每平方米空间 12.5～50 毫升，加等量水一起加热蒸发，无热源时，可加入高锰酸钾（每平方米 7～25 克），即可产生高热蒸发。在一般情况下，羊舍消毒每年进行两次（春秋各一次）。产房的消毒，在产羔前应进行一次，产羔高峰时进行多次，产羔结束后再进行一次。在病羊舍、隔离舍的出入口处应放置浸有消毒液的麻袋片或草垫；消毒液可用 2%～4% 氢氧化钠、1% 的菌毒敌或用 10% 的克辽林溶液。

（4）地面土壤消毒　①生物和物理消毒。羊场或放牧区被某种病原体污染，可疏松土壤，增强微生物间的拮抗作用，使其充分接受阳光中紫外线的照射。另外，种植冬小麦、黑麦、葱蒜、三叶草、大黄等植物，可杀灭土壤中的病原微生物，使土壤净化。②化学消毒。土壤表面可用 10% 的漂白粉溶液、4% 的福尔马林溶液或 10% 的氢氧化钠溶液。停放过芽孢杆菌所致传染病（如炭疽）病羊尸体的场所，应严格加以消毒，首先用上述漂白粉溶液喷洒地面，然后将表层土壤掘起 30 厘米左右，撒上干燥漂白粉，并与土壤混合，将此表土妥善运出掩埋。其他传染病所污染的地面土壤，则可先将地面翻一下，深度约 30 厘米，在翻地的同时撒上干漂白粉（用量为每平方米 0.5 千克），然后用水润湿，压平。

（5）粪便消毒　①掩埋法。将粪便与漂白粉或新鲜的生石灰混合，深埋于地下，一般埋的深度在 2 米左右。②焚烧法。此法只用于消毒患烈性传染病羊的粪便。具体做法是挖一个坑，深

75厘米、宽75～100厘米，在距坑40～50厘米处加一层铁炉底。如果粪便潮湿，可混合一些干草，以利用燃烧。③化学消毒法。适用的化学消毒剂有漂白粉或10%～20%漂白粉溶液、0.5%～1%的过氧乙酸、5%～10%硫酸苯酚合剂、20%的石灰乳等。使用时应注意搅拌，使消毒剂浸透混匀。由于粪便中有机物含量较高，不宜使用凝固蛋白质性能强的消毒剂，以免影响消毒效果。④生物消毒法。是粪便消毒最常用的消毒方法。羊粪常用堆积的方法进行生物热发酵，在距人、羊的房舍、水池和水井100～200米，且无斜坡通向任何水池的地方进行。挖一宽1.5～2.5米、两侧深度各20厘米的坑，由坑底到中央有大小不等倾斜度，长度视粪便量的多少而定。先将非传染性的粪便或干草堆至25厘米高，其上堆积欲消毒的粪便、垫草等，高达1～1.5米。在粪堆外再堆上10厘米厚的非传染性粪便或谷草，并抹上10厘米厚的泥土。密封发酵2～4个月，可用作肥料。

（6）污水消毒　最常用的方法是将污水引入污水处理池，加入化学药品（如漂白粉或其他氯制剂）进行消毒，用量视污水量而定，一般1升污水用2～5克漂白粉。

（7）皮毛消毒　羊患炭疽病、口蹄疫、布鲁氏菌病、羊痘、坏死杆菌病等，其羊皮、羊毛均应消毒。应当注意，羊患炭疽病时，严禁从尸体上剥皮，在储存的原料皮中即使发现一张患炭疽病的羊皮，也应将整堆与它接触过的羊皮进行消毒。皮毛的消毒，目前广泛利用环氧乙烷气体消毒法。消毒时必须在密闭的专用消毒室或密闭良好的容器内进行。在室温15℃时，每立方米密闭空间使用环氧乙烷0.4～0.8千克，维持12～48小时，相对湿度在30%以上。此外对细菌、病毒、霉菌均有良好的消毒效果，对皮毛等产品中的炭疽芽孢也有较好的消毒作用。

（8）兽医诊疗室的消毒　兽医诊疗室的地面、墙壁等，在每次诊疗前后应用 3%～5%来苏儿溶液进行消毒。室内尤其是手术室内空气，可用紫外线在手术前或手术间歇时期进行照射，也可使用 1%漂白粉澄清液或 0.2%过氧乙酸作空气喷雾，有时也用乳酸、福尔马林等加热熏蒸。有条件时采用空气调节装置，以防空气中的微生物降落于创口或器械表面，引起创口感染。诊疗过程中的废弃物如棉球、棉拭污物、污水等，应集中进行焚烧或生物热发酵处理，不可到处乱倒乱抛。被病原体污染的诊疗场所，在诊疗结束后应进行彻底消毒，推车可用 3%的漂白粉澄清液、5%的来苏儿或 0.2%过氧乙酸擦洗或喷洒。室内空气用福尔马林熏蒸，同时打开紫外线灯照射，2 小时后打开门窗通风换气。

（三）免疫接种

免疫接种是一种主动保护措施，通过激活免疫系统，建立免疫应答，使机体产生足够的抵抗力，从而保证群体不受病原侵袭。免疫反应是一个生物学过程，不可能对群体提供绝对的保护，影响免疫效果的因素：遗传和环境因素；因患病、应激反应，导致的免疫反应受到抑制；疫苗使用不当。

1. 免疫接种的效果　接种时间、剂量、注苗部位、疫苗质量等都会影响免疫效果，在集约化生产操作中，这些方面容易出现问题。接种疫苗后，建立免疫应答，产生免疫力，需要 2～3 周的时间。如果希望某个羊在某时间内对某种病具有抵抗力，就必须在此时间之前的某时间范围内进行免疫接种。集约化生产往往集中进行各项工作，集中使用疫苗，于是对各群体同时进行免疫接种。操作仓促或时间延误，就会造成某些羊免疫过早，某些羊免疫过迟。所以，免疫接种时间和数量要精心安排，严格按要求进行。注苗剂量同样影响免疫效果，用量不足，不足以激活免疫系统；用量过大，可能因毒力过大造成接种强毒，反而致病。有些疫苗对接种部位有特别要求，疫苗只有接种到要求的部位，机体才会建立快速的免疫应答。部位不准，则效价降低或无效。

怀疑羊群有某种疾病，接种疫苗后又没有效果，应对羊进行实验室诊断或送有关部门进行检测。有时可能是同一种疾病，但病原的血清型不同，也有可能属另一类疾病。遇有这种情况，建议到有关部门，用本羊场病料制作疫苗，然后用于羊群免疫，效果较好。

2. 免疫接种的方法

（1）肌内注射法　适用于接种弱毒或灭活疫苗，注射部位在臀部及两侧颈部，一般使用 16～20 号针头。

（2）皮下注射法　适用于接种弱毒或灭活疫苗，注射部位在股内侧、肘后。用大拇指及食指捏住皮肤，注射时，确保针头插入皮下，为此进针后摆动针头，如感到针头摆动自如，推压注射器的推管，药液极易进入皮下，无阻力感。如插入皮内，则摆动针头时带动皮肤，且推动药液时可感到有阻力，应重新注射。

（3）皮内注射法　注射部位为颈侧外和尾跟皮肤皱襞，用蓝心玻璃注射器及 24～16 号针头。注射部位如有被毛的应先将其剪去，必要时清洗注射部位的污垢。用酒精棉球消毒后，左手拇指与食指顺皮肤的皱纹，从两边平行捏起一个皮褶，右手持注射器使针头与注射平面平行刺入，即可刺入皮肤的真皮层中。应注意刺时宜慢，以防刺出表皮或深入皮下。同时，注射药液后在注射部位有一豌豆大或蚕豆大小泡，且小泡会随皮肤移动，则证明切实注入皮内。然后用酒精棉球消毒皮肤针孔及周围。如做羊的尾跟皮内注射，应将尾翻转，注射部位用酒精棉球消毒后，以左手拇指和食指将尾根皮肤绷紧，针头以与皮肤平行方向慢慢刺入，并缓缓推入药液，如注射处有一豌豆大小的小泡，即表示注射成功。目前此法一般适用于羊痘弱毒疫苗等少数疫苗。

（4）口服法　数量较多的羊逐头进行免疫，接种费时费力，且不能于短时间内达到全群免疫。因此，将疫苗均匀地混于饲料或饮水中经口服后而获得免疫。口服免疫时，应按羊只数和每只羊的平均饮水量及吃食量，准确计算疫苗用量。口服达到一定的效果，需注意以下问题：①免疫前应停饮或停喂半天，以保证饮喂疫苗时每只羊都能饮一定量的水或吃入一定量的饲料。②稀释疫苗的水应用纯净的冷水，不能用含有消毒药的水，在饮水中最好加入 0.1％的脱脂奶粉。③混有疫苗的饲料或饮水的温度，以不超过室温为宜。④疫苗混入饲料或饮水后，必须迅速口服，不能超过 2～3 小时，最好在清晨，还应注意避免疫苗暴露在阳光下。⑤用于口服的疫苗必须是高效价的。

3. 免疫接种注意事项　①要准备好预防接种的表格和给羊编号的器具，注射完毕后发给饲养人员。②兽医人员接种时需工作服和胶鞋，必要时戴口罩，工作前后均需洗手消毒，工作中不吸烟和吃食物。③接种时应严格执行消毒及无菌操作，注射器、针头、镊子等用毕后浸泡于消毒液中，至少 1 小时，洗净擦干后用白布分别包好煮沸 15 分钟。冷却后，再在无菌条件下装配注射器，包以消毒纱布，纳入消毒盒内待用。④疫苗使用前必须充分振荡，使其均匀混合才能应用，免疫血清则不应振荡，沉淀不应吸取，并须随吸随注射。须经稀释后才能使用的疫苗，应按说明书的要求进行稀释。已经打开或稀释过的疫苗，必须当天用完，未用完的处理后弃去。⑤每注射一只换一个针头，或者每注射一栏、一窝换一个针头，以防针头带菌。

4. 紧急免疫接种　发生和流行某种传染病时，为了迅速控制和扑灭疫病的流行，而对受威胁区和疫区内未发病的羊进行紧急性接种。紧急接种应注意以下几点：

①要考虑到该传染病的流行规律、地理环境、交通等具体情况和条件，划定疫区、疫点、受威胁区。②紧急接种应在确诊的条件下进行。③接种的顺序应从受威胁区开始，逐头注射以形成

一个免疫带；然后是疫区内假定的健康羊，再是可疑羊。④紧急接种时，每注射一只应换一个针头。⑤紧急接种应予以隔离、消毒，必要时与封锁等措施相结合。

5. 免疫接种后的反应　尽管生产疫苗的技术有了很大的发展，但少数动物注射疫苗后，可出现以下反应：

（1）全身反应　有少数动物在注射疫苗后，会产生过敏性休克，如震颤、腹胀、肺水肿及流产等；有时还会出现皮下水肿、瘙痒皮肤出疹或渗出性湿疹、淋巴结肿大。另外，还有部分疫苗存在残余致病力。

（2）局部反应　在使用灭活苗时多见，以注射部位水肿为特征，但很快消失。在炎症反应的病例，根据所用油剂的性质以及疫苗成分对注射部位的刺激作用，病变部位不同程度地表现出坏死和化脓。油佐剂可引起肌肉变性、肉芽肿、纤维化或脓肿。

6. 羊常用的疫苗和使用方法

名　称	预防的疾病	使用方法及用量说明	免疫期
无毒炭疽芽孢苗	绵羊炭疽病	绵羊颈部或后肢皮下注射 0.5 毫升，注射 14 天后产生免疫力	1 年
无毒炭疽芽孢苗（浓缩苗）	绵羊炭疽病	以 1 份浓苗加 9 份 20%的氢氧化铝胶液稀释后，绵羊皮下注射 0.5 毫升	1 年
第Ⅱ号炭疽芽孢苗	绵羊、山羊炭疽病	绵羊、山羊均皮下注射 1 毫升，注射后 14 天产生免疫力	1 年
布鲁氏菌猪型 2 号苗	山羊、绵羊布鲁氏菌病	山羊、绵羊臀部肌内注射 0.5 毫升（含菌 50 亿），3 个月龄以内的羔羊和孕羊均不能注射；饮水免疫时按每只羊内服 200 亿菌计算，2 天内分 2 次饮服	绵羊 1.5 年；山羊 1 年
布鲁氏菌羊型 5 号弱毒冻干苗	山羊、绵羊布鲁氏菌病	用适量灭菌蒸馏水稀释所需的用量，皮下或肌内注射；羊为 10 亿活菌，室内气雾，羊每只剂量 50 亿活菌，羊可饮服或灌服，每只剂量 250 亿活菌	1.5 年

名　称	预防的疾病	使用方法及用量说明	免疫期
布鲁氏菌无凝集原（M—Ⅲ）菌苗	山羊、绵羊布鲁氏菌病	无论羊只年龄大小（孕羊除外），每只羊皮下注射1毫升（含菌250亿）或每只山羊口服2毫升（含菌500亿）	1年
破伤风明矾沉降类毒素	破伤风	绵羊、山羊个颈部皮下注射0.5毫升，第一年再注射一次，免疫力可持续4年	1年
破伤风抗毒素	紧急预防和治疗破伤风病	皮下或静脉注射，治疗时可重复注射1至数次。预防量1万～2万单位；治疗量2万～5万单位	2～3周
羊快疫，猝狙，肠毒血症三联菌苗	羊快疫、羊猝狙、肠毒血症	临用前每头份干菌用1毫升20%的氢氧化铝胶盐水稀释，充分摇匀，无论羊的年龄大小，一律肌内或皮下注射1毫升	1年
羊梭菌病四联氢氧化铝菌苗	羊快疫、羊猝狙、肠毒血症、羔羊痢疾	无论羊的年龄大小，一律肌内、皮下注射5毫升	0.5年
羊黑疫菌苗	羊黑疫	皮下注射，大羊3毫升，小羊1毫升	1年
羔羊痢疾菌苗	羔羊痢疾	怀孕母羊在分娩前20～30天皮下注射2毫升，第二次于分娩前10～20天皮下注射3毫升	母羊5个月，乳汁可使羔羊被动免疫
羊黑疫、快疫混合苗	黑疫、快疫	羊不论大小，一律皮下或肌内注射3毫升	1年
羊厌氧菌氢氧化铝甲醛五联苗	羊快疫、猝狙、羔羊痢疾、肠毒血症、羊黑疫	羊无论年龄大小，一律皮下或肌内注射3毫升	0.5年
羔羊大肠杆菌病菌苗	羔羊大肠杆菌病	3月龄至1岁羊，皮下注射2毫升；3月龄以内的羔羊皮下注射0.5～1毫升	0.5年
C型肉毒梭菌	羊C型肉毒梭菌中毒症	绵羊、山羊颈部皮下注射4毫升	1年
C型肉毒梭菌透析培养菌苗	羊C型肉毒梭菌中毒症	用生理盐水稀释，每毫升含原菌液0.02毫升，羊颈部皮下注射1毫升	1年
山羊胸膜肺炎氢氧化铝苗	山羊传染性胸膜肺炎	山羊皮下或肌内注射：6个月山羊5毫升；6个月以内羔羊3毫升	1年

名　称	预防的疾病	使用方法及用量说明	免疫期
羊传染性肺炎支原体氢氧化铝灭活苗	山羊、绵羊由绵羊肺炎支原体引起的传染性胸膜肺炎	颈侧皮下注射，成年羊3毫升；6个月以内羊2毫升	0.5年以上
羊流产衣原体油佐剂卵黄囊灭活苗	羊衣原体性流产	注射时间应在羊怀孕前或怀孕后1个月内进行，每只羊皮下注射3毫升	1年
羊痘鸡胚化弱毒苗	绵羊、山羊痘病	用生理盐水25倍稀释，摇匀，不论羊大小，一律皮下注射0.5毫升，注射后6天产生免疫力	1年
羊口疮弱毒细胞冻干苗	绵羊、山羊口疮病	按每瓶总头份计算，每头份加生理盐水0.2毫升，在阴暗处充分摇匀，采取口唇黏膜注射法，每只羊于口唇黏膜内注射0.2毫升，注射是否正确，以注射处呈透明发亮的水泡为准	5个月
狂犬病疫苗	狂犬病	皮下注射，羊10～25毫升，如羊已被病畜咬伤，可立即用本苗注射1～2次，两次间隔3～5天，以作紧急预防	1年
牛、羊伪狂犬病疫苗	羊伪狂犬病	山羊颈部皮下注射5毫升，本苗冻结后不能使用	0.5年
羊链球菌氢氧化铝菌苗	绵羊、山羊链球菌病	背部皮下注射，6个月龄以上羊每只5毫升；6个月龄以下羊3毫升；3个月龄以下的羔羊，第一次注射后，最好到6个月以后再注射一次，以增强免疫力	0.5年
羊链球菌弱毒菌苗	羊链球菌病	用生理盐水稀释，气雾菌苗用蒸馏水稀释，每只羊尾部皮下注射1毫升（含50万活菌），0.5～2周岁的羊减半。露天气雾免疫，每只羊按3亿活菌，室内气雾免疫每只羊按3 000万活菌计算（每平方米4只羊计1.2亿菌）	1年

（四）药物预防

药物预防也是预防羊病的重要手段，是指把安全低廉的药物加入饲料和饮水中进行的群体药物预防，即所谓保健添加剂。常用的药物有磺胺类药物和抗生素。药物占饲料或饮水的比例一般是：磺胺类药，预防量 0.1%～0.2%，治疗量 0.2%～0.5%；四环素类抗生素，预防量 0.01%～0.03%，治疗量 0.05%；一般连用 7 天，必要时可酌情延长。但长期使用化学药物预防，容易产生耐药性菌株，影响药物防治效果。因此，要经常进行药敏试验选择有高度敏感性的药物用于防治。此外，成年羊口服土霉素等抗生素时，常会引起肠炎等中毒反应，必须注意。

（五）定期驱虫

定期驱虫是治疗和预防羊各种疾病的一项重要措施，同时能避免羊在轻度感染后的进一步发展而造成严重危害。驱虫时机，要根据当地羊寄生虫的季节动态调查而定，一般可在每年的 3～4 月份及 12 月份至翌年 1 月份各安排一次。这样有利于羊的抓膘及安全越冬和度过春乏期。常用驱虫药的种类很多，如有驱除多种线虫的左旋咪唑，可驱除多种绦虫和吸虫的吡喹酮，可驱除羊体内蠕虫的阿苯哒唑、芬苯哒唑、甲苯咪唑，以及既可驱除体内线虫又可杀灭多种体表寄生虫的依维菌素等。绵羊驱虫前要禁食，驱虫禁食时间不能过长，只要夜间不放不喂，早晨空腹投药既可。

药浴是防治羊体外寄生虫病、特别是防治羊螨病的有效措施。一般可选择每年剪毛或抓绒后的 7～10 天进行。常用的药物有：螨净、胺丙畏、双甲脒、溴氰菊酯等配成所需浓度的水乳剂。药浴可在浴池内或使用特制的药淋装置，也可以人工抓羊在大盆或大锅内进行。药液温度一般为 36～39℃，并随时补充新药液，以保证药液的有效浓度。

（六）检疫

检疫就是根据国家和地方政府的规定，应用各种诊断方法（临床的、实验室的），对羊及其产品进行疫病检查，并采取相应的措施，以防疫病的发生和传播。

为了做好检疫工作，必须有一定的检疫手续，以便在羊流通的各个环节中，做到层层检疫，环环扣紧，互相制约，从而杜绝疫病的传播蔓延。羊从生产到出售，要经过出入场检疫、收购检疫、运输检疫和屠宰检疫，涉及外贸还要进行进出口检疫。出入场检疫是所有检疫中最基本最重要的检疫。只能从非疫区购入羊只，经当地兽医检疫部门检疫，并签发检疫合格证明书；运抵目的地后，再经本场或专业户所在地兽医验证，检疫并隔离观察1个月以上，确认为健康者，经驱虫、消毒，没有注射过疫苗的还要补注疫苗，然后才可与原有羊混群饲养。羊场采用的饲料和用具，也要从安全地区购入，以防疫病传入。

（七）发生传染病时的措施

羊群发生传染病时，应立即采取一系列紧急措施，就地扑灭，以防疫情扩大。①兽医人员要立即向上级部门报告疫情。②立即将病羊和健康羊隔离，不让它们有任何接触，以防健康家畜受到传染。③对于发病前与病羊有过接触的羊（无临床症状）一般叫做可疑感染羊，不能同其他健康羊在一起饲养，必须单独圈养，经过20天以上的观察不发病，才能与健康羊合群。④如有出现病状的羊，则按病羊处理，对已隔离的病羊，要及时进行药物治疗。⑤隔离场所禁止人、畜出入和接近，工作人员出入应遵守消毒制度。⑥隔离区的用具、饲料、粪便等，未经彻底消毒不得运出。⑦没有治疗价值的病羊，由兽医根据国家规定进行严格处理，病羊尸体要焚烧或深埋，不得随意抛弃。⑧对健康羊和可疑感染羊，要进行疫苗紧急接种或药物进行预防性治疗。⑨发生口蹄疫、羊痘等急性烈性传染病时，应立即报告有关部门，划定疫区，采取严格的隔离封锁措施，并组织力量尽快扑灭。

第六章

传　染　病

一、病毒性传染病

（一）口蹄疫

口蹄疫又称"口疮"、"蹄癀"，是由口蹄疫病毒引起偶蹄兽的一种急性、热性和高度接触性的人兽共患传染病。临床上以口腔黏膜、蹄部及乳房皮肤发生水疱和溃烂为特征。本病在世界各地均有发生，世界卫生组织将其列为 A 类传染病，我国将其列为一类传染病。

1. 病原　口蹄疫病毒属微 RNA 病毒科口疮病毒属。病毒具有多型性和变异性，根据抗原的不同，可分为 O、A、C、亚洲 Ⅰ、南非 Ⅰ、Ⅱ、Ⅲ 等 7 个不同的血清型和 65 个亚型，各型之间均无交叉免疫性。口蹄疫病毒具有较强的环境适应性，耐低温，不怕干燥。该病毒对酚类、酒精、氯仿等不敏感，但对日光、高温、酸碱的敏感性很强。常用的消毒剂有 1%～2% 的氢氧化钠、30% 的热草木灰、1%～2% 的甲醛、0.2%～0.5% 的过氧乙酸、4% 的碳酸氢钠溶液等。口蹄疫病毒在病畜的水疱皮内和淋巴液中含毒量最高。在发热期间血液内含毒量最多，奶、尿、口涎、泪和粪便中都含有口蹄疫病毒。口蹄疫病毒的免疫是依赖 T 细胞的 B 细胞应答，疫苗接种主要诱导中和抗体的产生。

2. 流行特点　该病主要侵害偶蹄兽，如牛、羊、猪、鹿、骆驼等，其中以猪、牛最为易感，其次是绵羊、山羊和骆驼等。

人也可感染此病。病畜和带毒动物是该病的主要传染源，痊愈家畜可带毒 4～12 个月。病毒在带毒畜体内可产生抗原变异，产生新的亚型。本病主要靠直接和间接接触性传播，消化道和呼吸道传染是主要传播途径，也可通过眼结膜、鼻黏膜、乳头及伤口感染。空气传播对本病的快速大面积流行起着十分重要的作用，常可随风散播到 50～100 千米外发病，故有顺风传播之说。口蹄疫病毒也可感染人，羊群发病多以幼羊高发。一般来说，成年动物患口蹄疫的死亡率在 5%～20%，幼畜的死亡率在 50%～80%。本病流行具有一定的季节性，冬春季多发。本病呈大流行性或流行性。

3. **临床症状与病理变化**　羊潜伏期一般为 1～7 天，最长为 21 天。病羊体温升高，初期体温可达 40～41℃，精神沉郁，食欲减退或拒食，脉搏和呼吸加快。口腔、蹄、乳房等部位出现水疱、溃疡和糜烂。除口腔、蹄部的水疱和烂斑外，病羊消化道黏膜有出血性炎症，可在咽喉、气管、前胃等黏膜上发生圆形烂斑和溃疡，上盖黑棕色痂块；肺呈浆液性浸润；心包内有大量混浊而黏稠的液体，心肌色泽较淡，质地松软，心外膜与心内膜有弥散性及斑点状出血，心肌切面有灰白色或淡黄色、针头大小的斑点或条纹，如虎斑，称为"虎斑心"，以心内膜的病变最为显著。绵羊蹄部症状明显，口黏膜变化较轻。山羊症状多见于口腔，呈弥漫性口黏膜炎，水疱见于硬腭和舌面，蹄部病变较轻。病羊水疱破溃后，体温即明显下降，症状逐渐好转。羔羊发病多表现为恶性口蹄疫，发生心肌炎，表现为"虎斑心"，有时呈出血性胃肠炎而死亡，死亡率可达 20%～50%。

4. **诊断**　本病根据流行病学及临床症状，不难作出诊断，但应注意与羊传染性脓包病、羊痘、蓝舌病等进行鉴别诊断，必要时可采取病羊水疱皮或水疱液、血清等送国家参考实验室进行确诊。

实验室诊断方法采取病羊水疱皮或水疱液进行病毒分离鉴

定。取得病料后，用 PBS 液制备混悬浸出液做乳鼠中和试验，也可用标准阳性血清做补体结合试验或微量补体结合实验或采用 RT－PCR 进行诊断。

5.防治

（1）预防　本病发病急、传播快、危害大，必须严格搞好综合防治措施。要加强检疫，严禁从疫区购入动物及动物产品；要按照国家规定实施强制免疫，特别是种羊场、规模饲养场（户）必须严格按照免疫程序实施免疫。种羊场、规模羊场免疫程序：①种公羊、后备母羊，每年接种疫苗 2 次，每间隔 6 个月免疫 1 次，每次肌内注射单价苗 1.5 毫升；②生产母羊，在产后 1 个月或配种前，约每年的 3 月、8 月各免疫 1 次，每次肌内注射 1.5 毫升。农村散养羊免疫程序：①成年羊，每年免疫 2 次，每间隔 6 个月免疫 1 次，每次肌内注射 1.5 毫升；②幼羊，出生后 4～5 个月免疫 1 次，肌内注射 1 毫升，隔 6 个月再免疫 1 次，肌内注射 1.5 毫升。

一旦发生疫情，要立即向有关部门上报疫情，要遵照"早、快、严、小"的原则，严格执行封锁、隔离、消毒、紧急预防接种、检疫等综合扑灭措施。疫区内最后 1 只病羊扑杀后，要经一个潜伏期的观察，再未发现新病羊时，经彻底消毒，报有关单位批准后，才能解除封锁。

（2）治疗　对口蹄疫等 A 类动物传染病，按照国际惯例不予治疗，应按照国家有关规定就地扑杀，进行无害化处理。

（二）羊传染性脓疱病

羊传染性脓疱病俗称"羊口疮"，是由羊口疮病毒引起的绵羊和山羊的一种急性、接触性传染性疾病。本病以患羊口唇等部位皮肤、黏膜形成丘疹、水疱、脓疱、溃疡以及疣状厚痂为特征。世界各地均有发生。

1.病原　羊口疮病毒分类上属于痘病毒科，副痘病毒属。

病毒粒子呈砖形或呈椭圆形的线团样（病毒粒子表面呈特征性的管状条索斜形交叉的编织样外观），一般排列较为规则。核酸类型为双脱氧核糖核酸（DNA）。羊口疮病毒对外界环境抵抗力强。干燥痂皮内的病毒于夏季日光下经 30～60 天开始丧失其传染性；散落到地面的病毒可以越冬，至来年春仍具有感染性。病料在低温冷冻条件下保存，可保持毒力达数年之久。本病毒对高温较为敏感，60℃ 30 分钟即可被灭活。常用的消毒药为 2％氢氧化钠溶液、10％石灰乳、20％热草木灰溶液。

2. 流行特点　本病只危害绵羊和山羊，且以 3～6 月龄的羔羊发病为多，常呈群发性流行。成年羊也可感染发病，但呈散发性流行。人也可感染羊口疮病毒。病羊和带毒羊为传染源，主要通过损伤的皮肤、黏膜感染。本病多发生于气候干燥的秋季，无性别和品种差异。自然感染是由于引入病羊或带毒羊，或者利用被病羊污染的厩舍或牧场而引起。由于病毒的抵抗力较强，本病在羊群内可连续危害多年。

3. 临床症状和病理变化　潜伏期 4～8 天。本病在临床上一般分为唇型、蹄型和外阴型三种类型，也见混合型感染病例。

(1) 唇型　病羊首先在口角、上唇或鼻镜上出现散在的小红斑，逐渐变为丘疹和小结节，继而成为水疱或脓疱，破溃后结成黄色或棕色的疣状硬痂。如为良性经过，则经 1～2 周痂皮干燥、脱落而康复。严重病例患部继续发生丘疹、水疱、脓疱、痂垢，并互相融合，波及整个口唇周围及眼睑和耳廓等部位，形成大面积龟裂、易出血的污秽痂垢。痂垢下伴以肉芽组织增生，痂垢不断增厚，整个嘴唇肿大外翻呈桑葚状隆起，影响采食，病羊日趋衰弱。部分病例常伴有坏死杆菌、化脓性病原菌的继发感染，引起深部组织化脓和坏死，致使病情恶化。有些病例口腔黏膜也发生水疱、脓疱和糜烂，使病羊采食、咀嚼和吞咽困难。个别病羊可因继发肺炎而死亡。

(2) 蹄型　主要侵害绵羊，病羊多见一肢患病，但也可能同时或相继侵害多数甚至全部蹄端。通常于蹄叉、蹄冠或系部皮肤上形成水疱、脓疱，破裂后则成为由脓液覆盖的溃疡。如继发感染则发生化脓、坏死，常波及基部、蹄骨，甚至肌腱或关节。病羊跛行，长期卧地，病情缠绵。也可能在肺脏、肝脏以及乳房中发生转移性病灶，严重者衰竭而死亡或因败血症死亡。

（3）外阴型　外阴型病例较为少见。病羊表现为黏液性或脓性阴道分泌物，在肿胀的阴唇及附近皮肤上发生溃疡；乳房和乳头皮肤（多系病羔吸吮时传染）上发生脓疱、烂斑和痂垢。公羊则表现为阴囊鞘肿胀，出现脓疱和溃疡。

4. 诊断

（1）现场诊断　根据流行病学、临床症状进行综合诊断。流行特点主要是在秋季散发，羔羊易感。临床症状主要是在口唇、阴部和皮肤、黏膜形成丘疹、脓疱、溃疡和疣状厚痂。

（2）实验室诊断　现场诊断有困难或确诊时，可分离培养病毒或对病料进行负染色直接进行电镜观察。此外，还可用血清学方法诊断，如补体结合试验、琼脂扩散试验、反向间接血凝试验、酶联免疫吸附试验、免疫荧光技术等方法。

（3）类症鉴别　本病须与羊痘、坏死杆菌病等类似疾病相鉴别。

1）羊传染性脓疱与羊痘的鉴别　羊痘的痘疹多为全身性，而且病羊体温升高，全身反应严重。痘疹结节呈圆形突出于皮肤表面，界限明显，似脐状。

2）羊传染性脓疱与坏死杆菌病的鉴别　坏死杆菌病主要表现为组织坏死，一般无水疱、脓疱病变，也无疣状增生物。进行细菌学检查和动物试验即可区别。

5. 防治

（1）预防　①勿从疫区引进羊或购入饲料、畜产品。引进羊须隔离观察2～3周，严格检疫，同时应将蹄部多次清洗、消毒，证明无病后方可混入大群饲养。②保护羊的皮肤、黏膜勿受损伤，捡出饲料和垫草中的芒刺。加喂适量食盐，以减少羊只啃土、啃墙，防止发生外伤。③本病流行区用羊口疮弱毒疫苗进行免疫接种，使用疫苗株毒型应与当地流行毒株相同。也可在严格隔离的条件下，采集当地自然发病羊的痂皮回归易感羊制成活毒疫苗，对未发病羊的尾根无毛部进行划痕接种，10天后即可产生免疫力，保护期可达1年左右。

（2）治疗　病羊可先用水杨酸软膏将痂垢软化，除去痂垢后再用0.1%～0.2%高锰酸钾溶液冲洗创面，然后涂2%龙胆紫、碘甘油溶液或土霉素软膏，每天1～2次，至痊愈。蹄型病羊则将蹄部置于3%～10%福尔马林溶液中浸泡1分钟，连续浸泡3次；也可隔日用3%龙胆紫溶液、1%苦味酸溶液或土霉素软膏涂拭患部。

（三）羊痘

羊痘又名羊天花，它是由痘病毒引起羊的一种急性、热性、接触性传染病，具有典型的病程，病羊皮肤和黏膜上发生特异的痘疹。羊痘中，以绵羊痘较常见，山羊痘很少发生。

1. 绵羊痘　绵羊痘又名绵羊"天花"，是各种家畜痘病中危害最为严重的一种热性接触性传染病。本病以无毛或少毛部位皮肤、黏膜发生痘疹为特征。典型绵羊痘病程一般初为红斑、丘疹，后变为水疱、脓疱，最后干结成痂、脱落而痊愈。

（1）病原　绵羊痘病毒分类上属于痘病毒科，山羊痘病毒属。病毒主要存在于病羊皮肤、黏膜的丘疹、脓疱以及痂皮内，病羊鼻分泌物内也含有病毒，发热期血液内也有病毒存在。本病毒对直射阳光、高热较为敏感，碱性消毒液及常用的消毒剂均有效，2%石炭酸15分钟可灭活病毒，干燥的痂皮中病毒可存活6～8周。

（2）流行特点　自然条件下，绵羊痘只发生于绵羊，不传染给山羊和其他家畜。病羊和带毒羊为主要传染源，主要通过呼吸道传播，也可经损伤的皮肤、黏膜感染。饲养人员、饲管用具、皮毛产品、饲草、垫料以及外寄生虫均可成为传播媒介。羔羊发病、死亡率高，妊娠母羊可发生流产，故产羔季节流行，可导致很大损失。本病一般于冬末春初多发。气候寒冷、雨雪、霜冻、饲料缺乏、饲养管理不良、营养不足等因素均可促发本病。

（3）临床症状　潜伏期平均 6～8 天。流行初期只有个别羊发病，以后逐渐蔓延至全群。病羊体温升高达 41～42℃，精神不振，食欲减退，并伴有可视黏膜卡他性、脓性炎症。大约经1～4 天后开始发痘。痘疹多发生于皮肤、黏膜无毛或少毛部位，如眼周围、唇、鼻、颊、四肢内侧、尾内面、阴唇、乳房、阴囊以及包皮上。开始为红斑，1～2 天后形成丘疹，突出于皮肤表面，坚实而苍白。随后，丘疹逐渐扩大，变为灰白色或淡红色半球状隆起的结节。结节在 2～3 天内变为水疱，水疱内容物逐渐增多，中央凹陷呈脐状。在此期内，体温稍有下降。由于白细胞的渗入，水疱变为脓性，不透明，成为脓疱。化脓期间体温再度升高。如无继发感染，则几日内脓疱干缩成为褐色痂块，脱落后遗留微红色或苍白色的瘢痕，经 3～4 周痊愈。

非典型病例不呈现上述典型症状或经过。有些病例病程发展到丘疹期而终止，即所谓"顿挫型"经过。少数病例，因发生继发感染，痘病出现化脓和坏疽，形成较深的溃疡，发出恶臭，常为恶性经过；病死率可达 25%～50%。

（4）病理变化　除上述临诊所见病变外，尸检前胃和第四胃黏膜往往有大小不等的圆形或半球形坚实结节，单个或融合存在，严重者形成糜烂或溃疡。咽喉部、支气管黏膜也常有痘疹，肺部则见干酪样结节以及卡他性肺炎区。

（5）诊断　典型病例可根据临床症状、病理变化和流行情况做出诊断。对非典型病例，可结合羊群为不同个体发病情况做出诊断。本病在临床上应与羊传染性脓疱、羊螨病等类似疾病进行区别。

1) 绵羊痘与羊传染性脓疱的鉴别　羊传染性脓疱全身症状不明显，病羊一般无体温反应，病变多发生于唇部及口腔（蹄型和外阴型病例少见），很少波及躯体部皮肤，痂垢下肉芽组织增生明显。

2) 绵羊痘与螨病的鉴别　螨病的痂皮多为黄色麸皮样，而痘疹的痂皮则呈黑褐色，且坚实硬固。此外，从疥癣皮肤患处以及痂皮内可检出螨。

（6）防治

1) 预防　平时做好羊的饲养管理，羊圈要经常打扫，保持干燥清洁，抓好秋膘。冬、春季节要适当补饲，做好防寒过冬工作。在羊痘常发地区，每年定期预防注射。羊痘鸡胚化弱毒疫苗，大、小羊一律尾内或股内皮下注射 0.5 毫升，山羊皮下注射 2 毫升。

2) 治疗　当羊发生羊痘时，立即将病羊隔离，将羊圈及管理用具等进行消毒。对尚未发病的羊群，用羊痘鸡胚化弱毒苗进行紧急注射。

对病羊的皮肤病变酌情进行对症治疗，如用 0.1% 高锰酸钾或 2% 硼酸溶液清洗患处后，涂碘甘油、紫药水。对细毛羊、羔羊，为防止继发感染，可以肌内注射青霉素 80 万～160 万单位，每天 1～2 次；或用 10% 磺胺嘧啶 10～20 毫升，肌内注射 1～3 次。用痊愈血清治疗，大羊为 10～20 毫升，小羊为 5～10 毫升，皮下注射，预防量减半。用免疫血清效果更好。

2. 山羊痘　山羊痘是由山羊痘病毒引起的一种传染病。临床症状和病理变化与绵羊痘相似，主要在皮肤和黏膜上形成痘疹。山羊痘病毒与绵羊痘病毒在分类上同属于痘病毒科。山羊痘病毒的生物学特征与绵羊痘相似。自然情况下，山羊痘病例较为少见。山羊痘只感染山羊，同群绵羊不受传染。山羊痘的诊断方法同绵羊痘。临床上，通常与羊传染性脓疱进行鉴别。羊传染性脓疱在绵羊、山羊均可感染发病，主要于口唇和鼻孔周围皮肤、黏膜上，形成水疱、脓疱，后结成厚而硬的痂，痂皮下有肉芽组织增生性病变，一般无全身反应。山羊痘的预防，以往是用绵羊痘鸡胚化弱毒疫苗进行免疫接种。近年来，我国已研制出山羊痘弱毒疫苗，可用于山羊痘的预防，皮下接种 0.5～1.0 毫升，安全有效，保护期可达 1 年。其他防治措施参见绵羊痘。

（四）羊狂犬病

狂犬病俗称"疯狗病"，又名"恐水病"，是由狂犬病病毒引起的人和多种动物共患的急性接触性传染病。本病以神经调节障碍、反射兴奋性增高、发病动物表现狂躁不安、意识紊乱为特征，最终发生麻痹而死亡。

1. 病原　狂犬病病毒分类上属弹状病毒科，狂犬病病毒属。狂犬病病毒在动物体内主要存在于中枢神经特别是海马角、大脑皮层、小脑等细胞和唾液腺细胞内，并于胞浆内形成对狂犬病为特异的包涵体，称为内基氏小体，呈圆形或卵圆形，染色后呈嗜酸性反应。狂犬病病毒对过氧化氢、高锰酸钾、新洁尔灭、来苏儿等消毒药敏感，1%～2%肥皂水、70%酒精、0.01%碘液、丙酮、乙醚等能使之灭活。

2. 流行特点　本病以犬类易感性最高，羊和多种家畜及野生动物均可感染发病，人也可感染。传染源主要是患病动物以及潜伏期带毒动物，野生的犬科动物（如野犬、狼、狐等）常成为人、畜狂犬病的传染源和自然保毒宿主。患病动物主要经唾液腺排出病毒，以咬伤为主要传播途径，也可经损伤的皮肤、黏膜感染，经呼吸道和口腔途径感染也已得到证实。本病一般呈散发性流行，一年四季都有发生，但以春末夏初多见。

3. 临床症状　潜伏期的长短与感染部位有关，最短 8 天，长的达 1 年以上。本病在临床上分为狂暴型和沉郁型两种。

狂暴型：病畜初精神沉郁，反刍减少，食欲降低，不久表现起卧不安，出现兴奋性和攻击性动作，冲撞墙壁，磨牙流涎，性欲亢进，攻击人畜等。患病动物常舔咬伤口，使之经久不愈，后期发生麻痹，卧地不起，衰竭而死亡。

沉郁型：病例多无兴奋期或兴奋期短，很快转入麻痹期，出现喉头、下颌、后躯麻痹，流涎、张口、吞咽困难，最终卧地不起而死亡。

4. 病理变化 尸体常无特异性变化，病尸消瘦，一般有咬伤、裂伤，口腔黏膜、咽喉黏膜充血、糜烂。组织学检查有非化脓性脑炎，可在神经细胞的胞浆内检出嗜酸性包涵体。

5. 诊断

（1）现场诊断 现场诊断较困难，若患病羊出现典型的病程，则结合病史可做出初步诊断。

（2）实验室诊断 为了确诊，须进行以下实验室诊断。

1）病理组织学检查 将出现脑炎症状的患病动物捕杀，取大脑海马角或小脑做触片，用含碱性复红做美蓝的 Seller 氏染液染色、镜检，内基氏体呈淡紫色。

2）荧光抗体法 是一种迅速而特异性强的诊断方法。取可疑病羊脑组织或唾液腺制成冰冻切片或触片，用荧光抗体染色。在荧光显微镜下观察，胞浆内出现黄绿色荧光颗粒者即为阳性。

3）小鼠接种法 是准确可靠的方法，但耗时较长，需观察 3 周才能作出诊断结果。方法是取脑病料制成乳剂，用 30 日龄的小鼠（3 日龄以内的乳鼠更敏感）经脑内接种，如有狂犬病病毒，则在接种后 1～2 周内小鼠出现麻痹症状与脑膜脑炎变化，或者于接种后 3 天捕杀小鼠，取脑制触片，用荧光抗体法检查，如此可以缩短诊断时间。

（3）类症鉴别 狂犬病临床诊断常易与日本乙型脑炎、伪狂犬病等相混淆。应依靠实验室检查进行鉴别诊断。

6. 防治 捕杀野犬和没有免疫的犬。养犬必须登记注册，进行免疫接种。疫区与受威胁区的羊和易感动物接种弱毒疫苗或灭能苗。

羊和家畜被患有狂犬病或可疑的动物咬伤时，应及时用清水或肥皂水冲洗伤口，再用 0.1％升汞、碘酒或硝酸银等处理伤口，并立即接种狂犬病疫苗；有条件时也可用免疫血清进行治疗。对被狂犬咬伤的羊和家畜一般应予捕杀，以免危害于人。

（五）蓝舌病

蓝舌病是由蓝舌病病毒引起的主发于绵羊的一种以库蠓为传播媒介的急性、接触性传染病。本病以发热、消瘦，口腔黏膜、鼻黏膜及消化道黏膜等发生严重的卡他性炎症为特征，病羊蹄部也常发生病理损害，因蹄的真皮层遭受侵害而发生跛行。由于病羊特别是羔羊长期发育不良以及死亡、胎儿畸形、皮毛损坏等，可造成巨大的经济损失。

1. 病原　蓝舌病病毒分类上属于呼肠孤病毒科，环状病毒属。病毒核酸类型为双股 RNA。就目前所知，蓝舌病病毒有 24 个血清型，各血清型之间缺乏交互免疫性。病毒主要存在于病畜的血液以及各脏器之中，病毒可在康复动物的体内存在达 4～5 个月之久。蓝舌病病毒抵抗力强，50％甘油中可存活多年，对 2％～3％氢氧化钠溶液敏感。

2. 流行特点　蓝舌病病毒主要感染绵羊，1 岁左右的绵羊最易感，吃奶的羔羊有一定的抵抗力。所有品种的绵羊均可感染，而以纯种的美利奴羊更为敏感。牛、山羊和其他反刍动物包括鹿、麋、羚羊、沙漠大角羊等野生反刍动物也可患本病，但临床症状轻缓或无明显症状，而以隐性感染为主。仓鼠、小鼠等实验动物可感染蓝舌病病毒。病羊和病后带毒羊为传染源，隐性感染的其他反刍动物也是危险的传染来源。本病主要通过媒介昆虫库蠓叮咬传播，在新疫区羊群中的发病率为 50％～70％，病死率为 20％～50％。本病的分布多与库蠓的分布、习性及生活史密切相关。因此，蓝舌病多发生于湿热的晚春、夏季、秋季和池塘、河流分布广的潮湿低洼地区，也即媒介昆虫库蠓大量滋生、活动的季节和地区。

3. **临床症状** 潜伏期 3～10 天。病羊体温升高达 40℃ 以上，稽留 5～6 天。发病羊精神委顿，厌食流涎，掉群，双唇发生水肿，常蔓延至面颊、耳部，甚至颈部、胸部、腹部。舌及口腔黏膜充血、发绀，出现青紫色淤斑。严重病例唇面、齿龈、颊部黏膜、舌黏膜发生溃疡、糜烂，致使吞咽困难。随着病情的发展，在溃疡损伤部位渗出血液，唾液呈红色，如有继发感染，则出现口臭。鼻分泌物初为浆液性，后变为黏脓性，常带血，结痂于鼻孔周围，引起呼吸困难。鼻黏膜和鼻镜糜烂出血。有些病例，蹄冠、蹄叶发生炎症，触之敏感，疼痛而跛行。病羊消瘦、衰弱，个别发生便秘或腹泻，常便中带血，最终死亡。怀孕母羊感染，则分娩出的胎儿可能畸形，如脑积水、小脑发育不足、回沟过多等。某些病羊痊愈后出现被毛脱落现象。病程 6～14 天。发病率一般为 30%～40%，死亡率达 2%～30% 或者更高。山羊的症状与绵羊相似，但表现较为轻缓。

4. **病理变化** 病死羊各脏器和淋巴结充血、水肿和出血；颌下、颈部皮下胶样浸润。口腔黏膜糜烂并有深红色区，口唇、舌、齿龈、硬腭和颊部黏膜水肿、出血；呼吸道、消化道、泌尿系统黏膜以及心肌、心内外膜可见有出血点。严重病例，消化道黏膜常发生坏死和溃疡。蹄冠等部位上皮脱落但不发生水疱。蹄叶发炎并形成溃烂。

5. **诊断**

（1）**现场诊断** 根据典型症状和病变，可以做出现场诊断，如发热、口唇肿胀、糜烂、跛行、行动强直、蹄部炎症及流行季节等。

（2）**实验室诊断** 对可疑病羊做实验室检查加以确诊。方法是采集怀疑患病羊发热期的血液或病尸肠系膜淋巴结、脾脏，接种于易感绵羊、乳鼠或鸡胚，分离病毒。用特异性阳性血清做补体结合反应、琼脂扩散试验，以鉴定病毒。进一步以分型血清做中和试验，以确定病毒型别。也常用荧光抗体技术、免疫琼扩和补体结合试验检测特异性抗体，常常取病初和病后期的双份血清比较血清阳性的变化，其中以免疫琼扩实验最为方便实用，感染后4天即可检测到抗体。荧光抗体可以用来检测感染组织内的病毒抗原。由于蓝舌病亚临床感染普遍存在，检出抗体后必须结合临床症状才能进行判断，最好做病毒的分离鉴定和定型。

（3）类症鉴别　羊蓝舌病通常应与口蹄疫、羊传染性脓疱等疾病进行区别。

1）蓝舌病与口蹄疫的鉴别　口蹄疫为高度接触传染性疾病，牛、猪易感性强，临床症状典型而明显。蓝舌病则主要通过库蠓叮咬传播，且蓝舌病病毒不感染猪，人工接种不能使豚鼠感染。口蹄疫的糜烂性病理损害是由于水疱破溃而发生，蓝舌病虽有上皮脱落和糜烂，但不形成水疱。

2）蓝舌病与羊传染性脓疱的鉴别　羊传染性脓疱在羊群中以幼龄羊发病率为高，患病羊口唇、鼻端出现丘疹和水疱，破溃以后形成疣状厚痂，痂皮下为增生的肉芽组织。病羊特别是年龄较大的羊，一般不显严重的全身症状，无体温反应。采集局部病变组织进行电镜负染检查，可发现呈线团样编织构造的典型羊口疮病毒。

6. 防治

（1）预防　加强海关对畜产品的检疫工作，严禁从有此病的地区和国家购买牛、羊和冷冻精液。做好消毒和灭虫工作，防止媒介昆虫对易感羊群的侵袭。避免羊群在低湿地区放牧和留宿。非疫区一旦传入本病，应立即采取坚决措施，捕杀发病羊和与其接触过的所有易感动物，并彻底进行消毒处理。在疫区每年接种疫苗是防止本病的可靠方法。目前国外有鸡胚化弱毒疫苗和牛胎肾细胞致弱的组织苗，对绵羊有较好的免疫力。

（2）治疗　药物对本病毒无杀灭作用，应采取对症与加强护理相结合疗法，对加速病羊的康复、防止继发感染具有重要意义。先用食醋或 0.1%的高锰酸钾溶液冲洗口腔，然后再使用1%～3%硫酸铜或1%～2%明矾及碘甘油涂拭糜烂面。也可使用中药冰硼散外敷患部治疗。蹄部病患可先使用 3%来苏儿冲洗，再用碘甘油或土霉素软膏涂拭后以绷带包扎。对严重病例结合强心、补液。也可试用磺胺或抗生素类药物注射，以防止继发感染。

（六）梅迪—维斯纳病

梅迪—维斯纳病是由梅迪—维斯纳病毒引起的成年绵羊的一种慢性、进行性传染病。本病的特征是潜伏期长，病程缓慢。临床表现为慢性、进行性间质性肺炎或脑膜炎。病羊衰弱、消瘦，终归死亡。梅迪和维斯纳原来是用来描述绵羊的两种临床不同表现的词汇，其含义分别是呼吸困难和消瘦，目前已知这两种病症是由同一种病毒所引起的慢性进行性传染病。

1. 病原　梅迪—维斯纳病病毒在分类上属于反转录病毒科，慢病毒属。病毒的核酸类型为单股 RNA。病毒可在绵羊脉络丝、肺脏、睾丸、肾脏和唾液腺细胞内增殖，引起特征性的细胞病变。病毒主要存在于感染宿主的肺脏、纵隔淋巴结、脾脏等组织。本病毒对乙醚、氯仿、乙醇、间位过碘酸盐和胰酶敏感。病毒可被 0.1%福尔马林、4%苯酚和 50%酒精灭活。

2. 流行特点　梅迪—维斯纳病主要是绵羊的一种疾病，山羊也可感染。本病发生于所有品种的绵羊，特别是细毛羊感染率最高。无性别区别，发病者多为 2～4 岁的成年绵羊。病羊和潜伏期感染羊为主要传染源，一旦感染即终生带毒。自然感染是由于吸入了病羊排出的含有病毒的飞沫或病羊与健康羊直接接触传染，也可能经胎盘或乳汁垂直传播，吸血昆虫也可能成为传播者。易感绵羊经肺内注射病羊肺细胞的分泌物或血液可发生感染。也可通过污染的饲料、饮水以及牧草经消化道感染。本病多散发。发病率，因地域而异。饲养密度过大，会助长本病的传播流行。

3. 临床症状

（1）梅迪病（呼吸道型）　梅迪病患羊首先表现为放牧时掉群，出现干咳，随之呼吸困难日渐加重。病羊鼻孔扩张，头高仰，呼吸频数，听诊或叩诊可闻啰音或实音区。病羊体温一般正常，呈现慢性、进行性间质性肺炎，体重下降，逐渐消瘦、衰弱，最终死亡。病程一般为2～5个月甚至数年，病死率高。

（2）维斯纳病（神经型）　维斯纳病病羊最初表现为步样异常，运动失调或轻瘫，特别是后肢，易失足和发软。轻瘫逐渐加重最后发生全瘫。有些病例头部也有异常表现，口唇和眼睑震颤，头偏向一侧。病情缓慢进展并恶化，四肢陷入对称性麻痹而死亡。病程数月甚至数年。感染绵羊可终身带毒，但大多数羊并不出现临床症状。

4. 病理变化

（1）梅迪病　梅迪病的病理变化主要见于肺脏及周围淋巴结。病肺体积和重量均增大2～4倍，呈淡灰黄色或暗红色，触之有橡皮样感觉。肺脏组织致密，质地如肌肉，以膈叶的变化最为严重，心叶、尖叶次之。仔细观察，在胸膜下散在许多针尖大小、半透明、暗灰白色的小点。肺小叶间质明显增宽，呈暗灰色细网状花纹，在网眼中显出针尖大小的暗灰色小点。病肺切面干燥，如滴加50%～98%醋酸，很快会出现针尖大小的小结节。支气管淋巴结肿大，平均重量可达40克（正常为10～15克），切面均质发白。病理组织学变化主要为慢性间质性肺炎。肺泡间隔增厚，淋巴样组织增生。在细支气管、血管和肺泡周围出现弥漫性淋巴细胞、单核细胞以及巨噬细胞的浸润。微小的细支气管上皮、肺泡间隔平滑肌、血管平滑肌上皮增生。

（2）维斯纳病　维斯纳病眼观病变不显著。病理组织学变化主要表现为弥漫性脑膜脑炎，脑膜及血管周围淋巴细胞和小胶质细胞增生、浸润并出现血管套现象。大脑、小脑、脑桥、延脑和脊髓白质内出现弥漫性脱髓鞘现象，在脑膜附近形成脱髓鞘腔。

5. 诊断

（1）现场诊断　2岁以上的绵羊无体温反应，呼吸困难逐渐增重，可怀疑为本病。肺的前腹区坚实，仔细观察，肺胸膜下散在无数针尖大小的青灰色小点，这是重要的肉眼变化。在这种小点看不清楚的时候，可以用50％～98％的醋酸涂擦于肺表面，经2分钟后，于灰黄色背景上出现十分明显的乳白色小点，可作为一种简易的辅助诊断方法。

（2）实验室诊断　为了确诊，应进行实验室检查，如病理组织学检查、病毒分离、病毒颗粒的电镜观察以及中和试验、补体结合试验、被动血凝试验、琼脂扩散试验、免疫荧光法试验及酶联免疫测定法等血清学方法和聚合酶链反应（PCR）检测。目前广泛应用琼脂扩散试验对羊群进行检测。

（3）类症鉴别　鉴别诊断需考虑肺腺瘤病、蠕虫性肺炎、肺脓肿和其他的肺部疾病。肺腺瘤病的组织切片中，可发现大单核细胞聚集以及细支气管和肺泡管内上皮细胞增生，肺泡中隔上带有乳头状上皮突起，以致部分阻塞肺泡腔。蠕虫性肺炎则在细支气管内可发现寄生虫。肺脓肿和其他肺部疾病都有其特定的病变。

6. 防制

第一，应从未发生本病的国家或地区引进绵羊和山羊。动物在进口前30天进行梅迪—维斯纳病琼脂扩散检测，结果阴性羊方可启运。口岸检疫中，如发现梅迪—维斯纳病阳性动物，则退回或捕杀销毁处理，同群动物严格隔离观察。

第二，本病迄今尚无特异性疫苗供免疫接种，也无有效的治疗方法。应防止健康羊群与病羊接触，发病羊及时隔离、淘汰。病尸或污染物应销毁或作无害化处理。圈舍、饲管用具应用2％氢氧化钠或4％石炭酸消毒。定期驱虫和用血清学试验检测羊群，淘汰有临床症状的羊以及血清学反应阳性的羊及其后代，以清除本病，净化畜群。

（七）绵羊肺腺瘤病

绵羊肺腺瘤病又名"绵羊肺癌"或"驱赶病"，是由绵羊肺腺瘤病病毒引起的一种慢性、接触传染性肺脏肿瘤病。本病的特征为潜伏期长，肺泡和支气管上皮进行性肿瘤性增生，病羊消瘦，咳嗽，呼吸困难，终归死亡。我国绵羊肺腺瘤病首次报道于新疆，甘肃、青海、内蒙古也均有本病的报道。

1. 病原　绵羊肺腺瘤病病毒被认为是一种反转录病毒，在绵羊肺腺瘤病的肿瘤匀浆和肺组织中发现有 RNA 及依赖 RNA 的 DNA 反转录酶。本病毒抵抗力不强，56℃30 分钟可灭活，对氯仿和酸性环境敏感。－20℃条件下病肺细胞里的病毒可存活数年。病毒组织培养较为困难，可于易感绵羊的支气管上皮细胞内增殖；气管内接种易感羔羊，10～22 个月后，在其肺内可产生病变。

2. 流行特点　各种品种和年龄的绵羊均能发病，以美利奴绵羊的易感性为高。临床发病多为 3～5 岁的绵羊，2 岁以内的羊较少出现症状。除绵羊外，山羊也可发生。病羊是主要传染来源，病羊通过咳嗽、喘气将病毒排出，经呼吸道使附近的易感羊感染。羊群拥挤，尤其在密闭的圈舍中，有利于本病的传播。气候寒冷，可使病情加重，也容易引起感染羊继发细菌性肺炎，致使病程缩短，死亡增多。本病多为散发，有时也可呈地方性流行。

3. 临床症状　潜伏期很长，半年至 2 年不等。人工感染的潜伏期长达 3～7 个月。只有成年绵羊和较大的羊才见到临床表现，病羊逐渐出现虚弱、消瘦、呼吸困难的症状。病初，病羊因剧烈运动而呼吸加快，随着病情的发展，呼吸快而浅表，吸气时常见头颈伸直、鼻孔扩张。病羊常有湿性咳嗽。当支气管分泌物积聚于鼻腔时，则出现鼻塞音，低头时，分泌物自鼻孔流出。分泌物检查，可见增生的上皮细胞。肺部叩诊、听诊，可闻知湿啰音和肺实变区。疾病后期，病羊衰竭、消瘦、贫血，但仍可站立。体温一般正常。病羊常继发细菌性感染，引起化脓性肺炎，导致急性发作、有时可能呈发热性病程。病羊最终因虚脱而死亡，病死率高，可达 100%。

4. **病理变化** 病羊死后的病理变化主要局限于肺部及胸部。早期病羊肺尖叶、心叶、膈叶前缘等部位出现弥散性小结节，质地硬，稍突出于肺表面，切面可见颗粒状突起物，反光性强。随病的进展，肺脏出现大量肿瘤组织构成的结节，粟粒至枣子大小。有时一个肺叶的结节增生、融合而形成较大的肿块。继发感染时则形成大小不一的脓肿。患区胸膜增厚，常与胸壁、心包膜粘连。支气管淋巴结、纵隔淋巴结增大，也形成肿块。体腔内常积聚少量的渗出液。病理组织学检查，肿瘤是由支气管上皮细胞所组成，除见有简单的腺瘤状构造外，还可见到乳头状瘤构造。新增生的细胞呈立方形，胞浆丰富、淡染，核丰富，呈圆形或卵圆形，有的无绒毛结构。排列紧密的上皮细胞由于异常增生而向肺泡腔和细支气管内延伸，形如乳头状或手指状，逐渐取代正常的肺泡腔。在肺腺瘤病灶之间的肺泡内有大量的巨噬细胞浸润。这些细胞常被腺瘤上皮分泌的黏液连在一起，形成细胞团块。支气管淋巴结、纵隔淋巴结失去正常结构，代之以类似肺内的腺瘤状构造。

5. **诊断** 在本病的流行区，如发现逐渐地、持续性的呼吸困难，可做出疑为本病的诊断；病死或淘汰羊，如肺上发现灰白色结节，是进一步支持临床诊断的证据。必要时，采肺脏病料进行病理学检查，采血清做琼脂扩散试验和补体结合试验。此外，还可利用血清中和试验、直接荧光抗体法以及酶联免疫吸附法等进行检验。

6. **防制** 尚无有效疗法，也无特异性预防的免疫制剂。平时预防工作极为重要，坚决不从疫区引进羊；进羊时严格检疫。

羊群一经发现该病，很难清除，故须全群淘汰，以清除病原。

(八) 绵羊痒病

绵羊痒病又称慢性传染性脑炎，又名"驴跑病"、"瘙痒病"或"震颤病"，是由痒病朊病毒引起的成年绵羊的一种缓慢发展的中枢神经系统性疾病。临床特征是潜伏期特别长，患病动物共济失调，皮肤剧痒，精神委顿，麻痹，衰弱，瘫痪，最终死亡。痒病是历史最久的传染性海绵状脑病，可谓传染性海绵状脑病的原型。羊群遭受本病感染后，很难清除，几乎每年都有不少羊因患该病死亡或淘汰。痒病的危害不仅是羊群死亡淘汰损失，更重要的是失去了活羊、羊精液、羊胚胎以及有关产品的市场，对养羊业危害极大。但尚未发现传染人类。

1. 病原 本病的病原体具有与普通病原微生物不同的生物学特性，目前定名为朊病毒，或称蛋白浸染因子，迄今未发现其含有核酸。认为痒病因子为病羊脑组织中的一种特异纤维，被命名为朊病毒蛋白质。该物质具有感染性，痒病朊病毒可人工感染多种实验动物。动物机体感染后不发热，不产生炎症，无特异性免疫应答反应。痒病朊病毒对各种理化因素抵抗力强。可以抵抗核酸灭活剂的破坏和紫外线的照射，紫外线照射、离子辐射及热处理，均不能使朊病毒完全灭活。痒病朊病毒在 37℃经 20%福尔马林处理 18 小时、0.35%福尔马林处理 3 个月，不完全灭活。在 10%～20%福尔马林溶液中可存活 28 个月。感染脑组织在 4℃条件下经 12.5%戊二醛或 19%过氧乙酸作用 16 小时也不完全灭活。在 20℃条件下，置于 100%乙醇内 2 周，仍具有感染性。痒病动物的脑悬液可耐受 pH 7.1～10.5 环境达 24 小时以上。但其感染性可以因一些酶，如蛋白酶 K、胰酶、木瓜蛋白酶等的溶解而减弱，一些使蛋白质变性的制剂也可以降低其传染性。氢氧化钠、90%苯酚、5%次氯酸钠、碘酊、6～8 摩尔/升的尿素、1%十二烷基磺酸钠对痒病病原体有很强的灭活作用。

2. **流行特点** 不同性别、品种的羊均可发生痒病，但品种间存在着明显的易感性差异，如英国萨福克种绵羊更为敏感。纯种羊较杂种羊易感。痒病具有明显的家族史，在品种内某些受感染的谱系发病率高。一般发生于 2～5 岁的绵羊，5 岁以上和 1.5 岁以下的绵羊通常不发病。山羊偶尔感染发病。不同毒株的致病性不尽相同，引起的神经系统病变、空泡化程度与分布均不同。患病羊或潜伏期感染羊为主要传染源。痒病可在无关联的羊间水平传播，患羊不仅可以通过接触将病原传给绵羊或山羊，也可垂直传播给后代。健康羊群长期放牧于污染的牧地（被病羊胎膜污染），也可引起感染发病。通常呈散发性流行，感染羊群内只有少数羊发病，发病率低，约 10%，传播缓慢，但病畜可能全部死亡。小鼠、仓鼠、大鼠和水貂等实验动物均可人工感染痒病。羊群一旦感染痒病，很难根除，几乎每年都有少数患羊死于本病。

3. **临床症状** 自然感染潜伏期 1～3 年或更长。症状主要为瘙痒和共济失调。病程为 6～8 个月，甚至更长。起病大多不知不觉。早期，病羊敏感、易惊、不安或凝视、磨牙，有时表现癫痫状。有些病羊表现有攻击性或离群呆立，不愿采食。有些病羊则容易兴奋，头颈抬起，眼凝视或目光呆滞。大多数病例通常呈现行为异常、瘙痒、运动失调及痴呆等症状，头颈部以及腹肋部肌肉发生频繁而细微的震颤。瘙痒症状有时很轻微以至于观察不到。用手抓搔患羊腰部，常发生伸颈、摆头、咬唇或舔舌等反射性动作。严重时患羊皮肤脱毛、破损甚至撕脱。病羊常啃咬腹肋部、股部或尾部；或在墙壁、栅栏、树干等物体上摩擦痒部皮肤，致使被毛大量脱落，皮肤红肿、发炎，甚至破溃出血。随着病情发展，神经症状加重，行动逐渐不协调，病羊常以一种高举步态运步，呈现特殊的驴跑步样姿态或雄鸡步样姿态，后肢软弱无力，肌肉颤抖，步态蹒跚。病羊体温一般不高，可照常采食，但日渐消瘦，体重明显下降，常不能跳跃，遇沟坡、土堆、门槛等障碍时，反复跌倒或卧地不起。病程数周或数月，甚至1年以上，少数病例也取急性经过，患病数日即突然死亡。病死率高，几乎达100%。

4. 病理变化　病死羊尸体剖检，除见尸体消瘦、被毛脱落以及皮肤损伤外，常无肉眼可见的病理变化。病理组织学检查，突出的变化是中枢神经系统的海绵样变性。自然感染的病羊，以中枢神经系统神经元的空泡变性和星状胶质细胞肥大增生为特征，病变通常是非炎症性的，且两侧对称。大量的神经元发生空泡化，胞质内出现一个或多个空泡，呈圆形或卵圆形，界限明显，胞核常被挤压于一侧甚至消失形成所谓的"泡沫"细胞。神经元空泡化主要见于延脑、脑桥、中脑和脊髓。星状细胞肥大增生呈弥漫性或局灶性，多见于脑干的灰质和小脑皮质内。大脑皮层常无明显的变化。

5. 诊断　本病的临床症状具有特征性，结合流行病学分析（如由疫区购进种羊或患病动物父母代有痒病病史等），一般可做出诊断。确诊通常进行病理组织学检查、异常朊病毒蛋白的免疫学检测、痒病相关纤维（SAF）检查等实验室检验。必要时可做动物接种试验。

本病通常须与梅迪—维斯纳病、羊螨病和虱病等疾病相区别。

6. 防制　①严禁从有痒病的国家和地区引进种羊、精液以及羊胚胎。引进动物时，严格口岸检疫。引入羊在检疫隔离期间发现痒病应全部捕杀、销毁，并进行彻底消毒，以除后患。不得从有病国家和地区购入含反刍动物的饲料。②无病地区发生痒病，应立即申报，同时采取捕杀、隔离、封锁、消毒等措施，并进行疫情监测。③本病目前尚无有效的预防和治疗措施。常用的消毒方法有：焚烧；5%～10%氢氧化钠溶液作用1小时；0.5%～10%次氯酸钠溶液作用2小时；浸入3%十二烷基磺酸钠溶液煮沸10分钟。

（九）边界病

边界病是绵羊羔的一种传染病。引起胎儿和新生羔死亡或产出病羔，病羔因中枢神经系统髓鞘质生成缺陷，呈现肌肉震颤等神经症状。细毛羊病羔被毛里出现大量粗毛，有严重色素沉着。该病目前有扩大蔓延的趋势。我国尚未发现本病。

1. **病原**　本病病毒是黄病毒科、瘟病毒属的成员。本病毒的抵抗力不强。pH3 的酸性环境和 50℃ 加热，均可使其迅速灭活。

2. **流行特点**　病羔在生长成熟后的好几年内，仍保持其对后代的感染性，但母羊本身不显症状。感染羔的皮肤和肾脏中存在病毒，是畜群中水平传播的来源；子宫、卵巢或睾丸生殖细胞中存在的病毒，是垂直传播的来源。

3. **临床症状**　发病率低。通常在产羔期出现病情，流产可发生于妊娠的任何时期。母羊感染后发生急性局灶性坏死性胎盘炎，部分新生羔羊个体小、体重轻。被毛粗乱，生长过多过长，毛色异常。有的病羔出现头颈不自主性的肌肉震颤，有时后肢或全身颤抖。由于被毛粗乱，走路时表现摇摆，故也称"粗毛摇摆病"。病羔多在离乳前死亡，少数存活羔羊的神经症状于 3～4 个月内逐渐减轻或消失。

4. **病理变化**　检查胎盘，见局灶性坏死性胎盘炎，有的死胎出现脑畸形、脑积水、小脑发育不全。组织学检查脑和脊髓，可见不同程度的髓鞘质缺乏，白质细胞增多，许多胶质细胞的形态异常。

5. **诊断**　可依据临床表现和剖检变化做出初步诊断。用病羔脑、脾组织乳剂人工感染孕羊，常可在 3 周内使胎儿发生特征性病变或导致死胎。用胎羊肾细胞培养，较易由病羔脑和脊髓等病料中分离到病毒。

用感染细胞培养物作为抗原，做中和试验、补体结合试验、琼脂扩散试验和间接免疫荧光等试验，可以检出血清抗体。如做流产期和流产后3～4周采集的双份血清抗体滴度增长试验，更有诊断价值。应用特异性荧光抗体，可以直接在流产胎儿和病羔的各组织脏器内发现病毒抗原。

边界病应与衣原体性地方性流产、布鲁氏菌病和赤羽病等相区别。

6. 防制　目前尚无特异的防制方法。捕杀病羔及母羊，是防制边界病的主要措施。虽然试用疫苗，但免疫效果尚不确实。我国尚无此病发生，应注意防止从国外传入本病。

（十）山羊病毒性关节炎—脑炎

山羊病毒性关节炎—脑炎是由山羊病毒性关节炎—脑炎病毒引起成年羊的一种慢性、病毒性传染病。临床特征是成年羊呈现慢性多发性关节炎，间或伴发间质性肺炎或间质性乳腺炎；羔羊常呈现脑脊髓炎症状。本病分布于世界很多养羊国家。1985年以来，我国先后在甘肃、贵州、四川、陕西、山东、新疆等省、自治区发现本病。

本病呈世界性分布且在许多国家感染率很高，潜伏期长，感染山羊终生带毒，没有特异性的治疗方法，最终死亡，对畜群的生产性能影响极大，可造成严重的经济损失。

1. 病原　山羊关节炎—脑炎病毒属于反转病毒科、慢病毒属的成员。病毒的形态结构和生物学特性与梅迪—维斯纳病毒相似，基因组有20%同源性，在血清学上有交叉反应。含有单股RNA，病毒粒子直径80～100纳米，浮密度为1.15克/厘米^3，分子量$5.5×10^6$，由64S和4S两个片段构成。

鸡胚、小鼠、豚鼠、地鼠和家兔等实验动物感染不发病。无菌采取病羊关节滑膜组织制备单细胞进行体外培养，经2～4周细胞出现合胞体。山羊胎儿滑膜细胞常用于病毒的分离鉴定。接种材料包括滑液、乳汁和血液白细胞，其中以前二者的病毒分离率最高。用驯化病毒接种山羊胎儿滑膜细胞经 15～20 小时，病毒开始增殖，96 小时达高峰，接种 24 小时细胞开始融合，5～6 天细胞层上布满大小不一的多核巨细胞。试验证明，合胞体的形成是病毒复制的象征。因此，可用于感染性的滴定。

2. 流行特点　患病山羊和潜伏期隐性患羊是本病的主要传染源，山羊是本病的易感动物。本病的主要传播方式为水平传播，子宫内感染偶尔发生。感染途径以消化道为主。病毒经乳汁感染羔羊，被污染的饲草、饲料、饮水等可成为传播媒介。在自然条件下，只在山羊间互相传染发病，绵羊不感染。无年龄、性别、品系间的差异，但以成年羊感染居多。感染率为 15%～81%，感染母羊所产的羔羊当年发病率为 16%～19%，病死率高达 100%。水平传播至少同居放牧 12 个月以上；带毒公羊和健康母羊接触 1～5 天不引起感染。不排除呼吸道感染和医疗器械接种传播本病的可能性。感染本病的羊只，在良好的饲养管理条件下，常不出现症状或症状不明显。只有通过血清学检查，才能发现。一旦改变饲养管理条件、环境或长途运输等应激因素的刺激，则会出现临床症状。

3. 临床症状　依据临床表现分为三型。脑脊髓炎型、关节型和间质性肺炎型。多为独立发生，少数有所交叉。但在剖检时，多数病例具有其中两型或三型的病理变化。

（1）脑脊髓炎型　潜伏期 53～131 天。主要发生于 2～4 月龄羔羊。有明显的季节性，80% 以上的病例发生于 3～8 月间，显然与晚冬和春季产羔有关。病初病羊精神沉郁、跛行，进而四肢强直或共济失调。一肢或数肢麻痹、横卧不起、四肢划动，有的病例眼球震颤、惊恐、角弓反张，头颈歪斜或做圆圈运动。有时面神经麻痹，吞咽困难或双目失明。病程半月至 1 年。个别耐过病例留有后遗症。少数病例兼有肺炎或关节炎症状。

（2）关节炎型　发生于 1 岁以上的成年山羊，病程 1～3 年。典型症状是腕关节肿大和跛行。膝关节和跗关节也有罹患。病情逐渐加重或突然发生。开始，关节周围的软组织水肿、湿热、波动、疼痛，有轻重不一的跛行，进而关节肿大如拳，活动不便，常见前膝跪地膝行。有时病羊肩前淋巴结肿大。透视检查，轻型病例关节周围软组织水肿；重症病例软组织坏死、纤维化或钙化，关节液呈黄色或粉红色。

（3）肺炎型　较少见。无年龄限制，病程 3～6 个月。患羊进行性消瘦，咳嗽，呼吸困难，胸部叩诊有浊音，听诊有湿啰音。

除上述 3 种病型外，哺乳母羊有时发生间质性乳房炎。

4. 病理变化　主要病变见于中枢神经系统、四肢关节及肺脏，其次是乳腺。

（1）中枢神经　主要发生于小脑和脊髓的灰质，在前庭核部位将小脑与延髓横断，可见一侧脑白质有一棕色区。镜检见血管周围有淋巴样细胞、单核细胞和网状纤维增生，形成套管，套管周围有星状胶质细胞和少突胶质细胞增生包围，神经纤维有不同程度的脱髓鞘变化。

（2）肺脏　轻度肿大，质地硬，呈灰色，表面散在灰白色小点，切面有大叶性或斑块状实变区。支气管淋巴结和纵隔淋巴结肿大，支气管空虚或充满浆液和黏液，镜检见细支气管和血管周围淋巴细胞、单核细胞或巨噬细胞浸润，甚至形成淋巴小结，肺泡上皮增生，肺泡隔肥厚，小叶间结缔组织增生，临近细胞萎缩或纤维化。

（3）关节　关节周围软组织肿胀波动，皮下浆液渗出。关节囊肥厚，滑膜常与关节软骨粘连。关节腔扩张，充满黄色粉红色液体，其中悬浮纤维蛋白条索或血凝块。滑膜表面光滑，或有结节状增生物。透过滑膜可见到组织中的钙化斑。镜检见滑膜绒毛增生折叠，淋巴细胞、浆细胞及单核细胞灶状聚集，严重者发生纤维蛋白性坏死。

（4）乳腺　发生乳腺炎的病例，镜检见血管、乳导管周围及腺叶间有大量淋巴细胞、单核细胞和巨细胞渗出，继而出现大量浆细胞，间质常发生灶状坏死。

（5）肾脏　少数病例肾表面有 1～2 毫米的灰白小点。镜检见广泛性的肾小球肾炎。

5. 诊断　依据病史、病状和病理变化可做出现场诊断。病原学的诊断可采取病畜发热期或濒死期和新鲜畜尸的肝脏制备乳悬液进行病毒的分离试验，也可选用小鼠或仓鼠进行动物实验。血清学诊断主要应用琼脂扩散试验或酶联免疫吸附试验确定隐性感染动物。应用免疫荧光抗体技术检测血清中的 IgM 抗体可以作为新发疾病的判定指标。

6. 防制　尚无有效疗法和疫苗。主要以加强饲养管理和防疫卫生工作为主。执行定期检疫，及时淘汰血清学反应阳性羊。引入羊只实行严格检疫，特别是引进国外品种，除执行严格的检疫制度外，入境后还要单独隔离观察，定期复查，确认健康后，才能转入正常饲养繁殖或投入使用。在无病地区还应提倡自繁自养，严防本病由外地带入。

（十一）小反刍兽疫

小反刍兽疫（PPR）是小反刍兽的一种以发热、眼、鼻分泌物、口炎、腹泻和肺炎为特征的急性病毒病。OIE 将其列为 A 类疫病。小反刍兽疫病毒感染绵羊和山羊可引起临床症状，而感染牛则不产生临床症状。该病在密切接触的动物之间可通过空气传播。

1. 病原　小反刍兽疫病毒属副黏病毒科麻疹病毒属。与牛瘟病毒有相似的物理化学及免疫学特性。病毒呈多形性，通常为粗糙的球形。病毒颗粒较牛瘟病毒大，核衣壳为螺旋中空杆状并有特征性的亚单位，有囊膜。病毒可在胎绵羊肾、胎羊及新生羊的睾丸细胞、Vero 细胞上增殖，并产生细胞病变（CPE），形成合胞体。

2. 流行特点　主要感染山羊、绵羊、羚羊、美国白尾鹿等小反刍动物，山羊发病比较严重。牛、猪等可以感染，但通常为亚临床经过。目前，主要流行于非洲西部、中部和亚洲的部分地区。本病主要通过直接和间接接触传染或呼吸道飞沫传染。本病的传染源主要为患病动物和隐性感染动物，处于亚临床型的病羊尤为危险。病畜的分泌物和排泄物均含有病毒。

3. 临床症状　小反刍兽疫潜伏期为 4～5 天，最长 21 天，《陆生动物卫生法典》规定为 21 天。自然发病仅见于山羊和绵羊。山羊发病严重，绵羊也偶有严重病例发生。一些康复山羊的唇部形成口疮样病变。感染动物临诊症状与牛瘟病牛相似。急性型体温可上升至 41℃，并持续 3～5 天，感染动物烦躁不安，背毛无光，口鼻干燥，食欲减退，流黏液脓性鼻漏，呼出恶臭气体。在发热的前 4 天，口腔黏膜充血，颊黏膜进行性、广泛性损害，导致多涎，随后出现坏死性病灶，开始口腔黏膜出现小的粗糙的红色浅表坏死病灶，以后变成粉红色，感染部位包括下唇、下齿龈等处。严重病例可见坏死病灶波及齿垫、腭、颊部及其乳头、舌头等处。后期出现带血水样腹泻，严重脱水，消瘦，随之体温下降。出现咳嗽、呼吸异常。发病率高达 100%，在严重暴发时，死亡率为 100%，在轻度发生时，死亡率不超过 50%。幼年动物发病严重，发病率和死亡都很高。

4. 病理变化　尸体剖检病变与牛瘟病牛相似。患畜可见结膜炎、坏死性口炎等肉眼病变，严重病例可蔓延到硬腭及咽喉部。皱胃常出现病变，而瘤胃、网胃、瓣胃很少出现病变，病变部常出现有规则、有轮廓的糜烂，创面红色、出血。肠可见糜烂或出血，尤其在结肠直肠结合处呈特征性线状出血或斑马样条纹。淋巴结肿大，脾有坏死性病变。在鼻甲、喉、气管等处有出血斑。

5. 诊断　根据临床症状和病理变化可做出初步诊断，确诊需进一步做实验室诊断。

实验室诊断包括病原学诊断和血清学诊断。病原学诊断有琼脂凝胶免疫扩散试验、酶联免疫吸附试验、对流免疫电泳试验、组织培养和病毒分离等。琼脂凝胶免疫扩散试验方法简单，但对病毒抗原含量低的温和型小反刍兽疫检测灵敏度不高，酶联免疫吸附试验可快速鉴别诊断小反刍兽疫病毒和牛瘟病毒，组织培养和病毒分离可用原代羔羊肾或非洲绿猴肾细胞组织培养分离。血清学检查采用病毒中和试验、竞争酶联免疫吸附试验。在国际贸易中，指定诊断方法为病毒中和试验，替代诊断方法为酶联免疫吸附试验。

6. 防制 严禁从存在本病的国家或地区引进相关动物。在发生本病的地区，可根据小反刍兽疫病毒与牛瘟病毒抗原相关原理，用牛瘟组织培养苗进行免疫接种。一旦发生本病，应按《中华人民共和国动物防疫法》规定，采取紧急、强制性的控制和扑灭措施，扑杀患病和同群动物。疫区及受威胁区的动物进行紧急预防接种。

二、细菌性传染病

（一）羊炭疽

炭疽是由炭疽杆菌引起的一种人畜共患的急性、热性、败血性传染病。该病被我国列为二类传染病，常呈散发性或地方性流行，各种家畜和人对该病菌都有易感性，绵羊最易感。羊多呈最急性，突然发病，眩晕，可视黏膜发绀，天然孔出血。

1. 病原 病原为炭疽杆菌。炭疽杆菌是一种粗而长的革兰氏阳性大杆菌，不运动。分类属芽孢杆菌科，芽孢杆菌属。本菌在形态上具有明显的双重性；在病料内，常单个散在，或几个菌体相连，呈短链条排列，菌体周围绕以肥厚的荚膜，整个菌体宛如竹节状，但不形成芽孢；在人工培养物内或自然界中，菌体呈长链状排列，两菌接触端如刀切状，在适宜条件下可形成芽孢，位于菌体中央；芽孢具有很强的抵抗力，在干燥环境中能存活 10 年之久，煮沸需 15～25 分钟才能杀死，临床上常用 20% 漂白粉、2%～4% 的甲醛、0.5% 过氯乙酸和 1% 氢氧化钠作为消毒剂。

2. 流行特点　各种家畜及人对该病都有易感性，羊的易感性高。病羊是主要传染源，濒死病羊及死羊体内各器官、组织及血液及其排泄物中常有大量菌体，若尸体处理不当，炭疽杆菌形成芽孢并污染土壤、水、牧地，则成为长久的疫源地。羊吃了污染的饲料或饮水而感染，也可经呼吸道和吸血昆虫叮咬而感染。在干旱少雨，尤其春季风沙很大的疫区，对炭疽芽孢的传播很有利。本病多发于炎热多雨的夏秋季，呈散发或地方性流行。

3. 临床症状　多为最急性，突然发病，患羊昏迷，眩晕，摇摆，倒地，呼吸困难，结膜发绀，全身战栗，磨牙，口、鼻流出血色泡沫，肛门、阴门流出血液，且不易凝固，数分钟即可死亡。在病情缓和时，羊兴奋不安，行走摇摆，呼吸加快，心跳加速，黏膜发绀，后期全身痉挛，天然孔出血，数小时内即可死亡。

4. 病理变化　死后外观尸体迅速腐败而极度膨胀，天然孔流血，血液呈酱油色煤焦油样，凝固不良，可视黏膜发绀或有点状出血，尸僵不全。脾脏明显肿大，皮下和浆膜下结缔组织呈现出血性胶样浸润。

5. 诊断

（1）现场诊断　依据临床症状和病理变化可做出初步诊断。

（2）实验室诊断　可疑炭疽的病羊禁止剖检，病羊生前采取静脉血液（耳静脉），死羊可从末梢血管采血涂片。必要时可做局部解剖，采取小块脾脏，然后将切口用 0.2% 升汞或 5% 石炭酸浸透的棉花或纱布塞好。涂片用瑞氏染液或美蓝染液染色，置于显微镜下观察，若发现带有荚膜的单个、成双或短链的粗大杆菌，并结合临床症状即可确诊。有条件时可进行细菌分离和阿斯科利氏环状沉淀试验。

（3）鉴别诊断　羊炭疽和羊快疫、羊肠毒血症、羊猝狙、羊黑疫在临床症状上相似，都是突然发病，病程短促，很快死亡，应注意鉴别诊断。其中羊快疫用病羊肝被膜触片，美蓝染色，镜检可发现无关节长链状的腐败梭菌。羊肠毒血症在病羊肾脏等实质器官内可见 D 型魏氏梭菌，在肠内容物中能检出魏氏梭菌 ε 毒素。羊猝狙用病羊体腔渗出液和脾脏抹片，可见 C 型魏氏梭菌，从小肠内容物中能检出魏氏梭菌 β 毒素。羊黑疫用病羊肝坏死灶涂片，可见两端钝圆、粗大的 B 型诺维氏梭菌。

6. 防制

（1）预防　对经常发生炭疽及受威胁地区的羊，每年用无毒炭疽芽孢苗（仅用于绵羊，皮下接种 0.5 毫升），或第 Ⅱ 号炭疽芽孢苗（绵羊、山羊均可，皮下接种 1 毫升）做预防注射。当有炭疽病发生时，要及时隔离病羊，对污染的羊舍、地面及用具要立即用 5%碘酊、0.5%过氧乙酸、10%热火碱水或 20%漂白粉溶液喷洒消毒，每隔 1 小时 1 次，连续 3 次。对同群的未发病羊，使用青霉素连续注射 3 天，有预防作用。

（2）扑灭　疫情发生后，立即由当地人民政府对疫点发布封锁令，严禁疫点易感动物及其畜产品调入调出，对同群和疫点内所有牛、病羊等易感动物进行临床检查，隔离同群和可疑病牛、病羊。对同群和可疑病牛、病羊用青霉素进行预防性治疗，连续用药 5 天。对发病牛、羊的圈舍、运动场等环境和饲槽、用具等用 250 克/升漂白粉溶液或 10%的热碱水消毒；对病羊躺过的地面挖土 0.2 米，用 250 克/升漂白粉溶液混合后深埋。将被污染的饲料、粪便焚烧，在死尸体表面撒上漂白粉后深埋。对疫点及周围受威胁区的牛、羊及时用 Ⅱ 号炭疽芽孢疫苗进行免疫接种。

（3）治疗　由于病羊呈最急性经过，往往来不及治疗。病程稍缓羊，必须在严格隔离条件下进行治疗，并有专人护理。初期可使用抗炭疽血清，羊每次 40～80 毫升，静脉或皮下注射。第一次注射剂量应适当加大，必要时经 12 小时后再注射一次。炭疽杆菌对青霉素、土霉素、氧氟沙星等敏感，其中青霉素最常用，第一次每千克体重按 160 万国际单位课题进行肌内注射，以后每隔 4～6 小时每千克体重用 80 万国际单位进行肌内注射一次，直到体温下降后再继续注射 2～3 天；也可用 10％～20％磺胺嘧啶钠肌内注射或用生理盐水稀释成 5％溶液静脉注射。也可用土霉素、四环素、磺胺药治疗。病初使用可获得很好效果。如几种抗菌药物合用收效更为显著。

（4）公共卫生　卫生部门要加强对疫区内高危人群的医学观察。对食用病死羊肉、密切接触病死羊、皮张的人群应进行免疫接种和抗生素药物的预防。

（二）破伤风

破伤风又称"锁口风"、"强直症"、"脐带风"。是由破伤风梭菌引起的一种急性、创伤性人、畜共患的中毒性传染病。其特征为患畜骨骼肌持续性痉挛和对外界刺激反射兴奋性增高。该病常由外伤、戴耳标、阉割和脐部感染引发。

1. 病原　为破伤风梭菌。破伤风梭菌又称强直梭菌，分类上属芽孢杆菌属，为细长的杆菌，多单个存在，能形成芽孢，位于菌体的一端，似鼓槌状，周身鞭毛，能运动，无荚膜。幼龄培养物革兰氏染色阳性，培养 48 小时后常呈阴性反应。

破伤风梭菌产生破伤风痉挛毒素、溶血毒素及非痉挛性毒素，其中破伤风痉挛毒素能引起该病特征性症状和刺激保护性抗体的产生；溶血毒素引起局部组织坏死，为该菌生长繁殖创造条件；非痉挛毒素对神经末梢有麻痹作用。

破伤风梭菌繁殖体的抵抗力与一般非芽孢菌相似，但其芽孢抵抗力甚强，耐热，在土壤中可存活几十年；10％碘酊、10％漂白粉及 30％的双氧水能很快将其杀死。本菌对青霉素敏感，磺胺药次之，链霉素无效。

2. 流行特点　该病的病原破伤风梭菌在自然界中广泛存在，施肥的土地、道路尘埃中，特别是潮湿、腐臭的淤泥中，此菌普遍存在。动物肠道中亦常有其芽孢存在。羊经创伤感染破伤风梭菌后，如果创口内具备缺氧条件，病原在创口内生长繁殖产生毒素，作用于中枢神经系统而发病。常见于外伤、阉割和脐部感染。在临床上有不少病例往往找不出创伤，这种情况可能是在破伤风潜伏期中创伤已经愈合，也可能是经胃肠黏膜的损伤而感染。该病多无季节性，但春、秋雨季时发病较多，以散发形式出现。在集中剪毛、断角、去势加戴未消毒耳标等情况下，也可集中发病。

3. 临床症状　潜伏期1~2周，最短的1天。病初症状不明显，只表现起卧困难，精神呆滞。随着病情的发展，四肢逐渐强直，运步困难，头颈伸直，角弓反张，肋骨突出，牙关紧闭，流涎，尾直，常有轻度腹胀，先腹泻后便秘。体温一般正常，仅在临死前体温上升至42℃以上，死亡率很高。

4. 诊断

（1）现场诊断　根据病羊的创伤史和典型的全身强直症状，不难确诊。

（2）实验室诊断　必要时，可从创伤感染部位取材，进行细菌分离和鉴定，结合动物试验进行诊断。

5. 防治

（1）预防　该病主要由伤口感染破伤风梭菌或脐带感染侵入破伤风梭菌而引发，因此，在发生外伤、阉割、佩戴耳标或处理羔羊脐带时，均应及时用2%~5%的碘酊进行严格消毒，并应避免泥土及粪便污染伤口。特别是注意在母羊分娩、羔羊断脐、公羊阉割和断角，以及佩戴耳标或进行手术时，要注意器械、耳标、手术部位等的消毒，去势前15天，应给羊注射伤风类毒素进行预防；在该病多发地区，每年应定期接种疫苗，每只羊皮下接种 0.5～1 毫升，幼羊减半（按说明书注明的用量、用法进行免疫），免疫期 1 年，第 2 年再接种 1 次，免疫期可达 4 年；妊娠母羊在临产前 1 个月应肌内注射伤风类毒素，使机体产生抗体。

除此之外，还要做好粪便清除和圈舍内外环境的定期消毒工作，每间隔 5～7 天要用石灰水、来苏儿等对圈舍内外环境消毒 1 次，粪便要每日清理，勤换垫土并经常打扫，保持圈舍地面清洁干燥。

（2）治疗　将病羊置于僻静、较暗的厩舍内，避免惊动。给予易消化的饲料和充分的饮水。对伤口要及时清创和扩创，彻底清除伤口内的坏死组织，可用 3% 的过氧化氢（双氧水）、1% 高锰酸钾或 5%～10% 的碘酊进行消毒处理，用每千克体重 2.5 万～5 万国际单位青霉素，或每千克体重 10 毫克链霉素进行肌内注射，一天 2 次，连用 3～5 天。此外，要进行相应对症治疗。病初可先静脉注射 4% 乌洛托品 5～10 毫升，再用破伤风抗毒素 5 万～10 万单位静脉或肌内注射，以中和毒素。为了缓解肌肉痉挛，可选用 25% 硫酸镁注射液 10～20 毫升肌内注射。并配合 5% 碳酸氢钠 100 毫升静脉注射。当牙关紧闭，开口困难时，可用 2% 普鲁卡因 5 毫升和 0.1% 肾上腺素 0.1～1 毫升混合注入两侧咬肌。如不能采食，可进行补液、补糖。当发生便秘时，可用温水灌肠或投服盐类泻剂。配合中药治疗能缓解症状、缩短病程。可应用"防风散"，即防风 8 克、天麻 5 克、羌活 8 克、天南星 7 克、炒僵蚕 7 克、清半夏 4 克、川芎 4 克、炒蝉蜕 7 克，水煎 2 次，将药液混在一起，待温加黄酒 50 克胃管投服，连服 3 剂，隔天 1 次。上述方剂可适当加减，当伤在头部，重用白芷；伤在四肢加独活 5 克；瞬膜外露严重者，重用防风、蝉蜕；流涎量多者，重用僵蚕、半夏；牙关紧闭者加蜈蚣 1～2 条、乌蛇 3～6 克、细辛 1～2 克。当发生继发病时可选用抗生素或磺胺类药物进行治疗。

(三) 羊布鲁氏菌病

羊布鲁氏菌病是由羊型布鲁氏菌引起的一种严重危害羊的人、畜共患的慢性传染病。我国将其列为二类动物疫病。该病主要侵害生殖系统。羊感染后，以母羊发生流产和公羊发生睾丸炎为特征。本病分布很广，不仅感染各种家畜，而且易传染给人。该病在我国和世界部分国家和地区均出现了回升势头，该病已成为世界范围内严重的公共问题之一。

1. 病原　布鲁氏菌是革兰氏阴性需氧杆菌。分类上为布鲁氏菌属。本属细菌为非抗酸性，无芽孢、无荚膜、无鞭毛，呈球杆状。组织涂片或渗出液中常集结成团，且可见于细胞内，培养物中多单个排列。布鲁氏菌属有 6 种，即牛种、羊种、猪种、绵羊种、犬种和沙林鼠种，前 5 种感染家畜。布鲁氏菌在土壤、水中和皮毛上能存活几个月，一般消毒药能很快将其杀死。

2. 流行特点　多种动物均对布鲁氏菌易感，其中羊、牛、猪的易感性最强。母羊较公羊易感性高，性成熟后对本病极为易感，幼畜对本病具有抵抗力，随年龄的增长，这种抵抗力逐渐下降，性成熟后对本病最为敏感，病羊和带菌羊为本病的主要传染源，其次是牛和猪。消化道、呼吸道是主要感染途径，其次是生殖道和皮肤、黏膜，也可经配种感染。羊群一旦感染此病，主要表现孕羊流产，开始仅为少数，以后逐渐增多，严重时可达半数以上，多数病羊流产一次。

本病无明显的季节性，但以春、秋的 4 月份和 10 月份发病率较高。常呈地方性、散发性流行。

3. 临床症状　多数病例为隐性感染。怀孕羊发生流产是本病的主要症状，但不是必有的症状。流产多发生在怀孕后的 3～4 个月。病羊表现食欲减退，精神委顿，起卧不安，阴道中流出黄色黏液，并伴有早产、产死胎、乳房炎等症状，有时患病羊发生关节炎和滑液囊炎而致跛行，公羊发生睾丸炎和附睾炎，少部分病羊发生角膜炎和支气管炎。

4. 病理变化　剖检常见的病变是胎衣部分或全部呈黄色胶样浸润，其中有部分覆有纤维蛋白和脓液，胎衣增厚并有出血点。流产胎儿主要为败血症病变，胃肠浆膜和黏膜有出血点、出血斑，真胃中有淡黄色絮状物，皮下和肌肉间发生浆液性浸润，脾脏和淋巴结肿大，肝脏中出现坏死灶。公羊可发生化脓性、坏死性睾丸炎和附睾炎，睾丸肿大，后期睾丸萎缩。

5. 诊断

（1）现场诊断　流行病学资料，流产胎儿、胎衣的病理损害，胎衣滞留以及不育等都有助于布鲁氏菌病的诊断，但确诊只有通过实验室诊断才能得出结果。

（2）实验室诊断　布鲁氏菌的实验室检查方法很多，除流产材料的细菌学检查外，以平板凝集反应简便易行。绵羊和山羊的大群检疫也可用血清平板凝集试验和变态反应检查。近年来，血凝抑制试验、酶联免疫吸附试验、荧光抗体法等也在布鲁氏菌病的诊断中得到广泛的应用。

6. 防制

（1）预防　应当着重体现"预防为主"的原则，在未感染羊群中，控制本病传入的最好办法是自繁自养，实现"全进全出"。必须引进种羊或补充羊群时，要严格执行检疫，即将羊隔离饲养2个月，同时进行布鲁氏菌病的检疫，全群两次免疫学检查阴性者，才可以与原有羊接触。清净的羊群，还应定期检疫（至少每年1次），一经发现，即应淘汰。要与疫区划分水源、草源，防止运入被污染的饲草和饲料。要严格执行消毒制度，定期消毒与彻底消毒相结合，消毒剂可交替使用来苏儿、氢氧化钠、甲醛、石灰乳等。要保持环境整洁，加强杀虫、灭蚊和灭鼠工作。

（2）控制措施　本病无治疗价值，一般不予治疗，发病后的防制措施是：用试管凝集或平板凝集反应进行羊群检疫，发现呈阳性和可疑反应的羊均应及时隔离，确诊为阳性的羊要进行扑杀，并对尸体和污染物进行无害化处理。严禁病羊及带菌检疫阳性羊与健康羊接触。必须对污染的用具和场所进行彻底消毒，受污染的羊舍、运动场、饲养用具等用5%克辽林或来苏儿、10%～20%石灰乳、2%氢氧化钠溶液等进行彻底消毒。流产胎儿、胎衣、羊水和产道分泌物应深埋。凝集反应阴性羊用布鲁氏菌猪型2号弱毒苗或羊型5号弱毒苗进行免疫接种。

（四）羊李氏杆菌病

李氏杆菌病又称转圈病，是由单核细胞增多性李氏杆菌引起的一种畜禽、啮齿动物和人共患的散发性传染病，绵羊、山羊均可发病，以羔羊和孕羊的敏感性最高。临床特征是病羊神经系统紊乱，表现转圈运动，面部麻痹，孕羊可发生流产。

1. 病原　病原为单核细胞增多性李氏杆菌。分类上属李氏杆菌属，是一种规整革兰氏阳性小杆菌。在抹片中或单个存在，或2个排成V形，或互相并行，无荚膜，无芽孢，周身有鞭毛，能运动。可生长的温度范围广，4℃中也能缓慢生长，pH5.0～9.6均能生长。对食盐耐受性强，对热的耐受性比大多数无芽孢杆菌强，65℃经30～40分钟才能被杀死，一般消毒剂均可灭活。本菌对青霉素有抵抗力，对链霉素、四环素族抗生素和磺胺类药物敏感。家兔、豚鼠、小鼠对本病都易感，注射、滴眼均易引起发病。

2. 流行特点　病羊及带菌羊是最危险的传染源，老鼠也可能是本病的疫源。维生素缺乏是羊患本病最重要的诱因。此外饲喂污染本菌的青贮饲料也可引发该病发生。该病易感动物范围很广，几乎各种家畜、家禽和野生动物均可通过消化道、呼吸道、眼结膜及损伤的皮肤而感染，也可能通过蜱、蚤、蝇类传播。通常呈散发性，发病率低、病死率很高。

本病发病年龄多为2～4月龄及断奶前后1个月的羔羊，发病季节多发于每年4～5月份或10～11月份。

3．临床症状　病羊短期发热，精神抑郁，食欲减退，多数病例表现脑炎症状，如转圈、倒地、四肢做游泳姿势、颈项强直、角弓反张、颜面神经麻痹、嚼肌麻痹、咽麻痹、昏迷等。孕羊可出现流产、死胎以至产后死亡，流产多发生在产前3周。1～3月龄羔羊多以急性败血症表现而于发病后3天内迅速死亡，病死率甚高。

4．病理变化　剖检一般没有特殊的肉眼可见病变。有神经症状的病羊，脑及脑膜充血、水肿，脑脊液增多、稍浑浊，脑部有化脓坏死灶。流产母羊都有胎盘炎，表现子叶水肿坏死，血液和组织中单核细胞增多。

5．诊断　根据病羊的临床症状，可以做出初步诊断。进一步诊断，可以通过实验室检查，采取肝脏、脾脏、脊髓液等病料涂片，经革兰氏染色后，置于显微镜下检查，如见有散在的或栅状排列的革兰氏阳性小杆菌，结合有神经症状或流产可以做出诊断。有条件时应进一步分离培养细菌。该病应与具有神经症状的疾病相区别，如羊的脑包虫病，病羊仅有转圈或斜着走等症状，病的发展缓慢，不传染给其他羊。该病具有传染性，而且可反复发作。

6．防治

（1）预防　注意环境卫生，特别是在流行地区，更要加强圈舍和周围环境的消毒，做好定期驱虫和灭鼠工作；加强饲养管理，减少羊群密度，加强舍饲羊的运动，要严格按操作规程制备优质的青贮，杜绝饲喂劣质、单一青贮饲料，在春秋本病高发季节应尽量少喂青贮饲料和干草，适当添加抗菌药物；对发病羊群，应立即检疫，病羊隔离治疗，其他羊使用药物预防。在配合饲料中添加复方磺胺5—甲氧嘧啶或土霉素，连用4～6天。同时，在饲料中添加多种维生素制剂，连用10天；饮水中加口服补液盐。此外，给易感羊群增喂青草、胡萝卜等易消化、营养丰富的饲草、饲料；病羊尸体要深埋处理，对污染的环境和用具等使用5%来苏儿进行消毒。

（2）治疗　早期大剂量应用磺胺类药物或与抗生素并用疗效较好，如丁胺卡那霉素每日早晚肌内注射各1次，同时注射维生素C、维生素B$_6$辅助治疗，连用1周可基本康复；或20%磺胺嘧啶钠100～150毫升，加入5%葡萄糖生理盐水500毫升中，每日静脉注射2次，每次250毫升，为了提高疗效，可加入40%乌洛托品20毫升；或氨苄青霉素1克，10%磺胺嘧啶钠40毫升，每日肌内注射2次，连用4天；也可用青霉素100万国际单位、链霉素100万国际单位，进行肌内注射，每6小时一次等。病羊出现神经症状时，可使用镇静药物进行对症治疗，以每千克体重1～3毫克剂量，肌内注射。

（五）羊副结核病

副结核病又称副结核性肠炎，是由副结核分枝杆菌引起牛、绵羊、山羊的一种慢性接触性传染病。其特征为间歇性腹泻、渐进性消瘦和衰竭、肠黏膜增厚并形成皱襞。本病分布广泛，在青黄不接、草料供应不上、羊只体质不良时，发病率上升。转入青草期，病羊症状减轻，病情好转。

1. *病原*　病原为副结核分枝杆菌。副结核分枝杆菌为一种短杆菌，无运动性，不形成荚膜和芽孢，在病料或培养基上常成丛排列。初次分离极为困难，革兰氏染色阳性，具有抗酸染色性。对外界环境及酸碱有较强的抵抗力，在污染的牧场、圈舍中可存活数月，对热及紫外线敏感，75%酒精和10%漂白粉能很快将其杀死。

2. *流行特点*　副结核分枝杆菌主要存在于病畜的肠黏膜和肠系膜淋巴结，通过粪便排出，污染饲料、饮水等，经消化道感染，也可通过子宫垂直传播。本病主要发生在成年绵羊，山羊自然感染的病例比较少。幼龄羊的易感性较大，大多在幼龄时感染，经过很长的潜伏期，到成年时才出现临床症状，特别是由于机体的抵抗力减弱，饲料中缺乏无机盐和维生素时，容易发病。呈散发或地方性流行。

3. 临床症状　潜伏期数月至数年。发病初期，病羊食欲、饮欲正常，但病羊体重逐渐减轻，出现间断性或持续性腹泻，粪便呈稀粥状，表面常有灰白色、黏液样物附着，有时还可见血液，会阴部、肛门及后躯常被粪便污染；体温正常或略有升高。发病数月后，病羊消瘦、衰弱、脱毛、卧地，少数病羊颌下和腹下水肿。怀多胎的母羊后期多流产，或母羊、羔羊同时死亡；产羔后的母羊泌乳量下降或无乳；公羊性欲降低。患病末期可并发肺炎，多数归于死亡。

4. 病理变化　剖检时可见空肠、回肠、盲肠和结肠前段，尤其是回肠后段，黏膜高度肿胀，增厚约为正常的 4 倍，并形成似脑回或花样的皱褶，黏膜呈黄白或灰白色，皱襞突起充血，覆有混浊黏液，相应的肠系膜淋巴结高度肿胀，坚硬，呈灰白色并呈索状相连。有的真胃和直肠系膜淋巴结也高度肿胀，真胃和直肠也出现明显的水肿变化。有的心肌发软、色淡，心内膜有条状出血斑。肺脏有出血点，局部气肿。

5. 诊断

（1）现场诊断　根据流行情况、临床症状和病理变化，一般可作出初步诊断。但顽固性腹泻和消瘦现象也可见于其他疾病，如白痢、黄痢、赤痢及沙门氏杆菌病等。因此，要密切配合实验室诊断，以资区别。

（2）实验室诊断　实验室诊断是在无菌条件下，刮取回肠和回盲瓣附近的肠黏膜，制成涂片，经用姜尔一纳尔逊氏抗酸菌染色法染色后镜检，发现被抗酸菌染成红色的细小杆菌，多数成堆聚集或呈丛状排列，更多见的是在巨噬细胞胞浆内充满了这样的细菌。根据它们的形态（细、小）、数量（大）和分布（成堆或丛）的这些可见的特点，将其与肠道中的其他腐生性抗酸菌相区别，没有必要再进行分离培养，即可确认为副结核杆菌。对于没有临床症状或症状不明显的病羊，可用副结核菌素或禽型结核菌素 0.1 毫升，注射于尾根皱皮内或颈中部皮内，经 48～72 小时，观察注射部的反应，局部发红肿胀的可判为阳性。也可应用补体结合试验进行血清学诊断。

（3）类症鉴别　本病应与肠道寄生虫、营养不良、沙门氏菌病等进行鉴别。寄生虫病在粪检中可发现大量虫卵，剖检胃肠道内有大量寄生虫，肠黏膜缺乏副结核病的皱褶变化；营养不良多见于冬春枯草季节，在早春抢青阶段，也会发生腹泻，但肠道缺乏副结核的病理变化；沙门氏菌病多呈急性或亚急性经过，粪便内可分离出致病性沙门氏菌。

6. 防制　本病以预防为主，无治疗价值。对患病和检测阳羊只能采取扑杀处理。预防本病重在加强饲养管理，改善环境卫生条件。附近牛群患有本病时，应特别注意，防止交叉感染，严禁牛、羊混养；产羔圈应保持清洁、干燥，勤换垫草和定期消毒。严格引种制度；对假定健康羊群要进行严格检疫，每年要进行 2 次变态反应和粪便检查，连续两次生物膜阴性者，可视为健康羊群；羊群中出现进行性消瘦和衰竭的病羊，应认真查明原因，对发病羊群每年用变态反应检疫 4 次，对出现症状或变态反应阳性羊及时淘汰；感染严重、经济价值低的一般生产羊群应全部淘汰。对病羊的圈栏、用具可用 20％漂白粉或 20％石灰乳彻底消毒，并空闲 1 年以后再引入健康羊。

（六）羔羊大肠杆菌病

羔羊大肠杆菌病是由致病性大肠杆菌引起的羔羊急性传染病，其特征是呈现剧烈的下痢和败血症。死亡率很高，是危害养羊业最重要的细菌病之一。病羊常排出白色稀粪，所以又称"羔羊白痢"。

1. 病原　大肠杆菌是革兰氏阴性、中等大小的杆菌，对外界不利因素的抵抗力不强，将其加热至 50℃，持续 30 分钟后即死亡，一般常用消毒药均易将其杀死。

2. 流行特点　多发生于数日龄至 6 周龄以内的羔羊，有些地方 6～8 月龄的羔羊也可发生，呈地方性流行或散发。病羊和带菌羊是本病的主要传染源，通过粪便排出细菌污染环境和饲料、饮水等，本病主要通过消化道感染，羔羊接触病羊、污染物及吸吮母羊不干净的乳头时可感染发病，少部分可通过子宫内感染或经脐带和损伤皮肤感染。该病与气候不良、营养不足、场圈潮湿污秽密切有关。冬春舍饲期间多发，而放牧季节则很少发病。

3. 临床症状　潜伏期 1～2 天。分为败血型和下痢型两型。

（1）败血型　多发生于 2～6 周龄羔羊。病羊体温 41～42℃，精神沉郁，迅速虚脱，有轻微的腹泻或不腹泻，呈明显的腹式呼吸，有的带有神经症状，运步失调、磨牙、视力障碍，也有的病例出现关节炎，多于病后 4～12 小时死亡，死亡率可达80% 以上。

（2）下痢型　多发生于 2～8 日龄新生羔。病初体温略高，出现腹泻后体温下降，粪便呈半液状，带有气泡，具有恶臭，起初呈淡黄色，继之变为淡灰白色，含有乳凝块，严重时混有血液。羔羊表现腹痛，虚弱，严重脱水，不能起立。如不及时治疗，可于 24～36 小时死亡，病死率 15%～17%。

4. 病理变化　败血型羊，剖检胸、腹腔和心包，见大量积液，内有纤维素样物；关节肿大，内含混浊液体或脓性絮片；脑膜充血，有许多小出血点。下痢型羊，主要为急性胃肠炎变化、胃内乳凝块发酵，肠黏膜充血、水肿和出血，肠内混有血液和气泡，肠系膜淋巴结肿胀，切面多汁或充血。

5. 诊断

（1）现场诊断　主要根据流行病学、临床症状和剖检变化进行诊断。在分析这些资料时，必须注意发病季节、年龄及严重的死亡率。

（2）实验室诊断 采取内脏组织、血液或肠内容物，用麦康凯或其他鉴别培养基划线分离，挑取可疑菌落转种三糖铁培养基培养后，反应符合大肠杆菌者，纯培养后进行生化鉴定和血清学鉴定，以确定血清型。有条件时可进行黏着素抗原检查和肠毒素检查。

（3）类症鉴别 本病应与 B 型魏氏梭菌引起的初生羔羊下痢（羔羊痢疾）相区别。本病如能分离出纯致病性大肠杆菌，具有鉴别诊断意义。

6. 防治

（1）预防 加强孕羊的饲养管理，确保新产羔的健壮，抗病力强。改善羊舍的环境卫生，做到定期消毒，尤其是分娩前后对羊舍应彻底消毒 1～2 次。加强新生羔羊的饲养管理，搞好环境卫生，哺乳前用 0.1％的高锰酸钾溶液擦拭母羊的乳房、乳头和腹下，尽早让羔羊吃到足够的初乳。还要注意幼羊的保暖，对病羔羊应及时进行隔离，对病羔羊接触过的圈舍、污染的环境、用具，可用 3％～5％来苏儿液进行严格消毒。

（2）治疗 大肠杆菌对土霉素、新霉素、妥布霉素、庆大霉素、卡那霉素、丁胺卡那霉素、磺胺类和药物均具敏感性，但实际中应根据药敏试验选取敏感抗生素，同时配合护理和对症治疗。氟苯尼考每千克体重 10～20 毫克肌内注射，每天注射 2 次，连用 3～5 天；土霉素粉以每天每千克体重 30～50 毫克剂量，分2～3 次口服；磺胺脒第一次 1 克，以后每隔 6 小时内服 0.5 克；对新生羔羊可同时加胃蛋白酶 0.2～0.3 克内服；心脏衰弱者可皮下注射强心剂，脱水严重者可适当补充生理盐水或葡萄糖盐水，必要时还可加入碳酸氢钠或乳酸钠，以防止全身酸中毒；对于有兴奋症状的病羊，可内服水合氯醛 0.1～0.2 克（加水内服）。对有腹泻的羔羊，可用生理盐水和维生素 C 进行腹腔注射。中药治疗用大蒜酊（大蒜 100 克、95％酒精 100 毫升，浸泡15 天，过滤即成）2～3 毫升，加水一次灌服，每天 2 次，连用数天。白头翁、秦皮、黄连、炒神曲、炒山楂各 15 克，当归、木香、杭芍各 20 克，车前子、黄柏各 30 克，加水 500 毫升，煎至 100 毫升。每次 3～5 毫升，灌服，每天 2 次，连用数天。如病情好转时，可用微生态制剂，如促菌生、调痢生、乳康生等，加速胃肠功能的恢复，但不能与抗生素同用。

（七）绵羊巴氏杆菌病

巴氏杆菌病主要是由多杀性巴氏杆菌或溶血性曼氏杆菌（原称溶血性巴氏杆菌）所引起的各种家畜、家禽和野生动物的一种急性、高热性传染病，本病多发生于绵羊，主要表现为败血症和肺炎。本病分布广泛。

1. 病原　多杀性巴氏杆菌是两端钝圆、中央微凸的短杆菌，革兰氏阴性。分类上属巴氏杆菌科，巴氏杆菌属。病羊组织涂片、血液涂片经瑞氏染色或美蓝染色，可见菌体两端浓染，呈两极着色。病菌一般存在于病羊的血液、内脏器官、淋巴结及病变局部组织和一些外表健康动物的上呼吸道黏膜及扁桃体内。多杀性巴氏杆菌抵抗力不强，对干燥、热和阳光敏感，一般消毒剂在数分钟内可将其杀死。本菌对链霉素、青霉素、四环素及磺胺类药物敏感。除多杀性巴氏杆菌外，溶血性巴氏杆菌有时也可成为本病的病原。

2. 流行特点　多杀性巴氏杆菌或溶血性巴氏杆菌是健康羊呼吸道内的常在菌，当羊的抵抗力减弱时，病菌大量繁殖，呈现致病作用，引起发病。多种动物对多杀性巴氏杆菌都有易感性。绵羊多发于幼龄羊和羔羊；山羊不易感染。病羊和健康带菌羊是传染源。主要传播途径是经呼吸道、消化道，还可经损伤的皮肤而感染。羊在受寒、长途运输、饲养管理不当、抵抗力下降时，可发生自体内源性感染。

3. 临床症状　按病程长短，分为最急性、急性和慢性 3 种。

（1）最急性　多见于哺乳羔羊，常突然发病死亡，有的出现寒战、虚弱、呼吸困难等症状，于数小时内死亡。

（2）急性　精神沉郁，体温升高到41～42℃，咳嗽，鼻孔常有出血，有时混于黏性分泌物中。眼结膜潮红，有黏性分泌物。初期便秘，后期腹泻，有时粪便全部变为血水。颈部、胸下部发生水肿。病羊常在严重腹泻后虚脱而死亡，病期2～5天。

（3）慢性　病程可达3周。病羊消瘦，不思饮食，流黏脓性鼻液，咳嗽，呼吸困难。有时颈部和胸下部发生水肿。有角膜炎，腹泻，粪便恶臭，临死前极度衰弱，体温下降。

4. 病理变化　一般在皮下有液体浸润和小点出血。心包和胸腔内有渗出液及纤维素凝块。肺脏膨大、水肿，呈现紫红色，一般在前腹侧区有显著实变。病程长的绵羊，病理变化界线更为明显，呈暗红色，胸膜粘连。有的肺部还见有黄豆至胡桃大的化脓灶。其他脏器呈水肿和瘀血，间有小点出血。脾脏不肿大，肝脏有坏死灶。

5. 诊断

（1）现场诊断　根据发病特点、症状表现和病理变化，可以做出初步诊断。进一步确诊，应做实验室检查。

（2）实验室诊断　采取病死羊的肺脏、肝脏、脾脏及胸腔液，制成涂片，用碱性美蓝染液或瑞特氏染液染色后镜检，从病料中看到两端明显着色的椭圆形小杆菌，结合临床症状和病理变化即可做出诊断。必要时可进行动物实验。

（3）类症鉴别　羔羊患巴氏杆菌病时，应注意与肺炎链球菌（旧名肺炎双球菌）所引起的败血症相区别。后者剖检时可见脾脏肿大，而且在病料中镜检很易查到以成双排列为特征的肺炎链球菌。

6. 防治

（1）预防　羊群应避免拥挤、受寒，长途运输，防止过度劳累。秋季要储备足量优质饲草料，防止营养缺乏，冬季放牧绵羊要加强补饲，保证营养平衡，一旦发病，立即隔离病羊，交由专人管理和治疗，病死羊尸体、污染草料、粪便等进行焚烧或深埋处理。羊舍可用5%漂白粉或10%石灰乳等彻底消毒。必要时羊群可用高免血清或巴氏杆菌氢氧化铝疫苗做紧急免疫接种。

（2）治疗　对病羊和可疑病羊立即隔离治疗。每千克体重可分别选用氟苯尼考20～30毫克、土霉素20毫克、庆大霉素1 000～1 500单位、20%磺胺嘧啶钠5～10毫升，进行肌内注射，每天2次；或每千克体重用复方新诺明片10毫克，内服，每天2次，直到体温下降、食欲恢复为止。也可每只羊注射青霉素320万国际单位、链霉素200万单位、地塞米松磷酸钠15毫克。对体温高的加30%的安乃近10毫升，效果良好；对病情严重、全身衰弱、食欲废绝者，同时用5%葡萄糖盐水50毫升、安钠咖3毫升、维生素C 4毫升，进行注射；对有神经症状的病羊同时应用维生素B_1注射液进行注射。每天1次，连用3天。

（八）坏死梭杆菌病

坏死梭杆菌病是畜禽共患的一种传染病。在临床上表现为皮肤、皮下组织和消化道黏膜的坏死，有时在其他脏器上形成转移性坏死灶。临床上成年绵羊多发腐蹄病，1～4月龄羔羊多发坏死性口炎和烂肝肺病。

1. 病原　病原为坏死梭杆菌。坏死梭杆菌为革兰氏阴性、严格厌氧的细菌，分类上属拟杆菌科、梭形杆菌属。具有明显的多形性，小者呈球杆状，大者为长丝状，且多见于病灶及幼龄培养物中，染色时因着色不匀，犹如串珠状。本菌无鞭毛、无芽孢，也不产生荚膜。该菌至少可产生两种毒素，其外毒素皮下注射（兔）可引起组织水肿，静脉注射则数小时内死亡；内毒素皮下或皮内注射可致组织坏死。

坏死梭杆菌对理化因素抵抗力不强，对热及常用消毒剂敏感，但在污染的土壤中能长时间存活。本菌对4%的醋酸敏感。

2. 流行特点　坏死梭杆菌广泛存在于自然界，动物的饲养场、被污染的土壤、沼泽池、池塘等处均可发现。此外，还常存在于健康动物的口腔、肠道和外生殖器等处。羊主要通过损伤的皮肤、黏膜而感染，侵入组织经血液传播到全身组织器官。有的病羔因口疮造成口腔黏膜损伤而继发坏死梭杆菌病，新生羔羊也可经脐带感染侵入内脏而发病。草料锐硬，饲料中矿物质特别是钙、磷缺乏，维生素不足，营养不良均可促使该病的发生，本病多发生于低洼潮湿地区和多雨季节潮湿、拥挤圈舍内的羊只。本病呈散发和地方性流行。

3. 临床症状和病理变化　绵羊患坏死梭杆菌病多于山羊，因患病部位不同，表现不同的症状。当病原侵害蹄部时，可引起腐蹄病，多为一侧肢患病。表现蹄间隙、蹄踵、蹄冠红肿热痛，尔后溃烂，挤压肿烂部有腐臭脓样液体流出。重症病例可引起深部组织坏死，蹄匣脱落，坏死也可波及腱、韧带和关节，病羊卧地不起，全身症状恶化，进而发生脓毒败血症死亡。羔羊可发生坏死性口炎，又称"白喉"，齿龈、颊、硬腭、舌及咽喉发生肿胀，上面覆盖的坏死物形成伪膜，伪膜脱落后露出溃烂面。轻症病例能很快恢复。重症病例若治疗不及时往往由于内脏形成转移病灶，俗称"羊烂肝、烂肺病"导致死亡，给养羊业造成很大损失。此时剖检可见肝脏质地较硬，均匀散布着蚕豆至胡桃大的坏死病灶，颜色灰白，周围有红晕，界限明显。肝脏表面的病变常与腹腔接触的器官发生纤维素性炎症；肺脏实变，有大小不等的白色坏死病灶，有的切面呈脓样或豆腐渣样，有的切面干燥，病变常和胸壁粘连，形成坏死性胸膜炎和心包炎；心脏肌肉散在着米粒大的圆形坏死灶，呈白色；瘤胃常有坏死病灶，分布在食道沟和前腹囊，其病变似豆腐渣，周围由高出的上皮包围着；坏死病灶还涉及胸骨、气管及喉头等处。

4. 诊断　根据发病特点、临诊症状可做出诊断。必要时，可从病羊的病灶与健康组织的交界处采取病料涂片，用稀释石炭酸复红或碱性美蓝加温染色，可发现着色不匀、细长丝状的坏死梭杆菌。

5. 防治

(1) 预防　加强饲养管理，经常保持圈舍的干燥卫生，防止过度拥挤，避免外伤发生。一旦发生外伤，应及时用5%碘酊涂擦伤口，以防感染。一旦发现本病应及时隔离、治疗，污染场所、用具等要彻底消毒。

(2) 治疗　首先清除坏死组织，用1%高锰酸钾液冲洗或用6%福尔马林、5%～10%硫酸铜、或在20%食盐水中加1%高锰酸钾脚浴，然后用抗生素软膏或磺胺软膏涂抹。为了防止硬物刺激，可用绷带包扎患蹄。对坏死性口炎的治疗，先除去口腔内的伪膜，用1%高锰酸钾冲洗口腔，然后涂抹碘甘油或撒布冰硼散（冰片15克、朱砂18克、元明粉150克，研末备用）。当发生转移性病灶时，应进行全身治疗，以注射磺胺嘧啶或土霉素、氟苯尼考的效果最好，连用5天，并配合强心解毒药物，可促进康复，提高治愈率。

（九）羊链球菌病

羊链球菌病俗称"嗓喉病"，是由兽疫链球菌引起的一种急性、热性、败血性传染病，主要发生于绵羊。本病以颌下淋巴结和咽喉扁桃体肿胀、大叶性肺炎、呼吸异常困难、各脏器出血、胆囊肿大为特征。

1. 病原　兽疫链球菌属于链球菌属，C群链球菌。本菌具有荚膜、革兰氏染色阳性，在血液、脏器等病料中多呈双球状排列，也可单个菌体存在，偶见3～5个菌体相连的短链。本菌需氧或兼性厌氧，无运动性，不形成芽孢。病菌通常存在于病羊的各个脏器以及各种分泌物、排泄物中，而以鼻液、气管分泌物和肺脏含量为高。病原体对外环境抵抗力较强，死羊胸水内的细菌在室温下可存活100天以上。常用的消毒药有2%石炭酸、0.1%升汞、2%来苏儿及0.5%漂白粉。

2. 流行特点　主要发生于绵羊，山羊次之，病菌主要侵害幼龄羊和怀孕母羊；实验动物以家兔最为敏感，小鼠和鸽也具有易感性。病羊和带菌羊是本病的主要传染源，通常经呼吸道排出病原体。自然感染主要通过呼吸道途径，也可通过损伤的皮肤、黏膜及羊虱蝇等吸血昆虫叮咬传播。病死羊的肉、骨、皮、毛等可散播病原，在本病传播中具有重要作用。新发病区常呈流行性发生，老疫区则呈地方性流行或散发性流行。本病流行有明显的季节性，一般于冬、春季节气候寒冷、草质不良时多发。

3. 临床症状　人工感染的潜伏期为 3～10 天。病羊体温升高至41℃，呼吸困难，精神不振，食欲低下以至废绝，反刍停止。眼结膜充血、流泪，常见流出脓性分泌物；口流涎水，并混有泡沫；鼻孔流出浆液性、脓性分泌物。咽喉肿胀，颌下淋巴结肿大，部分病例舌体肿大，呼吸急促。粪便松软，带有黏液或血液。有些病例可见眼睑、口唇、面颊及乳房部位肿胀。怀孕羊可发生流产。病羊死前常有磨牙、呻吟和抽搐现象。最急性病理24 小时内死亡，病程一般 2～3 天，很少能延长到 5 天。

4. 病理变化　主要以败血性变化为主。尸僵不显著或者不明显。淋巴结出血、肿大。鼻、咽喉、气管黏膜出血。肺脏水肿、气肿，肺实质出血、肝变，呈大叶性肺炎，有时可见有坏死灶；大网膜、肠系膜有出血点。胃肠黏膜肿胀，有的部分脱落。第四胃出血及内容物变稀。第三胃内容物干如石灰；幽门出血及充血。肠道充满气体，十二指肠内容物变为橙黄色。肺脏常与胸壁粘连。肝脏肿大，表面有少量出血点；胆囊肿大 2～4 倍，胆汁外渗。肾脏质地变脆、变软、肿胀、梗死，被膜不易剥离。膀胱内膜出血。各脏器浆膜面常覆有黏稠、丝状的纤维素样物质。

5. 诊断

（1）现场诊断　依据发病季节、临床症状、剖检变化，可以做出初步诊断。

（2）实验室诊断　采取心血或脏器组织涂片、染色镜检，可发现带有荚膜，妩呈双球状，偶见 3～5 个菌体相连成短链为特征的病原体存在。也可将肝脏、脾脏、淋巴结等病料组织做成生理盐水悬液，给家兔腹腔注射。若为链球菌病，则家兔常在 24 小时内死亡。取材料涂片、染色镜检，可发现上述典型形态的细菌。同时也可进行病原的分离鉴定。血清学检查可采用凝集试验、沉淀试验定群和定型，也可用荧光抗体快速诊断本病。

（3）类症鉴别　应与羊炭疽、羊梭菌性痢疾、羊巴氏杆菌病相鉴别。羊炭疽病羊缺少大叶性肺炎症状，病原形态不同；羊梭菌性痢疾无高热和全身广泛出血变化，病原形态有差别；羊巴氏杆菌与羊链球菌病在临床症状和病理变化上很相似，但病原形态不同，前者为革兰氏阴性菌。

6. 防治

（1）预防　①未发病地区勿从疫区引入种羊，必须购进种羊、羊肉或皮毛产品时，应加强防疫检疫工作，新购入的羊要至少隔离 1 个月以上方可混群。②常发病地区坚持免疫接种，每年发病季节到来之前，用羊链球菌氢氧化铝甲醛菌苗进行预防接种。大小羊只一律皮下注射 3 毫升，3 月龄以下羔羊，2～3 周后重复接种一次，免疫期可维持半年以上。③做好夏秋抓膘、冬春保膘、防寒保温工作。发病后，及时隔离病羊，粪便堆积发酵处理。羊圈可用含 1% 有效氯的漂白粉、10% 石灰乳、3% 来苏儿等消毒液消毒。在本病流行区，病羊群要固定草场、牧场放牧，避免与未发病羊群接触。对未发病羊提前注射青霉素或抗羊链球菌血清有良好的预防效果。④加强清洁工作，清除牧场或圈舍遗留的皮毛和尸骨，进行深埋或焚烧。

（2）治疗　早期应用青霉素或磺胺类药物治疗。青霉素每次 80 万～160 万国际单位，每天肌内注射 2 次，连用 2～3 天；20% 磺胺嘧啶钠 5～10 毫升，每天肌内注射 2 次或磺胺嘧啶每次

5～6 克（小羊减半），每天内服 1～3 次，连用 2～3 天。同时给病羊饮口服补液盐加维生素 C。

（十）羊沙门氏菌病

羊沙门氏菌病包括羔羊副伤寒和孕羊流产两种急性传染病。主要是由鼠伤寒沙门氏菌、都柏林沙门氏菌和羊流产沙门氏菌引起，以羔羊急性败血症和下痢、母羊怀孕后期流产为主要特征的急性传染病。羔羊副伤寒又称血痢、黑痢。

1. 病原　绵羊流产的病原主要是羊流产沙门氏菌；羔羊副伤寒的病原以都柏林沙门氏菌和鼠伤寒沙门氏菌为主。沙门氏菌是肠杆菌科的一个属，是一种革兰氏阴性、较小的杆菌，一般无荚膜。除雏沙门氏菌、鸡伤寒沙门氏菌外，都具有鞭毛，能运动，多数有菌毛。沙门氏杆菌对外界的抵抗力较强，在水、土壤和粪便中能存活几个月，但不耐热。一般消毒药均能迅速将其杀死。本菌有 O 抗原（菌体抗原）、H 抗原（鞭毛抗原）、Vi 抗原（一种表面抗原，又称毒力抗原）3 种抗原，可用于菌型鉴定。

2. 流行特点　各种年龄、性别、品种的羊均可发生，其中以断乳或断乳不久的羊最易感。孕羊流产主要发生在绵羊，但山羊流产也时有发生。病原菌可通过羊的粪、尿、乳汁及流产胎儿、胎衣和羊水污染的饲料和饮水等，经消化道感染健康羊，通过交配或其他途径也可感染。本病一年四季均可发生，但在阴雨潮湿的季节里多发。育成期羔羊常于夏季和早秋发病，孕羊、初生羔羊则主要在晚冬、早春季节发病。各种不良因素如饲养管理不善、气候突变、更换饲料或饲料不足、长途运输等等均可促使本病的发生。

3. 临床症状　本病潜伏期长短不一，据临床表现，分为两型。

（1）下痢型　（羔羊副伤寒）多见于羔羊，病初羔羊体温升高达 40～41℃。食欲减少，精神沉郁，虚弱，低头弓背，运动迟缓，继而卧地。大多数病羊出现腹痛症状，发生剧烈下痢，初期下痢为黑色并混有大量泥湖样粪便，中期患病羔羊排粪时用力努责后流出少许粪便，污染其后躯和腿部，患病羔羊喜食污秽物；后期下痢呈喷射状，粪便内混有多量血液，患病羔羊迅速出现脱水症状，严重衰竭。病程 1～5 天死亡，有的经 2 周后可恢复。发病率一般为 30%，病死率 25%左右。

（2）流产型　绵羊多在怀孕的最后 2 个月发生流产或死产。病羊体温升高，不食，精神沉郁，部分羊有腹泻症状。流产前后数天内阴道有分泌物流出。病羊产出的活羔多极度衰弱，并常有腹泻，一般 1～7 天死亡。发病母羊也可在流产后或无流产的情况下死亡。羊群暴发一次，一般可持续 10～15 天，流产率和病死率均很高，高者可达 60%左右。

4. 病理变化　下痢型羊尸体后躯常被稀粪污染，组织脱水。真胃和小肠空虚，内容物稀薄，常含有血块。肠黏膜充血，肠系膜淋巴结肿大，心内外膜有小出血点。流产、死产的胎儿或生后 1 周内死亡的羔羊，呈败血症病变。表现组织水肿、充血，肝脏、脾脏肿大，有灰色病灶，胎盘水肿、出血。死亡的母羊呈急性子宫炎症状，其子宫肿胀，内含有坏死组织、浆液性渗出物和滞留的胎盘。

5. 诊断

（1）现场诊断　根据流行特点、临床症状和病理变化，可做出初步诊断。

（2）实验室检查　对可疑为本病的羊，再进行细菌分离鉴定加以确诊。可采取下痢死亡羊的肠系膜淋巴结、胆囊、脾脏、心血、粪便或发病母羊的粪便、阴道分泌物、血液以及胎盘和胎儿的组织进行病原——沙门氏菌的分离培养。要与引起羔羊痢疾的 B 型魏氏梭菌和引起羔羊下痢的大肠杆菌相区别。

6. 防治

（1）预防　主要措施是加强饲养管理。注意日常的卫生消毒工作，尤其在分娩期要加强圈舍和接产的卫生消毒。羔羊在出生后应及早吃上初乳，并注意保暖；发现病羊应及时隔离、治疗；被污染的圈栏要彻底消毒，发病羊群进行药物预防。

对流产母羊及时隔离治疗，流产的胎儿、胎衣及污染物进行销毁，流产场地全面彻底进行消毒处理。对可能受传染威胁的羊群，注射相应菌苗预防。

（2）治疗　对患病羊应隔离治疗，病的初期应用抗血清有效，也可选用抗生素或哇诺酮类药物治疗或磺胺类药物治疗。首选药物为氟苯尼考，其次是新霉素和土霉素等。可选用庆大霉素8万单位，肌内注射，每天2次；或磺胺二甲基嘧啶，每千克体重0.15～0.2克，每天2次，口服。羔羊也可用土霉素每千克体重30～50毫克剂量，分2次内服；也可用新霉素，每天0.75～1克，分2～4次口服。对病程较长、脱水严重的羔羊除抗菌消炎外，还应配合强心、止泻、补液等对症治疗。中药治疗也可用郁附败毒汤，进行灌服治疗。

（十一）羊伪结核病

羊伪结核病又称羊假结核病、羊干酪性淋巴结炎，它是由伪结核棒状杆菌感染所引起的一种接触性、慢性传染病，其特征为局部淋巴结发生干酪样坏死，有时在肺脏、肝脏、脾脏和子宫角等处发生大小不等的结节，内含淡黄绿色干酪样物质。本病在世界许多养羊地区均有发现，我国在内蒙古、陕西、甘肃、新疆等西北部地区较为常见，南方发生较少。本病在集约化养羊场的检出率和发病呈上升趋势，严重影响养羊业的发展。

1. 病原　伪结核棒状杆菌为不规则、无芽孢革兰氏阳性杆菌，分类上属棒状杆菌属。具有多形性，呈球状、杆状，偶见丝状；在脓汁中多形性更明显，在新鲜脓汁中杆状占优势，而在陈旧脓汁中则以球状占优势。在培养物中则呈较一致的球杆状，排列多成丛状，无鞭毛和荚膜，美蓝染色着色不匀，非抗酸性。本菌对干燥有抵抗力，在自然环境中能存活很长时间，对热及多种消毒剂敏感。

2. 流行特点　伪结核棒状杆菌存在于土壤、肥料、肠道内和皮肤上，经创伤感染。本病多为散发性，较少量地方流行性。

伪结核病多发生山羊和绵羊，马、骆驼、鹿和骡也可感染发病。国外报道该病主要发生于绵羊，发病率为 8%～90%，国内主要见于山羊，以群养舍饲的羊多发，有的地区发病率可达 10%～50%。不同品种和性别的山羊均可发病，病的发生与年龄有关，羔羊中少见，随年龄增长，发病增多。

3. 临床症状　感染初期，病羊一般无明显的全身症状，发病较慢，常被人们忽视。病变常局限于体表淋巴结，表现局部发生炎症，后波及邻近淋巴结，淋巴结慢慢增大和化脓，最后形成如鸡蛋大小，触之有波动感。脓初稀，脓肿有的自行破溃，流出淡黄绿色或黄白色如牙膏样浓稠脓汁，有的缓慢吸收，渐变为干酪样。病羊一般没有明显症状，屠宰时才被发现。如体内淋巴结和内脏受波及时，病羊逐渐消瘦，衰弱，呼吸加快，时有咳嗽，最后陷于恶病质而死亡。该病在头部和颈部淋巴结发生较多，肩前、股前和乳房等淋巴结次之。

4. 病理变化　剖检可见尸体消瘦，被毛粗乱、干燥，体表淋巴结肿大，内含干酪样坏死物；在肺脏、肝脏、脾脏、肾脏和子宫角等处有大小不一、数量不等的脓肿。

5. 诊断　对动物特征性化脓病灶（无臭味、牙膏样脓汁）涂片染色镜检。如为革兰氏阳性，抗酸染色阴性，呈多形性形态学特征，可初步疑为伪结核棒状杆菌。进一步用血琼脂平板分离培养，并加以鉴定。本菌菌落微溶血，易于推动；不液化凝固血清，石蕊牛乳无变化，接触酶阳性。据此，可与化脓棒状杆菌相区别。血清学试验，如抗溶血抑制试验、间接血凝试验、琼脂扩散试验，也可用来诊断本菌所致疾病。

6. 防治

(1) 预防　平时应坚持做好环境卫生工作，定期应用强力消毒灵（或消毒王）、菌毒敌等消毒剂带畜喷雾，消毒圈舍、槽具等。皮肤破伤应及时处理是预防本病发生的关键，发现病羊立即隔离，并进行治疗。本病发生与啮齿类动物的存在和活动有密切关系，因此，消灭羊舍的鼠类，在本病的预防上有着重要的意义。

(2) 治疗　病初，可应用青霉素 80 万国际单位，生理盐水 10 毫升溶解，肿胀部周围肌内注射，每天 2 次，连用 3 天。磺胺类药物效果较佳，可用 20％磺胺嘧啶钠注射液 10 毫升，肌内注射，每天 1 次，连用 5 天。早期也可应用 0.5％黄色素 10 毫升，一次静脉注射，提高疗效。中药可选用蒲公英 30 克、紫花地丁 25 克、黄柏 6 克、黄芩 6 克、山枝 9 克、黄药子 9 克、白药子 9 克，煎水灌服，每天 1 剂，连用 3 天。脓肿较大时，切开脓包，挤出脓汁，用双氧水灌洗创口后撒上高效广谱抗生素粉，或用碘酒棉条填塞数日后取出并撒上高效广谱抗生素粉，同时肌内注射广谱抗生素。由于伪结核棒状杆菌引起的病灶表现包有一层厚而致密的纤维性肉芽肿性包囊，诸多药物都难以通过这层包囊而渗入其内，再加伪结核棒状杆菌可寄生于细胞内，所以药物治疗效果较差，特别是病羊内脏患病出现全身症状后，再用多种抗生素治疗无效果，临床上常用手术治疗。

（十二）结核病

结核病是由结核分枝杆菌所引起的人、畜和禽类的一种慢性传染病。其病理特点是在多种组织器官形成肉芽肿和干酪样、钙化结节病变。牛型的毒力较大，常常能引起各种家畜的全身性结核，也是山羊结核的主要传染来源。禽型结核杆菌也可能是山羊结核的病原。对于绵羊，三型结核杆菌都可致病，但对禽型结核杆菌最为敏感。

1. 病原　结核分枝杆菌主要有三型：即牛型、人型和禽型结核杆菌。本菌不产生芽孢和荚膜，也不能运动，为革兰氏染色阳性菌，用一般染色法较难着色，常用的方法为 Ziehl - Neelsen 氏抗酸染色法。

结核杆菌因含有丰富的脂类，故在外界环境中生存力较强。对干燥和湿冷的抵抗力强，对热抵抗力差，60℃ 30 分钟即死亡。在水中可存活 5 个月，在土壤中存活 7 个月，常用消毒药约经 4 小时方可杀死，而在 70％酒精或 10％漂白粉中很快死亡，碘化物消毒效果甚佳，但无机酸、有机酸、碱性物和季铵盐类等对结核杆菌的消毒是无效的。本菌对磺胺类药物、青霉素及其他广谱类抗生素均不敏感。但对链霉素、异烟肼、对氨基水杨酸和环丝氨酸等药物敏感。

2. 流行特点　可侵害多种动物，在家畜中牛最易感，特别是奶牛，其次为黄牛、牦牛、水牛、猪和家禽亦可患病，羊极少发病。尤其绵羊，临床症状不明显，初期很难发现，仅在中后期发现病羊越来越瘦，在碰到某些不良诱因情况下，可以激发病羊的病情而发生突然死亡。单蹄动物罕见。严重病羊或其他病畜的痰液、粪尿、奶、泌尿生殖道分泌物及体表溃疡分泌物中都含有结核杆菌。健康羊吃喝了被细菌污染的饲料和饮水，或者吸入了含有细菌的空气，即可通过消化道和呼吸道受到传染，也可以通过交配感染。多呈散发或地方性流行。

3. 临床症状　本病潜伏期长短不一，短者数 10 天，长者数月甚至数年。品种不同，表现症状也不同。

（1）奶山羊结核　症状与牛相似。轻度病羊没有临床症状，病重时食欲减退，全身消瘦，皮毛干燥，精神不振。常排出黄色稠鼻涕，甚至含有血丝，呼吸带痰音（呼噜作响），发生湿性咳嗽，肺部听诊有显著啰音。有的病羊前肢或腕关节发生慢性浮肿。乳上淋巴结发硬、肿大，乳房有结节状溃疡。

每当饲养管理不良时，即见食欲减退，迅速消瘦，奶量亦随之下降。尤其是在天气炎热的时候，最容易引起体温波动，症状也就随之加剧。

病的后期表现贫血，呼吸带臭味，磨牙，喜吃土，常因痰咳不出而高声叫唤。体温上升达 40～41℃，死前 2 天左右下降。贫血严重时，乳房皮肤淡黄，粪球变为淡黄褐色，最后消瘦衰竭而死亡，死前高声惨叫。

（2）绵羊结核　因为此病为慢性，故生前只能发现病羊消瘦和衰弱。并无咳嗽症状。

4. 病理变化　肺脏的表面有粟粒大、枣子大至胡桃大的淡黄色脓肿，周围呈紫红色，最大的直径达 3 厘米，深度达 4 厘米，压之感软，切开时见充满豆渣样内容物。常见肺脏表面有小米、大米以及花生米大的黄色及白色结节聚集成片，切时发出磨牙声，内含稀稠不等的脓液或钙质。肺脏切面的深部亦有界限性脓肿。有的全肺脏表面密布粟粒样的硬结节。喉头和气管黏膜有溃疡。支气管及小支气管充有不同量的白色泡沫。纵隔淋巴结肿大而发硬，前后连成一长条，内含黏稠脓液。肋膜常有大片发炎，尤其与肺部严重病变区接触之处更为明显，发炎区域有胶样渗出物附着，发炎区之肋骨间有炎性结节，可见胸水呈淡红色，量增多。心包膜内夹有粟粒大到枣子大的结节，内含豆渣样内容物。肝脏表面有大小不等的脓肿，或者聚集成片的小结节。这些小结节或含豆渣样内容物，或硬如砂粒（因钙化），切时发出磨牙声。乳上淋巴结肿胀，内含豆渣样内容物，比肺中的浓稠，稍带灰色。

5. 诊断

（1）现场诊断　当羊发生不明原因的渐进性消瘦、咳嗽、肺部异常、慢性乳腺炎、顽固性下痢、体表淋巴结慢性肿胀等，可作为疑似本病的依据。但仅根据临床症状很难确诊。羊死后可根据特异性结核病变，不难做出诊断，必要时进行微生物学检验。

（2）实验室诊断　用结核菌素做变态反应，是诊断本病的主要方法。诊断绵羊、山羊结核病时，须用稀释的牛型和禽型两种结核菌素同时分别皮内接种 0.1 毫升，72 小时判定反应，局部有明显炎症反应、皮厚差在 4 毫米以上者为阳性。微生物学诊断，可采取病料（病灶、痰、尿、粪便、乳及其他分泌液）做抹片镜检，分离培养和实验动物接种。

6. 防治

（1）预防　①每年春秋两季定期进行结核病检疫，将阳性反应的羊严格隔离，禁止与健康羊群发生任何直接或间接的接触，例如放牧时应避免走同一牧道及利用同一牧场。②病羊所产的羔羊，立刻用 3% 克辽林或 1% 来苏儿溶液洗涤消毒，运往羔羊舍，用健康羊奶实行人工哺乳，禁止哺吮病羊奶。③病羊奶必须在用巴氏灭菌法消毒后（最好煮沸）方可出售；禁止将生奶出售或运往健康羊场进行消毒。④如果病羊为数不多，可以全部宰杀，以免增加管理上的麻烦及威胁健康羊群。⑤如要增添新羊，必须先做结核菌素试验，阴性反应的方可引进。⑥绵羊结核病的传播，大多是由于与病鸡相接触。因此，在控制绵羊结核病的过程中，必须杜绝绵羊和家禽接触，重视家禽结核病的消灭。

（2）治疗　对于有价值的奶羊和优良品种的绵羊，可以采用链霉素、异烟肼（雷米封）、对氨基水杨酸钠或盐酸黄连素治疗轻型病例。链霉素按每千克体重 10 毫克，肌内注射，每天 2 次，连用数天；异烟肼按每千克体重 4～8 毫克，分 3 次灌服，连用 1 个月。对于临床症状明显的病例，不必治疗，应该坚决扑杀，以防后患。

（十三）羊土拉杆菌病

羊土拉杆菌病是牧场绵羊（特别是羔羊）的一种急性败血性疾病，也是人、畜共患病，又称野兔热。特征为发热、肌肉僵硬和淋巴结肿大。

1. 病原　病原为土拉弗朗西斯氏菌，是弗朗西斯菌属的代表种，为一种多形态的细菌。在患病动物的血液内近似球状，在培养物中则有球状至丝状等形态。不能运动，不产生芽孢，强毒菌株能产生荚膜。革兰氏染色阴性，美蓝染色呈两极着色。本菌对热及常用消毒剂敏感，但在土壤、水、肉和皮毛中可存活数十天，在尸体中可存活 100 余天。对链霉素和四环素族抗生素敏感。实验动物中，小鼠、豚鼠、家兔等都易感，任何途径接种都可感染，多于 8～15 天发生败血症死亡。

2. 流行特点　易感动物很多，人也可被感染，野兔和野生啮齿类动物是主要传染源。通过蜱等吸血昆虫传染给家畜和人。所以蜱不仅是传播媒介，也是有效的储存宿主。被发病动物污染的牧地、饲草、饮水等也是重要的传染源。主要的家畜宿主是绵羊，尤其是羔羊发病较为严重，常引起死亡。

3. 临床症状　发病后体温高达 40.5～41.0℃，精神委顿，步态僵硬、不稳，后肢软弱或瘫痪。体表淋巴结肿大，2～3 天后体温恢复正常，但之后又常回升。一般 8～15 天痊愈。妊娠母羊发生流产和死胎，羔羊发病较重，除上述症状外，也见有的腹泻、有的兴奋不安、有的呈昏睡状态，不久死亡，病死率很高。山羊较少患病，患病后症状与绵羊相似。

4. 病理变化　剖检尸体可见表面寄生着许多蜱，组织贫血明显，在皮下和浆膜下分布着许多出血点，在蜱侵袭部位及其附近尤为显著。淋巴结肿大，有坏死和化脓灶。肝脏、脾脏可能肿大。在一些羔羊中，肺脏的尖叶与心叶可能有肺炎病变。

5. 诊断　可疑病畜或尸体，可采血液、淋巴结、肝脏、脾脏、肾脏的病变组织，涂片、染色、镜检，发现革兰氏阴性、两极着色、在细胞内成堆排列的较小菌体，具有诊断意义。如做分离培养，事前须将污染病料接种实验动物，培养基可用含有胱氨酸血液的特殊培养基，有微生物生长时，应用荧光抗体染色或凝集试验进行鉴定。也可进行变态反应诊断，即用土拉杆菌素 0.2 毫升注射于羊尾根皱褶处皮内，24 小时后检查，如局部发红、肿胀、发硬、疼痛者为阳性，但有一部分病羊不发生反应。血清学试验如间接血凝试验、中和试验、酶联免疫吸附试等试验方法均已用于本病血清学诊断，而且比凝集反应更具灵敏、快速等优点。

6. 防治

（1）预防　预防本病主要通过消除自然疫源地的传染性，扑杀啮齿动物和消灭体外寄生虫。牧场应经常做好杀虫、灭鼠和畜舍的消毒。染有本病牲畜的牧场应经检查，血清学阴性、体表寄生虫完全驱除后方可运出。目前国外已有菌苗使用，为预防控制本病取得了显著效果。

（2）治疗　链霉素疗效最好。四环素类如土霉素、四环素、金霉素等可控制急性感染，而不易根治。磺胺类药物无效。链霉素按每千克体重 10 毫克，土霉素、金霉素按每千克体重 5～10 毫克，每天 2 次，肌内注射，连用 5～7 天。

（十四）肉毒梭菌中毒症

肉毒梭菌中毒症是由于食入肉毒梭菌毒素而引起的急性致死性疾病。其特征为运动神经麻痹和延脑麻痹。

1. 病原　肉毒梭菌在分类上属梭菌属，是梭菌属中最大的杆菌之一，能形成卵圆形的芽孢，比菌体宽，位于菌体的次端。革兰氏阳性，但在陈旧培养物中，有的菌株趋向于阴性。肉毒梭菌的芽孢广泛分布于自然界，在动物尸体、肉类、饲料、罐头食品中发育繁殖时产生毒素。这种毒素毒力极强，并且在消化道内不被破坏。液体中的毒素 100℃，15～20 分钟被破坏，在固体食物中需 2 小时。肉毒毒素为一种蛋白质，通常以毒素分子和一种红细胞凝集素载体所构成的复合物形式存在。

2. 流行特点　肉毒梭菌的芽孢广泛分布于自然界，土壤为其自然居留地，在腐败尸体和腐烂饲料中含有大量的肉毒梭菌毒素，所以该病在各个地区都可发生。各种畜、禽都有易感性，主要由于食入霉烂饲料、腐败尸体和已有毒素污染的饲料、饮水而发病。

3. 临床症状　患病初期呈现兴奋症状，共济失调，步态僵硬，行走时头弯于一侧或做点头运动，尾向一侧摆动。流涎，有浆液性鼻涕。呈腹式呼吸，终因呼吸麻痹而死亡。

4. 病理变化　病尸剖检一般无特异变化，有时在胃内发现骨片、木、石等物，说明生前有异嗜癖。咽喉和会厌有灰黄色被覆物，其下面有出血点，胃肠黏膜可能有卡他性炎症和小点状出血，心内外膜也可能有小点状出血，脑膜可能充血，肺可能发生充血和水肿。

5. 诊断

（1）现场诊断　经过调查发病原因和发病经过，并结合临床症状和病理剖检变化，可初步诊断，但确诊必须检查饲料和病死尸体内有无毒素存在。

（2）实验室检查　取可疑饲料或病羊胃内容物，加2倍以上无菌生理盐水，充分研磨，做成悬液，置室温下浸出1～2小时，离心取上清液，加抗生素处理后，分为2份。一份不加热，供毒素试验用；另一份经100℃加热30分钟，供对照用。用鸡做试验时，吸取上述液体注射于眼皮下，一侧供试验用，另一侧供对照。注射量均为0.1～0.2毫升。如注射后0.5～2小时，注射未加热滤液的一侧眼睑逐渐闭合（麻痹），而对照眼仍正常，试验鸡于10小时后死亡，则证明被检物内含有毒素。上述供试动物也可使用小白鼠、豚鼠等。

6. 防治

（1）预防　注意环境卫生，在牧场或羊舍内，如发现有动物尸体和残骸，应及时清除，特别注意不用腐败饲料、饲草喂羊。平时在饲料中添加适量的食盐、钙和磷等矿物质，以防止动物发生异食癖，乱舔食尸体和残骸等。发现该病应及时查明毒素的来源，予以清除。

（2）治疗 发病早期可使用肉毒梭菌多价血清，同时使用盐类泻剂和洗胃、灌肠，以促进消化道内的毒素排除。据报道，使用盐酸胍以每千克体重1毫克的剂量治疗，可解除毒素引起的某些麻痹症状。遇有体温升高时，可注射抗生素或磺胺类药物，以防止继发肺炎。

（十五）羔羊链球菌病

羔羊链球菌病又称双球菌败血症，是由肺炎链球菌引起的一种急性传染病。

1. 病原 为革兰氏阳性双球菌。当圈舍潮湿、气候骤变或营养缺乏（如奶量不足）时，即可使羊的抵抗力减弱，以致寄生于上呼吸道的双球菌毒力加强而引起发病。

2. 流行特点 该菌存在于病畜的鼻液、粪尿、生殖道分泌物内。经过呼吸道和消化道以及脐带而传染。多发于7～30日龄的羔羊。潜伏期3～15天。一般冬春季节多发，呈地方性流行。

3. 临床症状 可分为最急性、急性及慢性3种类型。

（1）最急性 腕关节或跗关节表现跛行，其他症状不明显。病羊通常于一昼夜之内死亡。

（2）急性 吃奶突然减少或完全废绝。精神委顿，流泪，鼻孔流出稀薄而带有黏性的鼻涕。体温升高到40～42℃。腕关节或跗关节显示跛行，触诊关节时感觉温度增高。病羊寒战、磨牙。听诊肺部，有湿性啰音，肺泡呼吸音极度微弱。肺部叩诊有浊音。个别病羊有明显的肋间压痛。病羔于3～7天内死亡。

（3）慢性 除肺部无明显的听诊及叩诊特征外，其他症状均与急性者相同。有的羔山羊还可见到胸壁显著塌陷。病后期，常可见到病羊头俯于地，喜卧于潮湿地面，回顾后腹部。粪便干结。病期可以延长到半月左右。

4. 病理变化 全身被毛容易拔掉，尸僵不全。皮下组织充血、出血。胸腔有深黄色或微红色的胶性渗出物，肋膜和心包被纤维素性附着物所粘连，心外膜和心内膜均有点状出血，心房上亦有出血小点，心肌混浊。上呼吸道有卡他性炎症，支气管淋巴结肿大。肺脏气肿，有灰色肝变区及出血斑。脾脏肿大不到1倍，表面呈灰白色，切开后颜色浑暗。肝脏肿大1倍以上，胆囊更为膨大，十二指肠及一部分小肠被胆汁浸染成黄色。肠管黏膜脱落，呈污红色，且有弥漫性出血，浆膜层也有出血现象。肠系膜淋巴结及全身各部淋巴结均有严重出血。肾脏微肿，肾被膜下出血。膀胱充满尿液。患肢的关节囊肥厚，滑液很多，滑液内混有黄色纤维素性絮状物，有的在关节腔内积聚多量脓汁。关节面上有程度不同的溃疡。

5.诊断　用病羊分泌物或死羊的病变脏器和心血涂片镜检，如果发现大量有荚膜的双球菌，结合流行情况及临床症状即可作出诊断。

6.防治

（1）预防　改善母羊及羔羊场的环境卫生，加强饲养管理，提高抗病能力。对患乳房炎及子宫内膜炎的哺乳母羊应及时治疗，控制传染源。羊舍地面、用具要彻底消毒，保证环境的清洁。

（2）治疗　发现病羔及时隔离，采取药物治疗。四环素按每千克体重0.01～0.02克肌内注射。口服磺胺甲基嘧啶，按每千克体重0.2克。此外还应根据病情采取对症疗法，如退热、止咳、祛痰等。

（十六）羊弯曲杆菌病

弯杆菌病原名"弧菌病"，是由弯杆菌属的细菌引起的多种动物罹患的传染病。羊弯杆菌病在临床上主要表现为绵羊生殖道传染病，出现暂时性不育、流产等症状。

1.病原　引起动物和人类疾病的弯杆菌主要是胎儿弯杆菌和空肠弯杆菌。胎儿弯杆菌又分为两个亚种：胎儿弯杆菌胎儿亚种和胎儿弯杆菌性病亚种。两种弯杆菌分类上均属于弯杆菌属，为革兰氏阴性的细长弯曲杆菌。菌体呈S形、撇形或鸥形，但在老龄培养物中可呈球形或螺旋状长丝（由多个S形菌体形成的链）。本菌运动活泼，为微需氧菌，在10％二氧化碳环境中生长良好，鲜血或血清培养基有利于初代分离培养。

2. 流行特点　胎儿弯杆菌对人和动物均有感染性，绵羊感染可引起流产，牛散发性流产和人的发热。病菌主要存在于流产胎儿以及胎儿胃内容物中，感染的人、畜血液、肠内容物及胆汁中，空肠弯杆菌可引起人和动物的腹泻。也可引起绵羊的流产，病菌主要存在于流产绵羊的胎盘、胎儿胃内容物以及血液和粪便中以及患肠炎人、畜的血液和粪便中。正常动物的肠道中也有空肠弯杆菌存在。患病羊和带菌动物是传染源，主要经消化道感染。绵羊流产常呈地方性流行，在一个地区或一个羊场流行1～2年或更长一些时间后，可停息1～2年，然后又重新发生流行。

3. 临床症状　怀孕母羊从妊娠的第2个月开始有零星流产，多于后期（怀孕的第4～5个月）发生流产，分娩出死胎、死羔或弱羔。流产母羊一般只有轻度先兆症状，仔细观察可见阴道流出少量淡棕色分泌物，阴门略显肿胀，易被忽视。流产后阴道排出黏性或脓性分泌物。大多数流产母羊很快痊愈，少数母羊由于死胎滞留而发生子宫炎、腹膜炎或子宫脓毒症，最后死亡。病死率不高，约为5％。

4. 病理变化　病理剖检，可见流产胎儿的腹部皮下组织呈红色水肿，胸腹腔内有多量深红色的液体，胃内有多量淡红色的胶状物。肝脏稍肿大，一般重170～200克，可见肝脏表面有1～5分硬币样圆形溃疡，少数病理可见瘀血斑。肾脏深红色，一般重10～12.1克。淋巴结稍肿大，偶见心冠部斑状出血。肺脏稍肿大，有的可见斑状瘀血。病死羊子宫炎、子宫积脓、腹膜炎。

5. 诊断

（1）现场诊断　依据妊娠母羊流产以及产生弱胎或死胎、流产胎儿皮下水肿、肝脏坏死、子宫积脓等，可做出初步诊断。

（2）实验室诊断　取新鲜胎衣子叶和流产胎儿胃内容物做涂片，染色镜检，可见革兰氏阴性的胎儿弯杆菌。也可将病料接种于鲜血琼脂（每毫升含杆菌肽 2 单位、新生霉素 2 微克、制霉菌素 300 单位），置于 5％氧、10％二氧化碳和 85％氮环境中（也可用烛缸法），保持 37℃温度中培养，进行病原分离鉴定，以便确诊。血清学诊断方法有试管凝集试验、补体结合试验、免疫荧光抗体技术、酶联免疫吸附试验等。

（3）类症鉴别　应与羊布鲁氏菌病、羊衣原体病及羊沙门氏菌病等类似疾病进行区别，主要通过实验诊断进行鉴别。

6.防治

（1）预防　严格执行兽医卫生防疫措施。产羔季节流产母羊应严格隔离并进行治疗。流产胎儿、胎衣以及污染物要彻底销毁；粪便、垫草等要及时清除并进行无害化处理；流产地点及时消毒除害。染疫羊群中的羊不得出售，以免扩大传染。本病流行区可用当地分离的菌株制备弯杆菌多价灭活菌苗，对绵羊进行免疫接种，可有效预防流产。

（2）治疗　发病羊用四环素和氟苯尼考内服治疗。四环素按每千克体重日服 20～50 毫克，分 2～3 次服完。氟苯尼考注射液每千克体重 20～30 毫克肌内注射，每天注射 2 次，连用 3～5 天。上述药物可连用 2～3 天，早期治疗能减少流产损失。

（十七）羊快疫

羊快疫是由腐败梭菌经消化道感染引起，主要发生于绵羊的一种急性传染病。以突然发病，病程短促，死亡快，真胃出血性炎性损害为特征。

1.病原　腐败梭菌是革兰氏阳性的厌气大杆菌，分类上属于梭菌属。本菌在体内外均能产生芽孢，不形成荚膜，可产生多种外毒素。病羊血液或脏器涂片，可见单个或 2～5 个菌体相连的粗大杆菌，有时呈无关节的长丝状，其中一些可能断为数段。这种无关节的长丝状形态，在肝被膜触片中更易发现，在诊断上具有重要意义。

2. 流行特点　发病羊多为 6～18 月龄、营养较好的绵羊，山羊较少发病。主要经消化道感染。腐败梭菌通常以芽孢体形式散布于自然界，特别是潮湿、低洼或沼泽地带。羊采食污染的饲草或饮水，芽孢体随之进入消化道，但并不一定引起发病。当存在诱发因素时，特别是秋冬或早春气候骤变、阴雨连绵之际，在低洼潮湿、沼泽地放牧，由于羊寒冷、饥饿或采食了冰冻带霜的草料，机体抵抗力下降，腐败梭菌即大量繁殖，产生外毒素，使消化道黏膜发炎、坏死并引起中毒性休克，使患羊迅速死亡。本病以散发性流行为主，发病率低而病死率高。

3. 临床症状　患羊往往来不及表现临床症状即突然死亡，常见在放牧时死于牧场或早晨死于圈舍内。病程稍缓者，有的表现为不愿行走，运动失调；有的表现兴奋不安，跳跃运动；有的表现抽搐、磨牙、流涎；有的腹部膨胀，腹痛，排粪困难，里急后重；有的表现下痢，粪便带血，粪团变大、呈黑色或深绿色稀便；体温表现不一，有的表现正常，有的升高到 41～42℃；有的口鼻流血，眼结膜潮红、充血，呼吸困难。病羊后期多呈极度衰竭昏迷，多于数分钟或几小时内死亡，病程极为短促。

4. 病理变化　病死羊尸体迅速腐败、膨胀。剖检可视黏膜充血，呈暗紫色。体腔多有积液。特征性表现为真胃出血性炎症，胃底部及幽门部黏膜可见大小不等的出血斑点及坏死区，黏膜下发生水肿。肠道内充满气体，常有充血、出血、坏死或溃疡。心内、外膜可见点状出血。胆囊多肿胀，比正常的大 2～3 倍，部分羊胆囊破裂，胆汁流入腹腔。脾肿大、色深。淋巴结肿大，切面出血。

5. 诊断　生前诊断比较困难，死后应注意检查真胃变化。确诊需要进行微生物学检查。

（1）实验室诊断　病死羊肝脏被膜触片，用瑞特氏或美蓝染色液染色镜检，除见到两端钝圆、单个或短链状的粗大菌体外，还可观察到无关节的长丝状菌体链。其他脏器组织中也可发现病原。也可应用葡萄糖鲜血琼脂或肉肝汤培养基进行细菌的分离培养；或做动物试验，将病料制成悬液，肌内注射豚鼠和小鼠，实验动物多于24小时内死亡。死亡后立即采集脏器组织进行分离培养，极易获得纯培养。制片镜检也可发现腐败梭菌无关节长丝状的特征表现。荧光抗体技术可用于本病的快速诊断。

（2）类症鉴别诊断　要注意与类似病症羊肠毒血症、羊黑疫和羊炭疽的区别。

羊快疫发病季节常为秋、冬和早春，而羊肠毒血症多在春夏之交抢青时和秋季草籽成熟时发生。羊快疫有明显的真胃出血性炎性损害；而患羊肠毒血症仅见轻微病损。羊快疫肝脏被膜触片多见无关节长丝状的腐败梭菌；患羊肠毒血症的病羊的血液及脏器中可检出D型魏氏梭菌。羊黑疫的发生常与肝片吸虫病的流行有关，其真胃损害轻微。患羊黑疫时，肝脏多见坏死灶，涂片检查，可见到两端钝圆、粗大的诺维氏梭菌。羊快疫和羊炭疽，可用病料组织进行炭疽阿斯科利氏沉淀反应区别诊断。

6. 防治

（1）预防　加强饲养管理，定期对羊场及周围环境进行消毒。在该病的常发区，每年应定期注射有关预防羊快疫的单苗或混合苗。当本病发生严重时，应及时转移放牧地，对被污染的圈舍和场地、用具，用3%的氢氧化钠溶液或20%的漂白粉溶液全面彻底消毒。对所有尚未发病羊加强饲养管理，防止受寒，避免羊采食冰冻饲料。同时可使用羊梭菌病三联苗、四联苗和五联苗进行紧急接种。

（2）治疗　由于病程短促，常常来不及治疗。对病程稍长的病羊，可选用青霉素肌内注射，剂量每次80万～160万国际单位，每天2次；磺胺嘧啶内服，剂量每次5～6克，每天2次，连服 3～4 次；也可给病羊内服 10％～20％石灰乳，每次 50～100 毫升，连服 1～2 次。在使用上述抗菌药物的同时应及时配合强心、输液等对症治疗措施。

（十八）羊肠毒血症

羊肠毒血症又称"软肾病"或"类快疫"，是由 D 型魏氏梭菌在羊肠道内大量繁殖产生毒素引起，主要发生于绵羊的一种急性毒血症。本病以急性死亡、死后肾组织易于软化为特征。

1. 病原 魏氏梭菌又称产气荚膜杆菌，分类上属于梭菌属。本菌为厌气性粗大杆菌，革兰氏染色阳性，无鞭毛，不能运动，在动物体内可形成荚膜，芽孢位于菌体中央。本菌可产生多种外毒素，依据毒素—抗毒素中和试验，可将魏氏梭菌分为 A、B、C、D、E 5 个毒素型。羊肠毒血症由其中 D 型魏氏梭菌所引起。

2. 流行特点 发病以绵羊为多，山羊较少。通常以 2～12 月龄、膘情较好的羊为主，牛也可发生肠毒血症。魏氏梭菌为土壤常在菌，也存在于污水中。本病主要通过消化道或伤口等途径感染。通常羊采食被芽孢污染的饲草或饮水，芽孢随之进入消化道，一般情况并不引起发病。当气候骤变，饲料突然改变，特别是从吃干草改为采食大量谷类或青嫩多汁和富含蛋白质的草料之后，导致羊的抵抗力下降和消化功能紊乱，D 型魏氏梭菌在肠道迅速繁殖，产生大量毒素，毒素进入血液，引起全身毒血症，发生休克而死亡。本病的发生常表现一定的季节性，牧区以春夏之交抢青时和秋季牧草结籽后的一段时间发病为多；农区则多见于收割抢茬季节或采食大量富含蛋白质饲料时。一般呈散发性流行。

3. 临床症状 发生突然，病程短，死亡快，多呈急性死亡。有的病羊呈腹痛、肚胀症状。患羊常离群呆立、卧地不起或独自奔跑。濒死期发生肠鸣或腹泻，排出黄褐色水样稀粪。病羊全身颤抖、眼球转动、磨牙、头颈后仰、四肢痉挛、口鼻流沫、口黏膜苍白、四肢和耳尖发冷、角膜反射消失，常于昏迷中死去。流行后期，有时可见病程缓慢的病例，病羊拉稀杂有黏液和血液，委顿和昏迷，病程可延至 12 小时或 2～3 天死亡。病羊体温一般不高，血、尿常规检查有血糖、尿糖升高现象。

4. 病理变化 胸、腹腔和心包积液。心脏扩张，心肌松软，心内外膜有出血点。肺呈紫红色，切面有血液流出。肝脏肿大，呈灰褐色半熟状，质地脆弱，被膜下有点状或带状溢血。胆囊肿大。特征变化是肠道，尤其是小肠和十二指肠黏膜充血、出血，重病者整个肠段壁呈血红色，或有溃疡，故对此有"血肠子病"一说。幼龄羊一侧或两侧肾脏软化，肾脏软化如稀泥样。皮下组织血管舒张充血，血液凝固不良并含有气泡。全身淋巴结肿大，呈急性淋巴结炎，切面湿润，髓质部分黑褐色。

5. 诊断

（1）现场诊断 根据流行特点（散发、突发、死亡快、多发生于雨季和青草生长旺季），结合剖检主要发生于消化系统、呼吸系统、心血管系统的病变及急性病例尿中含糖量明显增加，可作出现场诊断。

（2）实验室诊断 取小肠粪便，用 2 倍生理盐水稀释后，以 4 000 转/分的速率离心 30 分钟，取上清液给 4 只小鼠尾静脉注射，剂量分别为 0.05 毫升（2 只）和 0.1 毫升（2 只），结果小鼠在 4 分钟内全部死亡。

病羊的肝脏、脾脏、肾脏、心脏和肠淋巴进行组织触片，用革兰氏及瑞氏染色，镜检，可见一致的革兰氏阳性、具有荚膜的粗大杆菌，呈单个或两两相连排列，菌体与常见产气荚膜杆菌一致。

病羊肝脏、脾脏、肾脏、心脏和肠淋巴组织接种在厌气肉肝汤中培养 24 小时，长出丰茂、产气旺盛、肉汤浑浊一致的生长物，涂片镜检可见一致的革兰氏阳性大杆菌，两端钝圆，两侧平直或稍弯曲，呈单个或两两相连。

在兔血、牛血琼脂平板上，37℃板 24 小时培养，呈 β 溶血，溶血环直径 2 毫米，培养 24 小时后菌落多为圆形、光滑、隆起、边缘整齐，淡灰色；培养 72 小时后菌落边缘略不整齐，表面有辐射条纹，所谓"勋章样"。在牛乳培养基中培养 18 小时后，牛奶凝固、产气，出现爆裂、发酵；能利用葡萄糖、乳糖、蔗糖、麦芽糖、果糖；对杨苷、甘露醇不定；产生硫化氢、靛基质和 VP 试验为阴性，甲基红试验为阳性，尿素试验阴性。不得用枸橼酸盐。也可将肝脏、脾脏、淋巴结等病料组织做成悬液，给家兔腹腔注射，家兔于 1 天内死亡，取材料染色检查，可发现病原典型特征。

血清学诊断可用标准魏氏梭菌抗毒素与肠内容物滤液做中和试验。

（3）类症鉴别　诊断时注意与以下几种羊病的鉴别。炭疽可致各种年龄羊发病，临床诊断有明显的体温反应，黏膜呈蓝紫色，死后尸僵不全，天然孔流血，脾脏高度肿大，细菌学检查，可发现具有荚膜的炭疽杆菌；巴氏杆菌病病程多在 1 天以上，临床表现有体温升高、皮下组织出血性胶样浸润，后期呈现肺炎症状，病料涂片可见革兰氏阴性、两极浓染的巴氏杆菌；大肠杆菌病多发于 6 周龄以内的小羊，肾脏表面多呈青紫色，但不软化；各脏器内可培养出大肠杆菌。

6. 防治

（1）预防　农、牧区春夏之际，应尽量减少抢青、抢茬，秋季避免过食结籽饲草和蔬菜等多汁饲料。当羊群出现本病时要立即搬圈，转移到高燥的地区放牧。在常发地区应春秋两次注射羊厌气菌病三联、四联或五联菌苗。

（2）治疗　对病程较缓慢的病羊，可使用青霉素肌内注射，每只羊 80 万～160 万国际单位，每天 2 次；内服磺胺脒 8～12 克，第 1 天一次灌服，第 2 天分 2 次灌服；也可灌服 10% 石灰水，大羊 200 毫升，小羊 50～80 毫升，连服 1～2 次。此外，应结合强心、补液、镇静等对症治疗，有时尚能治愈少数病羊。

（十九）羊猝狙

羊猝狙是由 C 型魏氏梭菌引起的一种毒血症，故又称 C 型肠毒症。临床上以绵羊急性死亡、腹膜炎和溃疡性肠炎为特征。

1. 病原　魏氏梭菌又称为"产气荚膜杆菌"，分类上属于梭菌属。革兰氏染色阳性，在动物体内可形成荚膜，芽孢位于菌体中央。本菌可产生多种外毒素，依据毒素—抗毒素中和试验，可将魏氏梭菌分为 A、B、C、D、E 5 个毒素型。羊猝狙由 C 型魏氏梭菌所引起。

2. 流行特点　发生于成年膘情较好的绵羊，以 1～2 岁的绵羊发病较多，常流行于低洼、潮湿地区和冬春季节，主要经消化道感染，呈地方性流行。

3. 临床症状　C 型魏氏梭菌随污染的饲料或饮水进入羊的消化道，在小肠特别是十二指肠和空肠内繁殖，主要产生 β 毒素，引起羊发病。病程短促，多未及见到症状即突然死亡。有时发现病羊掉群、卧地，表现不安，急起急卧，腹痛剧烈，呻吟磨牙，口吐白沫，头向后仰，四肢乱蹬，衰弱或痉挛，于数小时内死亡。

4. 病理变化　剖检可见十二指肠和空肠黏膜严重充血、糜烂，个别区段可见大小不等的溃疡灶，浆膜上有出血点。体腔多有积液，暴露于空气易形成纤维素絮块。浆膜上有小点出血。病羊刚死时骨骼肌表现正常，死后 8 小时，骨骼肌肌间积聚有血样液体，肌肉出血，有气性裂孔，这种变化与黑腿病的病变十分相似。

5. 诊断

（1）现场诊断　根据发病特点、临床症状和病理变化，可做出初步诊断。

（2）实验室诊断　采集体腔渗出液、脾脏等病料进行细菌学检查；取小肠内容物进行毒素检查以确定菌型。

（3）类症鉴别　应与羊快疫等其他梭菌性疾病、炭疽、巴氏杆菌病等类似疾病相鉴别。主要通过病原学的检查和毒素检验进行区别。

6. 防治　预防和治疗同羊快疫和羊肠毒血症。

（二十）羊黑疫

羊黑疫又称"传染性坏死性肝炎"，是由 B 型诺维氏梭菌引起的绵羊、山羊的一种急性高度致死性毒血症。本病以肝实质发生坏死性病灶为特征，羊皮外观呈黑色。

1. 病原　诺维氏梭菌分类上属于梭菌属，为革兰氏阳性大杆菌。本菌严格厌氧，可形成芽孢，不产生荚膜，具有周身鞭毛，能运动。根据本菌产生的外毒素，通常分为 A、B、C 3 型。

2. 流行特点　本菌能使 1 岁以上的绵羊发病，以 2～4 岁、营养好的绵羊多发；山羊也可患病，牛偶可感染。实验动物以豚鼠最为敏感，家兔、小鼠易感性较低。诺维氏梭菌广泛存在于自然界特别是土壤之中，羊采食被芽孢体污染的饲草后，芽孢由胃肠壁经目前尚未阐明的途径进入肝脏。当羊感染肝片吸虫时，肝片吸虫幼虫游走损害肝脏，使其氧化－还原电位降低，存在于该处的诺维氏梭菌芽孢即获适宜的条件，迅速生长繁殖，产生毒素，进入血液循环，引起毒血症，导致急性休克而死亡。本病主要发生于低洼、潮湿地区，以夏秋季节多发，发病常与肝片吸虫的感染侵袭密切相关。

3. 临床症状　本病临床表现与羊快疫、羊肠毒血症等疾病极为相似。病程短促，大多数发病羊表现为突然死亡，临床症状不明显。部分病例可拖延 1～2 天，病羊放牧时掉群，食欲废绝，精神沉郁，反刍停止，呼吸急促，体温 41℃，常昏睡，俯卧而死亡。一般发病后 2 小时内死亡，最长不超过 24 小时，病死率达 100%。

4. 病理变化　病羊尸体皮下静脉显著瘀血，使羊皮呈暗黑色外观（黑疫之名由此而来）。真胃幽门部、小肠黏膜充血、出血。肝脏表面和深层有数目不等的凝固性坏死灶，呈灰黑色不整圆形，周围有一鲜红色充血带围绕，坏死灶直径达 2～3 厘米，切面呈半月形。羊黑疫肝脏的这种坏死变化，具有重要诊断意义（这种病变与未成熟肝片吸虫通过肝脏时所造成的病变不同，后者为黄绿色、弯曲似虫样的带状病痕）。体腔多有积液，心内膜常见有出血点。

5. 诊断

（1）现场诊断　根据病羊临床症状皮呈黑色外观和病理变化可做出初步诊断。

（2）实验室诊断

1）病料采集　采集肝脏坏死灶边缘与健康组织相邻接的肝组织作为病料，也可采集脾脏、心血等材料作为病料。用作分离培养的病料，应于死后及时采集，立即接种。

2）染色镜检　病料组织染色镜检，可见粗大而两端钝圆的诺维氏梭菌，排列多为单在或成双存在，也见 3～4 个菌体相连的短链。

3）分离培养　诺维氏梭菌严格厌氧，分离较为困难，特别是当病料污染时则更为不易。病料应于羊死后尽快采集，严格无菌操作，立即划线接种，在严格厌氧条件下分离培养。由于羊的肝脏、脾脏等组织在正常时可能有本菌芽孢存在。因此，分离得病原菌后尚要结合流行病学分析、疾病发生和剖检变化综合判断才能确诊。

4）动物接种试验　病料悬液肌内注射豚鼠，豚鼠死后剖检，可见接种部位有出血性水肿，腹部皮下组织呈胶样水肿，透明无色或呈玫瑰色，厚度有时可达 1 厘米，这种变化极为特征，具有诊断意义。

5）毒素检查　一般用卵磷脂酶试验检查病料组织中 B 型诺

维氏梭菌产生的毒素。

（3）类症鉴别　应与羊快疫、羊肠毒血症、羊炭疽等类似疾病进行区别诊断。

6. 防治

（1）预防　在肝片吸虫病流行地区，对羊群每年至少安排2次定期驱虫。一次在秋末冬初，由放牧转为舍饲之前；另一次在冬末春初，由舍饲改为放牧之前。药物可选用蛭得净（溴酚磷），羊每千克体重剂量16毫克，一次内服；或使用丙硫苯咪唑，以每千克体重15～20毫克剂量，一次内服；也可使用三氯苯唑，以每千克体重8～12毫克剂量一次内服。此外，在低洼潮湿的沼泽地，有利于肝片吸虫的终末宿主椎实螺生长和繁殖，还要注意灭螺工作。定期注射羊黑疫菌苗、黑疫快疫混合苗或羊厌气菌五联苗。一般在4～5月份，产羔前1个月进行疫苗注射。发病时将羊圈搬至高燥处，也可使用抗诺维氏梭菌血清早期预防，皮下或肌内注射10～15毫升，必要时可重复一次。

（2）治疗　对病程稍缓的病羊，可肌内注射青霉素（用法同羊快疫），也可静脉或肌内注射抗诺维氏梭菌血清，一次量10～80毫升，连用1～2次。对全群羊进行驱虫，按剂量口服丙硫苯咪唑片，3天后再注射碘硝酚，每10千克体重0.5毫升，以巩固疗效。

（二十一）羔羊痢疾

羔羊痢疾又称羔羊梭菌性痢疾，俗称红肠子病。是由B型魏氏梭菌引起初生羔羊的一种急性、传染性毒血症，以剧烈腹泻和小肠发生溃疡为特征。本病常可使羔羊大批死亡，给养羊业带来重大损失。

1. 病原　为B型魏氏梭菌，又称B型产气荚膜梭菌，为条件性致病菌。生活在土壤、肥料及某些动物消化道。

2. 流行特点　主要发生于7日龄以内的羔羊，尤以2～5日龄羔羊发病为多。羔羊生后数日，B型魏氏梭菌可通过吮乳、羊粪或饲养人员手指进入消化道，也可通过脐带或创伤感染。在不良因素的作用下，羔羊抵抗力减弱，病菌在小肠大量繁殖，产生毒素（主要为β毒素），引起发病。羔羊痢疾的促发因素主要有：母羊怀孕期营养不良，羔羊体质瘦弱；气候骤变，寒冷袭击，特别是大风雪后，羔羊受冻；哺乳不当，饥饱不均。本病可使羔羊发生大批死亡，特别是草质差的年份或气候寒冷多变的月份，发病率和病死率均高。

3. **临床症状** 潜伏期1～2天。病初羔羊精神委顿，低头拱背，不想吃奶；不久即下痢，粪便恶臭，有的稠如面糊，有的稀薄如水，颜色黄绿、黄白甚至灰白，部分病羔后期粪便带血或为血便。病羔虚弱，卧地不起，常于1～2天内死亡。个别病羔腹胀而不下痢或只排少量稀粪（也可能粪便带血或成血便），主要表现为神经症状，四肢瘫软，卧地不起，呼吸急促，口流白沫，最终昏迷。体温降至常温以下，若不及时救治，多在数小时或十几小时内死亡。

4. **病理变化** 尸体严重脱水，尾部污染有稀粪。最显著的变化在消化道，真胃内有未消化的乳凝块；小肠尤其回肠黏膜充血发红，常可见直径1～2毫米的溃疡病灶，溃疡灶周围有一充血、出血带环绕；肠系膜淋巴结肿胀充血，间或出血；心包积液，心内膜可见有出血点；肺脏常有充血区或出血斑。

5. 诊断

（1）**现场诊断** 在常发地区，依据流行病学、临床症状和病理变化，一般可作出初步诊断。

（2）**实验室诊断**

1）**病料采集** 生前可采集粪便，死后常采集肝脏、脾脏以及小肠内容物等作为病料。

2）**染色镜检** 病料染色检查，可于肠道发现大量有荚膜的革兰氏阳性大杆菌，同时于肝脏、脾脏等脏器也可检出魏氏梭菌。

3）分离培养　本菌虽为专性厌氧菌，但厌氧条件不苛刻，较易培养。常用厌气肉肝汤和鲜血琼脂进行培养。纯分离物进行生化试验以便鉴定。

4）毒素检查　利用小肠内容物滤液接种小鼠或豚鼠进行毒素检查和中和试验，以确定毒素的存在和菌型。

（3）类症鉴别　羔羊梭菌性痢疾应与沙门氏菌病、大肠杆菌病等类似疾病相区别。

1）羔羊梭菌性痢疾与沙门氏菌病的鉴别由沙门氏菌引起的初生羔羊下痢，粪便也可夹杂有血液，剖检可见真胃和肠黏膜潮红并有出血点，从心血、肝脏、脾脏和脑可分离到沙门氏菌。

2）羔羊梭菌性痢疾与大肠杆菌病的鉴别由大肠杆菌引起的羔羊下痢，用魏氏梭菌免疫血清预防无效，而用大肠杆菌免疫血清则有一定的预防作用。在羔羊濒死或刚死时采集病料进行细菌学检查，分离出纯培养的致病菌株具有诊断意义。

6. 防治

（1）预防　对怀孕母羊做到产前抓膘增强体质，产后保暖，防止受凉。合理哺乳，避免饥饱不均。做好圈舍及用具的消毒工作。一旦发病应及时隔离病羊。对未发病羊要及时转圈饲养。在常发疫点可采取药物预防。羔羊出生后 12 小时内，灌服土霉素每只 0.12～0.15 克/只，每天 1 次，连服 3 天。每年秋季及时注射羊厌气菌病五联苗，必要时可于产前 2～3 周再接种一次。

（2）治疗　可选用如下方法治疗：土霉素 0.2～0.3 克、胃蛋白酶 0.2～0.3 克，加水灌服，每天 2 次；磺胺脒 0.5 克、鞣酸蛋白 0.2 克、次硝酸铋 0.2 克、碳酸钠 0.2 克，加水灌服，每天 3 次；先灌服含 0.5% 福尔马林的 6% 硫酸镁溶液 30～60 毫升，6～8 小时后再灌服 1% 高锰酸钾溶液 10～20 毫升，每天 2 次；如并发肺炎，可用青霉素 80 万国际单位、链霉素 80 万单位混合肌内注射，每天 2 次。在使用上述药物的同时，要适当采取对症治疗措施，如强心、补液、镇静，食欲不好者可灌服人工胃液（胃蛋白酶 10 克，浓盐酸 5 毫升，水 1 升）10 毫升或番木别酊 0.5 毫升，每天 1 次。

可配合中药疗法，对已下痢的病羔，可服用加减乌梅汤：乌梅（去核）、炒黄连、黄芩、郁金、炙甘草、猪苓各 10 克，诃子肉、焦山楂、神曲各 12 克，泽泻 8 克，干柿饼（切碎）1 个，以上药研碎，加水 400 毫升，煎至 150 毫升，加红糖 50 克为引，一次灌服。或服加味白头翁汤：白头翁 10 克、黄连 10 克、秦皮 12 克、生山药 30 克、山萸肉 12 克、诃子肉 10 克、茯苓 10 克、白术 15 克、白芍 10 克、干姜 5 克、甘草 6 克，将上述药水煎 2 次，每次煎汤 300 毫升，混合后每个羔羊灌服 10 毫升，每天 2 次。

（二十二）放线菌病

放线菌病是牛、羊和其他家畜及人的一种非接触性慢性传染病。其特征为局部组织增生与化脓，形成放线菌肿。临床表现为头部、皮下及皮下淋巴结呈现有脓疡性的结缔组织肿胀。

1. 病原　主要是牛放线菌和林氏放线杆菌，此外还有化脓放线菌（原名化脓棒状杆菌）和金色葡萄球菌。牛放线菌为不规则、无芽孢、革兰氏阳性杆菌，分类上属放线菌属，是一种不运动、不形成芽孢的杆菌，有长成菌丝的倾向。在动物组织中呈现带有辐射状菌丝的颗粒性聚集物——菌芝，外观似硫磺颗粒，其大小如帽针头，呈灰色、灰黄色或微棕色，质地柔软或坚硬。涂片经革兰氏染色后，其中心菌体为紫色，周围辐射状菌丝为红色。本菌抵抗力微弱，一般消毒剂均可将其杀死，对青霉素、链霉素、四环素等抗生素敏感。

林氏放线杆菌为革兰氏阴性、兼性厌氧的杆菌，分类上属巴氏杆菌科，放线杆菌属，是一种不运动、不形成芽孢和荚膜的多形态的革兰氏阴性杆菌，在动物组织中也形成菌芝，无显著的辐射状菌丝。革兰氏染色，中心与周围均呈红色。本菌可引起绵羊皮肤与肺的本菌对外界环境条件抵抗力不强，对链霉素、四环素等抗生素敏感。

2. 流行特点　放线菌病的病原不仅存在于污染的土壤、饲料和饮水中，而且还寄生于动物口腔、咽部黏膜、扁桃体和皮肤等部位。因此，黏膜或皮肤上只要有破损，便可以感染。该病一般为散发。很少呈流行。牛最常见，绵羊和山羊较少发生，牛与绵羊可以互相传染。

3. 临床症状　常见下颌骨肿大，肿胀发展缓慢，最初的症状是下唇和面部的其他部位增厚，经过几个月才在增厚的皮下组织中形成直径达 5 厘米左右、单个或多数的坚硬结节，有时皮肤化脓破溃，形成瘘管。病羊不能采食，消瘦，衰弱。舌和咽部感染时，组织肿胀变硬，流涎，咀嚼困难。乳房患病时，呈弥漫性肿大或有局灶性硬结。

4. 病理变化　在受害器官的个别部分，有扁豆粒至豌豆粒大的结节样生成物，这些小结节聚集而形成大结节，最后变为脓肿。脓肿中含有乳黄色脓液，其中有放线菌芝。这种肿胀系由化脓性微生物增殖的结果。当细菌侵入骨骼（颌骨、鼻甲骨、腭骨等）逐渐增大，状似蜂窝。这是由于骨质疏松和再生性增生的结果。切面常呈白色，光滑，其中镶有细小脓肿。也可发现有瘘管通过皮肤或引流至口腔。在口腔黏膜上有时可见溃烂，或呈蘑菇状生成物，圆形，质地柔软，呈褐黄色，病期长久的病例，肿块有钙化的可能。

5. 诊断

（1）现场诊断　放线菌病的临床症状和病变比较特殊，不易与其他传染病混淆，不难诊断。

（2）实验室诊断　必要时可取脓汁少许，用水稀释，找出硫磺样颗粒，在水内洗净，置载玻片上加一滴 15％氢氧化钾溶液，覆以盖玻片用力挤压，置显微镜下检查，可看到明显带有辐射菌丝的颗粒状聚集物——菌芝。如欲辨认何种细菌，则可用革兰氏法染色后检查判定，若镜下见菊花状菌块，中心为革兰氏阳性的菌丝体，其周围呈棍棒体，定为牛型放线菌；菌块中心为革兰氏阴性短小杆菌，其周围的棍棒状呈革兰氏阴性，定为林氏放线杆菌。

6. 防治

(1) 预防　避免在低湿地放牧。舍饲的羊，最好将干草、谷糠等浸软后饲喂，避免刺伤羊的口黏膜。合理饲养管理及遵守兽医卫生制度，特别是防止皮肤、黏膜发生损伤。羊有伤口时应及时处理。

(2) 治疗　由于侵害的是软组织，静脉注射相当有效。轻型病例可用碘剂进行治疗。静脉注射10%的碘化钠溶液20～25毫升，每周1次，并经常给患部涂擦碘酒，直到痊愈为止。轻型病例一般2～3次即可治愈；或者内服碘化钾，每次1～1.5克，每天3次，作成水溶液服用，直到肿胀消失为止；或者用碘化钾2克溶于1毫升蒸馏水中，再与5%碘酒2毫升混合，一次注射于患部。对较大的脓肿可用外科手术切除，若有瘘管形成，要连同瘘管彻底切除。切除后的新创腔，用碘酊纱布填塞，1～2天更换1次；伤口周围注射10%碘仿醚或2%鲁戈氏液。内服碘化钾，每天1～3克，可连用2～4周；在用药过程中如出现碘中毒现象（脱毛、消瘦和食欲缺乏等），应暂停用药5～6天或减少剂量。抗生素治疗也有效，可同时用青霉素和链霉素注射于患病部周围，青霉素每千克体重1万～1.5万国际单位，链霉素每千克体重10毫克，每天1次，连用5天为一个疗程。链霉素与碘化钾同时应用，效果更为显著。

三、其他病原性传染病

（一）羊衣原体病

由鹦鹉热衣原体引起绵羊、山羊的一种传染病。临床上以发热、流产、死产和产出弱羔为特征。在疾病流行期，也见部分羊表现多发性关节炎、结膜炎、肺炎等疾患。本病在世界许多国家和地区均有发生，能感染多种动物，多为隐性经过。

1. 病原　鹦鹉热衣原体分类上属于衣原体科，衣原体属。衣原体只能在活的细胞内繁殖，增殖过程因不同的发育周期，有始体和原体之分。始体为繁殖型，无传染性；原体具有传染性，感染主要由原体引起。衣原体呈球形或卵圆形，革兰氏染色阴性，生活周期各期形态不同，染色反应亦异。经姬姆萨氏染色法染色，形态较小而具有传染性的原体被染成紫色，形态较大的繁殖性始体则被染成蓝色。受感染的细胞内可查见各种形态的包涵体，由原体组成，对疾病诊断有特异性。衣原体在一般培养基上不能繁殖，常在鸡胚和组织培养中增殖。实验动物以小鼠和豚鼠对其具有易感性。鹦鹉热衣原体抵抗力不强，对热敏感，感染鸡胚卵黄囊中的衣原体在-20℃可保存数年。0.1%福尔马林、0.5%石炭酸、70%酒精、3%氢氧化钠均能将其灭活。衣原体对青霉素、四环素、红霉素等抗生素敏感，而对链霉素有抵抗力。沙眼衣原体对磺胺类药物敏感，而鹦鹉热衣原体则有抵抗力。

2. 流行特点　鹦鹉热衣原体可感染多种动物，多为隐性经过。家畜中以牛、羊较为易感，也能感染鹦鹉、鸽子等，禽类感染后称为"鹦鹉热"或"鸟疫"。本病对新引进的品种羊最易感，不同品种成年母羊均可发病，尤以2岁初产母羊发病最多。许多野生动物和禽类是本菌的自然宿主。患病动物和带菌动物为主要传染源，可通过粪便、尿液、乳汁、泪液、鼻分泌物以及流产的胎儿、胎衣、羊水排出病原体，污染水源、饲料及环境。本病主要经呼吸道、消化道及损伤的皮肤、黏膜感染；也可通过交配或用患病公畜的精液人工授精发生感染，子宫内感染也有可能；蜱、螨等吸血昆虫叮咬也可能传播本病。羊衣原体性流产多呈地方性流行，羔羊发生结膜炎或关节炎时多呈流行性，常见于夏季。密集饲养，营养缺乏，长途运输或迁徙，寄生虫侵袭等应激因素，可促进本病的发生、流行。

3. 临床症状　感染绵羊、山羊有不同的临床表现，主要有下列几种病型。

（1）流产型　潜伏期50～90天。流产通常发生于妊娠的中后期，一般观察不到征兆，临床表现主要为流产、死产或娩出生命力不强的弱羔羊。流产后往往胎衣滞留，流产羊阴道排出分泌物可达数日。有些病羊可因继发感染细菌性子宫内膜炎而死亡。羊群首次发生流产，流产率可达20％～30％，以后则流产率下降。流产过的母羊，一般不再发生流产。在本病流行的羊群中，可见公羊患有睾丸炎、附睾炎等疾病。

（2）关节炎型　鹦鹉热衣原体侵害羔羊，可引起多发性关节炎。感染羔羊病初体温高达41～42℃，食欲减退、掉群、不适，肢关节（尤其腕关节、跗关节）肿胀、疼痛，一肢或四肢跛行。患病羔羊肌肉僵硬，或弓背而立，或长期卧地，体重减轻，生长发育受阻。有些羔羊同时发生结膜炎。发病率高，病程2～4周。

（3）结膜炎型　结膜炎主要发生于绵羊，特别是育肥羔和哺乳羔。病羔一眼或双眼均可患病，眼结膜充血、水肿，大量流泪。病后2～3天，角膜发生不同程度的混浊，出现血管翳、糜烂、溃疡或穿孔。数天后，在瞬膜、眼结膜上形成直径1～10毫米的淋巴滤泡（滤泡性结膜炎）。某些病羊可伴发关节炎，发生跛行。发病率高，育肥场羔羊可达90％，一般不引起死亡。病程6～10天，角膜溃疡者，病期可达数周。

部分病例可发生肺炎、肠炎等疾患。

4. 病理变化

（1）流产型　流产母羊胎膜水肿、增厚，子叶呈黑红色或土黄色，胎膜周围的渗出物呈棕色。流产胎儿水肿，皮肤、皮下组织、胸腺及淋巴结等处有点状出血，肝脏充血、肿胀，表面可能有针尖大小的灰白色病灶。组织病理学检查，胎儿肝脏、肺脏、肾脏、心肌和骨骼肌血管周围网状内皮细胞增生。

（2）关节炎型　关节囊扩张，发生纤维素性滑膜炎。关节囊内积聚有炎性渗出物，滑膜附有疏松的纤维素性絮片。患病数周的关节滑膜层由于绒毛样增生而变粗糙。

（3）结膜炎型　结膜充血、水肿。角膜发生水肿、糜烂和溃疡。瞬膜、眼结膜可见大小不等的淋巴样滤泡，组织病理学检查，可发现滤泡内淋巴细胞增生。

5. 诊断

（1）现场诊断　依据流行特点、临床症状和病理变化，仅能怀疑为本病。

（2）实验室诊断　确诊需进行病原体分离和血清学试验。

1）病料采集　采集血液、脾脏、肺脏及气管分泌物、肠黏膜及内容物，流产胎儿及流产分泌物等作为病料。

2）染色镜检　病料涂片或接种鸡胚卵黄液抹片，姬姆萨氏染色法染色镜检，可发现圆形或卵圆形的病原颗粒。

3）分离培养　病料悬液 0.2 毫升接种于孵化 5～7 天的鸡胚卵黄囊内，感染鸡胚常于 5～12 天死亡，胚胎或卵黄囊表现充血、出血。取卵黄囊抹片镜检，可发现大量的原体。有些衣原体菌株则须盲传几代，方能检出原体。

4）动物接种试验　将病料接种无特定病原的小鼠或豚鼠，经脑内、鼻腔或腹腔途径接种，均可进行衣原体的分离和繁殖。

5）血清学试验　补体结合试验、酶联免疫吸附试验、琼脂扩散试验和间接血凝试验均可用于本病诊断。

（3）类症鉴别　在临床上常与布鲁氏菌病、弯杆菌病、沙门氏菌病等类似疾病进行区别诊断，须依据病原学检查和血清学试验鉴别之。

6. 防治

（1）预防　加强饲养卫生管理，消除各种诱发因素，防止寄生虫侵袭，增强羊群体质。流行本病的地区，用羊流产衣原体灭活苗对母羊和种公羊进行免疫接种，可有效控制羊衣原体病的流行。发病时，流产母羊及其所产弱羔应及时隔离。流产胎盘、产出的死羔应予销毁。污染的羊舍、场地等环境用2%氢氧化钠溶液、2%来苏儿溶液等进行彻底消毒。对同群未发病羊和周围受威胁的羊用0.05%四环素粉混拌饲料中饲喂，进行预防或治疗，连用14天。

（2）治疗　可肌内注射氟苯尼考每千克体重20～30毫克，每天注射2次，连用3～5天；或肌内注射青霉素，每次80万～160万国际单位，每天2次，连用3天。也可将四环素族抗生素混于饲料中喂给，连用1～2周。对感染羊长期注射长效土霉素制剂，可使怀孕母羊正常分娩。结膜炎患羊可用土霉素软膏点眼治疗。治疗期间，加强饲养管理，给予优质饲料和清洁饮水。

（二）羔羊支原体病

支原体病是由支原体引起绵羊、山羊羔发生的一种急性败血性传染病。在羔羊群中，发病急、病程短、病死率高。

1. 病原　暂定为羔羊支原体。在支原体培养基上生长丰盛，可致液体培养基混浊。尿素分解和精氨酸剂利用试验均为阴性。微弱发酵葡萄糖，集落不吸附红细胞。卵黄囊接种7日龄鸡胚，96小时后死亡，胚体水肿、出血。分布于病羔的血液、内脏及脑中。生长抑制试验显示，本菌可被禽败血支原体抗血清抑制，但不被牛支原体、丝状支原体、丝状亚种和鼻支原体抗血清所抑制。

2. 流行特点　主要发生于30日龄以内的羔羊，1日龄时即可发病，较大的羊和成年羊呈隐性感染，虽不显症状，但可带菌并可从母羊子宫分泌物和乳汁中排出，成为危险的传染源。人工气管接种10日龄雏鸡，可使部分接种鸡10天后出现神经症状，15天后死亡。皮下接种该病原的小鼠于4～7天后死亡，死前出现眼结膜炎。本病可通过消化道和呼吸道感染，还可通过带菌母山羊的子宫与乳汁垂直传播给胎儿。本病发生于产羔季节，尤其是产春羔季节（2～3月份）。

3. 临床症状和病理变化　病羔精神沉郁，吮乳减少或废绝，后肢软弱甚至不能站立，少数病羔腕关节明显肿大。体温一般正常，少数可升高至41℃，发病后2～3天因极度衰弱而死亡。部分病羔有头颈伸直、后仰、呻吟等表现，死亡率可达67.7%。死后剖检可见肺尖叶、心叶有实变区，心脏、肝脏、肾脏有不同程度的变性。

4. 诊断依据　流行特点、临床症状和病理变化可做出现场诊断，确诊需进行病原分离鉴定。

5. 防治　目前尚无菌苗可供免疫接种。预防措施主要是不从疫区引种，以免传入本病。发病后，应加强饲养管理，隔离消毒，只要有一只羔羊发病，就应立即给怀孕后期的母羊和全部羔羊内服或肌内注射土霉素，剂量按每千克体重30～40毫克计，每天肌内注射1次，连续注射3～5天，或按每千克体重40～50毫克口服，每天2次，连服3天。羔羊可补充复合维生素，有预防作用。实验室药敏试验显示，本菌对治百炎（水观霉素）和强力霉素高度敏感，可在临床上试用，治百炎的剂量与用法同土霉素，对已出现症状的羔羊治疗效果不佳。

（三）羊传染性胸膜肺炎

羊传染性胸膜肺炎又称羊支原体性肺炎，俗称"烂肺病"，是由支原体引起羊的一种高度接触性传染病。以发热、咳嗽、浆液性和纤维蛋白性肺炎以及胸膜炎为特征。它在亚洲、非洲及其他养羊发达地区呈广泛流行。

1. 病原　引起山羊支原体性肺炎的病原体为丝状支原体山羊亚种，分类上属于支原体科、支原体属。丝状支原体为一细小、多形性微生物，革兰氏染色阴性，用姬姆萨氏法、卡斯坦奈达氏法或美蓝染色法着色良好。近年来，在我国甘肃等省、自治区，从具有类似山羊传染性胸膜肺炎临床症状和病理变化的患病山羊中，分离到一种与丝状支原体山羊亚种无交互免疫性的支原体，经鉴定为绵羊肺炎支原体。这种支原体的形态也具多形性，在培养基（琼脂浓度约为 0.7%）上生长时，也呈一般支原体都具有的"煎蛋"状菌落，而且山羊、绵羊均可感染致病。丝状支原体山羊亚种对理化因素的抵抗力弱，对红霉素高度敏感，四环素也有较强的抑菌作用，但对青霉素、链霉素不敏感；而绵羊肺炎支原体则对红霉素不敏感。

2. **流行特点**　自然条件下，丝状支原体山羊亚种只感染山羊，以 3 岁以下的山羊发病为多；绵羊肺炎支原体可感染山羊和绵羊。病羊为主要传染源，病肺组织以及胸腔渗出液中含有大量病原体，主要经呼吸道分泌物排菌。耐过羊在相当长的时期内也可成为传染源。本病常呈地方性流行，主要通过空气—飞沫经呼吸道传染，接触传染性强。阴雨连绵，寒冷潮湿，营养缺乏，羊群密集、拥挤等不良因素易诱发本病。羊痘、羊狂蝇侵袭等可继发暴发该病，且发病率和死亡率较高。本病一年四季均可发生和流行，但在秋末初冬和早春寒冷、潮湿季节较为多见，且呈急性暴发。

3. **临床症状**　潜伏期短者 5～6 天，长者 3～4 周，平均18～20 天。奶山羊的潜伏期及病程较短。根据病程和临床症状，可分为最急性、急性和慢性 3 型。

（1）**最急性**　病初体温增高，可达 41～42℃，极度委顿，食欲废绝，呼吸急促而有痛苦的鸣叫。数小时后出现肺炎症状，呼吸困难，咳嗽，并流浆液带血鼻液，肺部叩诊呈浊音或实音，听诊肺泡呼吸音减弱、消失或呈捻发音。12～36 小时内，渗出液充满病肺并进入胸腔，病羊卧地不起，呼吸极度困难，黏膜发绀，最后窒息死亡。病程 2～5 天，有的仅 12～24 小时。

（2）**急性**　最常见。病初体温升高，食欲减退，呆立一隅，不愿走动，继之出现短而湿的咳嗽，伴有浆液性鼻漏。4～5 天后，咳嗽变干而痛苦，鼻液转为黏液—脓性并呈铁锈色，黏附于鼻孔和上唇，结成干固的棕色痂垢。多在一侧出现胸膜肺炎变化，叩诊有实音区，听诊呈支气管呼吸音和摩擦音，按压胸壁表现敏感、疼痛。高热稽留不退，食欲锐减，呼吸困难和痛苦呻吟，眼睑肿胀，流泪或有黏液—脓性眼屎。口半开张，流泡沫状唾液。头颈伸直，腰背拱起，腹肋紧缩，孕羊大批发生流产。有的发生臌胀和腹泻，甚至口腔发生溃烂，唇、乳房等部位皮肤发疹。濒死前体温降到常温以下。病期 7～15 天，有的可达 1 个月。幸而不死的转为慢性。

（3）慢性　多见于夏季。全身症状轻微，体温升到 40℃ 左右。病羊间有咳嗽和腹泻，鼻涕时有时无，身体衰弱，被毛粗乱无光。在此期间如饲养管理不良，可因并发症而迅速死亡。潜伏期平均 18～20 天。

4. 病理变化　病变多局限于胸部。胸腔常有淡黄色积液，暴露于空气后其中纤维蛋白易凝固。病理损害多发生于一侧，常呈纤维蛋白性肺炎，间或为两侧性肺炎；肺实质肝变，切面呈大理石样变化；肺小叶间质变宽，界限明显；血管内常有血栓形成。胸膜增厚而粗糙，常与肋膜、心包膜发生粘连。支气管淋巴结、纵隔淋巴结肿大，切面多汁并有出血点。心包积液，心肌松弛、变软。肝脏、脾脏肿大，胆囊肿胀。肾脏肿大，被膜下可见有小点出血。病程久者，肺肝变区机化，结缔组织增生，甚至有包囊化的坏死灶。

5. 诊断

（1）现场诊断　根据流行特点、临床症状和病理变化、胸膜肺炎可作出现场诊断。

（2）实验室诊断

1）病料采集　无菌采集急性病例肺组织、胸腔渗出液等作为病料，置低温冰箱贮存。

2）染色镜检　由于菌体无细胞壁，故呈杆状、丝状、球状等多形态特性。病料制片检查，呈革兰氏阴性，但因着色不佳，常用姬姆萨氏法、瑞氏法或美蓝染色法进行染色观察。

3）分离培养　病料接种于血清琼脂培养基，37℃培养3～6天，长出细小、半透明、微黄褐色的菌落，中心突起呈"煎蛋"状，涂片染色镜检，可见革兰氏阴性、极为细小的多形性菌体。也可用液体培养基进行分离培养。于培养基中加入特异性抗血清进行生长抑制试验，鉴定病原。

4）动物接种试验　采集新鲜病料或用纯培养物，接种于山羊胸腔或气管内，经3～7天后，实验羊可出现与自然病例相同的症状和病变。也可通过肌肉和静脉途径接种动物。

5）血清学诊断　常用的方法有琼脂免疫扩散试验、玻片凝集试验和荧光抗体试验。

（3）类症鉴别　应与巴氏杆菌病进行区别。在临床症状和病理变化上，羊支原体性肺炎和羊巴氏杆菌病很相似，但病料染色镜检，羊支原体性肺炎通常观察到较为细小的多形性菌体，而羊巴氏杆菌病病料制片用瑞氏染色法染色、镜检，则可检出两极着色的卵圆状杆菌；病料接种家兔和小鼠，做动物感染试验，羊支原体性肺炎的病料不引起发病，而巴氏杆菌病的病料则引起动物死亡。

6. 防治

（1）预防　提倡自繁自养，新引入的山羊，应隔离观察1个月确认无病后方可混群；加强饲养管理，降低饲养密度，饲喂新鲜饲料，提高易感羊抵抗力，对疫区的假定健康羊，每年用山羊传染性胸膜肺炎氢氧化铝苗接种。病菌污染的环境、用具等应严格消毒。

（2）治疗　病的初期可使用土霉素，以每天每千克体重20～50毫克剂量分2次内服；氟苯尼考每千克体重20～30毫克肌内注射，每天2次，连用3～5天。酒石酸泰乐菌素每天每千克体重6～12毫克，每天肌内注射2次，3～5天为1个疗程。5％恩诺沙星每千克体重5毫克肌内注射，每天1～2次，连用5～7

天。也可试用在饲料中添加抗生素，连喂 7～10 天，每吨饲料中添加强力霉素 200 克，或恩诺沙星 200～400 克进行治疗，效果明显。病情严重患羊可配以高渗葡萄糖、维生素 C、安钠咖等药物予以混合，静脉注射，每天 2 次，连用 2 天，间隔 3～5 天重复用药 1 次。

（四）传染性角膜结膜炎

传染性角膜结膜炎又名红眼病或流行性眼炎、滤泡性结膜炎，是由一种（衣原体）或多种病原菌引起的急性、地方性传染病。其特征为眼结膜和角膜发生明显的炎症变化，伴有大量流泪，其后发生角膜混浊或呈乳白色。

本病广泛分布于世界各国，它虽不是一种致死性传染病，但由于局部刺激和视觉扰乱，若治疗不及时或不当，往往导致失明，难以觅食，消瘦衰弱而死亡。对于养牛和养羊业也会引起一定的经济损失。

1. 病原　是一种多病原的疾病。被提出作为本病病原的微生物有：衣原体（鹦鹉热衣原体）、结膜支原体、立克次氏体、奈氏球菌、李氏杆菌等。目前，一般认为主要由衣原体（鹦鹉热衣原体）引起。

2. 流行特点　主要侵害反刍动物，特别是山羊，尤其是奶山羊；绵羊、乳牛、黄牛、水牛、骆驼等也能感染；偶尔波及猪和家禽。年幼动物最易得病。一般是由已感染的动物，或传染物质导入畜群，引起同种动物感染，但也有通过接触感染，蝇类或某种飞蛾，可机械传播本病，患畜的分泌物，如鼻液、泪、乳及尿的污染物，均能散播本病。多发生在蚊、蝇较多的炎热季节，一般是在 5～10 月夏秋季，以放牧期发病率最高，进入舍饲期也有。紫外线照射、刮风、尘土、蝇类媒介等是导致本病发病率高的主要因素。本病多呈地方流行性。

3. 临床症状　多为一侧眼睛发病。在健康家畜眼结膜上可发现潜伏感染，并成为带菌者。病初患畜怕光，经常流泪，泪液为清水状。数日后眼分泌物粘连睫毛，并玷污眼下皮毛，结膜充血，通常为粉红色，眼睑肿胀，患眼有明显的疼痛。病畜在发病2～3天后怕见阳光，在强烈的阳光下流泪特别明显，以后角膜慢慢发病。

病初在角膜中央出现很少的白色浑浊，并逐渐波及整个角膜呈云雾状，此时视力明显减弱，甚至失明，角膜一旦出现新的血管，类似红色蛛网，部分病羊角膜混浊，并发生溃疡，形成角膜瘢痕及角膜翳，影响采食。病眼分泌出黏液性眼屎，有时发生眼前房积脓，眼内压增高，角膜突出破裂，甚至晶状体脱出，病变蔓延整个眼球，患畜完全失明；有的病例角膜发病，出现浑浊，中央白点严重时角膜增厚，像一个白壳覆盖在眼球上，此时病羊即刻失明。

4. 诊断

（1）现场诊断　根据临床症状，以及传播迅速和发病季节，可以做出现场诊断。

（2）实验室诊断　必要时可做微生物学检查或应用荧光抗体技术以资确诊。

5. 防治

（1）预防　有条件的种畜场（羊场），应建立健康群，定时清扫消毒，严禁牛、羊等易感动物流动；新购买的羊只，至少需隔离60天，方能允许与健康羊合群。用杀虫剂喷洒患畜，每周1次；也可用0.05％过氧乙酸细雾喷洒畜舍、空气或畜体。在疫区应加强饲养管理，避免强烈日光的照射，及时采取隔离、封锁、消毒措施，防止疫情扩大。

（2）治疗　一般病羊若无全身症状，在半个月内可以自愈。发病后应尽早治疗，越快越好。用2％～4％硼酸液洗眼，拭干后再用3％～5％弱蛋白银溶液滴入结膜囊中，每天2～3次；用0.025％硝酸银液滴眼，每天2次；或涂以青霉素、四环素软膏；

有人用青霉素、普鲁卡因做眼周围封闭。如发生角膜混浊或角膜翳时，可涂用1‰～2‰黄降汞软膏，每天1～2次。可用0.1‰新洁尔灭，或用4‰硼酸水溶液，逐头洗眼后，再滴以5 000单位/毫升普鲁卡因青霉素（用时摇匀），每天2次。重症病羊加滴醋酸可的松眼药水，并放太阳穴、三江穴血。角膜混浊者，滴视明露眼药水效果很好。

病情严重者除抗菌消炎外，还要消浊散翳，可采用普鲁卡因自家血疗法，即抽静脉血2毫升、普鲁卡因2毫升、青霉素80万国际单位、地塞米松3毫升混合，封闭注射于自体上、下眼睑皮下，隔日1次，连用3次。对病情严重、不能进食的羔羊采用人工喂奶、补液，喂以优质饲草均可收到满意效果。

（五）山羊皮肤霉菌病

是由皮肤霉菌引起的一种人畜共患的皮肤传染病。以头部发生圆形或不整形的脱毛，形成鳞屑和秃斑为特征，容易误诊为疥螨病。

1. 病原　引起皮肤霉菌病的病原体为真菌界六个门中的半知菌门内的一部分菌属。其中主要危害人类的为表皮癣菌属，对人、畜、禽均有致病性的为毛癣菌属及小孢霉菌属。皮肤霉菌对外界具有极强的抵抗力，耐干燥，100℃干热1小时方可致死。但对湿热抵抗力不太强，对一般消毒药耐受性很强，1‰醋酸需1小时，1‰氢氧化钠数小时，2‰福尔马林半小时。对一般抗生素及磺胺类药均不敏感。制霉菌素、两性霉素乙和灰黄霉素等对本菌有抑制作用。

2. 流行特点　自然情况下牛最易感，其次为猪、马、驴、绵羊、山羊及鸡，家兔、猫、犬、豚鼠等也易感。许多野生动物有感染的报道，人也易感，许多种皮肤霉菌可以人畜互传或在不同动物之间相互传染。

本菌可依附于动植物体上，停留在环境或生存于土壤之中，在一定条件下感染人、畜。常见于病、健畜（人）接触，或使用污染的刷拭用具，或系留于污染的环境之中，通过搔痒、摩擦或蚊蝇叮咬，从损伤的皮肤发生感染。一般无年龄和性别差异，幼年较成年易感。畜体营养缺乏，皮肤和被毛卫生不良，环境气温高，湿度大等均利于本病传播。本病全年均可发生，但一般以秋冬舍饲期发病较多。

3. 临床症状　病变多呈圆形，直径1～4厘米，严重的可见几个秃斑连接在一起呈不整形，病变部脱毛覆盖一层白色或灰白色的鳞屑，刮去鳞屑，露出淡红色皮肤。病后期鳞屑也可自行脱落，呈光滑淡红色秃斑，秃斑周围的被毛极易拔脱。个别病例除头部病变外，还在背部、腰部、腹下部、股内侧、大腿外侧与会阴部等处出现单个圆形秃斑，或连成一大片，有的病灶表面覆盖一层较薄的柔软痂皮。病羊痒觉不明显。

4. 诊断

（1）现场诊断　根据临床特点，局部皮肤有境界明显的癣斑或秃斑，其上带有残毛或裸秃，常被以鳞屑结痂或皮肤皲裂和变硬，有的发生丘疹、水疱和表皮糜烂等，可做出现场诊断。

（2）实验室诊断　确诊时，可刮取病变部的碎屑和毛供检验。镜检时，取少许病料于载玻片上，加入10%氢氧化钠（或氢氧化钾）1滴，在酒精灯火焰上方微微加热，静置5分钟，加盖玻片，用低倍或高倍显微镜检查，见到孢子在毛干内排列呈链状（毛癣菌属霉菌），毛外也见到菌丝和孢子，即可诊断。若必须判定种属时，应进行人工培养。也可将病料接种于家兔皮肤，将家兔局部剪毛后，用针头划痕，病料加生理盐水湿润后，直接涂布于划痕处，阳性者经7～8天出现炎症反应、脱毛和癣痂，再加癣痂镜检发现孢子和菌丝即可证实。

5. 防治

（1）预防　平时应加强引种时的检疫工作。搞好羊舍与羊体皮肤卫生。发病后全群检查，隔离治疗病羊，羊舍可用2%热氢氧化钠液或 0.5％过氧乙酸液消毒。

（2）治疗 治疗时先刮去痂壳，选用以下药物涂擦：10％水杨酸酒精或油膏，每天或隔天 1 次；10％浓碘酊，每天 1～2 次，直至痊愈；灰黄霉素软膏或克霉唑癣药水；5％～10％十一烯酸软膏。水杨酸 6 克、苯甲酸 12 克、石炭酸 2 毫升、凡士林 100克，混匀外用；硫酸铜粉 25 克、凡士林 75 克，制成软膏，5 天 1 次。

（六）羊钩端螺旋体病

钩端螺旋体病又称传染性黄疸、黄疸血红蛋白尿，是由钩端螺旋体引起的人、畜共患的一种自然疫源性传染病。临床特征为黄疸、血色素尿、黏膜和皮肤坏死、短期发热和迅速衰竭。羊感染后多呈隐性经过。

1. 病原 病原为似问号形钩端螺旋体，属螺旋体目，钩端螺旋体科，钩端螺旋体属。菌体呈细长丝状，具有细致、规则的螺旋，中央有一根轴丝，暗视野检查时，常似细小的珠链状，一端或两端弯曲呈钩状，没有鞭毛，可绕长轴旋转和摆动，进行很活泼的运动，因而菌体常呈 C、S、O 等多种形状。革兰氏法不易着色，常用姬姆萨氏染色和镀银法染色，以后者较好。常用可索夫培养基和希夫纳培养基培养。钩端螺旋体对外界抵抗力较强，在水田、池塘、沼泽中可以存活数月或更长时间，对该病的传播有重要作用。本菌对酸、碱敏感，加热至 50℃，10 分钟即可致死，干燥和直射阳光均能使其迅速死亡，一般消毒剂的常用浓度均易杀死此菌。

2. 流行特点 易感动物范围广，包括各种家畜和野生动物均可感染本病，而且能互相传染，其中鼠类最易感。病畜和带菌动物是传染源，特别是带菌鼠在钩端螺旋体病的传播上起着重要作用。病原从尿排出后，污染周围的水源和土壤，经皮肤、黏膜和消化道而感染。该病多发生于夏、秋季节，气候温暖、潮湿和多雨地区尤为多发。饲养管理与本病的发生和流行有密切关系，饥饿、饲养不合理或其他疾病使机体衰弱时，原为隐性感染的羊表现出临床症状，甚至死亡。管理不善，羊舍、运动场的粪尿、污水不及时清理，常是本病暴发的重要因素。

3. 临床症状　传染率高，发病率低，症状轻的多、重的少。潜伏期 2～20 天。

（1）急性型　突然高热，黏膜发黄，尿色很暗，有大量白蛋白、血红蛋白和胆色素。血液中尿素浓度于病的末期达最高峰。并常见皮肤干裂、坏死和溃疡。常于发病后 3～7 天内死亡。病死率甚高。

（2）亚急性型　体温有不同程度的升高，食欲减少，黏膜发生黄染，产奶量显著下降或停产。乳色变黄如初乳状并有血凝块，很少死亡。

（3）流产型　流产是羊钩端螺旋体病的重要症状之一。一些羊群暴发本病的唯一症状就是流产，但也可与急性症状同时出现。

4. 病理变化　剖检尸体消瘦，皮肤有干裂性坏死性病灶，口腔黏膜有溃疡，黏膜有不同程度的黄染，皮下胶样浸润及出血，肠黏膜及浆膜有大量出血，胸、腹腔有黄色渗出液。肺脏、心脏、肾脏和脾脏等实质器官有出血斑点。肝脏肿大、松软，呈黄色或色调不均匀，质地脆弱；肾脏肿大，皮质有散在的灰白色病灶。肠系膜淋巴结肿大、出血。

5. 诊断

（1）现场诊断　急性钩端螺旋体病具有比较典型的临床症状，诊断时结合流行特点和剖检变化，可做出初步诊断。

（2）实验室诊断　为了确诊，须进行实验室检查。在病羊发热初期，采取血液，在发热期采取尿液，死亡后立即取肾脏和肝脏，送实验室检查。用姬姆萨或镀银染色或暗视野直接镜检，可见菌体呈螺旋状、两端弯曲成钩状的病原体。分离培养用柯索夫或希夫纳培养基接种，经5～7天培养后，如果培养基略呈混浊（乳白色），立即做暗视野检查，发现菌体即可确诊。动物接种常用幼龄豚鼠（体重100～200克），潜伏期一般为3～5天，动物升温后出现活动迟钝，食欲减少，1～2天后出现黄疸，死前捕杀，观察病变，接种培养基和检查菌体。血清学诊断可用凝集溶解试验、补体结合试验和酶联免疫吸附试验。

6. 防治

（1）预防　首先要消灭传染源，开展灭鼠工作，防止草料及水源被鼠类尿液污染。避免引进带菌羊，不要从疫区购买羊只。对新购入的羊只，必须隔离检疫30天，无病方可混群。消除和清理被污染的水源、污水、淤泥、牧地、饲料、场舍、用具等以防止传染和散播；实行预防接种和加强饲养管理，提高羊只的特异性和非特异性抵抗力。遇有疑似感染羊，可在饲料中混以0.05%～0.1%四环素，连喂14天有效。

（2）治疗　链霉素和四环素族抗生素对本病有一定疗效。链霉素按每千克体重15～25毫克，肌内注射，每天2次，连用3～5天。土霉素按每千克体重10～20毫克，肌内注射，每天1次，连用3～5天。使用大剂量青霉素也有一定疗效。当羊群发生该病时，应立即隔离，治疗病羊及带菌羊；对污染的水源、场地、栏舍、用具等进行消毒；及时用钩端螺旋体多价苗进行紧急预防接种。

（七）羊附红细胞体病

附红细胞体病是由附红细胞体寄生于人、畜等多种动物红细胞表面或血浆及骨髓中引起的一种人畜共患病。病羊主要以黄疸性贫血、发热、呼吸困难、虚弱、流产、腹泻为特征。

1. 病原　附红细胞体形态呈球形、卵圆形、逗点形或杆状。大小为0.3～1.3微米×0.5～2.6微米，常单独或呈链状附着于红细胞表面，也可游离在血浆中。发育过程中其形状和大小可以发生变化。附红细胞体对干燥和化学药品的抵抗力很低，但耐低温，在5℃时可保存15天，在冰冻凝固的血液中可存活31天，在加15％甘油的血液中于−79℃条件下可保存80天，一般常用消毒剂均能杀死病原。

2. 流行特点　不同年龄、品种的羊均有易感性，但只有怀孕母羊和断奶羔羊容易发病，以哺乳羔羊的母羊发病率和死亡率较高，有时可达80％～90％。其他羊多为隐性感染。本病的传播主要为接触性、血源性、垂直性及媒介昆虫4种方式，其中吸血昆虫中的蚊、蝇、虱、蠓等为主要传播媒介，其次为阉割、打记号、剪毛等外科手术器械，注射针头等，母羊可通过胎盘垂直传染给羔羊。配种时公、母羊可互相传播。本病的发生和昆虫的活动有密切关系，多发生于夏秋季节，尤其是多雨之后最易发病，常呈地方流行性。本病是多因素性疾病，品种的抗病能力弱、饲料营养不全面、卫生环境差、饲养管理技术不科学、免疫程序不合理等方面因素都可成为诱发本病的原因。羊在良好的饲养管理条件、卫生清洁的环境、合理的营养结构及机体防御机能健全的情况下，一般不会发生急性病例，或不表现临床症状。但是在应激，如长途运输、突然断奶、天气突变等，营养缺乏，不良环境以及其他疾病的作用下造成机体抵抗力下降时，可大面积暴发本病。

3. 临床症状　根据本病的临床特点可分为急性、亚急性、慢性3类。

（1）急性　主要发生于1～6月龄羔羊阶段，病程1～3天，多突然死亡，死时口鼻出血，全身红紫，指压褪色。有时突然瘫痪，食欲下降或废绝，无端嘶叫或呻吟，肌肉颤抖，四肢抽搐。死亡时口内出血，肛门出血。

（2）亚急性　潜伏期2～30天，主要见于6～12月龄羊，病程4～6天。病羊初期体温升高至41.5℃，最高达42.5℃，稽留5～8天。精神沉郁，食欲不佳，主要表现为前期便秘，后期腹泻，粪由稀、腥臭变为含有血和黏液。尿色变重，呈深黄色或酱油色。有些羊颈部、耳部、鼻部、胸腹下部、四肢内侧皮肤发红，指压不褪色，严重的出现全身紫斑，毛囊有铁锈色斑点。羊体渐消瘦，体表淋巴结肿大，后躯无力，喜卧。有的羊两后肢不能站立，流涎，呼吸困难，咳嗽，眼结膜发炎。

（3）慢性　多见于12月龄以上成年羊，病程7～11天，也有少数病程长达15～18天。主要表现为持续性贫血和黄疸。黄疸程度不一，皮肤或眼结膜呈淡黄色至深黄色。皮肤和黏膜苍白。母羊出现流产、死胎、弱羔增加、产羔数下降、不发情等繁殖障碍。母羊临产前后发病率较高，出现流产、死胎，弱羔增加，产羔数减少，不发情等繁殖障碍，乳房、外阴水肿，产后泌乳量减少，缺乏母性。公羊出现性欲减退，精子稀薄、变形，畸形精子增多，受胎率低等现象。

4. 病理变化　主要病理变化为贫血、黄疸。血液稀薄如水，不易凝固，全身肌肉颜色变淡，皮下有出血点，脂肪黄染。肝脏、肾脏、肺脏、脾脏肿大并且有大小不一的出血点或出血斑。腹水增加。肝脏可见黄条状坏死。脾脏边缘不整齐，有粟粒大的结节，有的边缘有出血点。胆囊膨胀，胆汁浓稠。心包积液，心肌苍白柔软，心外膜及心冠脂肪出血黄染，有少量针尖大出血点。全身淋巴结肿大，切面外翻，浆液渗出，切面有灰白色坏死灶或出血点。胃底部出血坏死严重，十二指肠黏膜脱落，肠管充血，膀胱苍白，黏膜有少量的出血点，内有积尿，颜色深黄或如浓茶。胸腹腔大量积液。

5. 诊断

（1）现场诊断　根据流行病学特点，结合贫血、黄疸，母羊出现流产、死胎病理变化，可做出初步诊断。确诊需进一步进行血液学检查。

（2）实验室诊断　采急性发热期间的病羊血液进行病原显微检查。方法为取抗凝血或鲜血一滴置载玻片上，加等量生理盐水，混匀，加盖玻片，滴香柏油后用油镜放大 400～600 倍观察，若红细胞绝大部分变形，呈菠萝状、柠檬状、星状和锯齿状等，红细胞边缘有许多球形、逗点形、颗粒形的虫体附着，附着虫体的红细胞在血浆中震颤或上下、左右摆动，血浆中游离的虫体可以快速游动，做伸展、收缩、旋转等运动即可确诊。姬姆萨染色可见红细胞边缘不整齐，凸凹不平，红细胞表面有许多圆形、杆状紫红色虫体，调节微螺旋时，虫体折光性较强，中央发亮，形似气泡；瑞氏染色镜检可见虫体呈蓝紫色。此外，也可用吖啶橙染色，在荧光显微镜下可见各种形状的附红细胞单体。无论何种方法进行检验，血涂片均应在采样的当天制作。

6. 防治

（1）预防　加强羊群的日常饲养管理，饲料营养全面，搞好羊舍及其周围的环境卫生，定期进行常规环境消毒工作。采用驱虫、药浴等方法消灭虱、螨等体表寄生虫。杀灭吸血节肢动物（蚊蝇）等。加强手术器械、注射针头、打耳号器的消毒，杜绝创伤感染。发病期间进行免疫注射接种时，每只羊都要更换针头，使用其他手术器械时，严格消毒。

（2）治疗　①血虫净（贝尼尔）：剂量，每千克体重 5～10 毫克，用生理盐水稀释成 5% 的溶液，深部多点肌内注射，每天 1 次，连用 3～5 天。②土霉素、四环素：剂量，为每千克体重 10～20 毫克，口服、肌内注射或静脉注射，连用 7 天。③金霉素：剂量，每千克体重 15 毫克，连用 7 天。④洛克沙生：剂量，每千克饲料添加 50 毫克，连用 30 天。⑤阿散酸（对氨苯胂酸）：剂量，每千克饲料添加 100 毫克，连用 30 天。

根据出现的症状，采取相应的治疗措施。可用抗贫血药，如牲血素做辅助性治疗或用葡聚糖铁钴注射液，肌内注射。同时应用抗生素防止继发感染。

第七章

寄 生 虫 病

一、蠕 虫 病

（一）肝片吸虫病

羊肝片吸虫病是由肝片吸虫寄生于肝脏胆管内引起的慢性或急性肝炎和胆管炎，同时伴发全身性中毒现象及营养障碍等症状的疾病。病羊大批死亡。慢性和急性症状的患畜因消瘦而使体重和毛、乳产量显著下降，肝脏因病变而必须废弃。

1. **病原** 肝片吸虫外观呈扁平叶状，体长 20～35 毫米、宽 5～13 毫米。自胆管内取出的鲜活虫体呈棕红色，固定后为灰白色。虫体前端呈圆锥状突起，称头锥。头锥后方扩展变宽，形成肩部，肩部以后逐渐变窄。体表生有许多小刺。口吸盘位于头锥的前端；腹吸盘在肩部水平线中部。生殖孔开口于腹吸盘前方。虫卵呈椭圆形，黄褐色；长 120～150 微米、宽 70～80 微米；前端较窄，有一不明显的卵盖，后端较钝。

2. **生活史** 肝片吸虫的成虫寄生于羊及其他宿主的胆管内，产出的虫卵随胆汁进入消化道，并与粪便一同排出体外。虫卵在适宜的温度（5～30℃）和充足的氧气、水分及光照条件下，经 10～25 天孵化出毛蚴。毛蚴在水中游动，通常只能生存 1～2 昼夜，其生活期间如遇中间宿主——各种椎实螺（小土蜗、截口土蜗、椭圆萝卜螺及耳萝卜螺），则侵入其体内，经过胞蚴、母雷蚴、子雷蚴各阶段发育，最后形成大量的尾蚴自螺体逸出。尾蚴附着于水生植物上或水面上形成囊蚴，羊等终末宿主在吃草或饮水时吞食了囊蚴即遭受感染，并移行到胆管寄生。

在小肠内脱囊的童虫向胆管移行的途径有两条：一是穿过肠壁进入腹腔，经肝包膜和肝实质到达寄生部位；二为钻入肠黏膜，进入肠静脉，经门脉循环到达肝脏，并最终移行至胆管。童虫在羊体内移行时，尤其是经腹腔和肝实质移行过程中，可造成肠壁和肝组织的损伤，引起急性肝炎、腹膜炎和内出血等。囊蚴进入羊体并在胆管内发育为成虫，需 3～4 个月。成虫可在宿主体内生存 3～5 年，但大多数虫体经 1 年左右可自行排出体外。大片吸虫的生活史与肝片吸虫相似。

3. 流行特点　外界环境和季节对本病的流行有很大影响。常流行于河流、山川、小溪和低洼、潮湿沼泽地带。特别在多雨年份和多雨季节，由于淡水螺类剧增，本病流行严重。我国南方以 9～11 月份，北方 8～9 月份，牛、羊受感染最为严重，其中绵羊最为敏感，死亡率高。

4. 临床症状　轻度感染往往不表现症状；感染多量时则表现症状，但幼畜即使轻度感染也可能表现症状。根据病期一般可分为急性型和慢性型两种类型。

急性型（童虫寄生阶段）：多因短期感染大量囊蚴所致。病羊初期发热，不食，精神委顿，衰弱易疲劳，离群。肝区压痛明显，腹水，排黏液性血便，全身颤抖。红细胞及血红素显著降低，严重者多在几天内死亡。

慢性型（成虫寄生阶段）：主要表现消瘦，贫血，低蛋白血症。病羊黏膜苍白黄染，食欲不振，异嗜，被毛粗乱无光，步行缓慢。在眼睑、颌下、胸腹下出现水肿，便秘与下痢常交替发生，最后可因极度衰竭死亡。

5. 病理变化　剖检时病理变化主要呈现在肝脏，其变化程度与感染虫体的数量及病程长短有关。在大量感染、急性死亡的病例中，可见到急性肝炎和大出血后的贫血现象，肝脏肿大，包膜有纤维沉积，有2～5毫米长的暗红色虫道，虫道内有凝固的血液和少量幼虫。腹腔中有血红色的液体，有腹膜炎病变。

慢性病例主要呈现慢性增生性肝炎；在肝组织被破坏的部位出现淡白色索状瘢痕，肝实质萎缩、褪色、变硬、边缘钝圆，小叶间结缔组织增生。胆管肥厚、扩张呈绳索样突出于肝表面；胆管内有磷酸钙和磷酸镁等盐类的沉积，使内膜粗糙，刀切时有"沙沙"声，胆管内有虫体和污浊稠厚的液体。病尸出现消瘦、贫血和水肿现象，胸膜腔及心包内蓄积有透明的液体。

6. 诊断

（1）现场诊断　应根据临床症状、流行特点和病理变化做出现场诊断。

（2）实验室诊断　有效检查方法是水洗沉淀法，即由直肠取粪便5～10克，加10～20倍清水混匀，用纱布或通过0.42～0.25毫米（40～60目）筛子过滤；滤液经静置或离心沉淀，倒去上层浑浊液并加入清水混匀沉淀，反复进行2～3次，直至上层液体清亮为止，最后倒去上层液体，吸取沉淀物，用显微镜观察有无虫卵。对急性病例，因虫体未发育成熟，粪便检查无虫卵时，必须结合病理剖检，在肝脏和胆管中查找是否有大量幼虫存在。用免疫诊断法，如沉淀反应、补体结合反应、酶联免疫吸附试验、对流电泳和间接血凝等，亦可取得较好的诊断效果。

7. 防治　必须采取综合性防治措施，才能取得较好的效果。

（1）预防　①定期驱虫：在本病流行区每年应结合当地具体情况进行1～2次驱虫，一般可选择在秋末冬初进行。如进行两次驱虫，另一次可安排在翌年的春季。②粪便处理：对畜粪及时清理堆积发酵，杀死虫卵。③饮水及饲草卫生：尽可能避开在有椎实螺滋生的地方放牧，以防感染囊蚴。饮用水最好使用自来水、井水或流动的河水。④消灭中间宿主：可结合水土改造破坏椎实螺的生活条件。沼泽地区可施用硫酸铜溶液（1：50 000）或以2.5微升/升的血防67及20%的氯水灭螺。此外，还可辅以生物灭螺，如养鸭和其他水禽等。

（2）治疗　①丙硫苯咪唑：每千克体重 15～25 毫克，一次口服。②蛭得净（溴酚磷）：每千克体重 16 毫克，一次口服，对成虫和幼虫均有很高疗效。③硝氯酚（拜耳 9015）：每千克体重 4～5 毫克，一次口服，驱成虫有高效。④肝蛭净（三氯苯唑）：每千克体重 10 毫克，一次口服，对发育各阶段的肝片吸虫均有效。⑤碘醚柳胺：每千克体重 7.5 毫克，一次口服，对成虫和 6～12 周未成熟的肝片吸虫均有效。⑥硫双二氯酚（别丁）：每千克体重 80～100 毫克，灌服，对驱成虫有效。⑦克洛素隆：每千克体重 7 毫克，口服给药，对潜伏性肝片吸虫感染疗效极高。⑧克洛素隆和伊维菌素协同用药：克洛素隆按每千克体重 2 毫克，伊维菌素每千克体重 0.2 毫克，一次皮下注射，有效率达 100%。⑨硝碘酚腈和左旋咪唑联合给药：硝碘酚腈每千克体重 14 毫克皮下注射＋左旋咪唑每千克体重 10 毫克口服，虫卵减少率均为 100%。⑩硫双二氯酚和左旋咪唑联合用药：硫双二氯酚每千克体重 100 毫克，左旋咪唑每千克体重 10 毫克，一次口服，虫卵减少率均为 100%。

（二）双腔吸虫病

双腔吸虫病是由矛形双腔吸虫和中华双腔吸虫等寄生于家畜肝脏、胆管和胆囊内所引起的疾病。虫体可寄生于绵羊、山羊、牛、鹿、骆驼、猪、马属动物、犬、兔、猴等，也偶见于人。本病主要危害反刍动物，牛、羊严重感染时甚至会导致死亡。

1. 病原

（1）矛形双腔吸虫　虫体扁平、透明，呈棕红色，肉眼可见到内部器官。表面光滑，前端尖细，后端较钝，呈矛状。体长 5～15 毫米、宽 1.5～2.5 毫米。腹吸盘大于口吸盘。睾丸 2 个，近圆形或稍分叶，前后排列或斜列于腹吸盘之后。睾丸后方偏右侧为卵巢和受精囊。卵黄腺呈小颗粒状，分布于虫体中部两侧。

虫体后部为充满虫卵的曲折子宫。虫卵呈卵圆形或椭圆形，暗褐色，卵壳厚，两侧稍不对称，大小为 38～45 微米×22～30 微米。虫卵一端有明显的卵盖，卵内含毛蚴。

（2）中华双腔吸虫　虫体扁平、透明，腹吸盘前方体部呈头锥样，其后两侧较宽似肩样突起。体长 3.5～9.0 毫米，宽 2.03～3.09 毫米。2 个睾丸呈不整圆形，边缘不整齐或稍分叶，并列于腹吸盘之后。睾丸之后为卵巢。虫体后部充满子宫。卵黄腺分列于虫体中部两侧。虫卵与矛形双腔吸虫卵相似。

虫体对外界环境抵抗力较强，在土壤和粪便中可存活数月，仍具有感染性。对低温的抵抗力更强。虫卵和在第一二中间畜主体内的各期幼虫均可越冬，且不丧失感染性。

2. 生活史　双腔吸虫在发育过程中，需要 2 个中间宿主，第一中间宿主为多种陆地蜗牛，第二中间宿主为蚂蚁。成虫在终末宿主的胆管或胆囊内产出的虫卵随胆汁进入肠内，并随粪便排出到外界。含有毛蚴的虫卵被陆地蜗牛吞食后，在其肠内孵出，穿过肠壁到肝脏中发育，经母胞蚴、子胞蚴发育成尾蚴。尾蚴从子胞蚴的产孔逸出，移行到蜗牛的呼吸腔，在此每 100～400 个尾蚴集中在一起形成尾蚴囊群，外被黏性物质，成为黏球，黏球通过螺蛳呼吸孔排出。尾蚴黏球如被蚂蚁吞食后，在其体内形成囊蚴。羊或其他终末宿主在放牧时如吞食了含有囊蚴的蚂蚁则遭受感染，囊蚴在家畜肠道中脱囊，由十二指肠经胆道到达胆管或胆囊，需 72～85 天发育为成虫。

3. 流行特点　本病呈明显地方性流行特点。从分布的地区特点来看，矛形双腔吸虫多分布于较干燥的高山牧场的灌木丛及高原的阳坡地带。而中华双腔吸虫则多分布于草原地区的沼泽、苔草地段以及丘陵区的山间谷地和平原地带的河谷漫滩。上述地带均具备一个终年温暖潮湿的气候及松软的土壤、茂密的植被等特点，很适宜中间宿主陆地螺蛳和蚂蚁的滋生。本病的发生具有明显的季节性，一般在夏、秋感染而多在冬、春发病。

4. 临床症状　因感染强度不同，其症状有所差异。轻度感染的羊常不显临床症状。严重感染时则表现精神沉郁，食欲不振，黏膜苍白黄染，颌下水肿，腹胀，下痢，行动迟缓，渐进性消瘦，终因极度衰竭死亡。有些病羊常继发肝源性感光过敏症。其表现为，多在阳光明媚的上午（10～11时）放牧时，突然发生耳和头面部急性肿胀（水肿），影响采食视物，全身症状恶化，常常引起死亡。不死者肿胀很难消退，往往形成大面积破溃、渗出、结痂或继发细菌感染等。

5. 病理变化　肝肿大变硬，胆管扩张，管壁增厚，周围结缔组织增生，挤压切开的肝脏断面，常见从大、小胆管内流出多量黄白色脓性物质，内含有大量不同阶段的虫体和虫卵。胆囊肿大，同样在胆汁内也混有大量不同发育阶段的虫体和虫卵。

6. 诊断　利用水洗沉淀法查找具有特征性的虫卵，然后结合临床症状与流行病学即可得出结果。死后剖检，则可将肝脏在水中撕碎，利用连续洗涤法查找虫体。

7. 防治

（1）预防　与肝片吸虫病相同，应以定期驱虫为主。同时加强羊群的饲养管理，以提高其抵抗力。注意消灭中间宿主，阻断病原传播途径及感染来源。粪便亦应进行堆肥发酵处理，以杀灭虫卵。

（2）治疗　①海涛林：每千克体重30～80毫克，一次灌服，对双腔吸虫病有特效。②丙硫苯咪唑：每千克体重30～40毫克，一次灌服。③六氯对二甲苯（血防846）：每千克体重200～300毫克，一次灌服。④噻苯唑：每千克体重150～200毫克，一次灌服。⑤硝氯酚：每千克体重4～8毫克，一次灌服。

（三）前后盘吸虫病

是由前后盘科的各属吸虫寄生而引起的寄生虫病。成虫主要寄生于牛、羊等多种反刍兽的瘤胃壁上，有时在网胃、瓣胃也可发现，一般危害不大。而幼虫阶段，则因在发育过程中移行于真胃、小肠、胆管、胆囊，可造成较严重的疾病，甚至死亡。

1. **病原** 前后盘吸虫种属很多，虫体大小互有差异，有的仅长数毫米，有的则长达 20 余毫米；颜色可呈深红色。淡红色或乳白色。虫体在形态结构上亦有不同程度的差异。其主要的共同特征为：虫体柱状呈长椭圆形、梨形或圆锥形。两个吸盘中，腹吸盘位于虫体后端，并显著大于口吸盘，因口、腹吸盘位于虫体两端，好似两个口，所以又称为双口吸虫。现列举我国常见虫种中的两种如下：

（1）鹿前后盘吸虫 新鲜虫体呈淡红色，圆锥形，稍向腹面弯曲。体长 5～13 毫米，宽 2～4 毫米。后吸盘较口吸盘大2.5～8.0 倍。无咽，肠管分两支终于后吸盘的背侧。睾丸 2 个，呈椭圆形或稍分叶，前后排列于虫体后部。卵巢圆形，位于睾丸之后。卵黄腺呈颗粒状，分布于虫体两侧，从食道末端直达后吸盘。子宫弯曲，生殖孔开口于肠管分支处稍后方的腹面。虫卵椭圆形、淡灰色，长 110～170 微米、宽 70～100 微米。有卵盖，内含圆形胚细胞，卵黄细胞不充满虫卵。

（2）殖盘吸虫 虫体白色，呈圆锥形，其形态和鹿前后盘吸虫类似。长 8.0～10.8 毫米，宽 3.2～3.41 毫米。有肥厚的食道球，肠管略有弯曲，终止于卵巢边缘。睾丸前后排列。虫体的主要特征是有生殖吸盘环绕于生殖孔的周围。虫卵长 112～136 微米，宽 68～72 微米。

2. **生活史** 前后盘吸虫的发育与肝片吸虫很相似，只需一个中间宿主，其中间宿主为淡水螺。前后盘吸虫的成虫在反刍动物瘤胃产卵，卵随粪便一起排出体外，在适宜的温度条件（26～30℃），经 12～13 天孵出毛蚴，进入水中，找到适宜的中间宿主即钻入其体内，发育形成胞蚴、雷蚴、子雷蚴及尾蚴，尾蚴成熟后离开中间宿主，附着在水草上形成囊蚴。羊等终末宿主吞食了附有囊蚴的水草而感染。童虫在小肠、真胃及其黏膜下组织、胆管、胆囊、大肠、腹腔液，甚至肾盂中移行寄生 3～8 周，最终到达瘤胃内发育为成虫。

3. 流行特点　主要发生于夏、秋季节。其中间宿主分布广泛，几乎在沟塘、小溪、湖沼、水田中均有大量扁卷螺，在低洼潮湿地区也有大量小椎实螺滋生，与本病的发生流行有直接关系。流行季节主要取决于当地气温和中间宿主的繁殖发育季节以及家畜放牧的情况。在南方可常年感染，在北方感染季节主要是 5～10 月。

4. 临床症状　患羊表现顽固性腹泻，粪便常有腥臭味，体温有时升高，消瘦，贫血，颌下水肿，黏膜苍白，后期因极度消瘦衰竭死亡。

5. 病理变化　可见尸体消瘦，黏膜苍白，唇和鼻镜上有浅在的溃疡，腹腔内有红色液体，有时在液体内还可发现幼小虫体。真胃幽门部、小肠黏膜有卡他性炎症，黏膜下可发现幼小虫体，肠内充满腥臭的稀粪。胆管、胆囊膨胀，内有童虫。成虫寄生部位损害轻微，常可在瘤胃壁的胃绒毛之间吸附有大量成虫。

6. 诊断　根据症状表现及发病特点，对可疑病羊进行病原检查。生前诊断，常用粪便水洗沉淀法或直接涂片法镜检虫卵。死后诊断，可依据剖检的病变情况及发现相应的成虫或幼虫情况进行。

7. 防治

（1）预防　参照肝片吸虫病。

（2）治疗　①氯硝柳胺（又称灭绦灵）：对驱除幼虫效果良好，每千克体重 75～80 毫克，口服。②硫双二氯酚：驱成虫疗效显著，驱幼虫亦有较好的效果。每千克体重 80～100 毫克，口服。③溴羟替苯胺：驱成虫、幼虫均有较好的疗效。每千克体重 65 毫克，制成悬浮液，灌服。

（四）阔盘吸虫病

是由阔盘属的数种吸虫寄生于宿主的胰管中所引起的疾病，亦称胰吸虫病。此外，病原偶可寄生于胆管和十二指肠。本病除发生于牛、羊等反刍动物外，还可感染猪、兔、猴和人等。羊患此病后，可表现下痢、贫血、消瘦和水肿等症状，严重时可引起死亡。

1. 病原　寄生于牛、羊等反刍动物的阔盘吸虫主要有胰阔盘吸虫、腔阔盘吸虫和枝睾阔盘吸虫，其中以胰阔盘吸虫最为常见。

（1）胰阔盘吸虫　虫体扁平、较厚，呈棕红色。虫体长 8～16 毫米，宽 5.0～5.8 毫米，呈长卵圆形。口吸盘大于腹吸盘。咽小，食道短。2 个睾丸呈圆形或稍分叶，位于腹吸盘水平线的稍后方，左右排列。雄茎囊呈长管状，位于腹吸盘前方与肠管分支处之间。生殖孔位于肠管分支处稍后方。卵巢分叶 3～6 瓣，位于睾丸之后，虫体中线附近。卵黄腺呈颗粒状，成簇排列，分布于虫体中部两侧。子宫弯曲，位于虫体后部。两条排泄管沿肠管外侧走向于虫体两侧。

虫卵呈黄棕色或深褐色，椭圆形，两侧稍不对称，一端有卵盖，大小为 42～53 微米×23～38 微米，卵壳厚，内含毛蚴。

（2）腔阔盘吸虫　虫体较为短小，呈短椭圆形，体后端有一明显的尾突，虫体长 7.48～8.05 毫米，宽 2.73～4.76 毫米。卵巢多呈圆形整块，少数有缺刻或分叶。睾丸大都为圆形或椭圆形，少数有不整齐的缺刻。虫卵大小为 34～47 微米×26～36 微米。

（3）枝睾阔盘吸虫　虫体呈前尖后钝的瓜子形，长 4.49～7.90 毫米，宽 2.17～3.07 毫米。口吸盘略小于腹吸盘，睾丸大，卵巢分叶 5～6 瓣。虫卵大小为 45～52 微米×30～34 微米。

2. 生活史　阔盘吸虫的发育须经虫卵、毛蚴、母胞蚴、子胞蚴、尾蚴、囊蚴及成虫各个阶段。寄生在胰管中的成虫产出的虫卵随胰液进入消化道，再随粪便排出。虫卵在外界被第一中间宿主陆地蜗牛吞食后，在其体内孵出毛蚴并依序发育为母胞蚴、子胞蚴和尾蚴，包裹着尾蚴的成熟子胞蚴经呼吸孔排出到外界，附在草上，形成圆形的囊，内含尾蚴，即子胞蚴黏团。从蜗牛吞食虫卵至排出成熟的子胞蚴，在温暖季节需 5～6 个月，夏季以后感染的蜗牛则大约经过 1 年才能发育成熟。成熟的子胞蚴被第二中间宿主草螽斯或针蟀吞食后，经 23～30 天尾蚴发育为囊蚴。羊等终末宿主吃草时吞食了含有囊蚴的草螽斯或针蟀而感染，经 80～100 天发育为成虫。从虫卵到成虫，全部发育过程需 10～16 个月才能完成。

3. 临床症状　阔盘吸虫大量寄生时，由于虫体刺激和毒素作用，使胰管发生慢性增生性炎症，胰管管腔窄小甚至闭塞，胰消化酶的产生和分泌及糖代谢机能失调，引起消化及营养障碍。患羊表现消化不良，消瘦，贫血，颌下及胸前水肿，衰弱，经常下痢，粪中常有黏液，严重时可引起死亡。

4. 病理变化　尸体消瘦，胰腺肿大，胰管因高度扩张呈黑色蚯蚓状突出于胰脏表面。胰管发炎肥厚，管腔黏膜不平，呈乳头状小结节突起，并有点状出血，内含大量虫体。慢性感染则因结缔组织增生而导致整个胰脏硬化、萎缩，胰管内仍有数量不等的虫体寄生。

5. 诊断　结合流行情况和临床症状，怀疑为本病时，可进行粪便查卵，采用直接涂片法或水洗沉淀法。通常以改进的水洗沉淀法效果较好。方法是直接取粪便 3～5 克，置于 300 毫升烧杯内，加少量水捣碎搅拌混合，依次通过孔径为 0.149 毫米（100 目）、0.074 毫米（200 目）和 0.062 毫米（250 目）3 种纱网的过滤，每次滤完都要以少量净水冲洗纱网。3 次滤完后的粪液再反复水洗沉淀 4～5 次，每次 10～15 分钟，直到上清液清亮为止。最后吸取沉渣，制片镜检虫卵。

6. 防治

(1) 预防　本病流行地区，应在每年初冬和早春各进行一次预防性驱虫；有条件的地区可实行划区放牧，以避免感染；注意消灭其第一中间宿主蜗牛（其第二中间宿主草螽斯在牧场广泛存在，扑灭甚为困难）；同时加强饲养管理，以增加畜体的抗病能力。

(2) 治疗　①六氯对二甲苯：每千克体重 400 毫克，口服，每次间隔 2 天，连用 3 次。②吡喹酮：口服，每千克体重 65～80 毫克；肌内注射，每千克体重 50 毫克；腹腔注射，每千克体重 50 毫克，并以液状石蜡或植物油（灭菌）制成 20％油剂。腹腔注射时应防止注入肝脏或肾脂肪囊内，引起药物潴留或羊只出血死亡。

(五) 血吸虫病

羊的血吸虫病是由分体科的分体属和东毕属吸虫寄生在门静脉、肠系膜静脉和盆腔静脉内，引起贫血、消瘦与营养障碍等疾患的一种蠕虫病。分体属的吸虫寄生于人、绵羊、山羊、水牛、黄牛、猪、马属动物、犬、猫、家兔和 30 多种野生动物，是危害十分严重的人兽共患寄生虫病。东毕属的各种吸虫分布较广，宿主范围包括绵羊、山羊、黄牛、水牛、骆驼、马属动物及一些野生动物。东毕吸虫不引起人的血吸虫病，仅其尾蚴可引起人的皮肤炎症，但不能在体内进一步发育。

1. 病原

(1) 分体属　该属在我国仅有日本分体吸虫一种。虫体呈细长线状。雄虫乳白色，体长 10～20 毫米、宽 0.50～0.97 毫米。口吸盘在体前端，腹吸盘较大，具有粗而短的柄，位于口吸盘后方不远处。体壁自腹吸盘后方至尾部两侧向腹面卷起形成抱雌沟，通常雌虫居于沟内呈合抱状态。睾丸 7 个，呈椭圆形，单行排列在腹吸盘的下方。食道在腹吸盘的背面处分成两支肠管，两肠支在虫体的后 1/3 处又合并为单盲管。雌虫呈暗褐色，体长 12～26 毫米，宽约 0.3 毫米。卵巢呈椭圆形，位于虫体中部偏后方两肠管合并处前方。卵膜在卵巢的前部。卵黄腺呈较规则的分支状，位于虫体后 1/4 部。子宫自卵膜延至腹吸盘后方的生殖孔处，内含虫卵 50～300 个。

虫卵呈短卵圆形，淡黄色，长 70～100 微米，宽 50～80 微米。卵壳薄，无盖，在卵壳一端上方有一小刺，卵内含毛蚴。

（2）东毕属　东毕属中较重要的虫体有土耳其斯坦东毕吸虫、彭氏东毕吸虫、程氏东毕吸虫和土耳其斯坦结节变种。土耳其斯坦东毕吸虫，虫体呈线状。雄虫乳白色，体表平滑无结节。体长 4.2～8.0 毫米。宽 0.36～0.42 毫米。口、腹吸盘均不发达。腹吸盘后体壁向腹面蜷曲，形成抱雌沟（雌雄虫体通常也呈合抱状态）；睾丸 70～80 个，颗粒状，呈不规则的双行排列于腹吸盘的下方，亦有个别虫体以单行排列。雌雄虫的两肠管支亦在虫体后部吻合为单盲管，伸达虫体末端。雌虫呈暗褐色，体长 3.4～8.0 毫米，宽 0.07～0.12 毫米；卵巢呈螺旋形，位于两肠管合并处前后；卵黄腺位于卵巢后方的单肠管两侧，达肠管末端；子宫短，在卵巢前方；子宫内通常只有 1 个虫卵。虫卵无卵盖，长 72～77 微米，宽 18～26 微米。卵的两端各有 1 个附属物，一端的比较尖，另一端的钝圆。

2. **生活史**　日本分体吸虫与东毕吸虫的发育过程大体相似，包括虫卵、毛蚴、母胞蚴、子胞蚴、尾蚴、童虫及成虫等阶段。其不同之处是，日本分体吸虫的中间宿主为钉螺，而东毕吸虫为多种椎实螺；此外，它们在宿主范围、各个幼虫阶段的形态及发育所需的时间等方面也有所区别。其发育过程如下：

雌虫在寄生的静脉末梢产卵，产出的虫卵一部分随血流到达肝脏，一部分沉积在肠黏膜下层的静脉末梢。肠壁上的虫卵在血管内成熟后，虫卵内毛蚴分泌的溶细胞物质使虫卵周围肠组织发炎、坏死、破溃，虫卵进入肠道随粪便排出体外，并在外界水中孵出毛蚴。毛蚴遇中间宿主钉螺或椎实螺即迅速钻入螺体内，经母胞蚴、子胞蚴和尾蚴阶段的发育后，尾蚴离开螺体进入水中。羊等终末宿主饮水或放牧时，尾蚴即钻入羊皮肤或通过口腔黏膜进入体内，体内的虫体亦可通过胎盘感染胎儿。在终末宿主体内的童虫又侵入小血管或淋巴管，随血流到达其寄生部位发育为成虫。

3. 临床症状　日本分体吸虫大量感染时，病羊表现为腹泻和下痢，粪中带有黏液、血液，体温升高，黏膜苍白，日渐消瘦，生长发育受阻；可导致不妊娠或流产。通常绵羊和山羊感染日本分体吸虫时，症状表现较轻。感染东毕吸虫的羊，多取慢性过程，主要表现为颌下、腹下水肿，贫血，黄疸，消瘦，发育障碍及影响受胎，发生流产等，如饲养管理不善，最终可导致死亡。

4. 病理变化　剖检可见尸体明显消瘦、贫血和出现大量腹水；肠系膜、大网膜，甚至胃肠壁浆膜层出现显著的胶样浸润；肠黏膜有出血点、坏死灶、溃疡、肥厚或瘢痕组织；肠系膜淋巴结及脾变性、坏死；肠系膜静脉内有成虫寄生；肝脏病初肿大，后则萎缩、硬化；在肝脏和肠道处有数量不等的灰白色虫卵结节；心脏、肾脏、胰脏、脾脏、胃等器官有时也发现虫卵结节的存在。

5. 诊断　依据临床症状和病理变化，可怀疑羊患此病，对可疑病例可采取锦纶筛兜集卵，涂片镜检法或虫卵孵化法检查粪便内有否虫卵。因东毕吸虫排卵极少，必须收集大量粪便，先经水洗过筛（40～60 目）弃去筛上粪渣，取滤下液的沉淀物再置锦纶绢筛中，用水反复冲洗，直至冲出的水无色为止。取绢筛中的沉淀物涂片镜检。或将绢筛中的沉淀物放入瓶中，加水少许，置 25℃ 左右温度下任其自然孵化，每隔 2 小时观察一次是否有毛蚴出现。有毛蚴时，可见水中有小白点在不规则地游动，可用吸管吸出后在镜下观察。此外，也可试用皮内变态反应等方法进行生前诊断。

6. 防治

（1）预防　该病危害严重，宿主范围广泛且生活史复杂，综合防治已成为一项十分浩大的系统工程。①定期驱虫：及时对人、畜进行驱虫和治疗，并做好病畜的淘汰工作。②消灭中间宿主：结合水土改造工程或用灭螺药物杀灭中间宿主，阻断血吸虫的发育途径。③粪便管理：在疫区内可以将人、畜粪便进行堆肥发酵和制造沼气，即可增加肥效，又可杀灭虫卵。④用水管理：选择无螺水源，实行专塘用水或用井水，以杜绝尾蚴的感染。⑤安全放牧：全面合理规划草场建设，逐步实行划区轮牧；夏季防止家畜涉水，避免感染尾蚴。

（2）治疗　①硝硫氰胺：每千克体重 4 毫克，配成 2%～3%水悬液，颈静脉注射。本药的副作用较大。②吡喹酮：每千克体重 30～80 毫克，一次口服。或以每千克体重 20 毫克分点肌内注射。③敌百虫：绵羊以每千克体重 70～100 毫克，山羊以每千克体重 50～70 毫克，灌服。④六氯苯氨对二甲苯（血防846）：每千克体重 200～300 毫克，灌服。

（六）脑多头蚴病

脑多头蚴病（脑包虫病）是由于多头绦虫的幼虫——多头蚴寄生在绵羊、山羊的脑、脊髓内，引起脑炎、脑膜炎及一系列神经症状（周期性转圈运动），甚至死亡的严重寄生虫病。多头蚴还可危害黄牛、牦牛、猪、马甚至人类。成虫则寄生于犬、狼、狐、豺等肉食兽的小肠。该病多见于犬活动频繁的地方。

1. 病原

（1）多头蚴　呈囊泡状，囊状可由豌豆大至鸡蛋大，囊内充满透明液体，在囊的内壁上有 100～250 个原头蚴，原头蚴直径2～3 毫米。

（2）多头绦虫　虫体长 40～100 厘米，由 200～500 个节片组成。头节有 4 个吸盘，顶突上有 22～32 个小钩，分作两圈排列。成熟带片呈方形或长大于宽，节片内有睾丸 200 个左右，卵巢分两叶，大小几乎相等。孕卵节片内子宫每侧的分支数为18～26 个。卵为圆形，直径一般为 20～37 微米，内含六钩蚴。

2. **生活史** 成虫多头绦虫寄生于犬、狼、狐、豺等肉食兽的小肠内，发育成熟后，其孕节片脱落，随粪便排出体外，释放大量虫卵，污染草场、饲料或饮水，当这些虫卵被中间宿主羊、牛等吞食后，误食的虫卵在其消化道中孵出六钩蚴，六钩蚴钻入肠黏膜血管内随血流到达脑和脊髓，经 2～3 个月发育为脑多头蚴。如六钩蚴被血流带到身体其他部位则不能继续发育，并迅速死亡。多头蚴在羔羊脑内发育较快，一般在感染 2 周时能发育至粟粒大，6 周后囊体直径可达 2～3 厘米，经 8～13 周发育到 3.5 厘米，并具有发育成熟的原头蚴。囊体经 7～8 个月后停止发育，其直径可达 5 厘米左右。

终末宿主犬、狼、狐等肉食兽吞食了含有多头蚴的动物脑、脊髓，多头蚴在其消化液的作用下，囊壁溶解，原头蚴附着在小肠壁上开始发育，经 41～73 天发育为成虫。

3. **临床症状** 该病呈急性型或慢性型，症状表现取决于寄生部位和病原体的大小。

（1）**急性型** 以羔羊表现最为明显。感染之初，由于六钩蚴进入脑组织，虫体在脑膜和脑组织中移行，刺激和损伤造成脑部炎症，使体温升高，脉搏、呼吸加快，甚至有强烈的兴奋，患畜做回旋运动，前冲或后退，有痉挛性抽搐等。有时沉郁，长时间躺卧，脱离畜群。部分病羊在 5～7 天内因急性脑膜炎死亡，不死者则转为慢性型。

（2）**慢性型** 患羊耐过急性期后，症状表现逐渐消失，经 2～6 个月的缓和期，由于多头蚴不断发育长大，再次出现明显症状。当多头蚴寄生在羊大脑某半球时，除向被虫体压迫的同侧做转圈运动外，还常造成对侧的视力障碍，甚至失明。虫体寄生在大脑正前部时，常见羊头下垂向前做直线运动，碰到障碍物时则头抵物体呆立不动。多头蚴在大脑后部寄生时，主要表现为头高举或作后退运动，甚至倒地不起，并常有强直性痉挛出现。虫体寄生在小脑时，病羊站立或运动常失去平衡，共济失调，易跌倒，对外界干扰和音响易惊恐。多头蚴寄生在脊髓时，表现步伐不稳，进而引起后肢麻痹。当膀胱括约肌发生麻痹时，则出现尿失禁。此外，患羊还表现食欲减退，甚至消失。由于不能正常采食和休息，体重逐渐减轻，显著消瘦、衰弱，常在数次发作后或陷于恶病质时死亡。

4. 病理变化　急性死亡的羊见有脑膜炎和脑炎病变，还可见到六钩蚴在脑膜中移行时留下的弯曲伤痕。慢性期的病例则可在脑或脊髓的不同部位发现 1 个或数个大小不等的囊状多头蚴。在病变或虫体相接的颅骨处，骨质松软、变薄，甚至穿孔，致使皮肤向表面隆起。病灶周围脑组织或较远部位发炎，有时可见萎缩变性或钙化的多头蚴。

5. 诊断　主要根据病羊异常运动、视力障碍和局部变化进行诊断。患畜因表现出一系列特异神经症状，故容易确诊。但应注意与莫尼茨绦虫、羊鼻蝇蛆病及其他脑部疾患所表现的神经症状相区别，即这些病一般不会有头骨变薄、变软和皮肤隆起的现象。有些病例需剖检才能确诊。

应用变态反应进行诊断也较好，用多头蚴的囊壁及原头蚴制成乳剂变应原，注入羊的上眼睑内。患畜于注射 1 小时后出现直径 1.75～4.2 厘米的皮肤肥厚肿大，并保持 6 小时。斑点免疫吸附试验是目前诊断羊脑包虫病有效的免疫学诊断方法。

6. 防治

(1) 预防　防止犬等肉食兽食入带多头蚴的脑、脊髓，对患畜的脑和脊髓应烧毁或深埋处理。对护羊犬和家犬应用吡喹酮（每千克体重 5～10 毫克，一次内服）或氢溴酸槟榔碱（每千克体重 1.5～2 毫克，一次内服）定期驱虫，严防家犬吃到含脑包虫的羊、牛等动物的脑和脊髓。对野犬、豺、狼、狐狸等终末宿主应予以捕杀。

（2）治疗　对早期病例可试用吡喹酮治疗，每天每千克体重50毫克，内服，连用5天为一个疗程。丙硫苯咪唑每天每千克体重30毫克，每日一次灌服，3天为一个疗程。对晚期病例，可采取手术摘除。方法是：定位后，局部剃毛、消毒，将皮肤作U形切口，打开术部颅骨，先用注射器吸出囊液，再摘除囊体，然后对伤口做一般外科处理。为防止细菌感染，可于手术后3天内连续注射青霉素。也可不做切口，直接用注射针头从外面刺入囊内抽出囊液，再注入75%酒精1毫升。

（七）棘球蚴病

棘球蚴病亦称包虫病，是由数种棘球绦虫的幼虫——棘球蚴寄生于绵羊、山羊、牛、马、猪、骆驼及人的肝脏、肺脏等脏器组织中所引起的一种严重的人兽共患寄生虫病。成虫以肉食兽为终末宿主，寄生于犬、狼、豺、狐和狮、虎、豹等动物的小肠内。该病严重威胁着人类的生命安全，同时给畜牧业发展造成严重的危害。

1. 病原　羊的棘球蚴病主要由细粒棘球绦虫的幼虫——细粒棘球蚴所致。

（1）细粒棘球蚴　呈多种多样的囊泡状，大小可由黄豆粒大至人头大，囊内充满液体。棘球蚴的囊壁由两层构成，外层为角皮层，内层为胚层（生发层）。胚层上生长有许多原头蚴，还可向囊内生长出许多有小蒂连接或空泡化的生发囊。生发囊较小，常可由胚层脱落下来悬浮于棘球液中，其内壁也可生长出数量不等的原头蚴。棘球蚴的胚层或生发囊可在母囊内转化为子囊，子囊和母囊结构相同，同样产生原头蚴和生发囊。游离于囊液内的子囊和头节，肉眼看像砂粒状，称为棘球蚴砂或包囊砂。子囊、头节及胚层组织碎片，如脱离母囊被逸散到各脏器组织中，都可能发育为独立的棘球蚴。有的胚层不一定长出原头蚴，无原头蚴的泡囊称为不育囊，不育囊亦可长得很大。据统计，不育囊牛为90%、猪为20%、绵羊仅为8%，这表明绵羊是棘球蚴最适宜的宿主。

（2）细粒棘球绦虫　虫体很小，全长2～7毫米，由1个头节和3～4个节片组成。头节宽0.3毫米，有4个吸盘和顶突，顶突上有两排小钩，共28～50个。成熟节片内包含雌雄生殖器官，睾丸35～55个，并有捻转状的输精管，梨形的雄茎囊和蹄铁形的卵巢，以及梅氏腺、卵黄腺和阴道。孕卵节片的子宫有12～15个侧支育囊，内充满400～800个虫卵或更多。虫卵长32～36微米×25～30微米，外被一层辐射线条状的胚膜，内含六钩蚴。

2. 生活史　成虫细粒棘球绦虫寄生于犬、狼、狐等肉食兽小肠内，一条犬感染虫体的数量甚至可达数千条之多，其孕卵节片或虫卵随粪便排出体外，污染环境。当羊、牛等中间宿主食入被孕卵节片或虫卵所污染的饲草、饲料或饮水后，虫卵内的六钩蚴在其消化道内孵出并钻入肠壁血管内，随血流到达肝脏停留下来发育为棘球蚴；六钩蚴亦可继续随血流到达肺脏或身体的其他部位发育成为棘球蚴，在中间宿主体内，棘球蚴的生长可持续数年之久。

终末宿主肉食兽吞食了含有棘球蚴包囊的内脏及组织后，其包囊内的原头蚴在小肠内逸出，固着于肠壁上，逐渐发育为成虫。

3. 临床症状　轻度感染和感染初期，通常无明显症状；严重感染的羊被毛逆立，时常脱毛，营养不良，消瘦。肺部感染时有明显的咳嗽，病羊往往卧地，不愿起立。

4. 病理变化　剖检病变主要见于虫体经常寄生的肝脏和肺脏，表面凹凸不平，重量增大，有数量不等的棘球蚴囊泡突起，肝脏、肺脏实质中存在有数量不等、大小不一的棘球蚴包囊，囊内含有大量液体，除不育囊外，囊液沉淀后，即可见大量的包囊砂。有时棘球蚴发生钙化和化脓。此外，在脾脏、肾脏、脑、脊椎管、肌肉及皮下，偶可见有棘球蚴寄生。

5. 诊断　在疫区内怀疑为本病时，仅根据临床症状，一般不能确诊此病。可利用 X 线或超声波检查，也可用免疫学方法来诊断。

免疫学诊断，可采用皮内变态反应方法：在新鲜棘球蚴囊液内按 10 000：1 的比例加入硫柳汞，置冰箱过夜，使头节和生发囊沉淀，尔后通过无菌过滤，即制得不含原头蚴的囊液抗原。诊断时，取抗原 0.1～0.2 毫升，在羊颈部剪毛消毒后的皮肤上做皮内注射，注射后 5～15 分钟如注射局部出现直径 0.5～2.0 厘米的肿胀或水肿红斑，即为阳性。此法要求在对侧相应部位注射等量生理盐水做对照，以便鉴别。因变态反应可与其他绦虫蚴出现交叉反应，故仅有 70% 的准确率。此外，尚有应用间接血凝反应、酶联免疫吸附试验进行诊断的报道。

补体结合试验一般阳性率为 50%～80%，有多种假阳性反应。间接血凝试验（IHA）快速简便，检出率为 83.3%。酶联免疫吸附试验（ELISA）具有较高的特异性和敏感性。此外，还有酶联金黄色葡萄球菌 A 蛋白酶免疫吸附试验（PPA - ELISA）、斑点酶联免疫吸附试验（Dot - ELISA）、亲和素生物素酶联免疫吸附试验（ABC - ELISA）。由于这些试验均有不同水平的假阳性和阴性，因此建议有 2～3 种方法中出现阳性反应是本病的诊断指标。

6. 防治

（1）预防　加强兽医卫生检验，对有病的脏器一律深埋或烧毁，严禁用来喂犬和随便丢弃。饲草、饮水防止被犬粪污染。对牧羊犬和家犬至少每个季度进行一次驱虫，常用药物有吡喹酮，每千克体重 5～10 毫克，一次内服；或用氢溴酸槟榔碱，每千克体重 1～4 毫克，一次内服，绝食后 12 小时给予；盐酸丁奈脒片，犬按每千克体重25～50毫克，绝食后3～4小时投药。并将所排出的粪便烧毁或深埋处理，以防病原扩散。对野犬、狼、狐狸等终末宿主应予以捕杀。

（2）治疗　目前对本病尚无十分有效的治疗方法，阿苯达唑被认为是治疗棘球蚴病最有效的药物之一，但临床治愈率仅30%；丙硫咪唑，按每千克体重90毫克，连服2次，对原头蚴杀虫率为82%～100%。吡喹酮疗效也较好且无副作用，按每千克体重25～30毫克（总剂量为每千克体重125～150毫克）。比较可靠的方法是手术摘除棘球蚴或切除被寄生的器官。但很少用于家畜的治疗。

（八）细颈囊尾蚴病

细颈囊尾蚴病是由泡状带绦虫的幼虫——细颈囊尾蚴寄生于绵羊、山羊、黄牛、猪等多种家畜的肝脏浆膜、网膜及肠系膜所引起的一种绦虫蚴病。细颈囊尾蚴主要引起家畜，尤其是羔羊、仔猪和犊牛的生长发育受阻，体重减轻，当大量感染时，可因肝脏严重受损而导致死亡。其成虫则寄生于犬、狼、狐等肉食动物的小肠内。

1. 病原

（1）细颈囊尾蚴　俗称"水铃铛"，多悬垂于腹腔脏器上。虫体呈泡囊状，内含透明液体。囊体大小不一，最大可至小儿头大。囊壁外层厚而坚韧，是由宿主动物结缔组织形成的包膜。虫体的囊壁薄而透明。肉眼观察时，可见囊壁上有一个不透明的乳白色结节，为其颈部和内陷的头节，如将头节翻转出来，亦见头节与囊体之间具有一个细长的颈部。

（2）泡状带绦虫　虫体长75～500厘米，链体由250～300个节片组成。头节上具4个吸盘，顶突上的小钩数为26～46个，呈两圈排列。虫体前部的节片宽而短，后部的节片逐渐变长，到孕节则长大于宽。孕节子宫每侧的分支数为10～16个，每个侧支又有小分支。子宫内为虫卵所充满，虫卵近似圆形，长 36～39 微米，宽 31～35 微米，内含六钩蚴。

2. 生活史　成虫泡状带绦虫寄生于犬、狼、狐等肉食兽的小肠内，发育成熟后孕节或虫卵随粪便排出体外，污染草场、饲料或饮水。当中间宿主羊、牛等误食了孕节或虫卵后，在消化道内孵化出六钩蚴，钻入肠壁血管，随血流到达肝脏，并由肝实质内逐渐移行到肝脏表面寄生，或进入腹腔内寄生于大网膜、肠系膜及腹腔的其他部位，甚至可进入胸腔寄生于肺脏。幼虫生长发育 3 个月左右具有感染能力。终末宿主肉食动物如吞食了含有细颈囊尾蚴的脏器后，在小肠内经过 52～78 天发育为成虫。

3. 临床症状　通常成年羊症状表现不显著，羔羊则症状表现明显。当肝脏及腹膜在六钩蚴的作用下发生炎症时，可出现体温升高，精神沉郁，腹水增加，腹壁有压痛，甚至发生死亡。经过上述急性发作后则转为慢性病程，一般表现为消瘦、衰弱和黄疸等症状。

4. 病理变化　慢性病例可见肝脏浆膜、肠系膜、网膜上具有数量不等、大小不一的虫体泡囊，严重时还可在肺脏和胸腔处发现虫体。急性病程，可见急性肝炎及腹膜炎，肝脏肿大、表面有出血点，肝实质中有虫体移行的虫道，有时出现腹水并混有渗出的血液，病变部有尚在移行发育中的幼虫。

5. 诊断　细颈囊尾蚴病生前诊断非常困难，诊断时须参照其症状表现，并在尸体剖检时发现虫体及相应病变才能确诊。

6. 防治

(1) 预防　含有细颈囊尾蚴的脏器，应进行无害化处理，未经煮熟严禁喂犬；在该病的流行地区，应及时给犬进行驱虫，可选用吡喹酮，每千克体重 100 毫克，用液体石蜡配制成 20% 溶液；深部肌内注射，2 天后重复注射 1 次。南瓜子 200～300 克，研磨粉末，加热水与白面混合，空腹喂犬。溴氢酸槟榔碱每千克体重 2～3 毫克，包在肉馅内一次喂给。做好羊饲料、饮水及圈舍的清洁卫生工作，防止被犬粪污染。

（2）治疗　目前尚无有效方法。有报道丙硫苯咪唑瘤胃控释剂可控制羊只寄生虫在很低水平上，保证羊只正常的生长发育。

（九）绦虫病

绦虫病是由莫尼茨绦虫、曲子宫绦虫及无卵黄腺绦虫寄生于绵羊、山羊和牛的小肠所引起。其中莫尼茨绦虫危害最为严重，特别是羔羊、犊牛感染时，不仅影响生长发育，甚至可引起死亡。多种绦虫既可单独感染，也可混合感染。

1. 病原

（1）莫尼茨绦虫　常见的有贝氏莫尼绦虫和扩展莫尼茨绦虫，二者外观难以区别。莫尼茨绦虫虫体呈带状。由头节、颈节及链体部组成，全长可达 6 米，最宽处 16～26 毫米，呈乳白色。头节上有 4 个近于椭圆形的吸盘，无顶突和小钩。节片短而宽，但后部的孕卵节片则长宽几乎相等，呈方形。成熟节片具有两组生殖器官，在两侧对称分布，即卵巢和卵黄腺围绕着卵模构成圆环形，位于节片两侧。其输精管、雄茎囊和雄茎均与雌性生殖管并列，亦开口于节片两侧边缘的生殖孔内。睾丸有数百个，分布在节片的两纵排泄管内侧，但靠近纵排泄管处较为稠密。扩展莫尼茨绦虫在每个节片后缘有 8～15 个泡状节间腺单行排列，其网端几达纵排泄管。贝氏莫尼茨绦虫的节间腺则呈密集的小颗粒状，仅排列于节片后缘的中央部位。莫尼茨绦虫的孕卵节片内子宫会合呈网状，内含大量呈三角形、圆形或不整立方形的虫卵。虫卵长 50～60 微米，内含一个被梨形器包围的六钩蚴。

（2）曲子宫绦虫　虫体可长达 4.3 米，最宽为 8.7 毫米。每个节片有一组生殖器官，偶然也见两组。排列成环状的卵巢、卵黄腺和卵模，靠近生殖孔一侧。生殖孔不规则地交替开口于节片边缘。睾丸位于纵排泄管外侧。孕节的子宫有许多弯曲，呈波浪状。在子宫侧支的末端有许多子宫周围器。每个子宫周围器含有

3～8个虫卵。虫卵近于圆形，无梨形器。4～5个月的羔羊不感染，多见于6～8个月以上及成年绵羊。

（3）无卵黄腺绦虫　是反刍动物绦虫中较小的一类，虫体长2～3米，宽仅为3毫米左右。节片短，眼观分节不明显。每个节片有一组生殖器官，生殖孔亦不规则地交替开口于节片边缘，无卵黄腺，卵巢位于生殖孔一侧，睾丸在纵排泄管的内外两侧，子宫在节片的中央，虫卵无梨形器，被包在大而壁厚的子宫周围器内。由于各节片中央的子宫相互靠近，肉眼观察能明显地看到虫体后部中央贯穿着一条白色的线状物。

2. 生活史　莫尼茨绦虫、曲子宫绦虫及无卵黄腺绦虫的中间宿主均为地螨。寄生于羊、牛小肠的绦虫成虫，它们的孕卵节片或虫卵随粪便排出后，如被地螨吞食，则虫卵内的六钩蚴在地螨体内发育为似囊尾蚴。当终末宿主羊、牛等反刍动物在采食时，连同牧草一起吞食了含有似囊尾蚴的地螨后，似囊尾蚴在反刍动物消化道逸出，附着在肠壁上逐渐发育为成虫。

3. 临床症状　患羊症状表现的轻重，通常与感染虫体的强度及体质、年龄等因素密切相关。一般可表现为食欲减退，出现贫血与水肿。羔羊腹泻时，粪中混有虫体节片（呈大米粒样，新排出时常可见蠕动），有时还可见虫体的一段吊在肛门处。被毛粗乱无光，喜躺卧，起立困难，体重迅速减轻。若虫体阻塞肠管时，则出现肠膨胀和腹痛，甚至因肠破裂而死亡。有时病羊亦可出现转圈、肌肉痉挛或头向后仰等神经症状。后期，患畜仰头倒地，经常作咀嚼运动，口周围有泡沫，对外界反应几乎丧失，直至全身衰竭而死亡。

4. 病理变化　尸体消瘦、贫血。剖检死羊，可在小肠中发现数量不等的虫体；其寄生处有卡他性炎症，有时可见肠壁扩张、肠套叠乃至肠破裂；肠系膜、肠黏膜、肾脏、脾脏甚至肝脏发生增生性变性过程；肠黏膜、心内膜和心包膜有明显的出血点；脑内可见出血性浸润和出血；腹腔和颅腔贮有渗出液。

5.诊断　查找可疑羊的粪便中是否排出有虫体的节片，必要时亦可用饱和盐水漂浮法进行虫卵检查。其方法是：即可疑粪便 5～10 克，加入 10～20 倍饱和盐水混匀，通过 0.25 毫米孔径（60 目）筛网过滤，滤过液静置 0.5～1 小时，则虫卵已充分上浮。用一直径 5～10 毫米的铁丝圈与液面平行接触，以蘸取表面液膜，将液膜抖落在载玻片上，覆以盖玻片即可镜检。对因绦虫尚未成熟而无节片排出的患羊，可进行诊断性驱虫，如服药后发现排出虫体或症状明显好转，即可做出诊断。

6.防治

（1）预防　根据本病的季节动态，在流行区对羊群成虫期前驱虫，经 10～15 天再行第二次驱虫，可防止牧场被污染。避免在雨后、清晨或傍晚放牧，以减少羊食入地螨的机会。有条件的地方，最好实行牛、羊与马属动物轮牧。

（2）治疗　可选用如下药物：①丙硫苯咪唑（阿苯哒唑）：按每千克体重 10～16 毫克，一次内服。②苯硫咪唑（芬苯哒唑）：按每千克体重 5～10 毫克，一次内服。③吡喹酮：按每千克体重 5～10 毫克，一次内服。④灭绦灵（氯硝柳胺）：按每千克体重 75～100 毫克，早晨或空腹时一次灌服。⑤硫双二氯酚（别丁）：按每千克体重 50～70 毫克，一次灌服。⑥甲苯咪唑：按每千克体重 20 毫克，一次内服。⑦中草药：野花椒根 10 克、萹蓄 10 克、薏苡根 10 克、大黄粉 8 克，煎水冲大黄粉，候温灌服，也有较好的疗效。

（十）羊消化道线虫病

寄生于羊消化道的线虫种类很多，各种消化道线虫往往混合感染，对羊群造成不同程度的危害，是每年春乏季节造成羊死亡的重要原因之一。各种消化道线虫引起疾病的情况大致相似，其中以捻转血矛线虫危害最为严重，常给养羊业带来严重损失。

1. 病原

（1）捻转血矛线虫　寄生于真胃，偶见于小肠。在真胃中属大型线虫。虫体线状，呈粉红色，头端尖细，口囊小，内有一角质背矛。雄虫长 15～19 毫米，其交合伞的背肋偏于左侧，呈倒 Y 形。雌虫长 27～30 毫米，由于红色的消化管和白色的生殖管相互缠绕，形成红白相间的外观，俗称"麻花虫"。阴门位于虫体后半部，有一拇指状的阴门盖。虫卵大小为 75～95 微米 × 40～50 微米，无色，壳薄，新鲜虫卵内含 16～32 个胚细胞。

（2）奥斯特线虫　寄生于真胃，虫体呈棕色，亦称棕色胃虫，长 4～14 毫米。雄虫交合伞由 2 个大的侧叶和 1 个小的背叶组成。1 对交合刺较短，末端分 2～3 叉。雌虫阴门在体后部，宫内的虫卵较小。

（3）马歇尔线虫　寄生于真胃。似棕色胃虫，但虫体较大。雄虫交合伞宽，背叶不明显，具有附加背叶；其外背肋和背肋细长，发自同一基部；背肋远端分成 2 支，端部再分为 2 个小支；交合刺粗短，远端亦分 3 支。雌虫子宫内虫卵较大。

（4）毛圆线虫　寄生于小肠，偶可寄生于真胃和胰脏。虫体小，长 5～6 毫米，呈淡红色或褐色。口囊不明显，缺颈乳突。排泄孔位于体前端，呈一凹陷。雄虫交合伞侧叶大，背叶极不明显；交合刺粗短且带扭转。阴门开口于虫体后半部。

（5）细颈线虫　寄生于小肠或真胃，为小肠内中等大小的虫体。虫体前部呈细线状，后部较粗。雄虫交合伞有 2 个大的侧叶和 1 个小的背叶；1 对交合刺细长，互相连接，远端包在一共同的薄膜内。雌虫阴门开口于虫体的后 1/3 或 1/4 处；尾端钝圆，带有 1 小刺。虫卵大，产出时内含 8 个胚细胞，易与其他线虫卵区别。

（6）古柏线虫　寄生于小肠、胰脏，偶见于真胃。虫体呈红色或淡黄色，大小与毛圆线虫相似，前端角皮膨大，并有许多横纹。雄虫交合伞侧叶大，背叶小；背肋分叉为 U 形，并有侧小分支；1对交合刺粗短。

(7) 仰口线虫　寄生于小肠。虫体较粗大，前端弯向背面，故有钩虫之称。口囊大，内有齿及切板。雄虫交合伞发达，腹肋与侧肋起于同一总干，背肋系统的分支不对称；有交合刺1对，等长，雌虫阴门位于虫体前1/3处的腹面，尾端尖细。

(8) 食道口线虫　寄生于大肠。虫体较大，呈乳白色。头端尖细，口囊不发达，有内外叶冠及6个环口乳突。雄虫交合伞发达，分叶不明显，有交合刺1对。雌虫生殖孔开口处有肾状排卵器。由于其幼虫在发育时钻入肠壁形成结节，故又称结节虫。

(9) 夏伯特线虫　亦称阔口线虫，寄生于大肠。虫体大小近似食道口线虫；前端有半球形的大口囊，口孔由两圈小叶冠围绕。雄虫交合伞发达，1对交合刺较细。雌虫阴门靠近肛门。

(10) 毛首线虫　寄生于盲肠。整个虫体形似鞭子，亦称鞭虫。虫体较大，呈乳白色；前部细长，为其食道部，约占虫体长度的2/3；后部粗大，为其体部。雄虫后端弯曲，有1根交合刺和能伸缩的交合刺鞘。雌虫尾直，末端钝圆，阴门位于虫体粗细交界处。

2. 生活史　羊的各种消化道线虫均系土源性发育，即在它们的发育过程中不需要中间宿主的参加，家畜感染是由于吞食了被虫卵所污染的饲草、饲料及饮水所致，幼虫在外界的发育难以制约，从而造成了几乎所有的羊不同程度感染发病的状况。

上述各种线虫的虫卵随粪便排出体外，在外界适宜的条件下，绝大部分种类线虫的虫卵首先孵化出第一期幼虫，经过两次蜕化后发育成具有感染宿主能力的第三期幼虫。但毛首线虫的感染性幼虫是在虫卵内发育而成，并不孵化出来，在外界仅以感染性虫卵的形式存在。羊在吃草或饮水时，如食入了线虫的感染性幼虫，或感染性虫卵即被感染。仰口线虫的感染性幼虫除能经口感染外，还能直接钻入皮肤发生感染。病原进入羊体内后，通常在它们各自的特定寄生部位再经两次蜕化，发育成为第五期幼虫，并逐渐发育为成虫。食道口线虫的感染性幼虫则需钻入大结肠和小结肠的固有膜深处形成包囊（结节），幼虫在包囊内发育成第五期幼虫后才自结节中返回肠腔发育成幼虫。

3. 临床症状　病羊感染各种消化道线虫的主要症状表现为：消化紊乱，胃肠道发炎，腹泻，消瘦，眼结膜苍白，贫血。严重病例下颌间隙水肿，羊体发育受阻。少数病例体温升高，呼吸、脉搏频数、心音减弱，最终病羊可因身体极度衰竭而死亡。

4. 病理变化　剖检可见消化道各部有数量不等的相应线虫寄生。尸体消瘦，贫血，内脏显著苍白，胸、腹腔内有淡黄色渗出液，大网膜、肠系膜胶样浸润，肝脏、脾脏出现不同程度的萎缩、变性，真胃黏膜水肿，有时可见虫咬的痕迹和针尖大到粟粒大小结节，小肠和盲肠黏膜有卡他性炎症，大肠可见到黄色小点状的结节或化脓性结节，以及肠壁上遗留下的一些瘢痕性斑点。当大肠上的虫卵结节向腹膜面破溃时，可引发腹膜炎和多发性粘连；向肠腔内破溃时，则可引起溃疡性和化脓性肠炎。

5. 诊断　通常对症状可疑的羊应进行粪便虫卵检查。常用的方法为饱和盐水漂浮法（见绦虫病），亦可用直接涂片法镜检虫卵。镜检时，各种线虫虫卵一般不易区分，因为各线虫病的防治方法基本相同，一般情况下亦无必要对虫卵的种类加以鉴别。粪检时，羊每克粪便中含 1 000 个虫卵时即应驱虫，羔羊每克粪便中含 2 000～6 000 个虫卵则被认为是重感染。死后剖检诊断，可通过对虫体的鉴别，进一步确定病原种类。

6. 防治

（1）预防　定期驱虫，一般可安排在每年秋末进入舍饲后（12 月份至翌年 1 月份）和春季放牧前（3～4 月份）各一次。但因地区不同，选择驱虫时间和次数可依具体情况而定；粪便要经过堆积发酵处理；羊群应饮用自来水、井水或干净的流水；尽量避免在潮湿低洼地带和早、晚及雨后时放牧（即禁放露水草），有条件的地方可以实施轮牧。

（2）治疗　可选择下列药物：①丙硫苯咪唑：每千克体重5～20毫克，一次内服。②芬苯达唑：每千克体重5～10毫克，一次内服。③甲苯咪唑：每千克体重10～15毫克，一次内服。④左旋咪唑：每千克体重10～15毫克，一次内服，也可皮下或肌内注射。⑤阿维菌素：按每千克体重0.2毫克，一次皮下注射或内服。对体内的各种线虫和体表寄生虫均有杀灭作用。⑥精制敌百虫：绵羊按每千克体重80～100毫克，山羊按每千克体重50～70毫克，加水，一次内服。⑦硫化二苯胺：每千克体重600毫克，用面汤做成悬浮液，一次内服。羊服药后24小时内，应避免日光照射，防止对日光的过敏现象。

（十一）羊肺线虫病

羊肺线虫病是由网尾科和原圆科的线虫寄生在气管、支气管、细支气管乃至肺实质，引起的以支气管炎和肺炎为主要症状的疾病。其中网尾科线虫较大，为大型肺线虫，致病力强，在春乏季节常呈地方性流行，可造成羊群尤其是羔羊大批死亡。原圆科线虫较小，为小型肺线虫，危害相对较轻。肺线虫病是羊常见的蠕虫病之一。

1. 病原

（1）大型肺线虫　丝状网尾线虫是为害羊的主要寄生虫。该虫系大型白色虫体，肠管呈黑色，穿行于体内，口囊小而浅。雄虫长30～80毫米；交合伞的中侧肋和后侧肋合并，仅末端分开；1对交合刺粗短，为多孔状结构，黄褐色，呈靴状。雌虫长50～112毫米，阴门位于虫体中部附近。

（2）小型肺线虫　小型肺线虫种类繁多，其中缪勒属和原圆属线虫分布最广，危害也较大。该类线虫虫体纤细，长12～28毫米，多见于细支气管和肺泡内。口由3个小唇片组成，食道长柱形，后部稍膨大；交合伞背肋发达。

2. 生活史　大型肺线虫与小型肺线虫的发育有所不同。网尾科线虫发育过程无中间宿主参加，属土源性发育；小型肺线虫在发育时需要中间宿主参加，属生物源性发育。

各种肺线虫的虫卵在呼吸道产出后，上行至咽部，利用宿主咳嗽时，经咽部进入消化道，在此过程中孵化出第一期幼虫，第一期幼虫又随粪便排出体外。大型肺线虫的第一期幼虫在外界适宜条件下，约经 1 周发育为感染性幼虫；小型肺线虫的第一期幼虫则需钻入中间宿主多种陆螺或蛞蝓体内发育为感染性幼虫。存在于外界草场、饲料或饮水中和中间宿主体内的大、小型肺线虫的感染性幼虫被终末宿主羊吞食后，幼虫进入肠系膜淋巴结，经淋巴液循环到达右心，又随血流到达肺脏，虫体在此过程中经第四、第五两期幼虫的发育，最终在肺部各自的寄生部位发育为成虫。

3. 临床症状　羊群遭受感染时，首先个别羊干咳，继而成群咳嗽，运动时和夜间咳嗽更为显著，此时呼吸声明显粗重，如拉风箱。在频繁而痛苦的咳嗽时，常咳出含有成虫、幼虫及虫卵的黏液团块。咳嗽时伴发啰音和呼吸促迫，鼻孔中排出黏稠分泌物，干涸后形成鼻痂，从而使呼吸更加困难。病羊常打喷嚏，逐渐消瘦、贫血，头、胸及四肢水肿，被毛粗乱。通常羔羊发病症状严重，死亡率也高；成年羊感染或羔羊轻度感染时，症状表现较轻。单独感染小型肺线虫时，病情亦比较轻缓，只是在病情加剧或接近死亡时，才明显表现为呼吸困难，出现干咳或暴发性咳嗽。

4. 病理变化　剖检病变主要表现在肺部，可见有不同程度的肺膨胀不全和肺气肿，肺脏表面隆起，呈灰白色，触摸时有坚硬感；支气管中有黏性或脓性混有血丝的分泌团块；气管、支气管及细支气管内可发现数量不等的大、小肺线虫。尸体消瘦、贫血。

5. 诊断　可依据其症状表现及流行病学资料，通过粪便检查出第一期幼虫而确诊。分离幼虫的方法很多，常用漏斗幼虫分离法（贝尔曼法），取羊粪 15～20 克，放入带筛（40～60 目）或垫有数层纱布的漏斗内，漏斗下接一短橡皮管，末端以水止夹夹紧；漏斗内加入 40℃温水至淹没粪球为止，静置 1～3 小时，此时幼虫游走于水中，并穿过筛孔或纱布网眼沉于橡皮管底部；接取橡皮管底部粪液，经沉淀后弃去上层液，取其沉渣制片镜检即可。镜下幼虫的形态特征为：丝状网尾线虫的第一期幼虫虫体粗大，体长 0.50～0.54 毫米，头端有一扣状突起，尾端钝圆，肠内有明显颗粒，色较深。各种小型肺线虫的第一期幼虫较小，长 0.3～0.4 毫米，其头端无纽扣状突起，尾端或呈波浪状，或有一角质小刺，或有分节。

6. 防治

（1）预防　在本病流行区，每年春秋两季（春季在 2 月，秋季在 11 月为宜）进行两次以上计划性驱虫。对粪便进行堆积发酵。羔羊与成羊分群放牧，有条件的地区，可实行轮牧。避免在低湿沼泽地区放牧。冬季适当补饲，补饲期间每隔一天加喂硫化二苯胺（羔羊 0.5 克，成羊 1 克）对预防网尾线虫有效。

（2）治疗　①左旋咪唑：每千克体重 10 毫克，一次内服。②丙硫苯咪唑：每千克体重 5～15 毫克，一次内服。③乙胺嗪（海群生）：每千克体重 200 毫克，一次内服。该药适用于对早期幼虫的治疗。④阿苯唑：每千克体重 10 毫克，一次内服，对大型肺线虫有效。⑤硝氯酚：每千克体重 3～4 毫克，一次内服；或每千克体重 2 毫克，皮下注射。⑥阿维菌素：皮下注射，每千克体重 0.2 毫克。

（十二）羊脑脊髓丝虫病

羊脑脊髓丝虫病是由寄生于牛腹腔的指形丝状线虫和唇乳突丝状线虫（又称丝状线虫）的幼虫迷路移行后，童虫寄生于羊的脑脊髓而引起的以脑脊髓炎和脑脊髓实质破坏为特征的疾病。由于病羊腰部无力，走起路来摇摇摆摆，故又称为摆腰病。

1. **病原**　指形丝状线虫的晚期幼虫（童虫），为乳白色小线虫，长 1.6～5.8 厘米，体宽 0.078～0.108 毫米，其形态已基本近似成虫。

2. **流行特点**　蚊虫既是中间宿主又是本病唯一的传播者，当特种蚊子吸刺病牛时，微丝蚴即进入蚊体内。经过在蚊体内发生变态后，再于咬刺时传给绵羊或山羊。以后微丝蚴进入羊的腹腔内，部分可以达到脑及脊髓，破坏重要的中枢神经组织，使羊发病。该病的发生、流行与蚊虫的大量滋生有密切关系。发病多集中在每年的 7～10 月份，比当地的蚊虫活动晚 1 个月左右。成年羊比幼年羊多发。

3. **临床症状**　感染后多突然发病，主要表现运动失调，后躯无力，后肢强拘，走路蹄尖拖地，摇摆，身体常歪向一侧，转弯后退困难。严重时跌倒后不能起立，常呈犬坐姿势，前肢交叉，后肢开张，斜颈，眼球震颤等。有时可见突然四肢强直倒地，肌肉痉挛。一般情况，体温、脉搏、呼吸变化不大。只有重症病例出现呼吸困难，预后不良。

4. **病理变化**　脑脊髓的硬膜和蛛网膜有浆液性、纤维素性炎症和胶样浸润病灶及出血灶。脑脊髓实质的病变主要发生在白质区，可引起大小不等的空洞、出血和化脓灶，并可发现虫体。

5. **诊断**　依临床症状、病理变化和用牛腹腔丝虫提纯抗原，做皮内反应试验进行诊断。

6. **防治**

（1）预防　消灭蚊虫是最有效的预防方法，搞好环境卫生，消灭蚊虫滋生地。在蚊虫飞翔季节经常使用灭蚊药物喷洒羊舍或用拟除虫菊酯类药物或松叶等进行烟熏灭蚊。不宜在牛圈附近养羊。在本病流行季节对羊群定期（3～4 周一次）使用海群生进行药物预防。

（2）治疗　应早期发现早期治疗。①海群生（乙胺嗪）：每千克体重 10 毫克，一天分 2～3 次内服，连用 2 天；也可以每千克体重 20 毫克剂量，每天 1 次，连用 6～8 天注射或内服。②阿维菌素：每千克体重 0.2 毫克，一次皮下注射。

二、外寄生虫病

（一）硬蜱

硬蜱作为牛、羊的一种主要外寄生虫，一方面可以引起牛、羊不安、蜱瘫等疾病，另一方面又可以传播牛、羊的多种重要疾病。因此，严重威胁着牛、羊业的发展。

1. 病原　硬蜱的成虫呈长椭圆形，背腹扁平，外观可分为假头和躯体两大部分。假头由假头基和口器组成，位于蜱的前端，假头基的形状因蜱的种类而异，一般呈梯形、矩形、六角形等。口器由一对居两侧的须肢和在其内背侧的一对螯肢及腹侧的一个口下板组成。螯肢和口下板之间为口腔。

硬蜱的躯体一般呈卵圆形，饱血雌蜱像蓖麻子大小，雄蜱一般较小。躯体的背面为盾板，雄虫的背部几乎全为盾板，雌虫只占 1/2～1/3。腹面最明显的是足，每足均分 6 节。生殖孔位于腹面第二、第三对足的水平线上。在生殖孔两侧一般有生殖沟。腔门位于腹面的后部正中，腔门前后有时有肛沟，两侧有肛侧板，肛沟和肛侧板均是鉴定蜱种的重要依据。另外，腹面还有气门板、生殖板等构造，也是分类上的重要特征。

硬蜱的种类很多，其中与羊关系较密切的包括硬蜱属、璃眼蜱属、血蜱属、肩头蜱属和牛蜱属。

2. 生活史　硬蜱的发育属不全变态，其过程包括卵、幼虫、若虫和成虫四阶段。成蜱在吸血过程中交配，雌蜱饱血后从动物身上脱落在地面、缝隙等处产卵。卵呈卵圆形，黄褐色，一个雌蜱可产数千到上万个虫卵，产完后死亡。卵在外界适宜条件下经 2～3 周或 1 个月以上孵出幼虫，经数天后爬到动物身上吸血，饱血后蜕化为若虫，若虫再次吸血，饱血后蜕化为成虫，完成整个发育阶段。

根据其发育过程和吸血方式，可将蜱分为3类，即：①一宿主蜱：蜱的全部发育过程是在1个宿主体上完成的，除产卵期外均不离开宿主。如微小牛蜱。②二宿主蜱：蜱在全部发育过程中需要更换2个宿主，即在饱血若虫落地蜕皮后再侵袭第二个宿主，直至发育为成虫再落地产卵。如残缘璃眼蜱。③三宿主蜱：全部发育过程需要更换3个宿主，即幼虫侵袭一个宿主，经吸血发育后，落地蜕皮变为若虫。再侵袭第二个宿主，吸血发育后落地蜕皮变为成虫。成虫再侵袭第三个宿主，成虫吸血后落地产卵。如长角血蜱、草原革蜱等。

我国硬蜱科蜱的分布、出没时间随着各地的气候、地理、地貌等自然条件不同而不同，有的蜱种分布于深山草坡及丘陵地带，有的多分布于森林及草原，也有的栖息于草原和农区的家畜圈舍及停留处。一般成蜱在石块下或地面的缝隙内越冬。蜱的活动季节也随蜱种的不同而不同，如草原革蜱，在我国的北方2月末就可出现在畜体上；华北地区的长角血蜱，在3月底就开始侵袭羊体，一直到11月中旬才消失。

羊被蜱侵袭，多发生于放牧采食过程中，寄生部位主要在被毛短少部位，特别是常密集于羊的耳壳内外侧、口周围和头面部，直至饱血后落地蜕化或产卵。

3. 蜱的危害

（1）直接危害　蜱侵袭羊体后，由于吸血时口器刺入皮肤，可造成局部损伤，组织水肿、出血、皮肤肥厚。有的还可继发细菌感染，引起化脓、肿胀和蜂窝织炎等。当幼羊被大量蜱侵袭时，蜱的唾液内的毒素进入机体后，破坏造血器官，溶解红细胞，形成恶性贫血，使血液有形成分急剧下降。此外，蜱唾液内的毒素作用有时还可出现神经症状及麻痹，造成"蜱瘫痪"。

（2）间接危害　蜱可传播森林脑炎、莱姆病、布鲁氏菌病、炭疽、立克次氏体等多种传染病。蜱也是各种家畜梨形虫病的必须宿主和传播媒介。

4. 防治

（1）消灭畜体上的蜱　①人工捕捉：饲养量少、人力充足的条件下，要经常检查羊的体表，发现蜱时应及时摘掉（摘取时应与体表垂直向上拔取）销毁。②粉剂涂擦：可用3％马拉硫磷、2％害虫敌、5％西维因等粉剂，涂擦体表，羊剂量30克，在蜱的活动季节，每隔7～10天处理一次。③药液喷涂：可使用1％马拉硫磷、0.2％辛硫磷、0.2％杀螟松、0.25％倍硫磷、0.2％害虫敌等乳剂喷涂畜体，羊每次200毫升，每隔3周处理一次。也可使用氟苯醚菊酯，每千克体重2毫克，一次背部浇注，2周后重复一次。④药浴：可选用0.05％双甲脒、0.1％马拉硫磷、0.1％辛硫磷、0.05％毒死蜱、0.05％地亚农、1％西维因、0.0025％溴氰菊酯、0.003％氟苯醚菊酯、0.006％氯氰菊酯等乳剂，对羊进行药浴。

此外，也可试用皮下注射阿维菌素，剂量为每千克体重0.2毫克。

（2）消灭圈舍内的蜱　有些蜱，如残缘璃眼蜱在圈舍的墙壁、地面、饲槽等缝隙中栖生，可先选用上述药物喷撒或粉刷后，再用水泥、石灰或黄泥堵塞。必要时也可隔离、停用圈舍10个月以上或更长时间，使蜱自然死亡。

（3）消灭自然蜱　根据具体情况可采取轮牧，相隔时间1～2年，牧地上的成虫即可死亡。也可在严格监督下进行烧荒，破坏蜱的滋生地。有条件时，可选用上述有关杀虫剂的高浓度制剂或原液，进行超低量喷雾。国外还试用以遗传防治和生物防治的方法灭蜱。

（二）螨病

羊螨病是由疥螨和痒螨寄生在体表而引起的慢性寄生性皮肤

病。螨病又叫疥癣、疥虫病、疥疮等，具有高度传染性，往往在短期内可引起羊群严重感染，危害十分严重。

1. 病原

（1）疥螨　疥螨寄生于皮肤角化层以下，并不断在皮内挖凿隧道，虫体即在隧道内不断发育和繁殖。疥螨的成虫形态特征为：虫体小，长0.2～0.5毫米，肉眼不易看见；体呈圆形，浅黄色，体表生有大量小刺；前端口器呈蹄铁形；虫体腹面前部和后部各有两对粗短的足，后两对足不突出于体后缘之外。每对足上均有色质化的支条，第一对足的后支条在虫体中央并成一条长杆，第三四对足上的后支条，在雄虫是互相连接的。雌虫第一二对足及雄虫第一、二、四对足的末端具有不分节柄连接的钟形吸盘，无吸盘足的末端则生有长刚毛。

（2）痒螨　寄生在皮肤表面。虫体呈长圆形、较大，长0.5～0.9毫米，肉眼可见。口器长，呈圆锥形。四对足细长，尤其前两对更为发达。雌虫第一、二、四对足和雄虫前足有细长的柄和吸盘，柄分三节。雌虫第三对足上有两根长刚毛；雄虫第四对足短且无吸盘和刚毛，尾端有两个尾突，在尾突前方腹面上有两个性吸盘。

2. 生活史　疥螨与痒螨的全部发育过程都在宿主体上度过，包括虫卵、幼虫、若虫和成虫4个阶段，其中雄螨有一个若虫期，雌螨有两个若虫期。疥螨的发育是在羊的表皮内不断挖凿隧道，并在隧道中不断繁殖和发育，完成一个发育周期需8～22天。痒螨在皮肤表面进行繁殖和发育，完成一个发育周期10～12天。本病的传播是由于健畜与患畜直接接触，或通过被螨及其卵所污染的厩舍、用具间接接触引起感染。

该病主要发生于冬季和秋末、春初。发病时，疥螨病一般始发于皮肤柔软且毛短的部位，如嘴唇、口角、鼻面、眼圈及耳根部，以后皮肤炎症逐渐向周围蔓延；痒螨病则起始于被毛稠密和温度、湿度比较恒定的皮肤部位，如绵羊多发生于背部、臀部及尾根部，以后才向体侧蔓延。

3. **临床症状** 绵羊痒螨多发生于密毛的部位如背部、臀部然后波及全身。初发时，因虫体小刺、刚毛和分泌的毒素刺激神经末梢，引起剧痒，可见病羊不断在围墙、栏柱等处摩擦；在阴雨天气、夜间、通风不好的圈舍以及随着病情的加重，痒觉表现更为剧烈；由于患羊的摩擦和啃咬，患部皮肤出现丘疹、结节、水疱，甚至脓疱，以后形成痂皮和龟裂。山羊痒螨主要发生于耳壳内面，在耳内形成黄色痂，将耳道堵塞，使羊变聋，食欲不振，甚至死亡。绵羊患疥螨病时，因病变主要局限于头部，病变皮肤有如干涸的石灰，故有"石灰头"之称。绵羊感染痒螨后，可见患部有大片被毛脱落。发病后，患羊因终日啃咬和摩擦患部，烦躁不安，影响正常的采食和休息，日渐消瘦，最终不免因极度衰竭而死亡。山羊患疥螨病时，主要发生于嘴唇四周、眼圈、鼻背和耳根部，可蔓延到腋下、腹下和四肢曲面等无毛及少毛等部位，严重时口腔皮肤皱裂，采食困难。

4. **诊断** 根据羊的症状表现及疾病流行情况，对可疑病羊刮取皮肤组织查找病原，以便确诊。其方法是：用经过火焰消毒的凸刃小刀，涂上 50% 甘油水溶液或煤油，在皮肤患部与健康部的交界处刮取皮屑，要求一直刮到皮肤轻微出血为止；刮取的皮屑放入 10% 氢氧化钾或氢氧化钠溶液中煮沸，待大部分皮屑溶解后，经沉淀，取其沉渣镜检虫体。无此条件时，亦可将刮取物置于平皿内，把平皿在热水上稍微加温或在日光下照晒后，将平皿放在白色背景上，用放大镜仔细观察，有无螨虫在皮屑间爬动。

5. **类症鉴别**

（1）**与湿疹的鉴别** 湿疹痒觉不剧烈，且不受环境、温度影响，无传染性，皮屑内无虫体。

（2）**与秃毛癣的鉴别** 秃毛癣患部呈圆形或椭圆形，境界明显，其上覆盖的浅黄色干痂易剥落，痒觉不明显。镜检经 10%

氢氧化钾处理的毛根或皮屑，可发现癣菌的孢子或菌丝。

（3）与虱和毛虱的鉴别　虱和毛虱所致的症状有时与螨病相似，但皮肤炎症、落屑及形成痂皮程度较轻，容易发现虱及虱卵，病料中找不到螨虫。

6. 防治

（1）预防　每年定期对羊群进行药浴。对新引进的羊应隔离检查，确定无螨寄生后再混群饲养；圈舍应经常保持干燥、通风，定期清扫和消毒；对患病羊要及时隔离治疗。治疗期间可应用0.1%的蝇毒磷乳剂对环境消毒，以防散布病原。

（2）治疗

涂药疗法：适宜病羊少、患部面积小，特别适合在寒冷季节使用。涂药应分几次进行（每次涂药面积不得超过体表的1/3）。

药浴疗法：适用于病羊数量多及气候温暖的季节，常用于对螨病的预防和治疗。

注射疗法：适用于各种情况的螨病治疗，省时、省力，优于以上各种疗法。

涂擦药物之前，应先剪毛去痂，可用温肥皂水或2%来苏儿彻底洗刷患部，以除去痂皮，然后擦干患部后用药。药浴时间应选择在山羊抓绒、绵羊剪毛后5～7天进行。大规模药浴之前应对所选药物做小群完全试验。药液温度保持在36～38℃，并随时补充新药液。药浴时间1～2分钟，注意浸泡羊头。药浴前让羊饮足水，以防误饮药液。因大部分药物对螨卵无杀灭作用，无论治疗和药浴时必须重复用药2～3次，每次间隔7～8天为宜。

常用药物如下：①阿维菌素：羊每千克体重0.2毫克，一次皮下注射。市售商品为含1%阿维菌素的注射液，则每50千克体重，只需注射1毫升即可。此外，本品也有粉剂，可供内服和渗透剂供外用（浇注），其效果与其他剂型完全一样。②双甲脒：按每吨水加入12.5%双甲脒乳油4 000毫升，配成乳油水溶液，对羊药浴或涂擦体表。

用于药浴的有机磷制剂有：0.05%辛硫磷乳液、0.015%～0.02%巴胺磷水乳液、0.05%蝇毒磷水乳液、0.025%螨净（二嗪农）水乳液、0.5%～1%敌百虫水溶液（应慎用）等。

用于药浴的拟除虫菊酯类杀虫剂有：0.005%溴氰菊酯水乳剂、0.006%氯氰菊酯水乳剂、0.008%～0.02%杀灭菊酯水乳剂等。

橘皮素乙酰酯乳剂：加水稀释至0.05%～0.025%的浓度，分别在浴池中药浴治疗，间隔1周药浴2次。

复方中药方剂：中药汤剂配方蛇床子、地肤子、苦参各200克，加水煎煮两次、浓缩煎汁至5 000毫升，过滤后加硫磺100克，搅拌均匀即成治疗液，涂药治疗；蛇床子、地肤子、苦参各200克，硫磺100克，混合粉碎后过40目筛，用温开水调湿后加凡士林2 260克，调匀备用。每100克膏剂中含中药合剂30克，涂药治疗。

狼毒：采挖鲜狼毒洗净，切成片，取1 000克加水3 000毫升，文火煎2～3小时，水煎至1 000～1 500毫升，降温到20～30℃时用纱布过滤，加4%来苏儿水溶液50毫升，擦洗牛、羊患处，一般每隔5天用1次，连用2次。采挖鲜狼毒洗净，阴干或晒干后粉碎呈细末状，用狼毒2 000克加煤油250毫升调匀，根据患处大小用量不同，每隔3天涂擦1次，连用3次。

（三）羊鼻蝇蛆病

羊鼻蝇蛆病，是由羊鼻蝇的幼虫寄生在羊的鼻腔及附近腔窦内所引起的疾病。羊鼻蝇主要危害绵羊，对山羊危害较轻。病羊表现为精神不安、体质消瘦，甚至发生死亡。

1. 病原

（1）成虫 羊鼻蝇形似蜜蜂，全身密生短绒毛，体长10～12毫米；头大，呈半球形，黄色；两复眼小，相距较远；触角球形，位于触角窝内；口器退化；胸部有4条断续而不明显的黑色纵纹，腹部有褐色及银白色斑点。

（2）幼虫　第一期幼虫呈淡黄白色，长 1 毫米，前端有两个黑色口前钩，体表丛生小刺，末端的肛门分左右两叶，后气门很小，呈管状；第二期幼虫呈椭圆形，长 20～25 毫米，体表刺不明显，后气门呈弯肾形；第三期幼虫长约 30 毫米，背面拱起，各节上有深棕色的横带，腹面扁平，各节前缘有数行小刺，体前端尖，有两个强大的黑色口前钩，虫体后端齐平，有两个黑色的后气孔。

2. 生活史　羊鼻蝇的发育需经幼虫、蛹及成虫三阶段。成虫出现于每年 5～9 月份，雌雄交配后，雄虫很快死亡，雌虫则于有阳光的白天以急剧而突然的动作飞向羊鼻，将幼虫产在羊鼻孔内或羊鼻孔周围，雌虫在数天内产完幼虫后亦很快死亡。产出的第一期幼虫活动力很强，爬入鼻腔后以其口前钩固着于鼻黏膜上，并逐渐向鼻腔深部移行，到达额窦或鼻窦内（有些幼虫还可以进入颅腔），经两次蜕化发育为第三期幼虫。幼虫在鼻腔内寄生 9～10 个月，到翌年春天，发育成熟的第三期幼虫由鼻腔深部向浅部返回移行，当患羊打喷嚏时，将其喷出鼻孔，三期幼虫即在土壤表层或羊粪内变蛹，蛹的外表形态与三期幼虫相同。蛹经 1～2 个月羽化为成虫。成虫寿命 2～3 周。在温暖地区羊鼻蝇一年可繁殖两代，在寒冷地区每年繁殖一代。

3. 临床症状　羊鼻蝇幼虫进入羊鼻腔、额窦及鼻窦后，在其移行过程中，由于体表小刺和口前钩损伤黏膜引起鼻炎，可见羊流出多量鼻液，鼻液初为浆液性，后为黏液性和脓性，有时混有血液；当大量鼻漏干涸在鼻孔周围形成硬痂时，使羊发生呼吸困难。此外，可见病羊表现不安，打喷嚏，时常摇头，摩鼻，眼睑浮肿，流泪，食欲减退，日渐消瘦。症状表现可因幼虫在鼻腔内的发育期不同而持续数月。通常感染不久呈急性表现，以后逐渐好转，到幼虫寄生的晚期，则疾病表现更为剧烈。有时，当个别幼虫进入颅腔损伤了脑膜或因鼻窦发炎而波及脑膜时，可引起神经症状，病羊表现为运动失调，旋转运动，头弯向一侧或发生麻痹；最后病羊食欲废绝，因极度衰竭而死亡。

4. 诊断　病羊生前诊断可结合流行病学情况和症状表现，于发病早期用药喷射鼻腔，查找有无死亡的幼虫排出。死后诊断，剖检时在鼻腔、鼻窦或额窦内发现羊鼻蝇幼虫，即可确诊。

5. 防治　防治本病应以消灭第一期幼虫为主要措施。实施药物防治一般可选在每年的 10～11 月份进行。其方法如下：①敌百虫或敌百虫软膏：在成蝇飞翔季节，可用 10％敌百虫软膏涂在羊鼻孔周围，有驱避成蝇和杀死幼虫的作用。②阿维菌素：以每千克体重 0.2 毫克，一次皮下注射，药效可维持 20 天，疗效高，是目前治疗羊鼻蝇蛆病最理想的药物。③敌百虫酒精溶液：精制敌百虫 60 克，溶于 31 毫升蒸馏水和 31 毫升 95％的酒精内。剂量，每千克体重 0.4 毫克，一次肌内注射。50 千克以上的羊 2.5 毫升，对一期幼虫驱虫率达 100％。④药液鼻腔内喷射：可用 0.1％～0.2％辛硫磷、0.03％～0.04％巴胺磷、0.012％氯氰菊酯水乳液，羊每侧鼻孔各 10～15 毫升，用注射器分别先后向鼻孔内喷射，两侧喷药间隔时间 10～15 分钟。对杀灭羊鼻蝇的早期幼虫有效。⑤烟雾法：常用于大群防治，需在密闭的圈舍或帐幕内进行。按室内空间每立方米使用 80％敌敌畏0.5～1 毫升剂量，加热（放在厚铁板上等）或高压喷雾。令羊在其内，吸雾时间 15 分钟即可杀死第一期幼虫。⑥氯氰柳氨：每千克体重 5 毫克口服，或 2.5 毫克皮下注射，可杀死各期幼虫。

三、原 虫 病

（一）羊梨形虫病

羊梨形虫病是由泰勒科和巴贝斯科的各种梨形虫引起的血液原虫病。其中山羊泰勒虫、绵羊泰勒虫和绵羊巴贝斯虫是使绵羊和山羊致病的主要病原体。疾病由硬蜱吸血时传播。该病常造成羊大批死亡，危害严重。

1. 病原

（1）羊泰勒虫　分为山羊泰勒虫、绵羊泰勒虫，寄生在红细胞内的虫体大多数呈圆形和卵圆形，约占 80％，其次为杆状、边虫形很少。两者血液型虫体的形态相似，并均能感染山羊和绵羊。两者的区别点为山羊泰勒虫致病性强，所引起的疾病称为羊恶性泰勒虫病，病死率高。山羊泰勒虫红细胞染虫率高，绵羊泰勒虫红细胞染虫率低，一般都低于 2％。山羊泰勒虫在脾脏、淋巴结涂片的淋巴细胞内常可见到石榴体，其直径为 8～20 微米，内含 1～80 个直径为 1～2 微米的紫红色染色质颗粒，绵羊泰勒虫的石榴体形态与山羊泰勒虫相似，但只见于淋巴结中，而且要多次检查才能发现。

我国羊泰勒虫病的病原为山羊泰勒虫。形态与牛环形泰勒虫相似，有环形、椭圆形、短杆形、逗点形、钉子形、圆点形等各种形态，以圆形最多见。圆形虫体直径为 0.6～1.6 微米。一个红细胞内一般只有一个虫体，有时可见到 2～3 个。红细胞染虫率 0.5％～30％，最高达 90％以上。裂殖体可在淋巴结、脾、肝等的涂片中查到。

本病发生于 4～6 月份，5 月份为高峰。1～6 月龄羔羊发病率高，病死率也高；1～2 岁羊次之；3～4 岁羊很少发病。

（2）绵羊巴贝斯虫　病原寄生于红细胞内，虫体有双梨籽形、单梨籽形、椭圆形或变形虫等各种形状，其中双梨籽形占 60％以上，其他形状虫体较少。梨籽形虫体为 2.5～3.5 微米×1.5 微米，大于红细胞半径。虫体有两个染色质团块。双梨籽虫体尖端以锐角相连，位于红细胞中央。

2. 生活史　羊梨形虫的生活史尚不十分明了，有待更加深入的研究。资料记载，我国绵羊巴贝斯虫病的主要传播者为扇头蜱属的蜱，羊泰勒虫病的主要传播者为血蜱属的青海血蜱，病原在蜱体内要经过有性的配子生殖，产生子孢子，当蜱吸血时即将病原注入羊体内。绵羊巴贝斯虫寄生于羊的红细胞内，不断进行无性繁殖；羊泰勒虫在羊体内首先侵入网状内皮系统细胞，在肝脏、脾脏、淋巴结和肾脏内进行裂体繁殖（石榴体），继而进入红细胞内寄生。病原的传播者——上述种类的硬蜱吸食羊血液时，病原又进入蜱体内发育，如此周而复始，流行发病。

3. 临床症状 感染巴贝斯虫的病羊，体温升高至 $41 \sim 42℃$，呈稽留热型，病初呼吸、脉搏加快，食欲废绝，可视黏膜充血，黄疸，血流稀薄，红细胞每立方毫米减少到 300 万～400 万以下，而且大小不均，出现血红蛋白尿。有的病例出现兴奋，无目的地狂跑，突然倒地死亡。

感染泰勒虫的病羊，体温升高到 $40 \sim 42℃$，呈稽留热型，脉搏加快，呼吸急促，肺泡音粗厉，精神沉郁，喜卧，食欲减退，反刍及胃肠蠕动减弱或停止，便秘或下痢，有的病羊排恶臭稀粥样粪，杂有黏液或血液。可视黏膜初期充血，继则苍白，轻度黄染，有小出血点。病羊消瘦，体表淋巴结肿大，有痛感，特别是肩前淋巴结肿大尤为明显。肢体僵硬，以羔羊最明显，有的羊行走时一前肢提举困难或后肢僵硬，举步十分艰难；有的羔羊四肢发软，卧地不起。病程 6～12 天，急性病例常于 1～2 天内死亡。

4. 病理变化 死于巴贝斯虫病的羊尸，可视黏膜及皮下组织充血，黄染。心内外膜有出血点，肝脏、脾脏肿大，表面也有出血点。胆囊肿大 2～3 倍，充满胆汁，第二胃常塞满干硬的物质，尿液呈红色。死于泰勒虫病的羊尸，外观消瘦，贫血。剖检变化主要以全身性出血，第四胃黏膜有溃疡斑，以肝脏、脾脏、淋巴结高度肿胀为特征，肾呈黄褐色，表面有结节和小点出血。皱胃黏膜上有溃疡斑，肠黏膜上有少量出血点。只是各尸体的表现程度有所不同而已。

5. 诊断 发病季节为蜱猖狂活动的季节。病羊临床表现贫血、消瘦、高热稽留、结膜黄染。病理剖检胆囊肿大，胆汁浸润，淋巴结肿大，切面有黑灰色液体。镜检血液涂片见有病原体。临床上用贝尼尔治疗见有特效等，即可诊断为本病。

血检可采取羊静脉血液制成血片，固定后经姬姆萨或瑞氏染色后镜检。当血液内虫体较少时，可采用虫体浓集法，先进行集虫再制片检查。操作过程是：在离心管内加入2%的柠檬酸钠生理盐水3～4毫升，再加病羊血6～7毫升，混匀后，以每分钟2 500转的速度，离心5分钟，用吸管将上层液移入另一离心管中，并补加一些生理盐水后再以每分钟2 500转的速度离心10分钟，取其沉淀物制成抹片固定后，按上述方法染色镜检。也可在体表淋巴结肿至极限，触摸稍稍开始变软时进行淋巴结穿刺，以穿刺液涂片染色镜检裂殖体（石榴体）。死后也可取淋巴结直接涂片染色镜检。

6. 防治

（1）预防　在本病流行区，于每年发病季节到来之前，对羊群用咪唑苯脲或贝尼尔（血虫净）进行预防注射，后者以每千克体重3毫克剂量配成7%的溶液，深部肌内注射，每20天一次，对预防泰勒虫病有效；也可选用多种杀虫剂或人工进行灭蜱；并注意做好购入、调出羊的检疫工作。

（2）治疗　①贝尼尔：按每千克体重7毫克配成7%水溶液，做分点深部肌内注射。每天1次，连用3天为一疗程。②咪唑苯脲：每千克体重1.5～2毫克，配成5%～10%水溶液，皮下或肌内注射。③磷酸伯氨喹啉：每千克体重0.75毫克，每天灌服1剂，连服3剂。对泰勒虫病有特效。④黄色素：每千克体重3～4毫克，配成0.5%～1%水溶液，静脉注射，必要时24小时后重复注射一次。⑤阿卡普林：每千克体重0.6～1毫克，配成5%水溶液，皮下或肌内注射。48小时后再注射一次。⑥台盼蓝（锥蓝素）：每千克体重2～4毫克，配成1%水溶液静脉注射，必要时第二天可重复用药一次，对大型羊巴贝斯虫病有效。

（二）弓形虫病

弓形虫病是由孢子虫纲的原生动物——龚地弓形虫所引起的一种人兽共患寄生虫病。本病的中间宿主范围非常广泛，包括人及猪、绵羊、山羊、黄牛、水牛、马、鹿、兔、犬、猫、鼠等多种哺乳动物，此外，还可感染许多鸟类和一些冷血动物。终末宿主据目前所知仅为猫、豹和猞猁等一些猫科动物。病原除在中间宿主与终末宿主之间循环传递之外，更为重要的是可在中间宿主范围内相互进行水平传播。其感染途径亦可包括经口感染、经胎盘感染及通过宿主受损的皮肤、黏膜发生感染。因此，本病在全世界广泛存在和流行。羊的弓形虫病不仅直接危害养羊业，而且对整个畜牧业的发展及人类的健康都构成一定的威胁。

1. 病原　根据弓形虫的不同发育阶段，虫体分为五型。速殖子和包囊出现在中间宿主体内，裂殖体、配子体和卵囊则只出现在终末宿主的发育阶段。

（1）速殖子（滋养体）　主要见于急性病例。典型的游离速殖子呈香蕉形或新月形，大小为4～7微米×2～4微米，一端较尖，另一端钝圆，虫体中央稍偏钝端有一染色质核，核直径1.5～2.0微米，约占虫体1/4，胞浆内有时可见到数量不等的空泡或大小不一的颗粒。速殖子在宿主细胞（主要是网状内皮细胞）的胞浆内反复进行内双芽增殖，结果形成了内含数个至数十个速殖子的包囊，其直径为14～40微米。由于此包囊的膜是由宿主细胞构成的，故称为"假囊"，假囊内的速殖子则被称为"虫体集落"。集落内正在繁殖的虫体形状是多种多样的，可呈圆形、卵圆形、柠檬形和正在出芽的不规则形状。

（2）包囊（组织囊）　见于慢性病例或隐性感染。主要寄生于脑、骨骼肌、视网膜、心脏、肺脏、肝脏及肾脏等处。包囊在上述组织中呈圆形或卵圆形，有较厚而富有弹性的囊膜。包囊的直径可达50～60微米，囊中含有数十个至数千个慢殖子。慢殖子的形态与速殖子相似，仅核的位置稍偏后。慢殖子在包囊内亦可以内双芽增殖的方式缓慢地进行繁殖。包囊型虫体可在宿主体内长期寄生，甚至伴随宿主终生。

（3）裂殖体　为猫及猫科动物肠上皮细胞内进行裂体增殖阶段的虫体。1个裂殖体内可以形成许多裂殖子。游离的裂殖子大小为7～10微米×2.5～3.5微米，前端尖，后端钝圆，核呈卵圆形，直径2～3微米，常靠近虫体后端。

（4）配子体　是继裂殖体增殖后在终末宿主肠上皮细胞内进行有性繁殖阶段的虫体。小配子体色淡，核疏松，后期分裂形成小配子；大配子体的核致密，较小，含有着色明显的颗粒，后期分裂形成大配子。

（5）卵囊　未孢子化的卵囊呈圆形或近圆形，直径10～12微米。囊壁两层，无色，无卵模孔和极粒。自猫体内排出后，约经1～5天发育为孢子化卵囊。孢子囊大小为6微米×8微米，囊内含有4个香蕉状的子孢子，子孢子大小为6～8微米×2微米。

2. 生活史　弓形虫在发育过程中具有两个类型的宿主，在终末宿主猫及某些猫科动物体内进行等孢球虫相发育，在中间宿主体内进行弓形虫相发育。猫吞食了弓形虫的包囊、假囊及已成熟的卵巢后，慢殖子、速殖子或子孢子进入消化道侵入上皮细胞，开始进行球虫型的发育和繁殖。首先通过裂体生殖进行繁殖，其产生的裂殖子到一定阶段后又发育成为配子体（大、小配子），进行配子生殖，形成卵囊。卵囊随粪便排出体外，在外界适宜条件下，经2～4天发育为感染性卵囊（孢子化卵囊）。

中间宿主动物种类繁多（包括羊在内）。弓形虫的卵囊、包囊及速殖子经口或受损的皮肤、黏膜侵入中间宿主体内后，通过淋巴、血液循环进入有核细胞，在有核细胞的胞浆内主要以内出芽的方式进行繁殖，形成假囊，当宿主细胞被破坏后，释放出速殖子又进入新的有核细胞内继续繁殖。经过一定时间的繁殖后，转入神经、肌肉组织和一些脏器内形成包囊型虫体。

3. 临床症状 有亚急性感染和隐性感染两种。隐性感染主要是成年羊，一般没有特异的病状，但妊娠母羊多于正常分娩前4～6周流产，流产时常伴有胎衣不下，死胎和干尸化胎占一定的比例。亚急性感染的羊主要表现为神经症状，数天后行走困难，肌肉僵硬，呼吸困难，体温略升高，然后卧地不起，一般持续2周左右，最后因呼吸极度困难而死亡。

4. 病理变化 病变主要表现在胎盘的特征性病变，即胎盘子叶肿胀，绒毛呈暗红色，有1～2毫米的白色坏死灶。另外，中枢神经系统的非化脓性脑炎的病变也比较常见。

5. 诊断 根据临床症状，怀疑为弓形虫病时，可做如下检查：

（1）直接观察 取病畜尸体或流产胎儿的肺脏、肝脏、淋巴结、体液等做触片或涂片，自然干燥后，甲醇固定，姬姆萨染色或瑞氏染色观察有无速殖子或组织包囊存在。

（2）集虫法检查 取病畜或流产胎儿的肺脏或淋巴结研碎后加10倍生理盐水过滤，500转/分钟离心3分钟，取上清液再经1 500转/分钟离心10分钟，沉渣涂片，干燥，染色检查。

（3）动物接种 肺脏、淋巴结的10倍生理盐水组织悬浮液（加青霉素、链霉素各100单位/毫升），接种4～5只小鼠的腹腔，每只0.5～1.0毫升。观察20天，若小鼠出现被毛粗乱，呼吸促迫症状并死亡，即可取腹水或脏器抹片检查，如不发病必须盲传三代。

（4）血清学检验 可用补体结合反应、中和抗体试验、血细胞凝集试验及荧光抗体试验进行诊断。目前已有几种诊断试剂盒。

6. 防治

（1）预防 做好畜舍卫生工作，定期消毒；饲草、饲料和饮水严禁被猫的排泄物污染；对羊的流产胎儿及其他排泄物要进行无害化处理，流产的场地亦应严格消毒；死于本病或疑为本病的畜尸，要严格处理，以防污染环境或被猫及其他动物吞食。

（2）治疗　对急性病例可应用磺胺类药物，与抗菌增效剂联合使用效果更好，亦可考虑使用四环素和螺旋霉素等。上述药物通常不能杀灭包囊内的慢殖子。常用药物如下：①磺胺嘧啶＋甲氧苄胺嘧啶：前者每千克体重 70 毫克，后者按每千克体重 14 毫克，每天 2 次，口服，连用 3～4 天。②磺胺甲氧吡嗪＋甲氧苄胺嘧啶：前者为每千克体重 30 毫克，后者为每千克体重 10 毫克，每天 1 次，口服，连用 3～4 天。③磺胺-6-甲氧嘧啶：每千克体重 60～100 毫克；或配合甲氧苄胺嘧啶（每千克体重 14 毫克），每天 1 次，口服，连用 4 次。可迅速改善临床症状，并有效地阻抑速殖子在体内形成包囊。

（三）羊球虫病

羊球虫病是由艾美耳属的几种球虫，寄生于山羊和绵羊肠道引起的，以急性或慢性肠炎为特征的寄生虫病。临床上以羔羊最易感染，死亡率也高。

1. 病原　寄生于绵羊和山羊的球虫，我国危害较严重的有 4 种：

（1）浮氏艾美耳球虫　卵巢长卵圆形，有卵膜孔，无极帽，平均大小为 29 微米×21 微米，孢子形成的时间为 24～48 小时。寄生于小肠。

（2）阿氏艾美耳球虫　卵囊呈卵圆形或椭圆形，有卵膜孔和极帽。大小为 27 微米×18 微米。孢子形成的时间为 48～72 小时。寄生于小肠。

（3）错乱艾美耳球虫　该种球虫卵囊较大，平均大小为 45.6 微米×33 微米。卵膜孔明显，有极帽，孢子形成的时间为 72～120 小时。寄生于小肠后段。

（4）雅氏艾美耳球虫　卵囊呈卵圆形，平均大小为

23 微米×18 微米，卵囊无卵膜孔和极帽，孢子形成的时间为24～48 小时。

2. 发育史　球虫的发育均属直接型发育史，不需要中间宿主，一般将其发育史分为两个发育过程的 3 个发育阶段。

（1）内生性发育过程

1）无性繁殖阶段　当羊吞食了具有感染性的卵囊后，在肠道子孢子逸出，进入寄生部位的上皮细胞内，进行裂体生殖，产生裂殖子，这一过程可以进行几代。

2）有性繁殖阶段　裂殖子发育到一定阶段，由配子生殖法形成大、小配子体，大小配子结合形成卵囊，然后排出体外。

（2）外生性发育过程　排至体外的卵囊在适宜的条件下进行孢子生殖，形成孢子化的卵囊，只有孢子化的卵囊才具有感染性。

3. 临床症状　成年羊多为带虫者，感染不发病。2～6 月龄小羊容易发病。主要经口感染，轻者出现软便（似牛粪样）。重者发病初期体温升高，后下降。主要症状为急剧下痢，排出黏液血便，恶臭，并含有大量卵囊。病羊贫血，消瘦，食欲不振，疝痛等。一般发病后 2～3 周恢复，耐过羊可产生免疫力，不再感染发病。

4. 病理变化　仅小肠有明显病变，肠道黏膜上有淡白、黄色圆形或卵圆形结节，大小如粟粒到豌豆粒大。十二指肠和回肠有卡他性炎症，有点状或带状出血。尸体消瘦，后肢及尾根部常沾染有稀粪。

5. 诊断　应用饱和盐水漂浮法检查新鲜羊粪，可发现大量球虫卵囊，结合临床症状和病理剖检，做出诊断。

6. 防治

（1）预防　羊球虫已孢子化卵囊对外界的抵抗力很强，一般消毒药很难将其杀死。对圈舍和用具，最好使用 70～80℃以上的热水或热碱水（3%）消毒。也可应用火焰进行消毒。经常保持圈舍及周围环境的通风干燥。成年羊是球虫的散播者，最好将成年羊与幼羊分群饲养管理。提前使用抗球虫药物预防。

（2）治疗　①氨丙林：每天每千克体重 145 毫克混饲 2～3 周，对预防、治疗有效。②盐霉素：每天每千克体重 0.33～1 毫克，连喂 2～3 周有效。③磺胺二甲氧嘧啶：每天每千克体重 50～100 毫克，连服 3～5 天，对急性病例有效。④磺胺二甲氧嘧啶＋增效剂（TMP）：按 5∶1 比例配合，每天每千克体重按 0.1 克内服，连用 2 天，有治疗效果。

第八章

普　通　病

一、消化系统疾病

（一）口炎

口炎是羊口腔黏膜表层和深层炎症的总称。口炎按其炎症性质可分为卡他性口炎、水疱性口炎、溃疡性口炎等。临床上以流涎、采食、咀嚼障碍为主要特征。

1. 病因　由于口炎的性质不同，病因也不同。

（1）卡他性口炎　卡他性口炎是一种单纯性口炎，为口腔黏膜表层轻度的炎症。病因有机械性、物理化学性或有毒物质以及传染性因素的刺激、侵害和影响所致。其中有采食粗硬、有芒刺或刚毛的饲料或者饲料中混有玻璃、铁丝等各种尖锐异物的直接损伤，或因灌服过热的药液，或采食冰冻饲料或霉败饲料。此外还常继发于咽炎、唾液腺炎、前胃疾病、胃炎、肝炎以及某些维生素缺乏症。

（2）水疱性口炎　口腔黏膜上生成充满透明浆液水疱为特征的炎症。主要的病因为饲养不当，采食了带有锈病菌、黑穗病菌的饲料，发芽的马铃薯，以及细菌和病毒的感染。

（3）溃疡性口炎　是一种口腔黏膜溃疡、坏死为特征的炎症。主要是口腔不洁，被细菌或病毒感染所致。

继发性口炎多发生于羊患口疮、口蹄疫、羊痘、霉菌性口炎、过敏反应和羔羊营养不良等疾病。

2. **临床症状**　病羊采食、咀嚼缓慢甚至不敢咀嚼，只采食柔软饲料，而拒食粗硬饲料；流涎，口角附着白色泡沫；口腔黏膜潮红、肿胀、疼痛、口温增高等共同症状。细菌感染时有口臭。卡他性口炎，表现口腔黏膜发红、充血、肿胀、疼痛，特别是唇、齿龈、颊部、腭部黏膜肿胀明显；水疱性口炎，在上下唇内有很多大小不等充满透明或黄色液体的水疱；溃疡性口炎，黏膜上出现溃疡性病灶，口内恶臭，体温升高。上述各类型可相继和交错出现。

3. **诊断**　原发性口炎，根据病史及口腔黏膜炎症变化，可做出诊断。但应与口蹄疫、羊痘等相区别，此类疾病都有高热及高度传染性，且全身症状明显。患口蹄疫时，除口腔黏膜发生水疱和烂斑外，蹄部和皮肤也有类似病变；患羊痘时除口腔黏膜有典型的痘疹外，在乳房、眼角、头部、腹下皮肤处也有痘疹。

4. **防治**

（1）预防　主要在于加强饲养管理。防止化学、机械及尖锐的异物对口腔的损伤；提高羔羊饲料品质，饲喂富含维生素的柔软饲料；不喂发霉变质的饲料，饲槽应经常使用 2% 的碱水进行消毒；服用带有刺激性或腐蚀性的药物时，一定按要求使用。

（2）治疗　轻度口炎可用 0.1% 的雷佛奴尔或 0.1% 高锰酸钾溶液洗涤口腔，亦可用 20% 盐水冲洗；发生糜烂和渗出时，用 2% 的明矾冲洗；口腔黏膜有溃疡时，可用碘甘油、5% 碘酊、龙胆紫溶液、磺胺软膏、四环素软膏等涂擦患部；如继发细菌感染，病羊体温升高时，可用青霉素 40 万～80 万国际单位、链霉素 100 万单位肌内注射，每天 2 次，连用 3～5 天，也可服用或注射磺胺类药物。

中药可用青黛散（青黛 9 克，薄荷 3 克，黄连、黄柏、桔梗、儿茶各 6 克）研为细末，装入布袋内，衔于口内，给食时取下，吃完后再衔上，每日或隔日换药一次；也可在蜂蜜内加冰片和复方新诺明（SMZ＋TMP）各 5 克衔于口内；也可用桂林西瓜霜喷涂口腔。

对于口炎并发肺炎时可用下列中药方以清肺热：花粉、黄芩、栀子、连翘各 30 克，黄柏、牛蒡子、木通各 15 克，大黄 24 克，芒硝 60 克，将前八种药物共研为末，加入芒硝，开水冲，10 只羔羊分灌。

（二）食道阻塞

食管阻塞俗称"草噎"，就是食道某段被食物或其他异物阻塞所致。该病的主要特征是病羊表现咽下障碍和痛苦不安。

1. 病因　食管阻塞，其病因有原发性和继发性两种。原发性食管阻塞，主要因为羊过于饥饿，或者是抢食，吞咽马铃薯、甘薯、甘蓝、萝卜等块根饲料过急；或因采食大块豆饼、花生饼、玉米棒以及谷草、干稻草、青干草和未拌湿均匀的饲料等，咀嚼不充分忙于吞咽而引起。继发性食管阻塞，常见于食管狭窄、麻痹、扩张和食管炎。也有中枢神经兴奋性增高，发生食管痉挛，采食中引起食管阻塞。

2. 临床症状　采食中突然发病，停止采食，病羊口涎下滴，头向前伸，表现吞咽动作，精神紧张，痛苦不安。严重时，嘴可伸至地面。由于嗳气受到障碍，常常发生臌胀。并因食道和颈部肌肉收缩，引起反射性咳嗽，呼吸困难。

由于阻塞物的位置不同，临床症状也各异。完全阻塞时，采食、饮水完全停止，表现空嚼和吞咽动作，大量流涎；上部食管阻塞，流涎并有大量唾沫附着唇边和鼻孔周围，吞咽的食糜和唾液有时从鼻孔逆出；下部食管发生阻塞时，咽下的唾液先蓄积在上部的食管内，颈左侧食管沟呈圆桶状膨隆，触压可引起哽噎运动。食管完全阻塞时，不能进行反刍和嗳气，迅速发生瘤胃臌胀，呼吸困难。不完全阻塞时，液体可以通过食管而食物不能下咽，多伴有轻度臌气。

3. 诊断　根据病史和大量流涎，呈现吞咽动作等症状，结合食管外部触诊。如果阻塞发生在颈部，外部触诊可感到阻塞物；若发生于食管的胸段，胸部食管阻塞时，在阻塞部位上方的食管内积满唾液，触诊能感到波动并引起哽噎运动。用胃导管进行探诊，当触及阻塞物时，感到阻力，不能推进。用 X 线检查：在完全性阻塞时，阻塞部呈块状密影；食管造影检查，显示钡剂到达该处则不能通过。

食管阻塞时，如鼻腔分泌物吸入气管时，可发生异物性气管炎和异物性肺炎。

诊断时应注意和咽炎、急性瘤胃臌气、口腔和牙齿疾病、食道痉挛、食管扩张等疾病相区别。

4. 防治

（1）预防　平时应严格遵守饲养管理制度，避免羊只过于饥饿，而发生饥不择食和采食过急的现象，饲养中注意补充各种无机盐，以防发生异食癖。经常清理牧场及圈舍周围的废弃物。

（2）治疗

1）开口取物法　如堵塞物位于颈部，可用手沿食管轻轻按摩，使其上行，用镊子掏出或用铁丝圈套取。必要时可先注射少量阿托品以消除食道痉挛和逆蠕动，对施行这种方法极为有利。

2）探送法　如堵塞物位于胸部食管，可先将 2% 普鲁卡因溶液 5 毫升和石蜡油 30 毫升，用胃管送至阻塞物位置，然后用硬质胃管推送阻塞物进入瘤胃。若不能成功，可先灌入油类，然后插入胃管，手捏住阻塞物上方，在打气加压的同时推动胃管，使哽塞物入胃。但油类不可灌入太多，以免引起吸入性肺炎。

3）手术疗法　在无希望取出或下咽时，需要施行外科手术将其取出。手术时要注意同食管并行的动、静脉管壁的损伤。保定确定手术部位。局部处理与麻醉，按外科手术规程，局部剪毛、消毒，用 0.25% 的普鲁卡因进行局部浸润麻醉。切开皮肤，剥离肌肉，暴露食管壁，距阻塞物前后 1.5 厘米处的食管用套有细胶管的止血钳夹住，不宜过紧，然后在阻塞部位纵行切开取出阻塞物。取出后用0.1％的雷佛奴尔洗涤消毒，再用生理盐水进行冲洗，缝合黏膜与肌肉层，然后缝合肌肉与浆膜层内翻缝合，再进行肌肉缝合，最后结节缝合皮肤，为防止污染，涂外伤膏。手术后用青霉素80万国际单位、安痛定10毫升混合一次肌内注射，每天2次，连用5天。维生素C0.5克，每天1次，肌内注射，连用3天。当天术后禁食一天，防止污染，第二天饮喂小米粥，第三天开始给少量的青干草，直至痊愈。

4）经验疗法　有经验的农、牧民或饲养员，常用冷水一碗猛然倒入羊耳内，使羊突然受惊，肌肉发生收缩，即可将堵塞物咽下。

5）对症疗法　胀气严重时，应及时用粗针头或套管针在瘤胃左侧肷部穿刺放气，防止发生死亡。

（三）前胃弛缓

前胃弛缓是前胃神经肌肉感受性降低，收缩力减弱，瘤胃内容物运转迟滞，菌群失调，产生大量发酵和腐败的物质，引起消化障碍、食欲、反刍减退，乃至全身机能紊乱的一种疾病。常发生于山羊，绵羊较少。在冬末春初饲料缺乏时最为常见。

1.病因　发生前胃弛缓的原因很复杂，一般可分为原发性和继发性两种

（1）原发性前胃弛缓　亦称单纯性消化不良，病因与饲养管理和自然气候的变化有关。

饲草过于单纯：长期饲喂粗纤维多、营养成分少的饲草，消化机能陷于单调和贫乏，一旦变换饲料，即引起消化不良；草料质量低劣，常饲喂一些纤维粗硬、刺激性强、难于消化的饲料。

饲料变质：饲喂变质的青草、青贮饲料、酒糟、豆渣、甘薯渣等饲料或冰冻饲料。

矿物质和维生素缺乏：往往发生于冬春两季，表现为局部的

神经性肌内紧张度减弱；食欲减少，反刍微弱而缓慢，羊多喜卧。特别是缺钙，引起低血钙症，影响神经和体液的调节机能，成为该病的主要原因之一。

另外，饲养失宜、管理不当、应激反应等因素（如误食塑料袋、化纤布或分娩后的母羊食入胎衣等），也可导致本病的发生。

（2）患有瘤胃积食、胃肠炎和其他多种内科、产科和某些寄生虫病时也可继发前胃弛缓。

2. 临床症状 急性症状为食欲减少或渴欲增加，反刍缓慢而次数减少，瘤胃蠕动微弱。若不及时治疗，很有变成慢性的趋势。病羊常有便秘，排泄物色黑而硬；泌乳量显著减少或完全停止。体温及脉搏常无变化。病羊站立时，四肢紧靠身体，低头伸颈，背拱起，常磨牙。以后由于营养不足，常喜卧地。病的末期起立困难，脉搏弱而快，体温稍升高。胀气显著时，则呼吸困难。长久不愈者，消瘦而贫血，终至死于衰竭。

慢性病的表现是，食欲逐渐减少或反常，但并不完全丧失。大多数病羊饮水减少，但亦有口渴加强者。反刍停止，腹部呈间歇性臌气，触诊前胃部时，感到坚硬，有时还会引起腹痛。

3. 病理变化 第一胃、第三胃或第二胃扩张。第三胃的内容物特别干燥，用指摩擦时可起粉末。第一胃内容物也干燥，而且有气体，量的多少不定。前胃黏膜变化并不一定，有时如常，有时充血，或有小点充血，上皮易于脱落。第二胃有坏死或出血性溃疡。

4. 诊断 本病的病史、临床症状综合诊断。检测瘤胃内容物性状变化，可作为诊断依据。

瘤胃液 pH 下降至 5.5 以下（正常的变动范围为 6～7）；纤毛虫活力降低，数量减少，纤维素消化试验、瘤胃沉淀物活性试验时间延长。但须与如下疾病鉴别诊断：创伤性网胃腹膜炎，姿势异常，体温升高，触诊网胃区腹壁有疼痛反应。瘤胃积食，瘤胃内容物充满、坚硬。

5. 防治

（1）预防　加强饲养管理，注意饲料的选择、保管，防止霉败变质；应依据日粮标准饲喂，不可任意增加饲料用量或突然变更饲料；圈舍须保持安静，避免奇异声音、光线和颜色等不利因素刺激和干扰；注意圈舍卫生和通风、保暖，做好预防接种工作。

（2）治疗　治疗目的是消除病因，原则是缓泻、止酵、兴奋瘤胃蠕动。①病初限制喂量或绝食1～2天。每日按摩瘤胃数次，每次5～10分钟。并给予少量易消化的多汁饲料。②当瘤胃内容物过多时，可投服缓泻剂，常可投服石蜡油100～200毫升或硫酸镁20～30克。③20%氯化钠20毫升、生理盐水100毫升、10%氯化钙10毫升、维生素B_1（或复合维生素B）注射液10毫升混合静脉注射，每日1次，连用3～4次。④姜酊30毫升、龙胆酊20毫升、大黄酊20毫升、木别酊15毫升，水加至200毫升分2次，一日灌服。⑤胃蛋白酶8克、稀盐酸10毫升、龙胆酊20毫升、木别酊15毫升，水加至200毫升分2次，一日灌服。⑥龙胆末15克、食母生15克、胃蛋白酶8克、维生素$B_1$50片混合，分2次，一日灌服。⑦瘤胃pH降低时，用氢氧化镁30～50克，加水一次内服。单纯性消化不良时，可用氢氧化钙（熟石灰）5克、白糖50克，加水500毫升灌服，每天1次，连服3次。

（四）瘤胃积食

瘤胃积食即急性瘤胃扩张，亦称瘤胃阻塞，俗称撑死病。为羊最易发生的疾病，尤以舍饲情况下最为多见。山羊比绵羊多发，年老母羊较易发病。该病的主要特征是反刍、嗳气停止，瘤胃坚实，疝痛，瘤胃蠕动极弱或消失。

1. 病因　主要是由于贪食大量容易膨胀的饲料，如豆秸、老苜蓿、花生蔓、紫云英、谷草、稻草、麦秸、甘薯蔓等，缺乏饮水，难于消化所致。过食麸皮、棉籽饼、酒糟、豆渣等，也能引起瘤胃积食。

长期舍饲羊，运动不足，当突然变换可口的饲料，常常造成采食过多，或者由放牧转为舍饲，采食难于消化的干枯饲料而发病。

当饲养管理和环境卫生条件不良时，奶牛与奶山羊、肉牛与肉羊容易受到各种不利因素的刺激和影响，如过度紧张、运动不足、过于肥胖或因中毒与感染等，产生应激反应，也能引起瘤胃积食。此外，在前胃弛缓、创伤性网胃腹膜炎、瓣胃秘结以及皱胃阻塞等病程中，也常常继发瘤胃积食。

2. 临床症状　症状表现程度因病因及胃内容物分解毒物吸收的轻重而不同。①腹围增大。瘤胃（羊左侧）上部饱满，中下部向外臌胀（突出）。②有腹痛症状。如回顾腹部或后肢踢腹、拱背摇尾、起卧不安，以及粪便中排出未消化的饲料。③食欲废绝、反刍停止或减少，听诊瘤胃蠕动音减弱、消失；触诊瘤胃胀满、坚实，似面团感觉，指压有压痕。④重症可出现流涎、磨牙、呻吟、心跳加快、脉搏增数、黏膜深紫红色，但体温正常。⑤由于瘤胃吸收氨过多，使血氨浓度升高，往往出现视力障碍，盲目直行或转圈。有的烦躁不安、头抵墙、撞人或嗜眠、卧地不起。有的因乳酸蓄积，使瘤胃渗透压升高，导致体液由血液转向瘤胃，出现严重脱水和酸中毒、眼球下陷、血液浓缩。

3. 诊断　根据过食后发病，瘤胃内容物充满而坚硬，食欲、反刍停止等特征可以确诊。但是容易和下列疾病混淆，需进行鉴别诊断。

（1）前胃弛缓　食欲、反刍减退，瘤胃内容物呈粥状，不断嗳气，并呈现瘤胃间歇性臌胀。

（2）急性瘤胃臌胀　病程发展急剧，肚腹急剧臌胀，瘤胃壁紧张而有弹性，扣诊呈鼓音，血液循环障碍，呼吸困难。

（3）创伤性网胃炎　网胃区疼痛，姿势异常，精神忧郁，头颈伸张，嫌忌运动，周期性瘤胃臌胀，应用副交感神经兴奋药物，病情显著恶化。

（4）皱胃阻塞　瘤胃积液，左下腹部显著臌胀，皱胃冲击性触诊，腰旁窝听诊结合叩诊，呈现叩击钢管的铿锵音。

此外，还应与皱胃变位、肠套叠、肠毒血症、生产瘫痪、子宫扭转等疾病相区别，以免发生误诊。

4. 防治

（1）预防　从饲养管理上着手。避免大量给予纤维干硬而不易消化的饲料，给予的精料量要限制，按日粮标准饲喂；冬季由放牧转入舍饲时，应给予充足的饮水，并创造条件供给温水，饱食后不要给大量饮水。

（2）治疗　原则：排除内容物，恢复胃功能，调整与改善瘤胃内生物学环境，防止脱水与自体中毒。清肠消导，可用硫酸镁（或硫酸钠）50～80克（配成8％～10％的溶液），一次内服或液体石蜡（或植物油）100～200毫升，一次内服。应用泻剂后，可皮下注射毛果芸香碱或新斯的明，以兴奋前胃神经，促进瘤胃内容物运转与排除。酸碱平衡失调时，可用5％碳酸氢钠注射液100毫升，5％葡萄糖生理盐水注射液200毫升静脉注射。为防止酸中毒继续恶化，可用2％的石灰水洗胃。

心脏衰竭时，可用20％安钠咖注射液2毫升、5％维生素C注射液8毫升，静脉注射，每日2次，呼吸衰竭时，可肌内注射尼可刹米2毫升。

用手或鞋底按摩左肩部，刺激瘤胃蠕动，促进反刍，然后用臭椿树根（去皮）或木棍穿咸菜疙瘩"横衔在嘴里"，两头拴于耳上，并适当牵遛，能促进瘤胃反刍。

龙胆酊10毫升、橙皮酊10毫升、木别酊7毫升，水加至200毫升一次灌服，每日2次。

龙胆末15克、大黄末15克、人工盐50克、复合维生素B50片、小苏打15克混合，分2次灌服，一日用完。如有轻度胀气：鱼石脂 4 克、酒精 20 毫升、茴香醋 10 毫升、橙皮酊 10 毫升，加水至 200 毫升，一次灌服。

健胃散：陈皮 9 克、枳实 9 克、枳壳 6 克、神曲 9 克、厚朴 6 克、山楂 9 克、萝卜子 9 克水煎，去渣灌服。加味大承气汤：大黄 9 克、枳实 6 克、厚朴 6 克、芒硝 12 克、神曲 9 克、山楂 9 克、麦芽 6 克、陈皮 9 克、草果 6 克、槟榔 6 克水煎，去渣灌服。

对危重病例，当使用药物治疗效果不佳，且病畜体况尚好时，应及早施行瘤胃切开术，取出内容物，并用 1% 温食盐水冲洗。必要时，接种健畜瘤胃液。

（五）急性瘤胃臌气

急性瘤胃臌气，俗称胀死病，是草料在瘤胃发酵，产生大量气体，致使瘤胃体积迅速增大，过度臌胀并出现嗳气障碍为特征的一种疾病。常发生于春、夏季，绵羊和山羊均可患病。本病可分为原发性瘤胃臌气（泡沫性臌气）和继发性瘤胃臌气（非泡沫性或自由气体性臌气）两种。

1. 病因

（1）原发性瘤胃臌气　主要是吃了大量容易发酵的饲料，最危险的是各种豆科植物，如苜蓿及其他豆科植物，尤其是在开花以前。初春放牧于青草茂盛的牧场，或多食萎干青草、粉碎过细的精料、发霉腐败的马铃薯、红萝卜及甘薯类都容易发病。吃了雨后水草或露水未干的青草，冰冻饲料，尤其是在夏季雨后清晨放牧时，易患此病。此外，采食较多粉碎过细的谷物饲料，臌气可一触即发。

（2）继发性瘤胃臌气　主要是由于前胃机能减弱，嗳气机能障碍。多见于前胃弛缓、食道阻塞、腹膜炎、气哽病等。多为慢性瘤胃臌胀。病情弛张，瘤胃中等度臌胀，时而消长，常为间歇性反复发作。经治疗虽能暂时消除臌胀，但极易复发。在这种情况下，应全面检查，具体分析，力求确诊原发病。例如，创伤性网胃炎常有反复发作的顽固性慢性瘤胃臌胀。

2. 症状 病羊站立不动，背拱起，头常弯向腹部。不久腹部迅速胀大，左边更为明显，皮肤紧张，叩之如鼓。呼吸困难，病羊张口伸舌，表现非常痛苦。臌胀严重时，病羊的结膜及其他可见黏膜呈紫红色，不吃、不反刍，脉搏快而弱，间有嗳气或食物反流现象；有时直肠垂脱。此时病羊十分窘迫，站立不稳，最后倒卧地上，痉挛而死。病程常在1小时左右。

3. 病理变化 尸体腹部膨大。瘤胃壁非常紧张，有时瘤胃或横膈膜破裂。胃内有大量气体或泡沫状物质。肺或静脉瘀血，心包及浆膜（胸膜）上有小点状及线状充血，肝脏和脾脏被压迫呈贫血状态，浆膜下出血等。

4. 诊断 急性瘤胃臌胀，病情急剧，根据采食大量易发酵性饲料后发病的病史，腹部臌胀，左肷窝凸出，血液循环障碍，呼吸极度困难，确诊不难。

插入胃管是区别泡沫性臌胀与非泡沫性臌胀的有效方法。此外，瘤胃穿刺亦可作为鉴别的方法。泡沫性臌胀，在瘤胃穿刺时，只能断断续续从导管针内排出少量气体，针孔常被堵塞，排气困难；而非泡沫性臌胀，则排气顺畅，臌胀明显减轻。

在临诊时，应注意与前胃弛缓、瘤胃积食、创伤性网胃腹膜炎、食管阻塞以及白苏木中毒和破伤风进行鉴别诊断。

5. 防治

（1）预防 着重搞好饲养管理。由舍饲转为放牧时，最初几天在出牧前先喂一些干草后再出牧，并且还应限制放牧时间及采食量；在饲喂易发酵的青绿饲料时，应先饲喂干草，然后再饲喂青绿饲料；尽量少喂堆积发酵或被雨露浸湿的青草；不让羊进入到苕子地、苜蓿地暴食幼嫩多汁植物；不到雨后或有露水、下霜的草地上放牧。舍饲育肥羊，应该在全价日粮中至少含有10％～15％的铡短的粗料，粗料最好是禾谷类稿秆或青干草；应避免饲喂用磨细的谷物制作的饲料。

（2）治疗　应以胃管放气、止酵防腐、清理胃肠为治疗原则。

（六）瓣胃阻塞

瓣胃阻塞又称瓣胃秘结，在中兽医称为"百叶干"，是由于羊瓣胃收缩力量减弱，食物排出不充分，通过瓣胃的食糜积聚，充满于瓣叶之间，水分被吸收，内容物变干而致病。其临床特征为瓣胃容积增大、坚硬，腹部胀满，不排粪便。

1. 病因　本病主要是由于饲喂过多秕糠、粗纤维饲料而饮水不足所引起；或饲料和饮水中混有过多泥沙，使泥沙混入食糜，沉积于瓣胃瓣叶之间而发病。瓣胃阻塞还可继发于前胃弛缓、瘤胃积食、皱胃阻塞和皱胃与腹膜粘连等疾病。

2. 临床症状　病的初期与前胃弛缓症状相似，瘤胃蠕动减弱，瓣胃蠕动消失，可继发瘤胃臌气和瘤胃积食。排粪干少，色泽暗黑，后期排粪停止。触压病羊右侧 7～9 肋间，肩关节水平线，羊表现痛苦不安，有时可以在右肋骨弓下摸到阻塞的瓣胃。如病程延长，瓣胃小叶发炎或坏死，常可继发败血症，可见病羊体温升高，呼吸和脉搏加快，全身衰弱，卧地不起，最后死亡。

3. 病理变化　瓣胃内容物充满、坚硬，其容积增大 1～3 倍。重剧病例，瓣胃临近的腹膜及内脏器官，多具有局限性或弥漫性炎性变化。瓣叶间内容物干涸，形同纸板，可捻成粉末状。瓣叶上皮脱落为菲薄、有溃疡、坏死灶或穿孔。此外，肝脏、脾脏、心脏、肾脏以及胃肠等部分，具有不同程度的炎性病理变化。

4. 诊断　根据病史和临床表现，如病羊不排粪、瓣胃区敏感、瓣胃区扩大、坚硬等，结合瓣胃穿刺诊断，即可确诊。应注意与前胃弛缓、瘤胃积食、创伤性网胃腹膜炎、皱胃阻塞、肠便秘以及可伴发本病的某些急性热性病进行鉴别诊断。

5. 防治

（1）预防　避免给羊过多饲喂秕糠和坚韧的粗纤维饲料，防止导致前胃弛缓的各种不良因素。注意运动和饮水，增进消化机能，防止本病的发生。

（2）治疗　病的初期可用硫酸钠或硫酸镁 80～100 克，加水 1 500～2 000 毫升，一次内服；或石蜡油 500～1 000 毫升，一次内服。同时静脉注射促反刍注射液 200～300 毫升，增强前胃神经兴奋性，促进前胃内容物的运转与排除。

对顽固性瓣胃阻塞，可用瓣胃注射疗法。具体方法是：于右侧第九肋间隙和肩关节水平线交界处，选用 12 号 7 厘米长针头，向对侧肩关节方向刺入约 4 厘米深，刺入后可先注入 20 毫升生理盐水，感到有较大压力，并有草渣流出，表明已刺入瓣胃，然后注入 25％硫酸镁溶液 30～40 毫升，石蜡油 100 毫升（交替注入瓣胃），于第二日再重复注射 1 次。瓣胃注射后，可用 10％氯化钙 10 毫升、10％氯化钠 50～100 毫升、5％葡萄糖生理盐水 150～300 毫升，混合 1 次静脉注射。待瓣胃松软后，皮下注射 0.1％氨甲酰胆碱 0.2～0.3 毫升，兴奋胃肠运动机能，促进积聚物排出。

内服中药：大黄 9 克、枳壳 6 克、二丑 9 克、玉片 3 克、当归 12 克、白芍 2.5 克、番泻叶 6 克、千金子 3 克、山栀 2 克，煎水一次内服。

（七）创伤性网胃心包炎

创伤性网胃心包炎，又称创伤性消化不良，是由于异物刺伤网胃壁而发生的一种疾病。其临床特征为急性或慢性前胃弛缓，瘤胃间歇性臌气。本病见于奶山羊。偶尔发生于绵羊。

1. 病因　主要是由于尖锐金属异物（如铁丝、锐铁片、注射针头、大头针等）混入饲草被羊误食而发病。尖锐异物随着网胃收缩可刺伤或刺破胃壁而发生网胃炎，如果异物经横膈膜刺入心包可发生创伤性心包炎。当异物穿透网胃壁时，可损伤肝、脾等引起腹膜炎及各部位的化脓性炎症。

2. 症状　病羊精神沉郁，食欲减少，反刍缓慢或停止，行动谨慎。表现疼痛、拱背，不愿急转弯或走下坡路，前胃弛缓，慢性瘤胃臌气，肘肌外展以及肘肌颤动。用手冲击触诊网胃区，或用拳头顶压剑状软骨区时，病羊表现疼痛、呻吟、躲闪。体温一般正常，但有时升高。心跳明显加快，颈静脉怒张，颌下、胸前发生水肿。叩诊心区扩大，有疼痛感，听诊心音减弱，浑浊不清，常出现摩擦音和排水音。病后期常导致胸膜粘连、心包化脓和脓毒败血症。

3. 病理变化　本病的病理变化依金属异物的性状而异。有的引起创伤性网胃炎，特别是铁钉或钢钉，可使胃壁深层组织损伤，局部增厚，化脓，形成瘘管或瘢痕。有的网胃与膈粘连或胃壁局部结缔组织增生，其中埋藏铁钉或钢钉，并形成干酪腔或脓腔。还有一部分病例，由于网胃壁穿孔，形成弥漫性或局限性腹膜炎，乃至胸膜炎，脏器互相粘连，或者膈、脾、肝、肺发生脓肿。心脏受损害时，心包中充满多量纤维蛋白性渗出液。

4. 诊断　根据临床症状和病史，结合金属探测仪及 X 线透视检查，即可确诊。应与前胃弛缓、酮病、多关节性炎、蹄叶炎、背部疼痛等疾病进行鉴别。

5. 防治

（1）预防　清除饲草中的异物，可在草料加工设备中安装磁铁，以清除铁器。严禁在牧场或羊舍堆放铁器。饲养管理人员不可将铁丝、铁钉、缝针或其他金属异物随地乱扔，以防混入饲草。

（2）治疗　保守疗法：病的初期，停止活动和放牧，减少饲草喂量，降低腹腔脏器对网胃的压力。可肌内注射青霉素 80 万国际单位、链霉素 0.5 克，每天 2 次，连用 1 周。亦可用磺胺嘧啶5～8 克、碳酸氢钠 5 克，加水一次内服，每天 1 次，连用 1

周以上。

手术疗法：可行瘤胃切开术，取出异物。

（八）绵羊肠套叠

肠套叠是某一部分肠管套叠在邻部肠腔内，多见于小肠。由于肠结节虫寄于肠管、羊无规律运动、突然奔跑和胎儿压迫等，均可引起肠套叠。多见于绵羊，而绵羊中以细毛羊和细毛杂种羊为多见，约占发病总数的90％以上。不同性别的绵羊都有发病，母羊发病最多，不同生理阶段的绵羊都有发病，无明显趋势。该病一年四季都能发生，以3～5月份和9～11月份发病较多。放牧绵羊发病率高于舍饲羊群。

1. 病因　羊套叠形成的原因较复杂，主要有以下几种。①肠结节虫寄生于肠壁形成坚硬的结节，直接干扰和破坏了肠管正常、有规律的运动，由于结节的障碍，致使套入的一段无法恢复原状，形成套叠性肠梗阻。②病羊不断努责，使前一段肠管不断踊入被套进的肠腔内，随着病情恶化，套叠越来越严重。有的套入肠管可长达60～100厘米。③羊群突然间受惊，或者因为其他原因急骤赶驱，羊剧烈奔跑，跳跃沟渠，可诱发肠套叠。④空腹饱饮冷水，常可引起肠管的痉挛性收缩蠕动，诱发肠套叠。⑤公羊、羯羊相互抵架，或者被其他羊抵伤，或被放牧人员突然踢打腹部等外力冲击致伤腹部，都可能诱发肠套叠。⑥怀孕或产羔时，由于胎儿压迫或助产不当，或因产羔时努责过度，也可引起肠套叠。

2. 临床症状

（1）初期　突然食欲大减或废绝，口色发青，口腔腻涩，舌苔发白，眼结膜瘀血。脉搏80～120次/分钟，病羊伸腰曲背，不论站立多久或爬卧时间多长，再站立时均可见伸腰曲背现象。病羊腹部膨大，反刍停止，一般胃蠕动音少而弱，肠音呈半途性中断。有时排粪少许，粪便坚硬，呈小颗粒状。触诊右腹部有明显的压痛感，腹壁较紧张，可摸到硬块，即肠套叠部分。

（2）中期　病羊表现痛苦，发出呻吟声，常常呆立，不愿卧下及行走。有时用后蹄踢腹部。如强行运动，则表现剧烈腹痛，爬卧在地。有时可见肛门排出少量铁锈色黏液。听诊时，胃蠕动减弱，3～4次/分钟。

（3）末期　肠内气体增多，腹部臌气，胃肠无蠕动音。呼吸浅表，呻吟加剧，精神萎靡。体温一般正常，有时升高。卧多立少，不吃不喝。磨牙，眼嗜眠状。体质极度衰弱而死亡。

3.诊断　与其他肠变位的腹痛相类似，区别诊断较难。可根据腹痛发作时背部下沉，并排出黏液样或松馏油样粪便，结合直肠检查，可做出初步诊断。必要时可作剖腹检查，但探诊时应注意，有可能不止一处发生套叠。

4.防治　原则是镇痛和恢复肠道的正常位置。应尽快确诊，进行手术整复。肠套叠一旦发生，就会引起急性肠梗阻，后果非常严重。最有效的疗法，为施行开腹整复术，而且必须争取时间及早进行。

手术步骤如下：

（1）术前准备　除作好一般器材的消毒外，应备好0.25%普鲁卡因、青霉素、硫化钠、甘油、磺胺噻唑软膏、磺胺脒及水合氯醛。

（2）手术过程　①保定。将羊前后肢分别绑在一起，使左侧向下放倒，由两人固定。②将右肷部的毛剪到最短程度，再于该部涂以硫化钠与甘油（2：8）之配合剂，使毛完全脱光。③内服水合氯醛8～10克，令其睡眠，然后用3%来苏儿水和70%酒精对术部进行清洗消毒。④用0.25%普鲁卡因对术部进行矩形局部麻醉。然后切开长约15厘米之切口，沿腹肌伸入右手，通过盲肠底摸寻坚硬的患部。⑤取出患部，检查其颜色。如呈暗紫色，有腐烂趋势者，表示为患病部位，此时，应用外科刀切开患部的两端，并用灭菌肠线进行肠管断端缝合，然后给缝合部位涂以磺胺噻唑软膏，以防粘连与发炎，最后轻轻放回原位，如果病变部位颜色稍红，无腐烂趋势者，可用两手拇指和食指推压使套叠复位。还纳肠管前，吻合口周围喷洒一些青霉素、链霉素的混合物，并向腹腔内注入120万～160万国际单位青霉素，1克链霉素。⑥把腹膜和肌肉分别进行连续缝合，皮肤行结节缝合，并用脱脂棉和纱布包扎伤口。

（3）术后处理 ①将羊放在安静清洁而干燥的隔离室，给予适量的温水与流食。②避免给予泻剂及任何可以增强肠蠕动的药品，以防肠管断裂与粘连。③第2～3天有的羊体温略升，精神萎靡，食欲不振，此为肠炎表现，可给予消炎收敛制酵剂。④第3天可开始给予青草，但应避免多给蛋白饲料。

（九）绵羊肠扭转

绵羊肠扭转是肠管沿自身的纵轴或以肠系膜基部为抽的扭转而引起肠腔闭塞，易发生于空肠，特别是接近回肠的空肠。病羊表现重剧的腹痛症状，如不及时整复肠管位置，可造成患羊急性死亡，死亡率高达100%。该病平时少见，多发生于剪毛后，故又称"剪毛病"。

1. 病因 绵羊肠扭转一般继发于肠痉挛、肠臌气、瘤胃臌气，在这些疾病中肠管蠕动增强并发生痉挛收缩，或因腹痛引起羊打滚旋转，或瘤胃臌气，体积增大，迫使肠管离开原来的正常位置，各段肠管相互扭转缠叠而发病。另外，剪毛前采食过多，腹压较大，在放倒固定腿蹄时羊挣扎，或翻转躯体时动作粗暴、过猛，均可招致肠扭转。

2. 临床症状 发病初期，病羊精神不安，口唇染有少量白色泡沫，回头顾腹，伸腰弓背或蹲跨，起卧，两肋内吸，后肢踢腹，踢蹄骚动，翘唇摆头，时而摇尾，不排粪便。腹部听诊瘤胃蠕动音先增强后减弱，肠音亢进，随着时间延长，肠音废绝。体温正常或略高，呼吸浅而快，25～35次/分钟，心率增快，80～

100 次/分钟。有的病羊瘤胃蠕动音和肠音在听诊部位互换位置。

后期病羊症状逐渐加剧，急起急卧，腹围逐渐增大，叩之如鼓，卧地时呈昏睡状态，起立后前冲后撞，肌肉震颤，结膜发绀，腹壁触诊敏感，使用镇痛剂（如水合氯醛制剂）腹痛症状不能明显减弱；瘤胃蠕动音及肠音消失；体温 40.5～41.8℃；呼吸急促，60～80 次/分钟；心跳快而弱，节律不齐，108～120 次/分钟。后期病羊腹部严重膨胀，精神萎靡，结膜苍白，食欲废绝，弓腰呆立或卧地不起，强迫行走时步态蹒跚；瘤胃蠕动音及肠音废绝；体温下降致 37℃以下；呼吸微弱而浅，70～80 次/分钟；心跳慢而弱，节律不齐，60 次/分钟以下；腹腔穿刺时，有洗肉水样液体流出。一般病程为 6～8 小时，如变位肠管不能复位，其结局以死亡而告终。

3. 诊断　根据病史、临床症状，可做出初步诊断。确诊应进行剖腹探察，可发现一段较粗的充气、膨胀的肠管，在其前方肠管中集聚大量的液体、气体和内容物。在其后方肠管中内容物缺乏，肠管柔软而空虚，同时肠系膜扭转呈索状。

4. 防治　以整复法为主，药物镇痛为辅。

（1）体位整复法　由助手两手抱住病羊的胸部，将其提起，使其臀部着地，羊背部紧挨助手腹部和腿部，让羊腹部松弛，呈人伸腿坐地状。术者蹲于羊前方，两手握拳，分别置拳头于羊的左右腹壁中部，紧挨腹壁，交替推揉，60 次/分钟左右，助手同时晃动羊体。推揉 5～6 分钟后，再由两人分别提起羊的一侧前后肢，背着地面左右摆动十余次。放下羊让其站立，持鞭驱赶，使羊奔跑运动 8～10 分钟，然后观察效果。

推揉中术者用力大小要适中，应使其腹腔内肠管、瘤胃晃动并可听到胃肠清脆的撞击音为度。若病羊嗳气，瘤胃膨气消散，腹壁紧张性减轻，病羊安静，可视为整复术成功。

（2）手术整复法　尽早实施手术整复。手术后，应做好术后护理工作。

（3）药物治疗　整复后，用下列药物进行治疗。镇痛剂可用安痛定注射液 10 毫升，肌内注射；或用美散痛 5 毫升，分两次皮下注射；或水合氯醛 3 克、酒精 30 毫升，一次内服。中药可用元胡索 9 克、桃仁 9 克、红花 9 克、木香 3 克、大黄 15 克、陈皮 9 克、厚朴 9 克、芒硝 12 克、玉片 3 克、茯苓 9 克、泽泻 6 克，煎成汤剂，一次内服。同时应补液、强心，适当纠正酸中毒。

（十）胃肠炎

胃肠炎是胃肠壁表层和深层组织的重剧性炎症。临床上很多胃炎和肠炎往往相伴发生，故合称为胃肠炎。胃肠炎按病程经过分为急性胃肠炎和慢性胃肠炎；按病因分为原发性胃肠炎和继发性胃肠炎；按炎症性质分为黏液性胃肠炎（以胃肠黏膜被覆多量黏液为特征的炎症）、出血性胃肠炎（以胃肠黏膜弥漫性或斑点状出血为特征的炎症）、化脓性胃肠炎（以胃肠黏膜形成脓性渗出物为特征的炎症）、纤维素性胃肠炎（以胃肠黏膜坏死和形成溃疡为特征的炎症）。

1. 病因　分为原发性和继发性两种

主要是由于饲养管理不当。饲料品质不良（如发霉、冰冻等）、过食、饲料突然变换、有毒植物中毒、受到冷水刺激、圈舍湿冷等，均可引起胃肠炎。仔山羊在离乳期间，如果突然给予粗硬的饲料，亦易发病。

营养不良、长途车船运输等因素能降低羊的防御能力，使胃肠屏障机能减弱，平时腐生于胃肠道并不引起致病作用的细菌，如大肠杆菌、坏死杆菌等微生物，此时往往由于毒力增强而有致病作用。此外由于抗生素的滥用，一方面可使细菌产生耐药性，另一方面在用药过程中造成肠道菌群的失调而引起二重感染，应当引起重视。

继发性胃肠炎，常见于许多传染病（如结核、副结核、口蹄疫、出血性败血症等）和寄生虫病（如羊钩虫、结节虫、肝片形吸虫等）。此外，其他器官（牙齿、口腔、心、肺、肝、肾等）的疾病，亦可继发胃肠炎。

2. 临床症状　临床表现以消化机能紊乱、腹痛、发热、腹泻、脱水和毒血症为特征。

病羊精神沉郁，食欲减退或废绝，舌苔重，口臭；腹泻，粪便稀呈粥样或水样，腥臭，粪便中混有黏液、血液和脱落的黏膜组织，有的混有脓液。腹痛和肌内震颤，肚腹蜷缩。病的初期，肠音增强，随后逐渐减弱甚至消失；当炎症波及直肠时，排粪呈现里急后重；病至后期，肛门松弛，排粪呈现失禁自痢。体温升高，心率增快，呼吸加快，眼结膜暗红或发绀，眼窝凹陷，皮肤弹性减退，尿量减少。随着病情恶化，病畜体温降至正常温度以下，四肢厥冷，体表静脉萎陷，精神高度沉郁甚至昏睡或昏迷。慢性胃肠炎，病羊食欲不定，时好时坏，或食量持续减少，常有异食癖而喜舔厩舍墙壁或舔食泥土。

3. 病理变化　肠内容物常混有血液，恶臭，黏膜呈现出血性或溢血斑。在肠黏膜表面形成霜样或麸皮状覆盖物。黏膜下水肿，白细胞浸润。坏死组织剥落后，遗留下烂斑和溃疡。病程时间过长，肠壁可能增厚并发硬。淋巴滤泡以及肠系膜淋巴结肿大，常并发腹膜炎。

4. 诊断　首先根据全身症状、食欲紊乱，以及粪便中含有病理性产物等，可以做出正确诊断。

进行流行病学调查，血、粪、尿的化验，对单纯性胃肠炎、传染病、寄生虫病的继发性胃肠炎可进行鉴别诊断。

怀疑中毒时，应检查草料和其他可疑物质。

若口臭显著，食欲废绝，主要病变可能在胃；若黄染和腹痛明显，初期便秘并伴发轻度腹痛，腹泻较晚，病变可能主要在小肠；若脱水迅速，腹泻出现早并有里急后重症状，主要病变在大肠。

5. 防治

（1）预防　搞好饲养管理工作，不用霉败饲料喂家畜，不让动物采食有毒物质和有刺激、腐蚀的化学物质；防止各种应激因素的刺激；搞好羊群的定期预防接种和驱虫工作。定期检查，注意平时观察，当发现羊采食、饮水及排粪异常时，应及时治疗，加强护理。

（2）治疗　治疗原则是消除炎症、清理胃肠、预防脱水、维护心脏功能，解除中毒，增强机体抵抗力。

可用磺胺脒（琥珀酰磺胺噻唑、酞磺胺噻唑）4～8克，萨罗2～8克，常水适量，内服。内服诺氟沙星（10毫克/千克），或者肌内注射庆大霉素（1 500～3 000单位/千克）、环丙沙星（2.0～5毫克/千克）、乙基环丙沙星（2.5～3.5毫克/千克）等抗菌药物。

哺乳羔羊应根据下列处方治疗：①鞣酸蛋白1.5克、柳酸1克、磺胺脒1克，将以上做成粉剂，混合均匀，分为4包，1天服完，以上服药时间均须分配在每两次哺乳之间。不可距离哺乳时间太近，以免影响药效。②腹泻严重者，除用上述处方治疗外，还应配合肌内注射庆大霉素2毫升（0.25克）、黄连素2毫升或青霉素10万国际单位，每日2次。

平胃散：苍术10克、厚朴6克、枳壳6克、茯苓6克、陈皮6克、胆草10克、甘草5克，水煎，去渣灌服。

五苓散：茯苓10克、泽泻10克、白术12克、赤芍15克、桂皮5克、滑石10克、建曲15克，水煎服，或研末开水冲服。

（十一）羔羊消化不良

本病是初生羔羊在哺乳期的常发病。病的特征主要是明显的消化机能障碍和不同程度的腹泻。羔羊消化不良，根据临床症状和疾病经过，分为单纯性消化不良和中毒性消化不良两种。单纯性消化不良（食饵性消化不良），主要表现为消化与营养的急性障碍和轻微的全身症状；中毒性消化不良，主要呈现严重的消化障碍、明显的自体中毒和重剧的全身症状。

羔羊消化不良，通常不具有传染性，但具有群发性的特点。因此在兽医临床上，羔羊消化不良应与由特异性病原体引起的腹泻进行鉴别。应与羊副伤寒、羔羊痢疾等相鉴别。

1. 病因　妊娠母羊饲养不良，特别是在妊娠后期，饲料中营养物质不足，可使母畜的营养代谢过程紊乱，结果使胎儿的正常发育受到影响，则易引起消化不良。

哺乳母羊饲养不良，饲料中营养物质不足，如母乳中维生素A不足时，可导致消化道黏膜上皮角化；B族维生素不足时，可使羔羊胃肠蠕动机能障碍；维生素C不足时，可引起幼畜胃肠分泌机能减弱。哺乳羔羊吃了这样的乳后，不能满足生长发育所需要的营养，体质下降，抵抗力降低。此外，当母羊患乳房炎以及其他慢性疾病时，羔羊食后，极易发生消化不良。

饲养管理及护理不当，如人工哺乳不定时、不定量，乳温过高或过低，使用配制不当的代乳品，以及哺乳期幼畜补饲不当，均可导致发病。畜舍潮湿、卫生不良、拥挤或气候变化而未得到良好保护引起的应激，都是引起羔羊消化不良不可忽视的因素。

中毒性消化不良的病因，多半是由于对单纯性消化不良治疗不当或治疗不及时，导致肠内容物发酵、腐败，所产生的有毒物质被吸收或是微生物及其毒素的作用，而引起自体中毒的结果。

2. 临床症状

(1) 单纯性消化不良　精神不振，喜躺卧，食欲减退或废绝，可视黏膜发紫，体温一般正常或低于正常。粥状或水样稀便，粪便多呈灰绿色，混有气泡和白色小凝块；肠音高朗，并有轻度臌气和腹痛现象。心音增强，心率增快，呼吸加快。当腹泻不止时，皮肤干皱，弹性降低，被毛蓬乱、失去光泽，眼窝凹陷。严重时，站立不稳，全身战栗。

(2) 中毒性消化不良　羔羊精神沉郁，目光痴呆，食欲废绝，全身无力，躺卧于地。体温升高，全身震颤，有时出现短时间的痉挛。腹泻，频排水样稀粪，粪内含有大量黏液和血液，并呈恶臭或腐败臭气味。持续腹泻时，则肛门松弛，排粪失禁自痢；皮肤弹性降低，眼窝凹陷。心音减弱，心率增快，呼吸浅快。病至后期，体温多突然下降，四肢及耳尖、鼻端厥冷，终至昏迷而死亡。

粪便中有机酸及氨含量变化：单纯性消化不良时，粪便内由于含有大量低级脂肪酸，故呈酸性反应。中毒性消化不良时，由于肠道内腐败菌的作用致使腐败过程加剧，粪便内氨的含量显著增加。

3. 病理变化 剖解时可见皮肤干皱，眼窝深陷，尾根及肛门被粪便污染。胃肠道黏膜充血、出血；肝脏肿胀、脆弱；心肌质地变软，心内膜与心外膜有出血点；脾脏及肠系膜淋巴结肿胀。

4. 诊断 羔羊消化不良，主要根据病史、临床症状、病理剖解变化以及病羊肠道微生物群系的检查进行诊断。

此外，对哺乳母羊的乳汁，特别是初乳的质量进行检验分析（可消化蛋白质、脂肪、酸度等），有助于本病的诊断。

必要时，可对患病羔羊进行血液化验和粪便检查，所得结果作为综合诊断的参考。

5. 防治

（1）预防 主要是改善饲养管理，加强护理，注意卫生。

1）加强妊娠母羊的饲养管理 保证母羊获得充足的营养物质，特别是在妊娠后期，应增喂富含蛋白质、脂肪、矿物质及维生素的优质饲料；改善母羊的卫生条件，经常刷拭皮肤，对哺乳母羊应保持乳房的清洁，并保证适当的舍外运动。

2）注意对羔羊的护理 保证新生羔羊能尽早地吃到初乳，最好能在生后 1 小时内吃到初乳，其量应在生后 6 小时内吃到不低于 5％体重重量的高质初乳；对体质孱弱的羔羊，初乳应采取少量多次人工饮喂的方式供给；母乳不足或质量不佳时，可采取人工哺乳，人工哺乳应定时、定量，且应保持适宜的温度；畜舍应保持温暖、干燥、清洁，防止羔羊受寒；羊舍及围栏周围应定期消毒，垫草应经常更换，粪尿及时清除，羔羊的饲具必须经常洗刷干净，定期消毒。

（2）治疗　应采取包括食饵疗法、药物疗法及改善卫生条件等措施的综合疗法。

首先，将患病羔羊畜置于干燥、温暖、清洁的畜舍或畜栏内；加强哺乳母羊的饲养管理，给予全价日粮，保持乳房卫生。

为缓解胃肠道的刺激作用，可施行饥饿疗法。绝食（禁乳）8～10小时，此时可饮盐酸水溶液（氯化钠5克，33%盐酸1毫升，凉开水1 000毫升）或饮温茶水（红茶），每日3次。为排除胃肠内容物，对腹泻不甚严重的羔羊，可应用油类泻剂或盐类泻剂进行缓泻。为防止肠道感染，特别是对中毒性消化不良的羔羊，可肌内注射链霉素（10毫克/千克）或卡那霉素（10～15毫克/千克），头孢噻吩（10～20毫克/千克），庆大霉素（1 500～3 000单位/千克），痢菌净（2～5毫克/千克）。内服磺胺脒（0.12克/千克），磺胺-5-甲氧嘧啶（50毫克/千克）等。为制止肠内发酵、腐败过程，可选用乳酸、鱼石脂、萨罗、克辽林等防腐制酵药物。当腹泻不止时，可选用明矾、鞣酸蛋白、次硝酸铋、颠茄酊等药物。为防止机体脱水，保持水盐代谢平衡。病初，可给羔羊饮用生理盐水50～100毫升，每日5～8次。亦可应用10%葡萄糖注射液或5%葡萄糖生理盐水注射液，羔羊50～100毫升，静脉或腹腔注射。为提高机体抵抗力和促进代谢机能，可施行血液疗法。皮下注射10%枸橼酸钠贮存血或葡萄糖枸橼酸钠血（由血液100毫升、枸橼酸钠2.5克、葡萄糖5克、灭菌蒸馏水100毫升，混合制成），羔羊0.5～1毫升/千克，每次可增量20%，间隔1～2日注射1次，每4～5次为一疗程。

中药疗法：党参30克、白术30克、陈皮15克、枳壳15

克、苍术 15 克、防风 30 克、地榆 15 克、白头翁 15 克、五味子
15 克、荆芥 30 克、木香 15 克、苏叶 30 克、干姜 15 克、甘草
15 克，加水 1 000 毫升，煎 30 分钟，然后加开水至总量 1 000
毫升，每头羔羊 30 毫升，每天 1 次，用胃管投服。

二、呼吸系统疾病

（一）感冒

感冒是一种全身性疾病，以上呼吸道黏膜炎症为主要特征。
多发生于早春、晚秋气候剧变时，没有传染性。

1. 病因　主要由于气候突然变化，受寒冷刺激而引起。夏
秋季节天热羊出汗后又赶到风较大处，或冷雨淋浇、寒夜露宿，
或剪毛后天气突然变冷等都会引起感冒。

2. 临床症状　在寒冷因素作用后突然发病。病羊精神沉郁，
低头耷耳。食欲减少或废绝。鼻黏膜充血、肿胀，有浆液性鼻
液，咳嗽，时而喷嚏或擦鼻现象。体温升高，浑身发抖，呆立。
小羊还有磨牙现象，大羊常发出鼾声。听诊肺泡呼吸音有时增
强，有时伴有湿性啰音，瘤胃蠕动减弱。

3. 诊断　根据病因及咳嗽、喷嚏、体温升高等临床症状，
可以做出诊断。

4. 防治

（1）预防　注意天气变化，做好防寒保暖工作，冬季羊舍门
窗、墙壁要封严，防止冷风侵袭。夏季要预防汗后吹风淋雨。

（2）治疗　病羊应避风保暖，充分供给饮水，饲喂易消化的
饲料，并注意休息。

病初应给予解热镇痛药，如 30％安乃近、复方氨基比林或
复方奎宁注射液 4～6 毫升，每天 1 次，肌内注射。也可内服醋
柳酸、氨基比林或水杨酸钠等 2～5 克。当高烧不退时，应及时
应用抗生素或磺胺类药物，如青霉素、链霉素每天 2 次，青霉素

40 万～80 万国际单位，链霉素40 万～80 万单位，肌内注射。

中药治疗：荆芥 10 克、紫苏 10 克、薄荷 10 克，煎后灌服，每天 2 次。羔羊用量减半。

（二）肺炎

绵羊与山羊均可患肺炎，以绵羊引起的损失较大，尤其是羔羊。

1. **病因**　可能的原因为：①因感冒而引起：如圈舍湿潮、空气污浊，而兼有贼风，即容易引起鼻卡他及支气管卡他，如果护理不周，即可发展成为肺炎。②气候剧烈变化：如放牧时忽遇风雨，或剪毛后遇到冷湿天气。严寒季节和多雨天气更易发生。③羊抵抗力下降：在绵羊并未见到病原菌存在，但当抵抗力减弱时，许多细菌即可乘机而起，发生病原菌的作用。④异物入肺：吸入异物或灌药入肺，都可引起异物性肺炎（机械性肺炎）。灌药入肺的现象多由于灌药过快，或者由于羊头抬得过高，同时羊只挣扎反抗。例如，对臌胀病灌服药物时，由于羊呼吸困难，最容易挣扎而发生问题。⑤肺寄生虫引起：如肺丝虫的机械作用或造成营养不良而发生肺炎。⑥可为其他疾病（如出血性败血病，假结核等）的继发病，往往因病中长期偏卧一侧，引起一侧肺的充血，而发生肺炎。一旦继发肺炎，致死率常比原发疾病为高。

2. **临床症状**　症状因病因的性质而异。其发展速度大多很慢，但在小羊偶尔也有急性的。初发病时，精神迟钝，食欲减退，体温上升达 40℃，寒战，呼吸加快。心悸亢进，脉搏细弱而快，眼、鼻黏膜变红，鼻无分泌物，常发干而痛苦的咳嗽音。以后呼吸愈见困难，表现喘息，终至死亡。死亡常在 1 周左右，死亡率的高低不定。

3. **病理变化**　病灶很显著，可见喉部充血，气管与支气管发炎，内含白色或淡红色泡沫或脓液。肺部硬而呈黑红色，摸起来很像肝脏。病灶有时限于一侧，有时可波及两侧。或为扩散性，或为局限性，严重时其他器官也发生病灶。胸腔内常含有相当量的淡红色液体。在慢性进行性肺炎时，肺上常见有坚硬的灰色病灶。

4. 诊断　稍有经验的兽医，根据呼吸症状很容易认识肺炎，但要确定病因却比较困难，必须有实验室检查来帮助诊断。

5. 防治

（1）预防　加强饲养管理，这是最根本的预防措施。为此应供给富含蛋白质、矿物质、维生素的饲料；注意圈舍卫生，不要过热、过冷、过于潮湿，通气要好。在下午较晚时不要洗浴，因没有晒干机会。剪毛后若遇天气变冷，应迅速把羊赶到室内，必要时还应给室内生火。远道运回的羊只，不要急于喂给精料，应多喂青饲料或青贮料。对呼吸系统的其他疾病要及时发现，抓紧治疗。为了预防异物性肺炎，灌药时务必小心，不可使羊嘴的高度超过额部，同时灌入要缓慢。一遇到咳嗽，应立刻停止。最好是使用胃管灌药，但要注意不可将胃管插入气管内。由传染病或寄生虫病引起的肺炎，应集中力量治疗原发病。

（2）治疗　首先要加强护理，发现之后，及早把羊放在清洁、温暖、通风良好但无贼风的羊舍内，保持安静，喂给容易消化的饲料，经常供应清水。采用抗生素或磺胺类药物治疗，病情严重时可以两种同时应用。即在肌内注射青霉素或链霉素的同时，内服或静脉注射磺胺类药物。采用四环素或卡那霉素，则疗效更为满意。①四环素50万单位、糖盐水100毫升溶解均匀，一次静脉注射，每日2次，连用3～4天。②卡那霉素100万单位，一次肌内注射，每日2次，连用3～4天。

对症治疗：根据羊只的不同表现，采用相应的对症疗法。例如当体温升高时，可肌内注射安乃近2毫升或内服阿司匹林1克，每日2～3次。发现干咳、有黏稠鼻液时，可给予氯化铵2克，分2～3次，1日服完。还可以按下列处方给药：磺胺嘧啶6克、小苏打6克、氯化铵3克、远志末6克、甘草末6克，混合均匀，分为 3 次灌服，1 日用完。当呼吸十分困难时，可用氧气腹腔注射。此法简便而安全，能够提高治愈率。剂量按每千克体重 100 毫升计算。注射以后，可使病羊体温下降，食欲及一般情况有所改善。虽然在注射后第一昼夜呼吸频率加快（41～47 次），呼吸深度有所增加，但经过 2～3 天后可以恢复正常。为了强心和增强小循环，可反复注射樟脑油或樟脑水。如有便秘，可灌服油类或盐类泻剂。

三、营养代谢病

（一）维生素 A 缺乏症

维生素 A 缺乏症是由维生素 A 或其前体胡萝卜素缺乏或不足所引起的一种营养代谢疾病。因长期舍饲或冬春季节青绿饲料不足，导致羊群发病。临床上以生长缓慢、上皮角化、夜盲症、繁殖机能障碍以及机体免疫力低下等为特征。多发生于初春、秋末和冬季。

1. 病因　①饲料收割、加工、贮存不当，烈日暴晒饲料以及存放过久、陈旧变质；长期饲喂维生素 A 缺乏的饲料（棉籽饼、干谷、马铃薯等）。②对维生素 A 或胡萝卜素的吸收、转化、贮存、利用发生障碍，是内源性（继发性）病因。③对维生素 A 的需要量增多，可引起维生素 A 相对缺乏。妊娠和哺乳期母羊以及生长发育快速的羔羊，对维生素 A 的需要量增加；长期腹泻、患热性疾病的羊，维生素 A 的排出和消耗增多。④此外，饲养管理条件不良，羊舍污秽不洁、寒冷、潮湿、通风不良、过度拥挤，缺乏运动以及阳光照射不足等因素都可诱导发病。

2. 临床症状　病羊表现畏光，视力减退，甚至完全失明。由于角膜增厚，结膜细胞萎缩，腺上皮机能减退，故不能保持眼皮湿润，而表现出眼干燥症。由于腺上皮分泌物减少，不能溶解侵入的微生物，更加重了炎症及软化过程。有时病变可涉及角膜深层。缺乏维生素 A 时，机体其他部分的上皮也会发生变化。例如，呼吸道和消化道黏膜上皮变性，分泌机能降低，易继发或并发传染病。成年羊维生素 A 缺乏时，身体并不消瘦，故患眼干燥症的羊，体况可能保持得很好。

3. 诊断　根据身体畏光、视力减退或失明，以及长期饲喂缺乏含维生素 A 少的饲料，即可做出诊断。

4. 防治

（1）预防　①注意改善饲养。配合日粮时，必须考虑到维生素 A 的含量，每千克体重应供给胡萝卜素 0.1～0.4 毫克。②对孕羊要特别重视供给青绿饲料，冬季要补充青干草、青贮料或胡萝卜。③有条件可喂些发芽豆谷，适当运动，多晒太阳，并注意监测血浆维生素 A。

（2）治疗　以补充富含维生素 A 及胡萝卜素的饲料为主，辅以药物治疗的原则。①补充维生素 A 及胡萝卜素，增加日粮中黄玉米、胡萝卜、鱼粉和三叶草等。②药物治疗，在日粮中加入青饲料及鱼肝油，可获得迅速治愈。

鱼肝油的口服剂量为 20～50 毫升。当消化机能紊乱时，可以皮下或肌内注射鱼肝油，用量 5～10 毫升，分点注射，每隔 1～2 天 1 次。亦可用维生素 A 注射液进行肌内注射，用量为 2.5 万～3 万单位。

（二）佝偻病

佝偻病是羔羊在生长发育过程中由于维生素 D 及钙、磷缺乏或饲料中钙、磷比例失调所致的一种骨营养不良性代谢病，特征是生长骨的钙化作用不足，并伴有持久性软骨肥大与骨骺增大。临床特征是消化紊乱，异嗜癖，跛行及骨骼变形。

1. 病因　主要由于饲料中维生素 D 的含量不足或日光照射不足，导致羔羊体内维生素 D 缺乏，直接影响钙、磷的吸收和血内钙、磷的平衡。此外，即使维生素 D 能满足机体的需要，但母乳及饲料中钙、磷缺乏或比例不当，以至多原因的营养不良，均可诱发本病。

2. 临床症状　早期呈现食欲减退，消化不良，精神沉郁，然后出现异嗜癖。病畜经常卧地，不愿起立和运动。发育停滞，消瘦。下颌骨增厚和变软。出牙期延长，齿形不规则，齿质钙化不足（坑凹不平，有沟，有色素），常排列不整齐，齿面易磨损，不平整。严重羔羊，口腔不能闭合，舌突出，流涎，吃食困难。最后在面骨、下颌骨以及躯干、四肢骨骼出现变形，间或伴有咳嗽、腹泻、呼吸困难和贫血。

羔羊低头、拱背，站立时前肢腕关节屈曲，向前方外侧凸出，呈内弧形，后肢附关节内收，呈八字形叉开站立，步态僵硬。腕关节、跗关节和肋骨软骨联合部肿胀最明显（称串珠状肿）。严重时躺卧不起。

3. 病理变化　剖解发现长骨发生变形，但无显著眼观病变。股骨、胫骨末端及肋骨在显微镜下检查，发现骨骺板和关节软骨撕裂，有些骨骺板弯入骨骺；大小不同的软骨细胞形成长柱，由骨骺板突入干骺端，或处于骨骺板下方，与骨骺板分离；不同密度的结缔组织显著长进骨骺板的下方；骨骺板内存在着未形成的骨小梁、变形的软骨细胞灶和骨样灶。

4. 诊断　根据羊的年龄，饲养管理条件，呈慢性经过、生长迟缓、异嗜癖、运动困难以及牙齿和骨骼变化等特征，不难诊断。血清钙、磷水平及 AKP 活性的变化，有参考意义。检测血清 AKP 同工酶，表明是骨性 AKP 同工酶的活性升高，具有重要的诊断意义。骨的 X 线检查及骨的组织学检查，可以帮助确诊。诊断时应与白肌病、传染性关节炎、蹄叶炎、软骨病及"弓形腿病"相区别。

5. 防治

（1）预防　加强怀孕母羊的饲养管理，供给充足的青绿饲料和青干草，补喂骨粉，增加日照和运动时间。羔羊饲养更应注意，有条件的饲喂干苜蓿、沙打旺、胡萝卜等青绿饲料，并按需要量添加食盐、骨粉、各种微量元素等矿物质饲料。

（2）治疗　有效的治疗药物是维生素 D 制剂，例如鱼肝油、浓缩维生素 D 油、鱼粉等。鱼肝油每克含维生素 D 不得少于5 000 单位，羔羊为 0.5～1.0 克，拌在饲料中。市售维生素 D_2 的植物油溶液（"骨化醇"）也可内服，预防量均为每千克体重20～30 单位，治疗量为其 10～20 倍。补钙可用 10% 的葡萄糖酸钙注射液 5～10 毫升，一次静脉注射。

中药可用三仙蛋壳粉：焦三楂、神曲、麦芽各 60 克，蛋壳粉（烘干后为末）120 克，混合后每只羔羊每天 12 克，灌服，连用 1 周。

（三）食毛症

本病多见于哺乳羔羊，很少见于成年绵羊。有时也可见于山羊。在舍饲情况下，秋末春初容易发生。其特征是喜欢啃食羊毛，常伴发臌气和腹痛。由于能造成毛的耗损和羔羊的死亡，故给畜牧业带来一定的经济损失。

1. 病因　主要由物质代谢障碍引起。一般认为母羊及羔羊饲料中营养成分不全，尤其是缺硫是发生食毛症的主要原因。成年绵羊可借助瘤胃微生物的作用，利用硫合成含硫氨基酸（胱氨酸、半胱氨酸和蛋氨酸），作为羊生长的原料。当饲料中缺乏硫时，引起含硫氨基酸缺乏，羔羊从母羊奶中不能获得足够的含硫氨基酸，而且由于羔羊瘤胃的发育尚不完善，还没有合成氨基酸的功能，因此含硫氨基酸极度缺乏，以致引起吃羊毛的现象发生。

2. 临床症状　羔羊突然啃咬和食入自己母羊的毛，有时主要拔吃颈部和肩部的毛，有时却专吃母羊腹部、后肢及尾部的脏毛。羔羊之间也可能互相啃咬被毛。

一般是晚间入圈时啃吃得比较厉害，早晨出圈时也可以看到拔吃羊毛的现象。起初只见少数羔羊吃毛，以后可迅速增多，甚至波及全群。有时在很短几天内，就可见到把上述一些部位的毛拔净吃光，完全露出皮肤。有的羔羊的毛几乎全被吃光。

吃下去的毛常在幽门部和肠道内彼此黏合，形成大小不同的毛球。由于毛球的影响，羔羊发生消化不良或便秘，逐渐消瘦和贫血；毛球造成肠梗阻时，引起食欲丧失、腹痛、胀气、腹膜炎等症状，最后心脏衰弱而死亡。

3.诊断　在发生大量吃毛现象时，容易诊断出来。但在诊断过程中，应该注意与佝偻病、异嗜癖或蠕虫病进行区别诊断，因为这些疾病也可能造成食毛或个别羊体部发生脱毛现象。

4.病理变化　解剖时可见第三胃内和幽门处有许多羊毛球，坚硬如石，甚至形成堵塞。

5.防治

（1）预防　主要在于改善饲养管理。对于母羊饲料营养要完全，并经常进行运动。

对于羔羊应供给富含蛋白质、维生素和矿物质的饲料，如青绿饲料、胡萝卜、甜菜和麸皮等，每日供给骨粉（5～10克）和食盐。近年来，用有机硫，尤其是蛋氨酸等含硫氨基酸防治本病，取得很好效果。

（2）治疗　以灌肠通便为主。①便秘和消化紊乱的羊，给予泻剂。如石蜡油或硫酸钠，也可用人工盐。②加强母羊和羔羊的饲养管理，供给多样化的饲料和钙丰富的饲料（干草，尤其是干苜蓿）。保证有一定的运动。精料中加入食盐和骨粉，补喂鱼肝油。③将吃毛的羔羊与母羊隔离开，只在吃奶时让其互相接近。④给羔羊补喂动物性蛋白质，如鸡蛋（富含胱氨酸），每天一个鸡蛋，连蛋壳捣碎，拌入饲料或奶中，有制止继续吃毛的作用。⑤可做真胃切开术，取出毛球。若肠道已经发生坏死，或羔羊过于孱弱，不易治愈。

(四) 酮尿病

羊的酮尿病又称为酮病、酮血病、醋酮血病。本病是由于蛋白质、脂肪和糖的代谢发生紊乱,在血液、乳、尿及组织内酮的化合物蓄积所致的疾病。多见于冬季舍饲的奶山羊和高产母羊泌乳的第一个月,主要是由于饲料管理上的错误,其营养不能满足大量泌乳的需要而发病。本病和羊的妊娠毒血症,即产羔病、双羔病虽然生化紊乱基本相同,而且在相似的饲养管理条件下发病,但在临床上是不同病种,并发生在妊娠—泌乳周期的不同阶段。绵羊发生于冬末春初,山羊则没有严格的季节性。

1. 病因　原发性酮病常由于大量饲喂含蛋白质、脂肪高的饲料(如豆类、油饼),而碳水化合物饲料(粗纤维丰富的干草、青草、禾本科谷类、多汁的块根饲料等)不足,或突然给予多量蛋白质和脂肪的饲料,特别是在缺乏糖和粗饲料的情况下供给多量精料,更易致病。在泌乳峰值期,高产奶羊需要大量的能量,当所给饲料不能满足需要时,就动员体内贮备,因而产生大量酮体,酮体积聚在血液中而发生酮血病。还可继发于前胃弛缓、真胃炎、子宫炎和饲料中毒等过程中。主要是由于瘤胃代谢扰乱而影响维生素 B_{12} 的合成,导致肝脏利用丙酸盐的能力下降。另外,瘤胃微生物异常活动所产生的短链脂肪酸,也与酮病的发生有着密切关系。妊娠期肥胖,运动不足,饲料中缺乏维生素 A、维生素 B 族以及矿物质不足等,都可促进本病发生。

2. 临床症状　病初表现反复无常的消化紊乱,食欲降低,常有异食癖,喜吃干草及污染的饲料,拒食精料。反刍减少,瘤胃及肠蠕动减弱。粪球干小,上附黏液,恶臭,有时便秘与腹泻交替发生。排尿减少,尿呈浅黄色水样,初呈中性,以后变为酸性,易形成泡沫,有特异的醋酮气味。泌乳量减少,乳汁有特异的醋酮气味。肝脏叩诊区扩大并有痛感。

3. 病理变化　主要表现是肝脏的脂肪变性,严重病例的肝比正常的大2～3倍，其他实质器官也出现不同程度的脂肪变性。

4. 诊断　在实验室采用亚硝基铁氰化钠法检验尿，尿液中酮体如呈阳性反应，再结合病史、症状等，即可确诊。

5. 防治

（1）预防　改善饲养条件，冬季防寒，并补饲胡萝卜、甜菜等；春季补饲青干菜，适当补饲精料（以豆类为主）、骨粉、食盐及维生素A、B族维生素、维生素D等。

（2）治疗　①先是提高血糖的含量，静脉注射高渗葡萄糖50～100毫升，每天2次，连续3～5天。条件许可时，可与胰岛素5～8单位混合注入。②发病后可立即肌内注射考的松0.2～0.3克或促肾上腺皮质素20～40单位，每日1次，连用4～6次。丙酸钠每天250克，混入饲料中喂给，共给10天。还可内服丙二醇100～120毫升，每日2次，连用7～10天。③内服甘油30毫升，每天2次，连续7天。④为了恢复氧化—还原过程及新陈代谢，可口服柠檬酸钠或醋酸钠，剂量按每千克体重300毫克计算，连服4～5天。还可用次亚硫酸钠2克，葡萄糖20～40克，加蒸馏水至100毫升制成注射剂，每次静脉注射30～80毫升。

（五）羔羊白肌病

羔羊白肌病又称肌内营养不良症。由于饲料中微量元素硒和维生素E缺乏或不足，而引起骨骼肌、心肌和肝脏组织变性、坏死为特征的疾病。该病在绵羊羔和仔山羊均可发生。

1. 病因　该病主要由于饲料中微量元素硒和维生素E缺乏或不足，以及饲料中含钴、银、锌、钒等微量元素过高，影响动物机体对硒的吸收。当饲料、牧草内硒的含量低于0.1毫克/千克时，就可发生硒缺乏症。一般饲料内维生素的含量都比较丰富，但维生素E是一种天然抗氧化剂。因此，当饲料保存条件不好，高温、湿度过大、淋雨或暴晒以及存放过久、酸败变质，则维生素 E 很容易被分解破坏。在缺硒地区，羔羊发病率很高。由于机体内硒和维生素 E 缺乏时，使正常生理性脂肪发生高度氧化，组织细胞的自由基受到损害，组织细胞发生退行性病变和坏死，并可钙化。病变可波及全身，但以骨骼肌、心肌受损最为严重，引起运动障碍和急性心肌坏死。

2. **临床症状**　全身衰弱，肌内迟缓无力，有的出生后就全身衰弱，不能自行起立。行走不便，共济失调。心搏动快，200次/分钟以上；严重者心音不清，有时只能听到一个心音。一般肠音无明显变化，若肠音弱，病情已严重，多有下痢，也有便秘的。可视黏膜苍白，有的发生结膜炎，角膜浑浊、软化，甚至失明。呼吸浅而快，80～90 次/分钟，有的呈双重性吸气。尿呈淡红、红褐色，尿中含蛋白质和糖。

3. **病理变化**　主要病变在骨骼肌、心肌和肝脏，其次为肾脏和脑。患病骨骼肌色淡，出现局限性的发白或发灰的变性区，呈鱼肉状或煮肉状，双侧对称，以肩胛部、胸背部、腰部及臀部肌内变化最明显。心肌扩张、变薄，心内膜下肌内层呈灰白色或黄白色的条纹及斑块（虎斑心）。镜检病变部位肌纤维颗粒变性、透明变性或蜡样坏死以及钙化和再生。透明变性时肌纤维肿胀，嗜伊红性增强，横纹消失。蜡样坏死的肌纤维常崩解成碎块或变成无结构的大团块，着色较深，可发生钙化、核浓缩或碎裂。肌间成纤维细胞增生。

4. **诊断**　根据地方缺硒病史、基本症状群（幼龄、群发性），结合临床症状（运动障碍、心脏衰竭、渗出性素质、神经机能紊乱），特征性病理变化（骨骼肌、心肌、肝脏、胃肠道、生殖器官见有典型的营养不良病变），流行病学特点等可以确诊。对羔羊不明原因的群发性、顽固性、反复发作的腹泻，应进行补硒治疗性诊断。

有经验的牧民是把羔羊抱起，轻轻掷下，健康羔羊立即跑走，但病羔则稍停片刻，才向前跑，可作为羔羊白肌病早期诊断的参考。

5. 防治

（1）预防　对缺硒地区，每年新生的羔羊，在生后 20 天左右，开始用 0.2％亚硒酸钠溶液皮下或肌内注射 1 毫升，间隔 20 天左右再注射 1.5 毫升。注射开始日期最晚不超过 25 日龄。给怀孕母羊皮下一次注射亚硒酸钠，剂量为 4～6 毫克，能预防新生羔羊白肌病。

（2）治疗　对发病羔羊每只应立即用 0.2％亚硒酸钠溶液皮下或肌内注射 1.5～2 毫升，颈部皮下注射，隔 20 天再注射一次，同时注射维生素 E，则效果更好。

四、中毒性疾病

（一）氢氰酸中毒

由于羊采食了含有氰苷的植物或误食氰化物，在胃内经酶水解和胃酸的作用，产生游离的氢氰酸而发生的中毒病。临床上以呼吸困难、震颤、痉挛和突发死亡为特征的中毒性缺氧综合征。

1. 病因　因采食了含氰苷的植物而中毒。含氰苷的植物较多，如高粱苗、玉米苗、马铃薯幼苗、亚麻叶、木薯和桃、李、杏、枇杷的叶子及核仁等。由于误食了氰化物农药污染的饲草或饮用了氰化物污染的水。

2. 临床症状　发病很急，病初兴奋不安，表现出一系列消化器官的机能紊乱，如流涎、呕吐、腹痛、胀气和下痢等。接着心跳及呼吸加快，精神沉郁。后期全身衰弱，行走摇摆，呼吸困难，结膜鲜红，瞳孔散大。最后心力衰竭，倒地抽搐而死。最急性者，突然极度不安，惨叫后倒地死亡。

3. 病理变化　尸僵不全。尸体不易腐败。切开时见血色鲜红，凝固不良。口腔内有血色泡沫，胃肠黏膜充血，甚至出血。气管、支气管及喉头的黏膜有出血点，肺脏充血或出血。胃内有苦杏仁味的内容物。

4. 诊断　依据食入含氰苷植物或被氰化物污染饲料或饮水的病史，发病急速，呼吸困难，血液呈鲜红色等临床特征，可做出诊断。必要时可对饲料和胃内容物作氢氰酸检查。

5. 防治

（1）预防　①严禁在生长含氰苷植物的地方放牧。②含氰苷的饲料，最好放于流水中浸渍 24 小时，或漂洗后加工利用。③饲喂含氰苷的饲料，量要少，最好和其他饲料混喂。④对氰化物农药应严加保存，以防污染饲料和饮水。

（2）治疗　发病后采用特效解毒药，迅速静脉注射 3％亚硝酸钠溶液，剂量为每千克体重 6～10 毫克，然后再静脉注射 5％硫代硫酸钠，剂量为每千克体重 1～2 毫升。或 10％对二甲氨基苯酚（4 - DMAP），剂量为每千克体重 10 毫克，静脉注射。根据病情可进行对症疗法。

（二）有机磷制剂中毒

本病是由于羊只接触、吸入和采食某种有机磷制剂而引起的全身中毒性疾病。该病的特点是出现胆碱能神经过度兴奋为主的一系列症候群。

1. 病因　主要由于羊只误食了喷有有机磷农药（一〇五九、一六〇五、四〇四九、敌百虫、敌敌畏及乐果等）的农作物或蔬菜；或喝了被农药污染的水，或者舔了没有洗净的农药用具；滥用敌百虫等含有有机磷的兽药进行驱虫而引起中毒；有时是由于人为的破坏，有意放毒，杀害羊只。

2. 临床症状　有机磷农药可通过消化道、呼吸道及皮肤进入体内，有机磷与胆碱酯酶结合生成磷酰化胆碱酯酶，失去水解乙酰胆碱的作用，致使体内乙酰胆碱蓄积，呈现出胆碱能神经的过度兴奋症状。临床上分为 3 种症候群。

（1）轻度中毒　以毒蕈碱样（M -胆碱能神经过度兴奋）症

状为主。表现为病畜精神沉郁，略显不安，食欲减退，流涎，心率较慢，肠音亢进，排稀软粪便。

（2）中度中毒　除上述症状加重外，主要出现烟碱样（N-胆碱能神经过度兴奋）症状。表现为骨骼肌兴奋，发生肌纤震颤，严重的全身抽搐、痉挛，继而发展为麻痹。最后呼吸肌麻痹，窒息死亡。

（3）重度中毒　通常以中枢神经中毒症状为主要特征。病畜全身战栗，经短时间兴奋后，倒地昏睡，瞳孔缩小呈线状，全身肌肉痉挛，大小便失禁。心跳急速，呼吸高度困难，结膜发绀，末梢厥冷。羊瘤胃弛缓，臌气。如不及时抢救，很快死亡。

3. 病理变化　一般认为有机磷农药中毒病畜尸体，除其组织标本中可检出毒物和胆碱酯酶的活性降低外，缺少特征性的病变。仅在迟延死亡的尸体中可见到有肺水肿、胃肠炎等继发性病的变化，概述如下：

经消化道吸收中毒在10小时以内的最急性病例，除胃肠黏膜充血和胃内容物可能散发蒜臭外，常无明显变化。经10小时以上者则可见其消化道浆膜散在有出血斑，黏膜呈暗红色、肿胀，且易脱落。肝、脾肿大。肾浑浊肿胀，被膜不易剥离，切面呈淡红褐色而境界模糊。肺充血，支气管内含有白色泡沫。心内膜可见有不整形的白斑。

经过稍久后，尸体内泛发浆膜下小点出血，各实质器官都发生浑浊肿胀。皱胃和小肠发生坏死性出血性炎，肠系膜淋巴结肿胀、出血。胆囊膨大、出血。心内、外膜有小出血点。肺淋巴结肿胀、出血。切片镜检时，尚可见肝组织中存在有小坏死灶，小肠的淋巴滤泡也有坏死灶。

4. 诊断　根据发病很急，变化很快，流涎、腹泻、腹痛不安及瞳孔缩小等特点，结合有机磷农药接触病史可以做出初步诊断。结合实验室检查：包括血清胆碱酯酶的测定，对饲料、饮水、胃内容物和体表冲洗液等进行有机磷农药的测定，尿中有机磷分解物的检查等，可以确诊。

5. 防治

（1）预防　对农药一定要有保管制度，严格按照"剧毒农药安全使用规程"进行操作和使用，防止人为破坏。在喷过药的田地设立标志，在7天以内不准进地割草或放羊。

（2）治疗　①清除毒物。经皮肤染毒者，用5％石灰水或肥皂水（敌百虫禁用）刷洗；经口染毒者，用0.2％～0.5％高锰酸钾（一六〇五禁用），或2％～3％碳酸氢钠（敌百虫禁用）洗胃，随之给予泻剂。②解毒。可用解磷定或阿托品注射液。解磷定：按每千克体重10～45毫克计算，溶于生理盐水、5％葡萄糖液、糖盐水或蒸馏水中都可以，静脉注射。半小时后如不好转，可再注射一次。阿托品：用1％阿托品注射液1～2毫升，皮下注射。在中毒严重时，可合并使用解磷定及阿托品。还可以注射葡萄糖、复方氯化钠及维生素 B_1、维生素 B_2、维生素 C 等。③对症治疗。呼吸困难者注射氯化钙；心脏及呼吸衰弱时注射尼可刹米；为了制止肌肉痉挛，可应用水合氯醛或硫酸镁等镇静剂。④中药疗法。可用甘草滑石粉。即用甘草500克煎水，冲和滑石粉，分次灌服。第一次冲服滑石粉30克，10分钟后冲服15克，以后每隔15分钟冲服15克。一般5～6次即可见效。每次都应冷服。

（三）有机氟中毒

有机氟化物是广为应用的农药之一，如氟乙酸钠、氟乙酰胺等，主要用于杀虫和灭鼠，有剧毒。羊常因误食毒饵或污染物而中毒。

1. 病因　有机氟农药可经消化道、呼吸道以及皮肤进入动物体内，羊发生中毒往往是因误食（饮）被有机氟化物处理或污染了的植物、种子、饲料、毒饵、饮水所致。有机氟在体内先转变为氟乙酸，再与辅酶 A 作用生成氟乙酰辅酶 A，后者与草酰乙酸作用生成氟柠檬酸。氟柠檬酸能抑制三羧酸循环中的乌头酸酶，使三羧酸循环中断。其结果因柠檬酸不能进一步代谢，在组织内蓄积而 ATP 生成不足，组织细胞的正常功能遭到破坏，动物中枢神经系统和心脏最先受到损害，临床上羊表现痉挛、搐搦、心律不齐等症状。

2. 临床症状　中毒羊精神沉郁，全身无力，不愿走动，体温正常或低于正常，反刍停止，食欲废绝。脉搏快而弱，心跳节律不齐。磨牙、呻吟，步态蹒跚，以及阵发性痉挛。一般病程持续 2～3 天。最急性者，持续 9～18 小时，突然倒地，抽搐，或角弓反张立即死亡，或反复发作，终因循环衰竭而死亡。

3. 病理变化　主要病理变化有，心肌变性，心内外膜有出血斑点；脑软膜充血、出血；肝、肾瘀血、肿大；卡他性和出血性胃肠炎。

4. 诊断　依据接触有机氟杀鼠药的病史和神经兴奋和心律失常为特征的临床症状，即可做出初步诊断。确诊还应采取可疑饲料、饮水、胃内容物、肝脏或血液，做羟肟酸反应或薄层层析，证实有氟化物存在。

5. 防治

（1）预防　加强有机氟化物农药的保管使用，防止污染饲料和饮水，中毒死鼠应深埋。

（2）治疗　首先应用特效解毒剂，立即肌内注射解氟灵，剂量为每日每千克体重 0.1～0.3 克，以 0.5%普鲁卡因稀释，分 3～4 次注射。首次注射为日用量的一半，连续用药 3～7 天。也可用乙二醇乙酸酯（醋精）20 毫升，溶于 100 毫升水中，一次内服；也可用 5%酒精和 5%醋酸（剂量为每千克体重各 2 毫升）内服。

同时可用洗胃、导泻等一般中毒急救措施，并用镇静剂、强心剂等对症治疗。

(四) 过食精料中毒

过食精料中毒是因采食过量含碳水化合物丰富的谷物、豆类食物引起瘤胃内异常发酵，产酸增多，瘤胃微生物区系破坏和严重消化不良，临床上以严重毒血症、脱水、pH下降、瘤胃弛缓、精神兴奋或沉郁，后期躺卧和急性死亡为特征。

羊不可过食大量精料，如果日食量超过 1.5 千克，就可引起急性酸中毒。

1. 病因　由于贪食大量含碳水化合物饲料，瘤胃中革兰氏阳性菌大量增多，碳水化合物迅速发酵，产生大量乳酸，乳酸杆菌大量增值，瘤胃内乳酸含量增高，革兰氏阴性菌大量崩解而释放出大量内毒素，内毒素和乳酸被大量吸收因而呈现一系列临床症状。

2. 临床症状　最急性病例，往往在采食谷类饲料后 3～5 小时内无明显症状而突然死亡，有的仅见精神沉郁、昏迷，而后很快死亡。中度瘤胃酸中毒的病例，病畜精神沉郁，鼻镜干燥，食欲废绝，反刍停止，空口虚嚼，流涎，磨牙，粪便稀软或呈水样，有酸臭味。体温正常或偏低。脉搏增数，达 80～100 次/分钟。进行瘤胃触诊时，瘤胃内容物坚实或呈面团感。而吞食少量而发病的病畜，瘤胃并不胀满。过食黄豆、苕子者不常腹泻，但有明显的瘤胃臌胀。病畜皮肤干燥，弹性降低，眼窝凹陷，尿量减少或无尿。血液暗红、黏稠。病畜虚弱或卧地不起。

重剧性瘤胃酸中毒的病例，病畜蹒跚而行，碰撞物体，眼反射减弱或消失，瞳孔对光反射迟钝；卧地，头回视腹部，对任何刺激的反应都明显下降；有的病畜兴奋不安，向前狂奔或转圈运动，视觉障碍，无法控制。随病情发展，后肢麻痹、瘫痪、卧地不起，最后角弓反张，昏迷而死。

3. 诊断　本病根据羊表现脱水，瘤胃胀满，卧地不起，具有神经症状，结合过食豆类、谷类或含丰富碳水化合物饲料的病史，以及实验室检查的结果—瘤胃液 pH 下降至 4.5～5.0、血液 pH 降至 6.9 以下、血液乳酸升高等，进行综合分析与论证，可做出诊断。

在兽医临床上，应注意与瘤胃积食鉴别，以免误诊。瘤胃积食触诊胃内充满、坚实或呈面团状；而过食精料中毒触诊虚胀，内容物多为液体。

4. 防治

（1）预防　不论奶山羊、肉羊与绵羊都应以正常的日粮水平饲喂，不可随意加料或补料。肉羊由高粗饲料向高精饲料的变换要逐步进行，应有一个适应期。不可突然一次补给较多的谷物或豆糊。防止羊闯入饲料房、仓库、晒谷场，暴食谷物、豆类及配合饲料。

（2）治疗　加强护理，清除瘤胃内容物，纠正酸中毒，补充体液，恢复瘤胃蠕动。首先用开口器张开口腔，用直径 8～10 毫米的胃管经口腔插入瘤胃内，将羊头和胃管外端放低，有毒的液体和胃内容物则可流出。然后在胃管外端接上漏斗，灌入澄清石灰水 1 000～2 000 毫升。再将羊头放低，让其流出。如此反复冲洗数次，直至瘤胃呈碱性为止，最后再灌入石灰水 500～1 000 毫升。由于瘤胃内有毒物质迅速排空，使瘤胃正常发酵得以重新建立，这是治疗该病的有效方法，治愈率达 96% 以上。

对呼吸困难、身体衰弱、脱水严重、卧地不起的危急病例，严禁洗胃，应先强心补液，或采取其他方法对症治疗，待全身症状缓解后再进行洗胃。洗胃后，对成年羊可用 5% 碳酸氢钠注射液 200 毫升，加到 5% 的等渗葡萄糖 500～1 000 毫升中，静脉滴注。

（五）绵羊棉酚中毒

棉籽及其榨油后的副产品棉籽饼含有丰富的蛋白质和磷，在畜牧业生产中常作为一种精料补饲，可提高蛋白质和磷的营养成分。然而，棉籽、棉叶及棉籽饼中含有一种称之为棉酚的有毒物质，饲喂不当可引起羊中毒。

1. 病因　棉籽饼中含有棉籽毒和棉籽油酚。棉籽毒是一种细胞和神经毒，对胃肠黏膜有很大的刺激性，所以大量或长期饲喂可以引起中毒。当棉籽饼发霉或腐烂时毒性就更大。由于毒素可以进入母羊的奶中，还可引起吃奶羔羊发生中毒。

2. 临床症状　当羊吃了大量的棉籽饼时，一般在第二天即可出现中毒症状。如果采食量少，到第10～30天才能出现中毒症状。

中毒的羊，表现轻度胃肠炎的症状，腹泻，食欲略减。只要能及时除去病因，适当治疗就会好转。重度中毒，多数出现出血性胃肠炎，食欲大减或废绝，排黑褐色粪便，混有黏液或血液，先便秘后腹泻，粪便恶臭，呼吸急促，心搏增快，精神沉郁，有嗜睡现象。当病情进一步发展，皮下、四肢、颈下、胸前出现水肿，尿呈现红色、暗红色或酱红色，可视黏膜发绀，心力衰竭，多归死亡。

3. 病理变化　皮下组织，特别是水肿部位呈明显的浆液性浸润，胸腔、腹腔积有红色透明的液体，胃肠道有出血性炎症，肝充血肿大，色发黄变硬。肾肿大，被膜下有出血点，实质呈炎性病变。膀胱有出血性炎症，常有暗红色尿液。心脏扩张，心肌松软，心内外膜有出血点。肺充血和水肿。

4. 诊断　根据长期或大量饲喂棉籽或其副产品，而这些棉籽或其副产品又未曾去毒，未曾热榨或浸泡处理，同时出现胃肠炎、排暗红色尿液、视力障碍等临床所见及相应的病理剖检，可做出诊断。

棉籽饼粕中棉酚的检查：可取棉籽饼粕少许，研成细末，加硫酸数滴，振荡1～2分钟，显深胭脂红色；若将其煮1～1.5小时，红色消失，表明有棉酚存在。

5. 防治

（1）预防　长期饲喂棉籽或其副产品时，应搭配豆科干草或其他优良粗饲料或青饲料；同时补充维生素 A 和钙。减毒或去毒处理：将棉籽饼粕热炒或蒸煮 1 小时后再喂，可避免中毒。用10％大麦粉与其混合后煮沸，去毒效果更好。对怀孕期和哺乳期的母羊，不要喂棉籽饼和棉叶。

（2）治疗　①立即取消日粮中的棉籽或棉籽饼粕，当病畜尚有食欲时，尽量多喂些青绿饲料、胡萝卜等，对提高疗效有好处。②胃肠炎严重的可用消炎剂和收敛剂，如磺胺脒、氢氧化铝胶等。也可用硫酸亚铁，羊 1～2 克，一次内服。③为了阻止渗出、增强心脏功能、补充营养和解毒，可用高渗葡萄糖液、安钠咖、10％氯化钙静脉注射，配以维生素 C、维生素 A、维生素 D更好一些，特别是对视力减弱的患畜，维生素 A 疗效明显。

（六）蓖麻中毒

蓖麻中毒是羊误食过量蓖麻籽或其饼粕而引起的中毒病。临床特征为腹痛、腹泻、运动失调、肌肉痉挛和呼吸困难以及致死性腹泻。

1. 病因　由于蓖麻籽、蓖麻叶和蓖麻饼粕中含蓖麻毒素和毒性蓖麻碱等有毒成分，羊误食或人工饲喂未经处理的蓖麻籽饼后，均可引起中毒病。

2. 临床症状　绵羊反刍停止，耳尖、鼻端和四肢末梢发凉，精神萎靡。严重的倒卧在地，知觉丧失，体温降低 0.5℃，脉搏和呼吸次数减少。1～3 小时内死亡。

吃蓖麻籽饼的山羊一般在 2 小时左右发病，开始精神不振，呆立不动、不吃、不反刍，瘤胃胀气。严重时腹痛、腹泻，甚至便血。粪便很快由糊状变为水样。由于腹泻多而频繁，很快肛门失禁，全身脱水，病羊不停发出痛苦的叫声，叫声由大到小，最后昏睡虚脱，一般在 8 小时左右死亡。

3. 病理变化　剖检可见肺部充血和水肿，肝坏死，肠壁和肠黏膜有轻度出血。心内膜有出血点，肝脏、肾脏充血及脂肪变性。镜检可见肝、肾细胞质空泡化，伴有核浓缩及坏死现象。

4. 诊断　根据有采食蓖麻籽、蓖麻叶或蓖麻饼粕的历史，结合普遍性细胞中毒性器官损伤的表现，在实验室对毒素的检验做出诊断。

5. 防治

（1）预防　①不要到生长有蓖麻的地区放牧。②在种植蓖麻的区域，应及时收获并妥善保管蓖麻籽实，避免成熟籽实散落地面或混入饲料而被动物采食；研磨蓖麻籽的用具，必须彻底清洗，否则不能用来研磨饲料。③用蓖麻籽作饲料时，应进行脱毒处理。

（2）治疗　蓖麻中毒通常选用抗蓖麻毒素血清治疗。尼可刹米、异丙肾上腺素能对抗过敏原的毒性作用。发生蓖麻中毒时，立即用 $0.5\% \sim 1\%$ 单宁酸或 0.2% 高锰酸钾洗胃，并给以盐类泻剂、黏浆剂、灌服吐酒石、蛋白、豆浆等，也可用利尿剂和乌洛托品等注射，用 4% 碳酸氢钠灌肠。对症疗法用强心剂、兴奋剂等。此外，羊中毒时灌服白酒也有疗效。

（七）醉马草中毒

醉马草为多年生草本植物，分为禾本科和豆科，豆科醉马草学名为小花棘豆。羊因采食醉马草而发生中毒。疾病的特点是出现酒醉样的神经症状和局部损伤。

1. 病因　小花棘豆中含有臭豆碱、野决明碱（黄花碱）、鹰爪豆碱、嘌呤碱等生物碱。在早春或旱年，其他牧草稀疏，小花棘豆却生长十分茂盛，放牧羊因贪食或饥饿而采食，可引起中毒。

禾本科醉马草的有毒成分还不十分清楚，可能含有生物碱，也有人认为和氰苷有关。干燥后的醉马草毒性更大，中毒症状也更严重。花颖及芒刺入动物皮肤、口腔、扁桃腺、口角、咽背淋巴腺、蹄叉或角膜等处，也可发生损伤或中毒。

2. 临床症状　豆科（小花棘豆）：多为慢性经过。羊中毒较轻时，精神沉郁，常拱背呆立，不爱活动，迈步时后肢不太灵活，有时头部出现轻度震颤，食欲正常，结膜稍苍白，轻度黄疸。

重度中毒时，精神沉郁，起立困难，呈犬坐姿势，有的侧身躺卧，四肢不断划动；人工扶起后，四肢张开，常站立不稳而摔倒。行走时，步态踉跄，不能直立行走。头部出现水平震颤或摆头动作。可视黏膜苍白，黄染程度加重。心律不齐，有的出现杂音。粪便变软，呈长条状，上附黄色黏液，有的腹泻，排粪时努责。

禾本科：多为急性，一般误食后 30～60 分钟出现症状。中毒羊口吐白沫，腹部膨胀，精神不振，食欲废绝，行走起来摇晃如醉。有时倒卧，呈昏迷状态。有时呈脑膜炎症状，有阵发性狂暴，起卧不安，或倒地不能起立，呈昏睡状态。如芒草刺伤角膜，会引起失明；刺伤皮肤时，局部发生出血斑、浮肿、硬结或者小溃疡。一般经 24～36 小时即可恢复，死亡较少。但中毒较重的羊，如不及时抢救或治疗不当，可发生中毒性肠炎，或因心力衰竭而死亡。

3. 病理变化　病羊身体消瘦，心、肝、肾表面有散在出血点，胃肠黏膜有轻度出血，十二指肠和空肠轻度水肿。组织学检查，主要为大脑、海马、脑桥、小脑和脊髓的神经细胞多数呈急性肿胀，少数呈浓缩，有的发生重度损伤。

4. 诊断　根据病史，结合口吐白沫、肌内震颤和行如酒醉的特征症状，即可做出诊断。另外，可作实验室检查。

（1）尿沉渣检查　可见肾曲尿管上皮细胞呈透明圆柱或颗粒圆柱。

（2）血液学检查　血沉加快，血红蛋白降低到 3.5 克/分升

（正常时平均为 11.6 克/分升），红细胞减少到 645 万/毫米³（正常时平均 1 100 万/毫米³）。

5．防治

（1）预防　①从外地购进的羊要严加管理，严格禁止到醉马草生长繁茂的草地放牧。或将幼嫩醉马草捣碎，用人尿拌后涂于羊口腔及牙齿上，可使其产生厌恶感而不再采食醉马草。②可用"茅草枯"每 667 米²（每亩）0.5～1.5 千克，进行草场喷洒灭除草原醉马草。醉马草稀疏的地方可用人工挖除，或局部焚烧也能达到灭除的目的。

（2）治疗　目前尚无特效解毒疗法。应尽早采取酸类药物中和解毒，并进行对症治疗。可应用醋酸 30 毫升或乳酸 15 毫升，加水灌服；也可灌服食醋或酸牛奶 50～100 毫升。亦可试用 11.2％乳酸钠溶液 10 毫升，一次静脉注射。同时根据病情进行强心、补液等支持疗法。

（八）青冈叶中毒

青冈叶中毒是由于羊群采食了青冈叶的叶和花而引起的中毒性疾病。发生以便秘或下痢、水肿、胃肠炎和肾脏损害为临床特征的中毒性疾病，又称为栎树叶中毒，或橡树叶、柞树叶中毒。

1．病因　主要发生于森林、耕地和荒山复杂交错地区的青冈叶树林地带，特别是次生矮林，周围的放牧羊容易接触和方便采食到大量青冈叶，从而造成青冈叶中毒。尤其遇到干旱年份时，因春季干旱少雨而牧草萌生较迟，而青冈叶萌芽早、生长快，成为羊唯一能够采食到的嫩绿植物，常出现大批羊中毒。主要发生在春季，而籽实引起的中毒则在秋季。我国栎树叶中毒多发生于 3 月至 5 月下旬。

2．临床症状　一般可分为初、中、后三个病期，病程可达 12～15 天，早期病例预后良好，后期病例预后不良，死亡率达 80％。

初期：食欲减少，瘤胃蠕动紊乱，反刍减慢，粪便干硬，体温正常或略高于正常，尿液澄清。可见第三眼睑的边缘有颗粒状脂肪样肿胀。

中期：精神不振，瘤胃蠕动明显减弱，反刍减慢或停止，鼻镜干燥或皲裂，粪便呈黄褐色或红褐色，带有大量肠黏膜和少量脓血，恶臭。体温有时高达41℃。口色发红，有臭味，舌系带黄染；由于鞣酸的腐蚀和刺激，舌根和舌体两侧黏膜呈现点状或斑块状溃疡性脱落，舌前部的角质乳头发黄变硬。结膜暗红、黄染，第三眼睑的边缘有颗粒状脂肪样肿胀。心力衰竭，颈静脉搏动明显。同时出现皮下水肿积液的现象。皮下水肿有严格的界限，可分布于会阴、股内、阴茎鞘、脐下、胸前以至颌下的一处或多处，也可向下方转移或扩大，但不波及大腿以下或弥漫于整个胸腹下部。由于腹腔积水，则腹围增大，尿量逐渐减少。

后期：病羊极度衰弱，多卧少立，强迫行走，则步态不稳，体温不高，或低于正常；食欲废绝，反刍停止，心力更加衰弱，第二心音浑浊不清，颈静脉怒张，呼吸困难。口腔黏膜黄灰色，无光泽，磨牙，流涎，舌头松动无力，舌尖部的角质乳头左右歪斜，失去正常规则，有的舌黏膜全部脱落，严重腹泻，粪便呈稀粥状，带有大量肠黏膜和脓血，瘤胃间歇性臌气。结膜瘀血，第三眼睑水肿。少尿或无尿，皮下水肿更加严重。呼吸困难，有的流出黏脓性鼻液。怀孕母羊则发生流产和死胎，并继发子宫内膜炎。

3. 病理变化　主要表现腹下及背部皮下有数量不等的淡黄色胶冻样液体，胸、腹腔和心包腔蓄积有大量淡黄色积液。心内、外膜均密布出血斑点，心肌色淡、质脆，如煮肉状。部分病例全身浆膜都有广泛的出血斑点。

口腔深部黏膜常有如黄豆大小的溃疡灶。瓣胃内容物较干燥，甚至硬结，胃黏膜上多有浅在溃疡。真胃和小肠黏膜呈现水肿、充血、出血和溃疡，内容物含多量黏液和血液而呈咖啡色。

大肠黏膜充血、出血，内容物为散发出恶臭的暗红色糊状粪便，其后段内容物则可能变为黑色的干粪块，表面被覆黏液、血液，或被一层褐黄色的伪膜所包裹。直肠壁因水肿而显著增厚，严重者达2～3厘米以上。肝脏轻度肿大、质脆，胆囊增大1～3倍，胆囊壁常有充血、水肿，胆汁黏稠，呈茶褐色如菜油状。肾脏周围脂肪囊水肿，有出血斑点，肾脏肿大、苍白或紫褐色，有出血点，切面有黄色浑浊条纹，皮质和髓质境界部模糊不清，肾乳头显著水肿、充血、出血。个别病例肾脏皱缩、变薄而硬，其体积仅为正常的1/3，肾盂瘀血。膀胱空虚或有积尿，膀胱壁有散在出血点。

病理组织学检查，主要为肾近曲小管扩张、坏死。肝细胞呈不同程度的变性、坏死。胃和十二指肠黏膜脱落、坏死。超微结构表明，肝细胞核变形，胞浆内出现空泡，溶酶体增加，线粒体肿胀，内质网扩张增生。肾小管上皮细胞坏死脱落，有的脱离基底膜，核变形，线粒体肿胀。

4. 诊断　根据采食或饲喂青冈树嫩叶或橡子的生活史，发病主要集中在4～5月，结合胃肠道弛缓和肾病的症状及特征性的病理学变化，即可初步诊断。实验室检查尿沉渣中有肾上皮细胞、白细胞和管型，尿和血中游离酚升高，血清谷草转氨酶和谷丙转氨酶升高等，可提供辅助诊断指标。

5. 防治

（1）预防　根本的预防措施应是杜绝或限制采食栎树叶，这就需要改造丛生的矮小灌木型栎树林，培育其成为乔木型成材林，或进行彻底铲除。在疾病高发地区，可采取以下措施。①"三不"措施：在发病季节，不在栎树林放牧，不采集栎树叶喂羊，不采用栎树叶垫圈。②日量控制法：根据羊采食栎树叶占日量的50%以上即发生中毒的有关报道和经验，应控制栎树叶在日粮中的比例不超过40%。具体做法应是上半天舍饲，下半天放牧；或缩短放牧时间，用补饲的办法或加喂夜草解决放牧不足。③口服高锰酸钾法：在发病季节，对放牧羊在归牧时灌服或自由饮用 0.5％高锰酸钾溶液 400～600 毫升，高锰酸钾可氧化栎丹宁及其降解产物为无毒的氧化物。也可试用 1％的氢氧化钙或石灰水等碱性溶液 50～100 毫升口服预防。

（2）治疗　目前尚无特效解毒疗法。病羊应立即停喂栎树叶或禁止在栎树林放牧，供给优质青草或青干草。并采取以下综合治疗措施。

1）解毒　用 10％硫代硫酸钠 5～10 毫升/头，每日一次静脉注射，连续 2～3 次。适合于早期病例，注射后血中游离酚含量在 24 小时内即有明显下降。也可静脉注射 10％～25％葡萄糖进行解毒。初期还可灌服适量生豆浆水。

2）润肠缓泻　可灌服菜籽油等植物油（禁用盐类泻剂）80～250 毫升，或蜂蜜 50～100 克。为减少和阻止胃肠中残留丹宁的继续水解，可投服鸡蛋清 10～20 个；或用 1％～3％的食盐溶液 100～300 毫升进行瓣胃注射。

3）碱化尿液和利尿　静脉注射 5％碳酸氢钠溶液 50～100毫升，适合于尿液 pH 在 6.5 以下病例。也可用 10％葡萄糖溶液和甘露醇或速尿注射液混合静脉注射，或口服双氢克尿塞利尿。如肾功能衰竭时，则应慎用利尿剂，有条件时宜采用腹膜或结肠透析疗法。

4）强心补液　用 10％～20％安钠咖注射液静脉或肌内注射，其兼有强心利尿作用。对全身衰弱或心力衰竭的病畜，应用洋地黄等强心苷制剂。也可用 5％～10％葡萄糖注射液、等渗葡萄糖生理盐水、林格氏液 500～1 000 毫升，加 20％安钠咖注射液 10 毫升，一次静脉注射。

5）中药治疗　初期清热、解毒、利水，方剂用"荆防败毒散"：荆芥、防风、连翘、银花、土茯苓、泽泻、茵陈、木通、滑石、前仁、枳壳各 32 克，麻仁 250 克，陈皮 30 克，明雄 31克，甘草 10 克，以铁马鞭、蒲公英为引。

中期润肠通便、利水、解毒，方剂用"加减解毒散"：银花、连翘、黄柏、陈皮、茵陈、大戟、茯苓皮、粉葛、泽泻、木通、草蔻、枳壳、石膏、柴胡各31克，滑石70克，火麻仁500克，铁马鞭250克，菜油500克。

后期补中益气、壮阳健脾，方剂用"补中益气汤加减"：党参、黄芪、前仁、五加皮各70克，当归、大枣、玄参、白术、陈皮、淮夕、猪苓、泽泻、杜仲、苍术、山楂、神曲、厚朴各35克，通草10克，桑树尖为引。

（九）尿素等含氮化肥中毒

羊瘤胃内的微生物可将尿素或铵盐中的非蛋白氮转化为蛋白质。人们利用尿素或铵盐加入日粮中以补充蛋白质来饲喂羊。但补饲不当或过量即可发生中毒。以神经系统和呼吸系统症状为主要特征。

1. **病因** 超过了规定用量。根据试验，如给绵羊灌服尿素8克，即可引起死亡。饲喂方法不当：如混于水中、青贮饲料撒布不匀、喂后立即饮水、突然饲喂等；由于误食含氮化学肥料（尿素、硝酸铵、硫酸铵）而引起中毒。尿素等含氮物在瘤胃内分解产生大量氨，由于氨很容易通过瘤胃壁吸收进入血液，即出现中毒症状。中毒的严重程度同血液中氨的浓度密切相关。

2. **临床症状**

（1）**尿素中毒** 当羊只食入过量尿素时，经过15～45分钟即可出现中毒症状。其表现为不安、肌肉颤抖、呻吟，不久动作协调紊乱，步态不稳，卧地。急性情况下，反复发作强直性痉挛，眼球颤动，呼吸困难，鼻翼扇动；心音增强，脉搏快而弱，多汗，皮温不均。继续发展则口流泡沫状唾液，膨胀，腹痛，反刍及瘤胃蠕动停止。最后，肛门松弛，瞳孔放大，窒息而死。

（2）**硝酸铵中毒** 中毒初期表现腹痛、流涎、呻吟；口腔发炎，黏膜脱落、糜烂；咽喉肿胀，吞咽困难。继之胀气、多尿。后期衰弱无力，步态蹒跚，全身颤抖，心音增强，体温下降，终至昏睡死亡。

（3）硫酸铵中毒　临床症状基本与硝酸铵中毒相同，但有水泻，体温常升高到40℃左右。

3. 病理变化　尸体迅速变暗。消化道严重受到损害，可见胃肠黏膜充血、出血、糜烂，甚至有溃疡形成。胃肠内容物为白色或红褐色，带有氨味。瘤胃内容物干燥，与生前瘤胃液体过多呈鲜明对比。心外膜有小点状出血，内脏有严重出血，肾脏发炎且有出血。

4. 诊断　依据采食尿素等含氮化肥病史及临床症状可以做出诊断，测定血氨可以确诊。在一般情况下，当血氨为8.4～13毫克/升时，即出现症状；当达20毫克/升时，表现共济失调；达50毫克/升时，动物即死亡。

5. 防治

（1）预防　防止羊只误食含氮化学肥料；在饲用各种含氮补饲物时，应遵守以下原则：必须将补饲物同饲料充分混合均匀；必须使羊只有一个逐渐习惯于采食补饲物的过程，因此在开始时应少喂，于10～15天内达到标准规定量。如果饲喂过程中断，在下次补喂时，仍应使羊只有一个逐渐适应过程；不能单纯喂给含氮补饲物（粉末或颗粒），也不能混于饮水中给予。

（2）治疗　在中毒初期：为了控制尿素继续分解，中和瘤胃中所生成的氨，应该灌服0.5％的食用醋200～300毫升，或者灌给同样浓度的稀盐酸或乳酸；若有酸牛乳时，可灌服酸奶500～750克或给羊灌服1％醋酸200毫升，糖100～200克加水300毫升，可获得良好效果。臌气严重时，可施行瘤胃穿刺术。对于铵盐中毒者，还可内服黏浆剂或油类，混合大量清水灌服。如吞咽困难，可慢慢插入胃管投服。对症治疗，用苯巴比妥以抑制痉挛，静脉注射硫代硫酸钠以利解毒。

（十）慢性氟中毒

氟是羊体组织的正常成分，可以防止牙齿的蛀烂。但需要量很小，在空气干燥的日粮中不应超过 50 毫克/千克；在配种家畜不应超过 25 毫克/千克。如果在干日粮中的含量达到 100 毫克/千克，就可以引起慢性氟中毒。慢性氟中毒的主要特征是：机体钙消耗过多和骨骼被腐蚀，而出现跛行、头部骨骼肿大、牙齿磨灭过度，而出现斑釉齿，俗称氟斑牙。

1. 病因　由于食入氟量过多。氟的来源可能是：①地方性高氟。土壤、饲料或饮水中含氟量过高，可引起氟中毒。②工厂所放出的烟尘中含有氟。如果有冶炼含氟矿石的工厂，如炼铝厂、炼铅厂、陶器厂等，则附近的植物中含氟量即增高。因为工厂所放出的烟中主要含有氟氰酸。负荷有氟的灰尘中含有氟盐（如氟化钠）。这种氟盐首先被蒸发出来，然后在冷空气中凝结。植物的叶子可以吸收氟气，叶子表面也可以聚集含氟盐的灰尘，含氟盐的灰尘也可以落在附近的地面上，当羊放牧时食入过量的氟化钠，即可在体内逐渐积蓄而引起中毒。③长期用未脱氟的盐类（如磷灰石）作为矿物质补充饲料，也可以引起慢性中毒。

氟对机体的毒性作用是多方面的，由于氟是亲骨性元素，所以骨、牙受损最突出。

2. 临床症状　症状有轻重之分，轻的主要表现为牙齿蛀烂，严重时引起骨骼发生变化。

哺乳期内羔羊一般不表现症状，断奶后放牧 3~6 个月即可出现生长发育缓慢或停止，被毛粗乱，出现牙齿和骨骼的损伤，随年龄的增长日趋严重，呈现未老先衰。

牙齿的损伤是本病的早期特征之一，羊在恒牙长出之前大量摄入氟化物，随着血浆氟水平的升高，牙齿在形态、大小、颜色和结构方面都发生改变。切齿的釉质失去正常的光泽，出现黄褐色的条纹，并形成凹痕，甚至于牙龈磨平。臼齿普遍有牙垢，并且过度磨损、破裂，可能导致髓腔的暴露，有些动物齿冠破坏，形成两侧对称的波状齿和阶状齿，下前臼齿往往异常突起，甚至刺破上腭黏膜形成口腔黏膜溃烂，咀嚼困难，不愿采食。因饲草料塞入齿缝中而继发齿槽炎或齿槽脓肿，严重者可发展为骨脓肿。恒齿一旦完全形成和长出，它们的结构受高氟摄入的影响较轻。

骨骼的变化随着羊体内氟蓄积而逐渐明显，颌骨、掌骨、跖骨和肋骨呈对称性的肥厚，外生骨疣，形成可见的骨变形。关节周围软组织发生钙化，导致关节强直，行走困难，特别是体重较大的动物出现明显的跛行。严重的病例脊柱和四肢僵硬，腰椎及骨盆变形。

X线检查表明，骨质密度增大或异常多孔，骨髓腔变窄，骨外膜呈羽状增厚，骨小梁形成增多，有的病例有外生骨疣，长骨端骨质疏松。

3. 病理变化　尸体消瘦，贫血，以骨、牙病变化最突出。牙齿病变：成年羊门齿奇形怪状，有的甚至完全磨灭，牙齿釉质失去光泽，变为黄色或黄褐色，有的甚至出现黑色斑纹（图8-1、图8-2）；臼齿磨灭不齐，养殖户称其为"长短牙"（图8-3、图8-4）下颌骨增大，在齿槽与牙齿间出现裂纹，牙齿与下

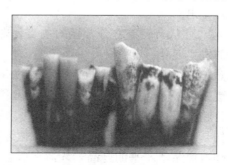

图8-1　不同剂量的氟摄入对切齿的影响

左为第一切齿为健康，右为氟中毒组

颌骨的变化是两侧对称性的。骨骼呈白垩状，骨质疏松，易折断，断面骨密质变薄。下颌骨粗糙，肿大，并常有骨赘。

图8-2　左为氟中毒羊切齿，右为健康切齿

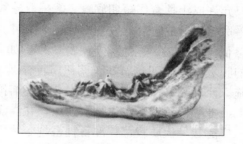

图8-3　氟中毒绵羊臼齿，形成长短牙

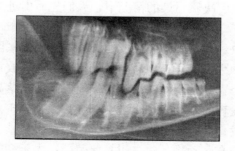

图8-4　氟中毒山羊牙齿X线照片（反映上下臼齿磨损情况）

4. 诊断　根据牙齿的损伤、骨骼变形及跛行等特征症状，

结合考虑是否距炼矿石工厂较近，大体可以做出诊断。如果怀疑土壤、饲料及饮水中含氟量较高，可以采样送有关单位进行分析。还可以同时对病羊的骨头进行分析，因为动物食入的氟，大部分沉积在骨和牙齿中，中毒羊的骨灰中含氟量比牙灰中为高，可以达到 0.01%～0.15%，甚至高达 0.5% 以上（5 078 毫克/千克）。本病应与能引起骨骼损伤的铜缺乏、铅中毒及钙磷代谢紊乱性疾病相鉴别。

5. 防治

（1）预防　可分为自然氟病区和工业氟污染病区。

1）自然病区的预防　①划区放牧：牧草含氟量平均超过 60 毫克/千克者为高氟区，应严格禁止放牧；30～40 毫克/千克者为危险区，只允许成年牲畜作短期放牧。②采取轮牧制：在低氟区和危险区采取轮牧，危险区放牧不得超过 3 个月。③寻找低氟水源（含氟量低于 1 毫克/千克）供牲畜饮用。如无低氟水源，可采取简便的脱氟方法（如熟石灰、明矾沉淀法等）。④改良草地是根本措施。使高氟草地面积缩小，安全区逐渐扩大。可利用自然低氟水源或抽取低氟地下水供牲畜饮用，并浇灌草地，以培养健康羔羊，广泛栽种优质牧草，准备牲畜越冬使用。

2）工业氟污染区　根本措施是促使工厂回收氟废气，化害为利。在无法解决氟污染的情况下，人们先后引进了以下措施进行探索。

移场放牧：高氟区已经形成的牙齿，转入低氟区后保护作用不大。从保护牙齿、延长生命的目标出发，移场放牧应在羔羊出生后的第一个青草末期就开始，这样便避开了枯草高氟期的高氟草对永久齿发育的不利影响。当全部牙齿长成（3 岁）后再回到高氟区，已发育好的牙齿为动物的生存打下了基础。

引进氟安全区动物，建立耐氟繁殖群：由于高氟区出生的动物因牙齿问题只能存活 3 年左右，使母畜的繁殖力大为下降，这就限制了畜群的壮大。于是人们提出引进氟安全区的母畜，使之在高氟区繁殖，即把低氟区永久齿已发育好的母羊（3岁）引进高氟区。由于牙齿很少受氟的影响，存活时间比高氟区出生动物长得多。

器械修牙：对于高氟区出生的羊只，当动物牙齿发展到明显长短不齐时，便不能继续生存下去。用特别的剪子将臼齿中长牙凸出邻齿的部分剪掉（长牙实质上是相对发育较好、较耐磨的牙齿）。这虽然是一种被动的办法，但在一定时间内确能有效地改善动物的啃嚼功能。

贮存低氟青干草，避免枯草期牧草高氟的影响：本区工业氟中毒的核心问题是枯草期的草含氟太高，因此如能在枯草期减少或不吃高氟牧草，就能有效地或从根本上解决氟的摄入问题。

高氟季节围圈饲养：污染区冬羔于11月1日到翌年4月30日舍饲，而后终年放牧，到第二个高氟枯草期前，第一、第二对切齿和全部臼齿基本都得到保护。这项措施与氟安全区购入2岁山羊一、二对切齿和全部臼齿不发生氟中毒变化取得了相同的防治效果。

高氟季节精料补饲：在无条件实施青贮补冬的地区，如何缓解氟中毒，如何保护牙齿，使动物生存期得以延长，王俊东等提出用补充营养（精料，特别是蛋白质）的办法来缓解氟的毒性作用。王俊东等报道用大豆补饲包头地区工业氟污染地区山羊与对照组比较能有效防止氟斑牙的发生。对此他分析认为，饲料中蛋白质含量的多少是影响牙齿质量的首要因素，因为蛋白质对牙基质的形成是十分重要的。

中药防治：中药制剂治疗本病，目前还处于对症治疗阶段，从根本上达到治疗该病的目的还有一段距离。顾厥中对本病进行了中医证治的初探，本病属于痹症的范畴，主张以祛邪为主，对全身气阴两虚者，当用黄芪等调补气虚，木瓜、川断等舒筋健骨，防己、羌治等祛风通络，对痹症明显者，祛风通络为主，益气活血为辅。

（2）治疗　慢性氟中毒目前尚无完全康复的疗法，应尽快使病畜脱离病区，供给低氟饲草料和饮水，每日供给硫酸铝、氯化铝、硫酸钙等，也可静脉注射葡萄糖酸钙或口服乳酸钙以减轻症状，但牙齿和骨骼的损伤无法恢复。

（十一）蛇毒中毒

蛇毒中毒是由于家畜在放牧过程中被毒蛇咬伤，蛇毒通过伤口进入体内引起中毒，称为蛇毒中毒。该病的特点是，神经和心血管系统受伤害，出现运动和呼吸麻痹。我国蛇的分布甚广，常出入于草原丛林之中，因此羊被毒蛇咬伤机会较多，必须引起重视。

1. 病因　在山地常可见到毒蛇，当羊群放牧时，便可能发生蛇咬伤。有些地区因毒蛇咬伤而引起羊只死亡，咬伤的部位主要在四肢和下颌部位。

2. 临床症状　毒蛇有毒腺和毒牙（无毒蛇没有），当毒蛇咬伤动物时，毒液通过牙管注入机体，而发生中毒。蛇毒是蛋白质混合物，有 20 多种氨基酸，按其引起临床症状的不同可分为神经毒、血液循环毒和混合毒。神经毒主要影响乙酰胆碱的合成与释放和抑制呼吸中枢；血液循环毒主要侵害心血管系统和溶血作用。混合毒兼有神经毒和血液循环毒的毒性。通常一种蛇只含一类毒素，如眼镜蛇以神经毒为主，蝮蛇以血液循环毒为主。无伦咬伤羊体哪一部分，伤痕都不明显。如果咬伤部位有大量血管，毒素能够迅速进入血液，并加速有机体的中毒。咬伤后的伤势程度与咬伤的部位有关。

（1）头部咬伤　轻症时，口唇、鼻端、颊部及颌下腺极度肿胀。有热痛表现，呼吸稍困难，缓慢而长。患羊表现不安，不吃。结膜潮红。心脏正常。刺肿胀部时，有淡红色或黄色液体。严重时上下唇不能闭合。鼻黏膜肿胀，鼻道狭窄，呼吸非常困难，很远即能听到慢长的呼吸音。结膜肿胀，呈红黄色。有的患羊垂头，站立不动或卧地不起。全身发汗，肌肉震颤，体温稍升高。心悸亢进，有时心跳间歇。

（2）四肢咬伤　以球关节咬伤较多。表现为被咬部位肿胀、热痛，甚至肿胀可上达腕关节。患羊跛行，患肢不能负重，站立时以蹄尖着地。严重时，肿胀可达臂部，跛行明显，有时卧地不起。食欲不振，精神沉郁。体温 39～40℃。心悸亢进。结膜黄红色。如果咬伤四肢的大静脉，可以引起迅速死亡。

（3）全身症状　因毒素不同而异。神经毒的全身症状，首先是四肢麻痹，由于呼吸中枢和血管运动中枢麻痹，导致呼吸困难，血压下降，休克以至昏迷，常死于呼吸麻痹和循环衰竭。血液循环毒的主要症状是全身颤抖，继之发热，心跳加快，血压下降，皮肤和黏膜出血，有血尿、血便，死于心脏麻痹。

3. 诊断　根据牧地经常有毒蛇出没以及发病的神经症状等即可确诊。

4. 防治

（1）预防　搞好圈舍卫生，经常灭鼠，减少因毒蛇捕食老鼠而进入羊舍。掌握蛇的活动规律，可以防止毒蛇咬伤。放牧员掌握急救知识，做到早发现、早治疗。

（2）治疗　当急救咬伤的羊只时，首先将羊放在安静凉爽的地方，然后采用以下方法治疗：①防止毒素吸收和促使毒素排除。给伤口的上部绑上带子，肿胀处剪毛，涂以碘酒。施行深部乱刺，促使排血。然后用 3％～5％高锰酸钾进行冷湿敷。②破坏毒素。为了中和蛇毒，应静脉注射 2％高锰酸钾，每次注射 50毫升。注射要缓慢，一般应在 5～10 分钟内注射完毕。为了加速氧化毒素，在用高锰酸钾静脉注射以后，还应再给咬伤的周围局部注射 1％高锰酸钾、2％漂白粉或双氧水。还可静脉注射 5％～10％硫代硫酸钠 30～50 毫升。对患部施行冷敷。③当有全身症状时，为了支持心脏机能，应该内服或皮下注射咖啡因，或者注射葡萄糖氯化钠等渗溶液或复方氯化钠溶液。④注射抗出血性败血病血清或抗炭疽血清，每次静脉注射剂量为10毫升，皮下注射剂量为30毫升。亦可在肿胀部位的四周进行点状注射，用量为40～80毫升。如果在咬伤的当天注射，2～3天后即可消肿。如在咬伤后第2天注射，4～5天才可消肿。在应用血清的同时，使用强心剂。治疗延迟时，应隔日做重复注射。⑤乱刺以后，给患部涂搽氨水，然后以0.25%普鲁卡因溶液在患部周围进行封闭。经过以上处理，轻者经12～24小时即可见愈，重者须再重复处理一次。⑥遇到呼吸困难而有窒息危险时，应及时施行气管切开术。⑦草药治疗鬼臼（俗称独脚莲）具有特效，可用根部加醋摩擦，涂到咬伤部的四周，每天早晚各涂1次，连涂3天。⑧上海蛇药、南通蛇药、蛇伤解毒片等对治疗毒蛇咬伤，颇为有效。可按说明书剂量灌服或涂敷在伤口周围。

（十二）蜂毒中毒

蜂毒中毒是羊被蜂类蜇伤，蜂毒注入机体内而引起的一种中毒性疾病。疾病的特点是受蜇部位出现肿胀和疼痛，以及发生过敏性休克。

1. 病因　有的蜂巢在灌木及草丛中。当家畜放牧时触动蜂巢，群蜂被激怒而蜇伤家畜。蜂毒是一种成分复杂的混合物，含多肽类，如蜂毒肽、蜂毒明肽、MCD-肽、组胺肽；酶类，如透明质酸酶和磷脂酶；非肽类物质，如组织胺、儿茶酚胺及其他生物胺等。其毒性是多方面的，可引起局部疼痛及水肿，血压下降，呼吸麻痹和死亡。

2. 临床症状　当羊触动蜂巢时，群蜂倾巢而出刺蜇羊。一般毒蜂集中羊的某一部位刺蜇，多发生在头部，刺伤后立即有热痛、瘀血及肿胀。轻症者很快恢复，严重者可引起组织坏死，甚至有全身症状。

全身症状是一种应激反应，如体温升高、神经兴奋。严重者转为麻痹、血压下降、呼吸困难，往往由于呼吸麻痹而死亡。

3. **病理变化** 刺伤后短时间内死亡的羊常见有喉头水肿，各实质器官瘀血，皮下及心内膜有出血斑，脾脏肿大，脾髓质内充满深巧克力的血液，肝脏柔软变性，肌肉变软呈煮肉样。

4. **诊断** 可根据发病原因、临床症状和病理变化做出诊断。

5. **防治**

（1）预防 当羊群在放牧时，避免碰动蜂窝，以免惹动群蜂袭击羊群。

（2）治疗 局部有毒刺残留时，立即拔出毒刺。局部用2％～3％高锰酸钾溶液洗涤，或用5％～10％碳酸氢钠或3％氨水等涂擦患部。伤口周围可外涂南通蛇药，同时口服蛇药片。还可肌内注射苯海拉明0.1克。有呼吸困难和虚脱表现时，可注射强心剂、10％葡萄糖和复方氯化钠溶液及10％葡萄糖酸钙。

（十三）感光过敏

感光过敏是由于羊的外周循环中有某种光能剂，经日光照射而发生的一种病理状态。本病以羊皮肤的无色素部分发生红斑和皮炎为特征。感光过敏可分为原发性和继发性两类。西北地区，在夏季因饲喂苜蓿而引起的感光过敏又称"苜蓿中毒"，因荞麦而引起者称"荞麦中毒"（或称荞麦疹）。

1. **病因**

（1）原发性感光过敏 是由于羊摄入外源性光能剂而直接引起者，主要有：金丝桃属，已从该属的连翘中提取出一种光能剂称金丝桃素；荞麦，其光能剂为荞麦素。荞麦全株都可使动物发病，而以开花期为害最烈。吩噻嗪，其光能剂为氧硫吩噻嗪；蚜虫。其他物质，如野胡萝卜以及多年生黑麦草的佩洛灵等均可致病。

（2）继发性感光过敏（肝源性感光过敏） 引起这类感光过敏的物质，几乎全部是叶绿胆紫素，它是叶绿素正常代谢的产物。主要有：藜藜；某些霉菌；某些有毒植物，如黍属牧草、黄花羽扇豆以及猪屎豆等。此外，还有许多尚未确定的原发性或继发性感光过敏物质如红三叶草、杂三叶草、黄花苜蓿、紫花苜蓿和野豌豆等。

（3）先天性感光过敏　见于体内卟啉生成过多或转化排泄太慢而进入皮肤，引起光敏性皮炎。另外，南丘羊发生的感光过敏与遗传性胆色素排泄障碍有关。

2. 症状　感光过敏的主要表现为皮炎，并且只局限于日光能够照射到的无色素的皮肤。

轻症病畜，最初在其皮肤的无毛和无色部分表现充血、肿胀并有痛感。一般在耳、面、眼睑及颈等处发生红斑性疹块。剪过毛的羊可能大面积的发生在背部和颈部；常在乳房、乳头、四肢、胸腹部、颌下和口周围出现疹块，奇痒。此时食欲及粪便没有显著变化，停喂或更换致敏饲料后，发痒缓解，数日后消失。羊的痒觉，在白天暴晒后加重，晚间减轻。发痒时，边跑边擦痒。严重病例，皮肤显著肿胀，疼痛，形成脓疱，破溃后，流出黄色液体，结痂，有时痂下化脓，皮肤坏死。与此同时，常伴有口炎、结膜炎、鼻炎、阴道炎等症状。病羊食欲废绝，流涎，便秘，有的有黄疸，心律不齐，体温升高。有的出现神经症状：兴奋，战栗，痉挛和麻痹。有的呼吸困难，运动失调，后躯麻痹，双目失明。

3. 病理变化　尸体全身水肿，头颈部及前肢更明显。耳部和前后肷部的皮肤发红。皮下水肿液多为淡黄色，稀胶水样，后肢及胸侧水肿液中有大块出血。体表多处淋巴结水肿及出血。心包积水，心脏扩张，心内充满凝血块。纵隔淋巴结水肿。肺脏正常。肝脏稍肿大而质脆。脾脏、肾脏正常。瘤胃缩小，内含多量荞麦，内容物干燥。瘤胃乳头一小撮一小撮连在一起，因而胃的外观皱缩，凸凹不平。十二指肠黏膜充血。尿液深黄。其他部分无肉眼可见的病变。

4. 诊断　根据病史及症状可做出诊断。还可结合血清分析、肝组织活检，以查明肝组织有无疾病的发生。

5. 防治

（1）预防　①常发病的地区和季节，应避免在危险草场放牧。已发生感光过敏的畜群，可在夜间或早晚放牧。②羊口服吩噻嗪后的一两日内留于遮光处。③荞麦及其副产品饲喂怀孕后期的母羊及哺乳母羊须特别慎重，以免致羔羊发病。

（2）治疗　立即停喂致敏饲料，置病畜于荫蔽处。①病初可灌服泻剂（油类及中性盐类）。应用抗过敏药物。肌内注射苯海拉明，羊每次40毫克；口服苯茚胺，羊每次50～100毫克；静脉注射葡萄糖酸钙或氯化钙溶液。②为防止感染可应用抗生素。给予镇静剂以制止瘙痒。稀盐酸口服，肌内注射维生素C溶液，皮肤患部可用石灰水洗涤，涂10％鱼石脂软膏或石炭酸软膏。亦可用薄荷脑0.2克、氧化锌2克、凡士林2克，制成软膏涂抹。

五、外、产科疾病

（一）流产

流产又称怀孕中断。母羊怀孕以后，如果发生胚胎被吸收，或者从生殖器官排出死亡的（死胎）或未足月的胎儿，都称为流产。山羊发生流产较多，绵羊较少见。流产胎儿具有生活力的最低怀孕期，羊为4.5个月。当胎儿尚有生活力时，称为"早产"，若已达到能生活的怀孕期而在死亡以后产出，称为"死产"。

1. 病因　根据发生原因的不同，可以将流产分为两类：一类是由于传染性原因所引起，如布鲁氏菌病、沙门氏菌病、胎儿弯曲菌病和边界病等。另一类是由非传染性原因所引起：如子宫瘢痕及子宫与腹膜粘连，胎盘出血或脐带捻转，胎儿畸形等；母体生理异常，如母体营养不足，长时间绝食或长期饥饿；疾病如下痢及化学性中毒；由于日常饲养管理不当而引起，如羊滑跌、受其他羊只抵撞或羊腹部受到踢打，以及羊只经过狭窄的通路而使腹部受到强度挤压等；吃发霉或冰冻饲料，饮用冷水；药物作用如在治疗发热性疾病时，给予地塞米松，亦可引起流产。

2. 临床症状　流产通常在胎儿死亡后 3 日以内发生，其症状因怀孕期的长短而异。怀孕初期流产者，胎儿及胎盘尚小，与子宫黏膜结合较松，故经过迅速。怀孕愈到后期，则症状愈近似正常分娩。故发生于怀孕后半期时，可以偶然见到乳房膨大，乳头充血。食欲、反刍、体温及脉搏等虽无多大异常，而举动不安，则为流产象征。以后阴户流血，有丝状黏液自阴户下悬，最后胎儿与胎衣先后排出。胎儿成熟期发生流产者，因胎儿过大，或因死胎的胎位及胎势不易发生充分变化，或因子宫收缩力不足，子宫口开张不全，致胎儿不能产出，即发生难产。此时可见到母羊食欲减退、不安静、常努责，阴户流出血色黏液，经时较久，可使体温增高、精神委顿。此种情况下，必须实行助产手术。如果未将死胎排出，即会发生胎儿浸软分解、腐败分解或干尸化等结局。

3. 诊断　根据病史、症状可诊断外，采取流产胎儿的胃内容物和胎衣，做细菌镜检和培养；还可做血清学检查：如凝集反应、补体结合反应等，可确诊引起流产的病原。

4. 防治

（1）预防　①防止孕羊抵斗、剧烈运动或摔倒。②不应喂给孕羊不良饲料和饮给冰水，亦不要让孕羊吃雪。③变更饲养管理时，应该逐渐改变，不可过于突然，以免由于不习惯而忽然显出有害作用。④为了避免由于拥挤而发生流产，应准备足够的饲槽，把饲料均匀地放在槽底。⑤放牧妊娠羊时，必须缓慢，以免因过度疲劳而破坏母体和胎儿之间的气体交换，以致引起流产。⑥定期检疫、预防接种、驱虫和消毒。凡遇到疾病，要及早诊断，及早治疗，谨慎用药。⑦发生流产时，先行隔离消毒，一面查明病因，一面进行处理，以防传染性流产传播扩散。

（2）治疗　在发现前驱症状时，可试用以下各种疗法：①对有流产征兆而胎儿未被排出及习惯性流产，应全力保胎，以防流产。可用黄体酮（含 15 毫克），一次肌内注射。如果起因于抵打，可用 1% 的温明矾溶液注入子宫。②如果胎儿已发生尸化，为了排出胎儿，可肌内注射乙底酚 2～3 毫克或皮下注射孕羊（6～8 个月）的新鲜尿 25.0～30.0 毫升，通常在注射后 2～4 天，胎儿即被排出。③如果胎儿已发生腐败，首先给子宫腔内注入高锰酸钾溶液（1：5 000）100 毫升，然后灌入植物油，使胎儿和子宫壁分离。以后用产科钩或产科套拉出胎儿，亦可用纱布条绑住胎儿颈部或用钳子夹住胎儿下颌骨骨体向外拉。④对于安哥拉山羊的习惯性流产，可将母羊淘汰，只对发育良好的健康母羊配种。

（二）难产

难产指分娩过程发生困难，不能将胎儿顺利地由阴道排出体外。

1. 病因　主要有阵缩及努责微弱，阵缩及努责过强，骨盆狭窄和产道狭窄，姿势不正（胎势不正），位置不正（胎位不正），方向不正（胎向不正），胎儿过大，双胎难产，胎儿畸形等。

2. 临床症状　难产多发生于超过预产期。妊娠羊表现不安，不时徘徊，阵缩及努责，呕吐，阴唇松弛湿润，阴道流出胎水、污血及黏液，时而回头顾腹及阴部，但经 1～2 天仍不产仔，有的外阴部夹着胎儿的头或腿，长时间不能产出。随难产时间的延长，妊娠母羊精神变差，痛苦加重，表现呻吟、爬动、精神沉郁、心率加快、呼吸加快、阵缩减弱。病至后期阵缩消失，卧地不起，甚至昏迷。

3. 诊断　应了解预产期、年龄、胎次、分娩过程及处理情况，然后对母体、产道及胎儿进行检查，掌握母体的情况、产道的松紧及润滑程度、子宫颈的扩张程度、骨盆腔的大小、胎儿的大小及进入产道的深浅、胎儿是否存活、胎儿的胎向及胎位等。

4. 助产方法　为了保证母子的安全，对于难产羊必须进行全面检查，及时进行人工助产术；必要时可采取剖宫产。

（1）助产原则　①当发现难产时，应及早采取助产措施。助产越早，效果越好。②使母羊成为前低后高或仰卧（有时）姿势，把胎儿推回子宫内进行矫正，以便利操作。③如果胎膜未破，最好不要弄破。因为当胎儿周围有液体时，比较容易产出。但当胎儿的姿势、方向、位置复杂时，就需要将胎膜穿破，及时进行助产。④如果胎膜破裂时间较长，产道变干，需要注入石蜡油或其他油类，以利于助产手术的进行。⑤将刀子、钩子等尖锐器械带入产道时，必须用手保护好，以免损伤产道。⑥所有助产动作都不能粗鲁。一般来说，只要不是胎儿过大或母体过度疲乏，仅仅需要将胎儿向内推，校正反常部分，即可自然产出。如果需要人力拉出，也应缓缓用力，使胎儿的拉出和自然产出一样。因为羊的子宫壁较马、牛薄，如果在矫正或拉出时动作粗鲁，容易造成子宫穿孔或破裂。⑦在矫正之后，如果一个人用一定的力量还不能拉出胎儿，或者胎儿过大、畸形、肿大时，就需考虑施行截胎术或剖宫产术。

（2）助产时间　当母羊开始阵缩超过 4～5 小时以上，未见羊膜绒膜在阴门外或阴门内破裂（绵羊需要 14 分钟至 2.5 小时，双胎间隔 15 分钟；山羊需要 0.5～4 小时），母羊停止阵缩或阵缩无力时，需迅速进行人工助产，不可拖延时间，以防羔羊死亡。

（3）助产准备　①助产前询问羊分娩时间、是否初产或经产，看胎膜是否破裂，有无羊水流出，检查全身状况。②保定母羊，一般使羊侧卧，保持安静，让前肢低、后躯稍高，以便于矫正胎位。③对手臂、助产用具进行消毒；对阴户外周，用 5 000 倍新洁尔灭溶液进行清洗。④检查产道有无水肿、损伤、感染，产道表面干燥和湿润状态。⑤确定胎位是否正常，判断胎儿死活。胎儿正产时，手入阴道可摸到胎儿嘴巴、两前肢，两前肢中间夹着胎儿的头部；当胎儿倒生时，手入产道可摸到胎儿尾巴、臀部、后蹄，以手压迫胎儿，如有反应，表示尚存活。

（3）助产方法　常见的难产有头颈侧弯、头颈下弯、前肢腕关节屈曲、胎儿下位、胎儿横向、胎儿过大等，可按不同的异常产位将其矫正，然后将胎儿拉出产道。

子宫颈扩张不全或子宫颈闭锁，胎儿不能产出，或骨骼变形，致使骨盆腔狭窄，胎儿不能正常通过产道，在此情况下，可进行剖宫产急救胎儿，保护母羊的安全。

皮下注射麦角碱1～2毫升。必须注意，麦角制剂只限于子宫颈完全开张，胎势、胎位及胎向正常时方可使用，否则易引起子宫破裂。

当羊怀双羔时，可遇到双羔同时将一肢伸出产道，形成交叉的情况。由此形成难产，应分清情况，辨明关系。可触摸到腕关节确定前肢，触摸跗关节确定后肢。若遇交叉，可将另一只羊的肢体推回腹腔，先整顺一只羔羊的肢体，将其拉出产道；再将另一只羊的肢体整顺推回后拉出。切忌将两只羊的不同肢体误认为同一只羔羊的肢体。

5. 预防　对于留作繁殖用的母羊，从小就要加强饲养管理，保证发育良好，体格健壮。怀孕期间，保持母羊体况良好，但不可过肥。为此应该分群饲养管理，供给必需的条件。对于接近预产期的母羊，应再进行分群，特别多加照管。准备好分娩场所，天气温暖时，可在露天生产，但必须备有羊棚，以防天气突然变化时应用。在大牧场，应备有较大的空气良好的产圈或产棚，除了干燥及排水良好外，还应装置分娩栏。每个分娩栏的大小约为1.5米^2，可排列成行，将临产羊和产后羊放于栏内，由经验丰富的饲养员护理。清晨和傍晚，母羊分娩较多，应该有专人值班，特别注意接产。在分娩过程中，要尽量保持环境安静；接产人员不要高声喧哗，也不要让犬在羊群中惊扰。对于分娩的异常现象，要做到尽早发现，及时处理。当发现分娩时间拉长时，即应进行产道检查，根据反常情况进行助产。只要发现及时，母羊还有分娩力量，稍微加以帮助，即容易产出，可以防止发生严重的难产。

（三）阴道脱

本病的特征是阴道壁的一部或全部从阴门内向外脱出。本病常发生于怀孕末期及分娩以后，以怀孕末期为多，山羊比绵羊多见。

1. 病因　主要是由于饲养管理不当所引起，如全身虚弱、缺乏运动、疲劳过度，以及饲料品质不良或给量不足。如果只用食堂的残羹饲喂小羊，或饲料中钙盐不足，或者羊只过肥，都容易发生此病。由于母羊骨盆腔和阴道壁的结缔组织松弛，容易发生在胎次较多的母羊。在怀孕末期卧下时，由于后躯位置低，而腹腔内容物对阴道壁的压力增高所引起。因为生殖器官受到刺激而努责过度，如难产及胎衣不下时的剧烈努责。孕羊严重腹泻，可能引起阴道完全脱出。

2. 临床症状　病初当羊卧下时，可以看到阴道上壁的黏膜向外突出，起立时又退缩而消失（阴道外翻或不完全脱出）。疾病继续发展时，则突出一个大而圆的肿瘤样物，呈粉红色。羊站立时亦不复原（阴道完全脱出）。在山羊，有时可以看到阴道完全脱出数分钟，即又复原。发病以前常有消化道发炎的症状。有时阴道脱出的程度很大，从外面就可看到子宫颈，子宫颈口充有黏液。当接触到硬物体时，容易引起出血。这种现象只见于努责剧烈而频繁，以及单胎的情况下。

3. 诊断　从临床症状即可做出诊断。

4. 防治

（1）预防　①由于本病主要是因为饲养管理不当而引起，所以在预防时首先应该改善孕羊的饲养，并且每天要保证适当的运动。②在怀孕前 1/3 时期不可过于肥胖。③羊舍地面的倾斜度不宜太大。④在怀孕的后 1/3 的期间，不可用大车或汽车运输孕羊。

（2）治疗　①脱出不大时，不需要治疗。但在发生污染和创伤时，应用 2％明矾溶液冲洗。为了防止阴道壁反复脱出，必须使羊的后躯站高；为此可将羊拴在狭窄的羊栏内，绳子拴短，限制其活动，然后放一块向前倾斜的木板，或者给后躯多垫些褥草。②在完全脱出时，应立即进行整复。整复的方法与步骤如下：先用温开水清洗阴道的脱出部分及其周围，然后用 2％的明矾水洗涤，让血管及组织收缩变小；使羊后部站高，或者将羊放倒，后躯垫高，然后进行整复。整复时应当用手指将脱出部分推向前上方，逐渐推入骨盆腔内；如果因山羊努责而妨碍操作时，应给羊内服白酒 200 毫升左右，使之镇静；在完全推入骨盆腔以后，将手指伸入阴道，展平阴道黏膜上的皱壁。为了减轻刺激和促进组织收缩，可用 3％的明矾溶液灌入阴道。

为了防止重复脱出，在整复后应当缝合阴门。缝合之前必须消毒术区。不要缝得过紧，但必须让缝线穿过组织深部，以免撕裂阴唇。山羊比较敏感，努责较强，因此应该多缝几针。除了在阴门下角留一小孔以便排尿外，将其余部分尽量缝合起来。在临分娩之前抽掉缝线，以免在母羊努责时扯破阴门组织。

（四）胎衣不下

胎儿出生以后，母畜排出胎衣的正常时间在绵羊为 3.5（2～6）小时，山羊为 2.5（1～5）小时，如果在分娩后超过 14 小时胎衣仍不排出，即称为胎衣不下。此病在山羊和绵羊都可发生。

1. 病因　发病原因包括下列两类。

（1）产后子宫收缩不足　子宫因多胎、胎水过多、胎儿过大以及持续排出胎儿而伸张过度；饲料的质量不好，尤其当饲料中缺乏维生素、钙盐及其他矿物质时，容易使子宫发生弛缓；怀孕期（尤其在怀孕后期）缺乏运动或运动不足，往往会引起子宫弛缓，因而胎衣排出很缓慢；分娩时母羊肥胖，可使子宫复旧不全，因而发生胎衣不下；流产和其他能够降低子宫肌和全身张力的因素，都能使子宫收缩不足。

（2）胎儿胎盘和母体胎盘发生愈着　如患布鲁氏菌病的母羊常因此而发生胎衣不下，其原因是由于以下两种情况：怀孕期子宫内膜发炎，子宫黏膜肿胀，使绒毛固定在凹穴内，即使子宫有足够的收缩力，也不容易让绒毛从凹穴内脱出来；当胎膜发炎时，绒毛也同时肿胀，因而与子宫黏膜紧密粘连，即使子宫收缩，也不容易脱离。

2. 临床症状　胎衣可能全部不下，也可能是一部分不下。未脱下的胎衣经常垂吊在阴门之外。病羊背部拱起，时常努责，有时由于努责剧烈可能引起子宫脱出。如果胎衣能在 14 小时以内全部排出，多半不会发生并发病。但若超过 1 天，则胎衣会发生腐败，尤其是气候炎热时腐败更快。从胎衣开始腐败起，即因腐败产物引起中毒，而使羊的精神不振，食欲减少，体温升高，呼吸加快，乳量降低或泌乳停止，并从阴道中排出恶臭的分泌物。由于胎衣压迫阴道黏膜，可能使其发生坏死。此病往往并发败血病、破伤风或气肿疽，或者造成子宫或阴道的慢性炎症。如果羊只不死，一般在 5～10 天内全部胎衣发生腐烂而脱落。山羊对胎衣不下的敏感性比绵羊为大。

3. 诊断　从临床症状上很容易作出判断。

4. 防治

（1）预防　预防方法主要是加强孕羊的饲养管理：饲料的配合应不使孕羊过肥为原则；饲喂含钙及维生素丰富的饲料。舍饲羊每天必须保证适当的运动。临产前 1 周减少精料，分娩后让母羊自行舔干羔羊身体上的黏液，可能条件下可给母羊灌服羊水，并尽早让羔羊吮乳。分娩后立即静脉注射葡萄糖氯化钙溶液，或饮益母草当归水。

（2）治疗 在产后 14 小时以内，可待其自行脱落。如果超过 14 小时，即需采取适当措施，因为这时胎衣已开始腐败，假若再滞留在子宫中，会引起子宫黏膜的严重发炎，导致暂时的或永久的不孕，有时甚至引起败血病。故当超过 14 小时时，应尽早采用以下方法进行治疗，绝不可强拉胎衣，以免扯断而将胎衣留在子宫内。

皮下注射催产素：羊的阴门和阴道较小，只有手小的人才能进行胎衣剥离。如果将手勉强伸入子宫，不但不易进行剥离操作，反而有损伤产道的危险，故当手难以伸入时，只有皮下注射催产素 2～3 单位（注射 1～3 次，间隔 8～12 小时）。如果配合用温的生理盐水冲洗子宫，收效更好。为了排出子宫中的液体，可以将羊的前肢提起。

手术剥离胎衣：先用消毒液洗净外阴部和胎衣，再用鞣酸酒精溶液冲洗和消毒术者手臂，并涂以消毒软膏，以免将病原菌带入子宫。如果手上有小伤口或擦伤，必须预先涂搽碘酊，贴上胶布；用一只手握住胎衣，另一只手送入橡皮管，将高锰酸钾温溶液（1∶10 000）注入子宫；手伸入子宫，将绒毛膜从母体子叶上剥离下来。剥离时，由近及远。先用中指和拇指捏挤子叶的蒂，然后设法剥离盖在子叶上的胎膜。为了便于剥离，事先可用手指捏挤子叶。剥离时应当小心，因为子叶受到损伤时会引起大出血，并为微生物的进入开放门户，容易造成严重的全身症状。

及时治疗败血症：如果胎衣长久停留，往往会发生严重的产后败血症。其特征是病羊体温升高，食欲消失，反刍停止。脉搏细而快，呼吸快而浅。皮肤冰冷（尤其是耳朵、乳房和角根处）。喜卧下，对周围环境十分淡漠。从阴门流出污褐色恶臭的液体。遇到这种情况时，应该及早进行以下治疗：肌内注射抗生素：青霉素 40 万国际单位，每 6～8 小时一次，链霉素 1 克，每 12 小时一次；静脉注射四环素：将四环素 50 万单位，加入 5％葡萄糖注射液 100 毫升中注射，每日 2 次；用 1％冷食盐水冲洗子宫，排出盐水后给子宫注入青霉素 40 万国际单位及链霉素 1 克，每日一次，直至痊愈；10％～25％葡萄糖注射液 300 毫升，40％乌洛托品 10 毫升，静脉注射，每日 1～2 次，直至痊愈；结合临床表现，及时进行对症治疗，如给予健胃剂、缓泻剂、强心剂等。

（五）生产瘫痪

生产瘫痪又称乳热病或低钙血症，为急性而严重的神经疾病。其特征为咽、舌、肠道和四肢发生瘫痪，失去知觉。山羊和绵羊均可患病，但以山羊比较多见。尤其某些 2～4 胎的高产奶山羊，几乎每次分娩以后都重复发病。此病主要见于成年母羊，发生于产前或产后数日内，偶尔见于怀孕的其他时期。

1. 病因　舍饲、产乳量高以及怀孕末期营养良好的羊只，如果饲料营养过于丰富，都可成为发病的诱因。

由于血糖和血钙降低。据测定，病羊血液中的糖分及含钙量均降低，可能是因为大量钙质随着初乳排出，或者是因为初乳含钙量太高之故。其原因是降钙素抑制了副甲状腺素的骨溶解作用，以致调节过程不能适应，而变为低钙状态，引起发病。

一般认为生产瘫痪是由于神经系统过度紧张（抑制或衰竭）而发生的一种疾病，尤其是由于大脑皮质接受冲动的分析器过分紧张，造成调节力降低。这里所说的冲动是指来自生殖器官，以及其他直接或间接参与分娩过程的内脏器官的气压感受器及化学感受器。

2. 临床症状　最初症状通常出现于分娩之后，少数的病例，见于妊娠末期和分娩过程。由于钙的作用是维持肌肉的紧张性，故在低钙血情况下病羊总的表现为衰弱无力。病初全身抑郁，食欲减少，反刍停止，后肢软弱，步态不稳，甚至摇摆。有的绵羊弯背低头，蹒跚走动。由于发生战栗和不能安静休息，呼吸常见加快。这些初期症状维持的时间通常很短。此后羊站立不稳,在企图走动时跌倒。有的羊倒后起立很困难。有的不能起立,头向前直伸,不吃,停止排粪和排尿。皮肤对针刺的反应很弱。

少数羊知觉完全丧失,发生极明显的麻痹症状。舌头从半开的口中垂出,咽喉麻痹。针刺皮肤无反应。脉搏先慢而弱,以后变快,勉强可以摸到。呼吸深而慢。病的后期常常用嘴呼吸,唾液随着呼气吹出,或从鼻孔流出食物。病羊常呈侧卧姿势,四肢伸直,头弯于胸部,体温逐渐下降,有时降至36℃。皮肤、耳朵和角根冰冷,很像将死状态。

有些病羊往往死于没有明显症状的情况下。例如有的绵羊在晚上完全健康,而次晨却死亡。

3. 诊断　尸体剖检时,看不到任何特殊病变,唯一精确的诊断方法是分析血液样品。但由于病程很短,必须根据临床症状的观察进行诊断。乳房通风及注射钙剂效果显著,亦可作为本病的诊断依据。

4. 防治

(1) 预防　根据对于钙在体内的动态生化变化,在实践中应考虑饲料成分配合上预防本病的发生。①在整个怀孕期间都应喂给富含矿物质的饲料。单纯饲喂富含钙质的混合精料,似乎没有预防效果,假若同时给予维生素D,则效果较好。②产前应保持适当运动。但不可运动过度,因为过度疲劳反而容易引起发病。③对于习惯发病的羊,于分娩之后,及早应用下列药物进行预防注射:5%氯化钙40～60毫升,25%葡萄糖80～100毫升,10%安钠咖5毫升混合,一次静脉注射。④在分娩前和产后1周内,每天给予蔗糖15～20克。

(2) 预防

1) 补钙疗法　静脉或肌内注射10%葡萄糖酸钙50～100毫升,或者应用下列处方:5%氯化钙60～80毫升,10%葡萄糖120～140毫升,10%安钠咖5毫升混合,一次静脉注射。

2）采用乳房送风法　使羊稍呈仰卧姿势，挤出少量乳汁；用酒精棉球擦净乳头，尤其是乳头孔。然后将煮沸消毒过的导管插入乳头中，通过导管打入空气，直到乳房中充满空气为止。用手指叩击乳房皮肤时有鼓响音者，为充满空气的标志。在乳房的两半中都要注入空气；为了避免送入的空气外逸，在取出导管时，应用手指捏紧乳头，并用纱布绷带轻轻扎住每一个乳头的基部。经过25～30分钟将绷带取掉。将空气注入乳房各叶以后，小心按摩乳房数分钟。然后使羊四肢蜷曲伏卧，并用草束摩擦臀部、腰部和胸部，最后盖上麻袋或布块保温。注入空气以后，可根据情况考虑注射50％葡萄糖溶液100毫升。如果注入空气后6小时情况并不改善，应再重复做乳房送风。

3）其他疗法　①补磷：当补钙后，病羊机敏活泼，欲起不能时，多拌有严重的低磷血症。此时可应用20％的磷酸二氢钠溶液100毫升，一次静脉注射。②补糖：随着钙的供给，血液中胰岛素的含量很快提高而使血糖降低，有时可引起低血糖症，故补钙的同时应当补糖。

（六）子宫炎

子宫炎是常见的母羊生殖器官疾病，属于子宫黏膜的炎症。在绵羊，有时由于某种病原微生物传染而发生，可能成为显著的流行病，是导致母羊不孕的原因之一。

1. 病因　常发生于流产前后，尤其是传染病引起的流产。这种子宫炎容易相互传染，如不及时采取防制措施，正常分娩的羊也难免受到感染。分娩时圈舍不清洁，或接产过程消毒不严，容易引起发病。为阴道脱出、子宫脱出、胎衣不下及阴道炎等疾病的继发症。

2. 临床症状　临床表现有急性和慢性两种情况。

急性：病羊体温升高，食欲减少，反刍停止，精神萎靡。常从阴门流出污红色腥臭的排出物，阴门周围及尾部有干痂附着。

由于炎性渗出物的刺激，同时可使阴道及前庭发炎。有时由于病羊努责而发生阴道不全脱出。如为传染性子宫炎，则体温显著增高，病羊极度虚弱，泌乳停止，有时表现昏迷及血中毒现象，甚至造成死亡。

慢性：多由急性转变而来，食欲稍差，阴门排出少量卡他性或脓性渗出物，发情不规律或停止发情，不易受胎。卡他性子宫炎有时可以变为子宫积水，造成长期不孕，但外表没有排出液，不易确诊，只能根据有子宫卡他性炎症的病史进行推测。

3. 诊断　从病羊体温升高，弓背、努责时做排尿姿势，阴户中流出黏性或脓性分泌物，发情不规律或停止，屡配不孕等临床症状及病因可做出诊断。

4. 防治

（1）预防　加强饲养管理，防止发生流产、难产、胎衣不下和子宫脱出等疾病；预防和扑灭引起流产的传染性疾病；加强产羔季节接产、助产过程的卫生消毒工作，防止子宫受到感染；抓紧治疗子宫脱出、胎衣不下及阴道炎等疾病。

（2）治疗　严格隔离病羊，不可与分娩的羊同群喂管；加强护理，保持羊舍的温暖清洁，饲喂富于营养而带有轻泻性的饲料，经常供给清水；抓紧治疗急性子宫内膜炎，全身注射青霉素或链霉素，防止转为慢性；进行子宫冲洗及灌注，可用 100～200 毫升 0.1％高锰酸钾、1％～2％小苏打、1％的盐水冲洗子宫，每日 1 次或隔日 1 次。在子宫内有较多分泌物时，盐水浓度可提高到 3％。促进炎性产物的排出，防止吸收中毒，并可刺激子宫内膜产生前列腺素，有利于子宫机能的恢复。如果子宫颈口关闭很紧，不能冲洗，可给子宫颈涂以 2％碘酒或肌内注射乙芪酚 5～8 毫克，使其松弛。冲洗后灌注青霉素 40 万单位。子宫内给予抗菌药：由于子宫内膜炎的病原菌非常复杂，且多为混合感染，宜选用抗菌范围广的药物，如四环素、庆大霉素、卡那霉素、金霉素、氟哌酸等。可将抗菌药物 0.5～1 克用少量生理盐水溶解，做成溶液或混悬液，用导管注入子宫，每日2次。激素疗法：可用PGF$_{2\alpha}$类似物，促进炎症产物的排出和子宫功能的恢复。在子宫内有积液时，可注射雌二醇2～4毫克，4～6小时后注射催产素10～20单位，促进炎症产物排出。配合应用抗生素治疗，可收到较好的疗效。

（七）乳房炎

乳房炎是乳腺、乳池、乳头局部的炎症；根据发病原因及病的发展程度又可分成若干种。奶山羊患乳房炎以后，往往可使奶质变坏，不能饮用。有时由于患部循环不好，引起组织坏死，甚至造成羊只死亡。

1. 病因 受到细菌感染，主要是因为乳房不清洁引起的感染。山羊一般为链球菌及葡萄球菌，绵羊除这两种球菌外，尚有化脓杆菌、大肠杆菌及类巴氏杆菌等。乳用山羊还可以见到结核性乳房炎。此外，无论山羊或绵羊的乳房中，都可遇到假结核杆菌。这种细菌可使乳房中生成脓疡，损坏乳腺功能。挤奶技术不熟练或者挤奶方法不正确，分娩后挤奶不充分，奶汁积存过多；由乳房外伤引起，如扩大乳孔时手术不细心；患感冒、结核、口蹄疫、子宫炎等疾病引起。

2. 临床症状 病初奶汁无大变化。严重时，由于高度发炎及浸润，使乳房发肿发热，变为红色或紫红色。用手触摸时，羊只感到痛苦，因之挤奶困难，即使勉强挤奶，乳量也大为减少。乳汁中常混有脓液或血液，故呈黄色或红色。患出血性乳房炎时，乳汁呈淡红色或血色，内含小片絮状物，乳房剧烈肿胀，异常疼痛。如果发生坏疽，手摸时感到冰凉。由于行走时后肢摩擦乳房而感到疼痛，因此发生跛行或不能行走。病羊食欲不振，头部下垂，精神萎靡，体温增高。检查乳汁时，可以发现葡萄球菌、化脓杆菌、链球菌及大肠杆菌等，但各种细菌不一定同时存在。如为混合感染，病势更为严重。

3. **诊断** 乳汁的检查，在乳房炎的早期诊断和确定病灶上，有着重要的意义。先用70％的酒精擦净乳头，待干后挤出最初乳汁弃去，再直接挤取乳汁于灭菌的广口瓶内以备检查。

乳汁感官检查：乳汁中发现血液、凝片或凝块、脓汁，乳色及乳汁稀稠度异常，都是乳房炎的表现。乳汁稀薄如水，进而呈污秽黄色，放置后有厚层沉淀物，是结核性乳房炎的特征；以凝片和凝块为特征者，是无乳链球菌感染；以黄色均匀脓汁为特征者，是大肠杆菌感染；当乳腺患部肿大坚实者，是绿脓杆菌和酵母菌感染。当凝块细微而不明显时，用黑色背景观察。

乳汁酸碱度检查：用0.5％溴煤焦油醇紫或溴麝香草酚蓝指示剂数滴，滴于试管内或玻片上的乳汁中，或于蘸有指示剂的纸或纱布上滴乳汁，当出现紫色或紫绿色时，即表示碱度增高，证明是乳房炎。

4. **防治**

（1）预防 避免乳房中奶汁积留，绵羊所产的奶，一般只供小羊吃，如果奶量较大，吃不完的奶存留在乳房内，易引起乳房炎；经常洗刷羊体（尤其是乳房部），以除去疏松的被毛及污染物；每次挤奶以前必须洗手，并用开水或漂白粉溶液浸过的布块清洗乳房，然后再用净布擦干；经常保持羊棚清洁，定时清除粪便及不干净的垫草，供给洁净干燥的垫草；避免把产奶山羊及哺乳绵羊放于寒冷环境，尤其是在雨雪天气时更要特别注意；哺育羔羊的绵羊，最好多进行放牧，这样不但可以预防乳房炎，而且可以避免发生其他疾病；在挤病羊奶时，应另用一个容器，病羊的奶应该毁弃，以免引起传染。并应经常清洗及消毒容器。

（2）治疗 及时隔离病羊，然后进行治疗。治疗方法可分为局部及全身两种：

1）局部治疗 ①进行冷敷，并用抗生素消炎：初期红、肿、热、痛剧烈的，每日冷敷2次，每次15～20分钟。冷敷以后，用0.25％～0.5％普鲁卡因10毫升，加青霉素20万国际单位，分为3～4个点，直接注入乳腺组织内。②进行乳房冲洗灌注：先挤净坏奶，用消毒生理盐水50～100毫升注入乳池，轻轻按摩后挤出，连续冲洗2～3次。最后用生理盐水40～60毫升溶解青霉素20万国际单位，注入乳池，每日2～3次。③出血性乳房炎：禁止按摩，轻轻挤出血奶，用0.25％～0.5％普鲁卡因10毫升溶解青霉素20万国际单位，注入乳房内。如果乳池中积有血凝块，可以通过乳头管注入1％的盐水50毫升，以溶解血凝块。④乳房坏疽：最好进行切除。⑤慢性炎症：用40～45℃热水进行热敷，或用红外线灯照射，每日2次，每次15～20分钟。然后涂以10％樟脑软膏。

2）全身治疗 ①为了暂时制止泌乳机能，可行减食法，即减少精料给量；少喂多汁饲料，如青贮料、根菜类及青饲料；限制饮水。主要喂给优质干草，如苜蓿、三叶草及其他豆科牧草。因采取减食疗法，故在病羊食欲减退时，不需要设法促进食欲。②体温升高时，可灌服磺胺类药物，用量按每千克体重0.07克计算，4～6小时一次，第一次用量加倍。或者静脉注射磺胺噻唑钠或磺胺嘧啶钠20～30毫升，每日1次。也可以肌内注射青霉素，每次20万～40万国际单位，每日2～3次。③应用硫酸钠100～120克，促进毒物排出和体温下降。④如果乳房炎很顽固，长时期治疗无效，而怀疑为特种细菌感染时，可采取奶汁样品，进行细菌检查。在病原确定以后，选用适宜的磺胺类药物或抗生素进行治疗。⑤凡由感冒、结核、口蹄疫、子宫炎等病引起的乳房炎，必须同时治疗这些原发病。

（八）创伤

羊的体表或深部组织发生损伤，并拌有皮肤、黏膜破损叫创伤。创伤可分为新鲜创伤和化脓性感染创伤。新鲜创伤包括新鲜创伤和新鲜污染创伤；化脓性感染创伤是指创内有大量细菌侵入，出现化脓性炎症的创伤。

1. 病因 ①机械性损伤：机械性刺激作用所引起的损伤。包括开放性损伤和非开放性损伤。②物理性损伤：物理因素引起的损伤，如烧伤、冻伤、电击及放射性损伤等。③化学性损伤：化学因素引起的损伤，如化学性热伤及强刺激剂引起的损伤等。④生物性损伤：生物性因素引起的损伤，如各种细菌和毒素引起的损伤等。

2. 临床症状 新鲜创伤的临床特点是出血、疼痛和创口裂开。伤后时间较短，创内尚有血液流出或存有血凝块，且创内各部分组织的轮廓仍能识别，有的虽被严重污染，但未出现创伤感染症状；严重创伤有不同程度的全身症状。

化脓性感染创伤的特点是创面脓肿、疼痛，局部增温，创口不断流出脓汁或形成很厚的脓痂，有时出现体温升高。随着化脓性炎症的消退，创面出现新生肉芽组织，称为肉芽创。正常肉芽组织比较坚实，呈红色平整颗粒，表面附有少量黏稠的带灰白色的脓性物。

3. 诊断

（1）局部检查 了解创伤发生的部位、形状、大小、方向、性质、深度、裂开的程度、有无出血、创围组织状态以及有无异物污染及感染、血凝块和创囊等。对有分泌物的创伤，应注意肉芽组织的颜色、数量及生长情况等。

（2）全身检查 羊的精神状态、体温、呼吸、脉搏及可视黏膜的状况。

4. 防治 新鲜创面如清洁，不必清洗，可用消毒纱布盖住创面，在创面周围剪毛，消毒后撒布消炎粉、碘仿磺胺粉及其他防腐生肌药。如有出血，应外用止血粉撒布创面，必要时可用安络血、维生素 K_3 或氯化钙等全身性止血药，并用 3％双氧水、0.1％高锰酸钾溶液冲洗创面污物，然后用生理盐水冲洗，擦干，撒布。如创面大、创口深，撒布上述药物后需进行缝合。

化脓性感染创应先扩创排脓，剪掉或切除坏死组织，然后用

3％双氧水、0.1％高锰酸钾或0.1％的新洁尔灭等冲洗创腔。最后用松碘流膏（松馏油15克、5％的碘酒15毫升、蓖麻油500毫升）纱布条引流。有全身症状时可适当选用抗菌消炎类药，并注意强心解毒。

肉芽创应先清理创围，并用生理盐水冲洗。然后局部选用刺激性小、能促进肉芽组织和上皮生长的药物，如松碘流膏、3％的龙胆紫等。肉芽组织赘生时，可用硫酸铜腐蚀，也可用烙烧法去除赘生肉芽。

（九）腐蹄病

腐蹄病是一种传染病，其特征是局部组织发炎、坏死。因为常侵害蹄部，因而称"腐蹄病"。羊患病后生长不良、掉膘、羊毛质量受损，偶尔死亡，造成严重的经济损失。

1. **病因** 本病常发生于低湿地带，多见于湿雨季节。细菌通过损伤的皮肤侵入机体。羊只长期拥挤，环境潮湿，相互践踏，都容易使蹄部受到损伤，给细菌的侵入造成有利条件。这些细菌在羊蹄之外的生存超不过10天，在土壤中也不能增殖。因此，唯一的长期传染源乃是患腐蹄病的羊。其次，涉及的病菌还有坏死梭形杆菌和羊肢腐蚀螺旋体。在未经治疗或治疗不当的病例，一些继发性细菌如化脓棒状杆菌、链球菌、葡萄球菌、大肠杆菌都可以侵入，而引起严重的灾难性的后果，并导致蛆的侵袭。

2. **临床症状** 羊病初轻度跛行，多为一肢患病。随着疾病的发展，跛行变为严重。如果两前肢患病，病羊往往爬行；后肢患病时，常见病肢伸到腹下。进行蹄部检查时，初期见蹄间隙、蹄匣和蹄冠红肿、发热，有疼痛反应，以后溃烂，挤压时有恶臭的脓液流出。更严重的病例，引起蹄部深层组织坏死，蹄匣脱落，病羊常跪下采食。有时在绵羊羔引起坏死性口炎，可见鼻、唇、舌、口腔甚至眼部发生结节、水疱，以后变成棕色痂块。有时由于脐带消毒不严，可以发生坏死性脐炎。在极少数情况下，可以引起肝炎或阴唇炎。

病程比较缓慢，多数病羊跛行达数十天甚至数月。由于影响采食，病羊逐渐消瘦。如不及时治疗，可能因为继发感染而造成死亡。

3. 诊断　一般根据临床症状（发生部位、坏死组织的恶臭味）和流行特点，即可做出诊断。在初发病地区，为了进行确诊，可由坏死组织与健康组织交界处用消毒小匙刮取材料，制成涂片，用复红—美蓝染色法染色，进行镜检。坏死杆菌在镜下呈蔷薇色，为着色不均匀的丝状体。如无镜检条件，可将病料放在试管内，保存在25%～30%的甘油生理盐水，送往实验室检查。

4. 防治

（1）预防　①消除促进发病的各种因素。加强蹄部护理，经常修蹄，避免用尖硬多荆棘的饲料，及时处理蹄外伤；注意圈舍卫生，保持清洁干燥，羊群不可过度拥挤；尽量避免或减少在低洼、潮湿的地区放牧。②当羊群中发现本病时，应及时进行全群检查，将病羊全部隔离进行治疗。对健羊全部用30%硫酸铜或10%福尔马林进行预防性浴蹄。对圈舍要彻底清扫消毒，铲除表层土壤，换成新土。对粪便、坏死组织及污染褥草进行彻底焚烧处理。如果患病羊只较多，应该倒换放牧场和饮水处；选择高燥牧场，改到沙底河道饮水。停止在污染的牧场放牧，至少经过2个月以后再利用。③注射抗腐蹄病疫苗"Clovax"。最初注射2次，间隔5～6周。以后每6个月注射1次。同时加强饲养管理。对死羊或屠宰羊，应先除去坏死组织，然后剥皮，待皮、毛干燥以后方可外运。

（2）治疗　首先进行隔离，保持环境干燥。然后根据疾病发展情况，采取适当治疗措施。①除去患部坏死组织，到出现干净创面时，用食醋、4%醋酸、1%高锰酸钾、3%来苏儿或双氧水冲洗，再用10%硫酸铜或6%福尔马林进行浴蹄。如为大批发生，可每日用 10% 龙胆紫或松馏油涂抹患部。②若脓肿部分未破，应切开排脓，然后用 1% 高锰酸钾洗涤，再涂搽浓福尔马林，或撒以高锰酸钾粉。③除去坏死组织后，涂以青霉素水剂（每毫升生理盐水含 100～200 单位）或油乳剂（每毫升油含 1 000 单位）局部涂抹。对于严重的病羊，例如有继发性感染时，在局部用药的同时，应全身用磺胺类药物或抗生素，其中以注射磺胺嘧啶或土霉素效果最好。④在肉芽形成期，可用 1：10 土霉素、甘油进行治疗；肉芽过度增生时，可涂用 10% 卤碱软膏或撒用卤碱粉。为了防止硬物的刺激，可给病蹄包上绷带。⑤中药治疗。可选用桃花散或龙骨散撒布患处。

桃花散：陈石灰 500 克、大黄 250 克，先将大黄放入锅内，加水一碗，煮沸 10 分钟，再加入陈石灰，搅匀炒干，除去大黄，其余研为细面撒用。有生肌、散血、消肿、定痛之效。

龙骨散：龙骨 30 克、枯矾 30 克、乳香 24 克、乌贼骨 15 克，共研为细末撒用，有止痛、去毒、生肌之效。

（十）关节扭挫

关节扭挫及关节扭伤和挫伤，多是关节韧带、关节囊和关节周围组织的非开放性损伤。多发生于肩关节、腕关节、膝关节和髋关节。

1. 病因　多数由于道路泥泞不平、滑走、跌倒或误踏深坑、奔走失足、跳跃闪扭等引起。羊舍地面不平、不铺垫草等也是主要原因。

致病的机械外力直接作用于关节，引起皮肤脱毛和擦伤，皮下组织溢血和挫伤。关节周围软组织血管破裂形成血肿以及急性炎症。若患关节长时间固定不动，能引起粘连性滑膜炎，关节活动受限制，有时关节软骨、骨膜和骨骺受到损伤，形成关节粘连。

2. 临床症状　受伤当时出现轻重不一的跛行，站立时患肢屈曲或蹄尖着地，或完全不敢负重而提起。

触诊患部有热、肿、痛，其程度依伤轻重而不同。仅关节侧韧带受伤时，于韧带的起止部出现明显的压痛点。如由外力直接引起，患部的被毛及皮肤常有逆起、脱落或擦伤的痕迹。

关节被动运动，使韧带紧张时，则出现疼痛反映；使受伤韧带迟缓时，则疼痛反应轻微。如发现受伤关节的活动范围比正常关节的活动范围增大，则是关节侧韧带发生全断裂现象。

（1）冠关节扭挫 轻度扭挫时，局部肿胀不明显，触诊冠关节侧韧带或被挫部，出现疼痛反应，运步时呈轻度跛行；重度扭挫时，冠关节部出现明显肿胀及疼痛，运步时呈中度跛行，有时于受伤部位可发现挫伤的痕迹。

（2）系关节扭挫 轻度扭挫，局部肿胀，疼痛较轻，呈轻度跛行。重度扭挫时，病羊站立时系关节屈曲，蹄尖着地，运步时跛行严重。局部触诊，疼痛剧烈，肿胀明显。

（3）腕关节扭挫 腕关节多发生挫伤，常见腕关节前面有深浅不一的组织损伤，轻的仅伤及皮肤，重的则伤及骨骼，呈轻度或中等度混合跛行。有时皮肤及其他组织出现缺损而形成挫创，有时伤及腕前皮下黏液囊，出现黏液囊炎。

（4）肩关节扭挫 患部前肢、肩关节正常轮廓改变，触诊患部有热痛。站立时多将患肢伸向前方，蹄尖着地。重度挫伤时，患肢不敢完全着地。运步时出现以悬跛为主的混合跛行。

（5）膝关节扭挫 患肢提举悬垂或以蹄尖着地，呈混合跛行。触诊膝关节侧韧带，特别是股胫关侧韧带，常有明显肿痛。重度扭挫时，膝关节腔内因积聚多量浆液性渗出物或血液而明显肿胀。

（6）髋关节扭挫 有时因分娩、久卧不起或粗暴提举而引起伤跨。站立时，患肢膝、跗关节屈曲，或髋关节脱位，则荐骨下降而髂骨突出；运步时步样不灵活，患肢外展，臀部摇摆，卧下后起立困难或不能站立；局部触诊或直肠内检查时有疼痛反应。

3. 诊断　从发病原因和临床症状可确诊。

4. 防治

（1）预防　加强饲养管理，道路不平或泥泞时放牧人员要严加护羊，羊舍要保持清洁卫生。

（2）治疗　于伤后 1～2 天内，包扎压迫绷带，或冷敷，必要时可注射止血药，如 10% 的氯化钙、凝血素、维生素 K₃等。

急性炎症缓和后，应用热敷疗法，如温敷、石蜡疗法、温蹄浴（40～50℃温水，每天 2 次，每次 1～2 小时），能使溢出较快吸收。如关节腔内积聚多量血液不能吸收时，可进行关节腔穿刺，排除腔内血液，缠以压迫绷带，但须严格消毒，以防感染。

可肌内注射安痛定；患部涂擦用醋调制的复方醋酸铅散或速效跌打膏；也可在患部涂擦轻度皮肤刺激剂，10% 樟脑酒精或碘酊樟脑酒精合剂（10% 樟脑酒精 80 毫升，5% 碘酊 20 毫升）；为了加速炎性渗出物的吸收，可适当进行缓慢的运动。

对重度扭挫有韧带、关节囊断裂或关节内骨折可疑时，应装石膏绷带。

炎症转为慢性时，可用碘樟脑合剂（碘片 20 克、95% 的酒精 100 毫升、乙醚 60 毫升、精制樟脑 20 克、薄荷脑 20 克、蓖麻油 25 毫升），涂擦患部 5～10 分钟，每天 1 次，连用 5～7 天；也可外敷扭伤散，内服跛行散。

（十一）结膜炎

结膜炎是指眼结膜受到外界刺激和感染而引起的炎症，又称接触传染性眼炎，是绵羊和山羊的一种常见病，夏季多发。病的特征是结膜充血、发炎、流泪及分泌物增多。

1. 病因　羊舍空气污浊、含氨气过浓和环境灰尘多，都可刺激羊眼，引起发病。放牧的羊，野草籽常可进入眼内，而引起异物性结膜炎。在夏季，由于蝇子、灰尘和长草对病原的散播，容易传染结膜炎。气候较冷的季节，由于羊的拥挤，互相接触，容易扩大传染。

2. 临床症状　主要表现为结膜发炎。在严重病例，可涉及角膜。病的初期，眼睛流泪，眼睛下部皮肤变湿。检查时，可见结膜发红，角膜混浊，继而眼分泌物变稠。当化脓性细菌侵入损伤的结膜囊时，常引起化脓性结膜炎，病眼有较多的眼眵，常使上下眼睑被脓汁黏着。本病一般在2周之内可以痊愈。偶尔发生角膜溃疡，有时引起角膜穿孔，可致眼球内液体流出，预后不良。

3. 诊断　根据临床症状，可做出诊断。

4. 防治

(1) 预防　①对病羊迅速治疗，并进行隔离。②改善羊舍卫生，注意通风换气与光线，防止风尘的侵袭，严禁在羊舍内调制饲料。③防止羊眼受伤。

(2) 治疗　①除去病因。设法将病因除去。若是症候性结膜炎，则应以治疗原发病为主。若环境不良，应设法改善环境。②遮断光线。将患羊放在暗舍内或装眼绷带。当分泌物量多时，以不装眼绷带为宜。③一般而言，滴用抗生素眼药水，每日应用2～3次，具有良好疗效。亦可采用抗生素眼膏，如氯胺苯醇眼膏或邻氯青霉素眼膏。有些病例不经治疗可以自愈。当眼分泌物多而浓稠时，可用生理盐水或2%～3%的硼酸水进行冲洗，然后应用眼膏或眼药水。④对症治疗。

急性卡他性结膜炎：充血显著时，初期冷敷；分泌物变为黏液时，改为温敷，再用0.5%～1%硝酸银溶液点眼（每天1～2次）。用药后经10分钟，用生理盐水冲洗，防止过剩的硝酸银分解，且可预防银沉着。若分泌物减少趋于收缩时，可用收敛药，如0.5%～1%硫酸锌溶液（每天2～3次）。疼痛明显时，可用1%～3%的普鲁卡因溶液点眼。转为慢性时可用0.2%～2%的硫酸锌溶液点眼。

慢性结膜炎的治疗以刺激温敷为主。局部可用较浓的硫酸锌或硝酸银溶液，轻擦上下眼睑，擦后立即用硼酸水冲洗，然后再进行温敷。中药川连1.5克、枯矾6克、防风9克，煎后过滤，洗眼效果良好。病毒性结膜炎时，可用5%的磺乙酰胺钠眼膏涂布眼内。

同时补充维生素A，可以加大眼睛的治愈率。

附　录

一、羊的各种常用生理常数

（一）奶羊的体温、呼吸、脉搏（心跳）数值

年　龄	性别	体温（℃）		呼吸（次/min）		脉搏（次/min）	
		范围	平均	范围	平均	范围	平均
3～12个月	公	38.4～39.5	38.9	17～22	19	88～127	110
	母	38.1～39.4	38.7	17～24	21	76～123	100
1岁以上	公	38.1～38.8	38.6	14～17	16	62～88	78
	母	38.1～39.6	38.6	14～25	20	74～116	94

（二）奶羊的反刍情况和瘤胃蠕动次数

年　龄	每个食团咀嚼次数		每个食团反刍时间（s）		反刍间歇时间（s）		瘤胃蠕动次数（5min）	
	范围	平均	范围	平均	范围	平均	范围	平均
4～12个月	54～100	81	33～58	44	4～8	6	9～12	11
1岁以上	69～100	76	34～70	47	5～9	6	8～14	11

（三）尿检查数值

羊的种类	比　重	酸碱度（pH）
绵羊	1.030（1.020～1.040）	7～8
山羊	1.030（1.015～1.045）	7～8

（四）血液学正常值

项　目	羔羊	青年羊	怀孕羊	泌乳羊
红细胞计数（10^6/mm^3）	10.60～21.20	10.42～20.10	9.60～19.63	10.21～21.04
白细胞计数（10^3/mm^3）	9.81～16.80	9.80～15.40	9.42～11.90	9.61～14.32
血小板计数（10^3/mm^3）	394.3～452.6	301.4～393.2	375.6～453.3	410.3～482.1
白细胞分类计数平均值（%）　嗜酸性粒细胞	4.5	4.6	5.1	3.6
嗜碱性粒细胞	0.4	0.3	0.5	0.3
嗜中性幼年型	0.4	0.1	0.1	0.2
嗜中性杆核型	4.7	2.7	5.2	3.4
嗜中性分叶型	33.5	32.7	33.0	36.4
淋巴细胞	54	57.6	53.2	53.5
单核细胞	2.5	2.0	2.9	2.6
变性珠蛋白小体（%）	0～2	0～1	0～1	0～1
血红蛋白（μg/mm^3）	7.1～11.6	7.0～9.6	6.7～8.6	6.8～9.8
血沉（魏氏法，倾斜60度，60min平均毫升数）	4.3	4.0	4.2	4.1
红细胞压积容量（%）	30.1～41.2	31.1～40.8	28.9～41.1	30.5～41.3
红细胞平均血红蛋白含量（MCH，pg）	4.51～5.30	4.80～5.30	4.43～5.23	4.51～5.13
红细胞平均体积（MCV，fL）	16.33～23.51	18.69～26.30	18.31～24.21	17.88～27.10
红细胞平均血红蛋白浓度（MCHC，g%）	21.55～28.10	19.69～24.81	20.12～25.31	20.11～26.45

（五）繁殖生理数值

项　目	绵羊	山羊	备　注
性成熟年龄（月）	6～8	6～8	
体成熟年龄（年）	1.5～2	1.5～2	
衰老期（年）	8～9	10～11	即绝经期，少数可达到13岁
发情周期（d）	16～17	布尔羊13～25 平均21	
发情持续期（d）	1～2	1～2	少数超过2天
产后第一次发情（月）	1.5～2	1～1.5	一般延至当年秋季
公羊每天可交配次数	3～4	3～4	交配频繁时应增加精料，并应定期休息
妊娠期（d）	150（146～157）	萨能羊152（148～159），布尔羊147～149	

项　目		绵　羊	山　羊	备　注
脐带长度（cm）		7～12	7～12	
胎儿数目		通常是单胎，有时为双胎，个别可生3只或4只以上	萨能羊通常是双胎，单胎较少。布尔羊产单羔占7.6%，双羔占56.5%，三羔33.2%，四羔2.4%	山羊生3～4个羔羊者并不少见，有的甚至一胎生产5个有生活力的羔羊
产羔率（%）			萨能羊190～210，布尔羊160～220	与品种有关
分娩过程	开口期	不超过8h	不超过8h	
	产出期	3h以内，如有两个以上的胎儿，则每隔0.5～1h，排出一个	3h以内，如有两个以上的胎儿，则每隔0.5～1h，排出一个	
	胎衣排出期	最后一个胎儿产出后2～4h	最后一个胎儿产出后2～4h	
	尿水（ml）	700～800	500～1 500	
	羊水（ml）	300～500	400～1 200	

（六）羊的常用血液化学正常数值

项　目		绵　羊	山　羊
总蛋白	（g/L）	58.10	62.50
白蛋白	（g/L）	29.60	39.50
α-球蛋白	（g/L）	0.074～0.277	0.092～0.208
β-球蛋白	（g/L）	0.037～0.166	0.148～0.285
γ-球蛋白	（g/L）	0.120～0.275	0.070～0.210
钠	（mmol/L）	146.9±4.9	142～155
钾	（mmol/L）	4.85±0.39	3.5～6.7
氯	（mmol/L）	107.5±4.0	99～110
二氧化碳结合力	（mmol/L）	20～25	
无机磷	（mmol/L）	2.07±0.06	1.00±0.23
钙	（mmol/L）	3.03±0.07	2.67
镁	（mmol/L）	1.03±0.12	1.32±0.14
葡萄糖	（mmol/L）	3.05～7.27	2.37～5.55
尿素氮	（mmol/L）	5.361～2.85	4.64～15.71

二、羊群一年四季主要保健措施

季度（月份）	保健措施	目　　的
第一季度(1～3 月)	对羔羊注射亚硒酸钠，出生后第 1 周注射第一次，间隔 3～4 周注射第二次。断奶后注射口蹄疫疫苗	预防白肌病，预防口蹄疫
第二季度	给全部羊内服别丁（硫双二氯酚），剂量按每千克体重 100 毫克计算，加入精料中自食	驱除绦虫
第二季度至第三季度（5～7 月）	口服猪型二号布鲁氏菌疫苗，每只羊 2 毫升，用橡皮管注入口内	预防布鲁氏菌病
第三季度（9 月）	内服驱虫净或左咪唑	驱除肺线虫
第四季度（10 月）	注射三联疫苗，每只羊 5 毫升，皮下或肌内注射	预防肠毒血症
不分季节和月份	及早发现和隔离假结核羊，并及时处理成熟的假结核病灶	控制假结核达到最终消灭本病

三、羊常见病的识别与防治

（一）以天然孔出血为主的羊病

病名	病因病原	主要特点	防　　治
炭疽	炭疽杆菌	最急性型：突然倒地，抽搐，呼吸困难，黏膜发紫，口、鼻、肛门等天然孔流出黑色煤焦油状血液，几分钟内死亡；急性经过者，病羊兴奋不安，行走摇摆，心悸亢进，呼吸加快，黏膜发绀，后期全身痉挛，天然孔出血，数小时即可死亡；死后表现血凝不良，尸僵不全，可视黏膜发绀或点状出血	预防：Ⅱ号炭疽芽孢苗，每只羊 1 毫升，皮下注射 治疗：注射抗炭疽血清，每只羊 50～100 毫升；青霉素，每千克体重 1 万～2 万国际单位，肌内注射，每天 2 次
绵羊巴氏杆菌病	巴氏杆菌	多发于幼龄羊和羔羊；最急性病羊，突然发病，寒战、虚弱、呼吸困难，数小时内死亡；急性病羊体温升高（41～42℃）咳嗽，鼻孔常有出血，初便秘后腹泻，拉血水便，2～5 天后虚脱死亡；皮下小点出血，出血性纤维素性肺炎，胃肠道出血性炎，脾脏不肿大	治疗：每千克体重用氟苯尼考 20～30 毫克或庆大霉素 1 000～1 500 单位，或 20%磺胺嘧啶钠 5～10 毫升，肌内注射，每天 2 次；必要时，用高免血清或菌苗做紧急免疫接种

（二）以腹泻症状为主的羊病

病名	病因病原	主 要 特 点	防 治
胃肠炎	饲喂不当前胃疾病	腹泻为本病的主要症状，粪便稀如猪粪，混有精料颗粒，随后腹泻；严重时，粪便中混有血液、假膜、脓液，气味恶臭；病羊食欲废绝、口干发臭，舌苔黄白，反刍停止，体温升高；后期腹痛不安，呻吟，喜欢卧地	治疗：氟苯尼考每千克体重10～20毫克，肌内注射，每天2次；复方氯化钠注射液500毫升、糖盐水300～500毫升、10%安钠咖5～10毫升、维生素C 100毫克，混合后静脉注射
羊副结核病	副结核分支杆菌	病羊反复腹泻，稀便呈卵黄色、黑褐色，带有腥臭味或恶臭味，并有气泡；初为间歇性腹泻，后变为经常而顽固性腹泻，后期呈喷射状排粪；颜面及下颌部水肿，消瘦，衰竭而死	预防：对健康羊群应每年一次皮内变态反应检查，及时淘汰、扑杀阳性羊 治疗：尚无有效的药物治疗措施，可用链霉素治疗
绵羊巴氏杆菌病	巴氏杆菌	见以天然孔出血为主的羊病	见以天然孔出血为主的羊病
肝片吸虫病	肝片吸虫	急性型病羊初期发热，衰弱，易疲劳，离群落后；叩诊肝区半浊音区扩大，压痛明显；很快出现贫血，黏膜苍白、红细胞及血红素显著低；严重者多在几天内死亡。慢性型病羊表现消瘦，贫血，食欲不振，异嗜，被毛易脱落，步行缓慢；眼睑、颌下、胸下、腹下水肿；便秘与下痢交替发生；肝脏肿大	防治：定期驱虫，每年1～2次，硫双二氯酚每千克体重100毫克，一次内服；硝氯酚每千克体重4～6毫克，一次口服；抗蠕敏，每千克体重20毫克，口服洛素隆按每千克体重2毫克，伊维菌素每千克体重0.2毫克，一次皮下注射，有效率达100%
绦虫病	莫尼茨绦虫	病羊表现贫血，水肿，消瘦，精神不振，食欲减退，饮欲增加；常伴发腹泻，粪中混有乳白色的孕卵节片；被毛粗乱无光，喜躺卧，起立困难，后期仰头倒地，常做咀嚼运动，口周围有泡沫	防治：丙硫咪唑每千克体重10～16毫克，口服；氯硝柳胺每千克体重100毫克，配成10%水悬液，口服；吡喹酮每千克体重5～10毫克，一次内服 羊放牧后30天第一次驱虫，10～15天后进行第二次驱虫

病名	病因 病原	主 要 特 点	防 治
羊消化道线虫	消化道线虫	消化紊乱，胃肠道发炎，拉稀，消瘦；眼结膜苍白，贫血；严重病例下颌间隙水肿，羊发育受阻；少数羊体温升高，呼吸、脉搏频数及心音减弱，最终衰竭死亡	预防：定期驱虫，每年2次 治疗：丙硫咪唑每千克体重5～20毫克，口服；左旋咪唑每千克体重50毫克，混入饲料喂给；阿维菌素每千克体重0.2毫克，一次皮下注射
羔羊大肠杆菌病	大肠杆菌	2～8日龄新生羔发病多为下痢型，病初体温升高，出现腹泻后体温下降，粪便呈半液体状、带气泡、混有血液；羔羊虚弱，严重脱水，站立不稳，2天内死亡；2～6周龄的羔羊发病多呈败血型，多于发病后4～12小时死亡	防治：大肠杆菌对土霉素、氟苯尼考、新霉素、磺胺类药物都有敏感性。氟苯尼考每千克体重20～30毫克肌内注射，每天注射2次，连用3～5天；先锋V号，肌内注射，每日2次，每次0.5～1.0克，连用3～5天；胃蛋白酶0.2～0.3克，心衰时，皮下注射10%安钠咖0.5～1毫升；脱水时，静脉注射5%葡萄糖生理盐水20～100毫升
羔羊痢疾	B型魏氏梭菌	主要发生于1～4日内新生羔羊，发热（40℃），腹痛，拉黄绿、黄白色稀便或暗红色、恶臭、粥状粪便，磨牙、咩叫；有的表现腹胀，不下痢或排少量血便，四肢瘫软，呼吸迫促，口流白沫，最后昏迷、死亡；真胃黏膜出血、水肿，肠（尤其空肠）内全为血水，黏膜红，并有黄色坏死区和条状出血	预防：每年一次预防接种（用五联苗），产前2～3周再接种一次 治疗：土霉素0.2～0.3克、胃蛋白酶0.2～0.3克，加水灌服；磺胺脒2.5克，次硝酸铋6克，加水100毫升混合，每只羔羊4～5毫升，每天2次
蓖麻中毒	蓖麻	见以流产为主要症状的羊病	见以流产为主要症状的羊病

（三）以突然死亡为特征的羊病

病名	病因病原	主 要 特 点	防 治
羊快疫	腐败梭菌	6～18月龄羊最敏感；突然发病，迅速死亡；病羊不食、磨牙；呼吸困难，昏迷，有的兴奋不安；腹部膨胀，有疝痛症状；鼻孔流出血样带泡沫的液体，真胃及十二指肠黏膜红肿、弥漫性出血或散在出血点	预防：定期注射羊厌氧菌病三联苗或五联苗，每只2毫升，皮下注射 治疗：因发病太急，治疗无意义，若病程稍长可用青霉素和磺胺类药物治疗
羊肠毒血症	D型魏氏梭菌	多发于春末夏初或秋末冬初；病羊发病突然，肚胀腹痛，常离群呆立，濒死前腹泻，粪便呈黄褐色水样；全身肌肉颤抖、四肢划动、眼球转动、磨牙，头颈向后弯曲；口流白沫，昏迷而死亡，病程2～4小时；小肠黏膜充血、出血，严重时全段小肠呈红色，病羊肾软化如泥，触压即朽烂（软肾病）	预防：定期注射三联苗（羊快疫、猝击、肠毒血症），发病羊群应紧急注射，发病季节应服土霉素、磺胺类药预防 治疗：病程较长时可用青霉素肌内注射，每只羊80万～160万单位，每天2次；磺胺脒每千克体重0.15～0.25克，首次加倍，每天1次，同时50～100克硫酸钠投服
羊猝击	C型魏氏梭菌	表现急性毒血症，突发，数小时即死亡，死后见真胃和肠道（空肠、十二指肠）严重充血、出血、水肿、溃疡或糜烂，死后几小时肌肉间出血，有气泡	防治：同羊肠毒血症
羊黑疫	B型诺维氏梭菌	2～4岁绵羊最多发，突然发病，急性死亡，病程2～3小时；病程稍长者表现不食、不反刍，站立不动，行动不稳，呼吸困难，眼结膜充血，口流白沫，腹痛，体温41.5℃；皮肤、皮下瘀血，皮色发黑，肛门流出少量血样液，肝半煮熟样，表面和切面有淡黄色不正圆形坏死灶，脾脏肿大，紫黑色	防治：来不及治疗，紧急接种羊快疫和羊黑疫二联苗，肌内注射，每只3毫升，可控制疫情，驱除肝蛭，每年用五联苗免疫一次
炭疽	炭疽杆菌	见以天然孔出血为主的羊病	见以天然孔出血为主的羊病

（四）以流产为主要症状的羊病

病名	病因病原	主要特点	防治
羊布鲁氏菌病	布氏杆菌	主要表现流产，多发生于怀孕后第3～4个月；流产前，发热，卧地，不喜吃草料，喜喝水，阴户发红，流出黄红色液体；流产母羊常发生乳房炎、关节炎和水肿，表现跛行；胎衣部分或全部呈黄色胶样浸润，部分覆有纤维蛋白和脓液，增厚，有出血点；流产胎儿呈败血症变化；公羊睾丸肿大	预防：定期检疫，及时淘汰阳性反应羊；羊型5号弱毒苗免疫接种 治疗：无治疗价值，一般不予治疗
羊衣原体病	鹦鹉热衣原体	胎羔多于正产前2～3周突然被排出，产羔前几天食欲较差，阴道有微量分泌物，胎羔发育良好，产下时多存活，但身体羸弱，于产后头几天内死亡；胎衣同时被排出，母羊多耐过流产而不受多大伤害	防治：接种羊衣原体性流产疫苗，多于配种之前接种或配种后60天之内接种；土霉素对感染衣原体羊具有很好疗效，对感染羊长期注射长效土霉素制剂，可使怀孕母羊正常分娩
羊沙门氏菌病	沙门氏菌	绵羊流产多见于妊娠的最后2个月，病羊体温升至40～41℃，厌食，精神沉郁，部分羊有腹泻；病羊产下的活羔，表现羸弱、委顿、卧地、腹泻，1～7天内死亡；羔羊副伤寒多见于15～30日龄羔羊，体温升高达40～41℃，食欲减退，腹泻，排黏性带血稀粪，有恶臭，精神委顿，虚弱，低头，拱背，1～5天死亡	防治：首选药为氟苯尼考，其次是土霉素和新霉素。氟苯尼考羔羊每千克体重，每天20～30毫克，分3次内服；成年羊每千克体重，每次10～20毫克，肌内注射
羊李氏杆菌病	羊李氏杆菌	见以神经症状为主的羊病	见以神经症状为主的羊病

病名	病因病原	主　要　特　点	防　　治
山羊传染性胸膜肺炎	丝状支原体	见以呼吸道症状为主的羊病	见以呼吸道症状为主的羊病
流产	饲养管理不当	草少，质差，缺乏维生素 A、维生素 D、维生素 E，采食霜冻草、露水草、发霉草，饮冷水、雪水过多，驱赶过急，长途运输，寒冷刺激，拥挤，互撞，跌碰砸打均可引起流产；突然发生流产，产前无特征表现；发病缓慢者，食欲停止，腹痛起卧，努责呻叫，阴户流出羊水，胎儿排出后稍安静；外伤可使羊发生隐性流产，胎儿不排出体外，自行溶解，形成胎骨残留子宫	防治：加强饲养管理，依流产原因，采取有效防治保健措施；对有流产先兆的母羊，可用黄体酮注射液 15～20 毫克（含 15 毫克），一次肌内注射；死胎滞留时，应引产，先肌内注射苯甲酸雌二醇 2～3 毫克，使子宫颈开张，拉出胎儿
蓖麻中毒	蓖麻	羊采食蓖麻 4～8 小时后出现症状，心跳、呼吸加快，食欲和反刍废绝，下痢，粪便有恶臭味，并混有血液及伪膜，尿少或无尿；妊娠母羊流产	防治：严禁采食蓖麻，尤其生蓖麻；无特效疗法，可对症治疗，内服液体石蜡油缓泻；静脉注射 5%～10% 葡萄糖液

（五）以神经症状为主的羊病

病名	病因病原	主　要　特　点	防　　治
破伤风	破伤风梭菌	初起立、卧下不自由，而后全身肌肉僵硬，运步困难，鼻孔开张，眼球凹陷，瞳孔散大，最后角弓反张，牙关紧闭，流涎，尾直；由于骨骼肌痉挛，致使羊倒地，表现呼吸困难，多因窒息而死	防治：外伤，用碘酊消毒，防感染；将病羊置较暗且安静处；用青霉素 80 万～120 万国际单位，肌内注射，每天 2～3 次；肌内注射破伤风抗毒素，每次 1 万单位，每天 1 次，连用 2～3 天

病名	病因 病原	主 要 特 点	防 治
羊李氏杆菌病	羊单核细胞李氏杆菌	本病多散发，死亡率高；病羊精神沉郁，短期发热，食欲减退，多数表现脑炎症状，如转圈、倒地、四肢作游泳姿势、颈项强直、角弓反张、颜面神经麻痹、昏迷等；孕羊出现流产	防治：用20％磺胺嘧啶钠5～10毫升；氨苄青霉素每千克体重1万～1.5万国际单位；庆大霉素，每千克体重1 000～1 500单位，肌内注射，每天2次
脑多头蚴病	多头蚴	病羊表现急性脑膜脑炎症状，轻者消瘦。食欲减退，行动迟缓，运动失调；重者精神高度沉郁，步态蹒跚，头颈弯向一侧或转圈；有些羊向前直跑，直至头顶墙后，头向后仰（囊虫寄生在脑前部）；有些向后退（在脑室）；颅骨变薄、变软（位于大脑皮层）	防治：定期给羊驱虫，丙硫苯咪唑每天每千克体重30毫克，每日一次灌服，3天为一个疗程；手术取出病羊脑中虫体；吡喹酮每千克体重50毫克，病羊连用5天 阿维菌素：皮下注射，每千克体重0.2毫克
羊鼻蝇蛆病	羊鼻蝇的幼虫	病羊表现不安，影响采食和休息，幼虫寄生于鼻腔，引起鼻炎，可从鼻孔流出大量黏液、脓液，鼻痒、摩擦、摇头，呼吸不畅，打喷嚏、消瘦；有时幼虫进入颅腔，损伤脑膜，出现摇头、歪头、运动失调、旋转等症状	防治：用1％敌敌畏软膏，在成蝇飞翔季节涂擦羊的鼻孔周围，每5天1次；给病羊鼻腔喷射3％来苏儿溶液或1％敌百虫水溶液，每侧鼻腔20～30毫升；敌百虫每千克体重0.1克，内服
酮尿病	营养不足	多发于羊妊娠后期，以酮尿为主要症状，呼出气及尿中有丙酮气味初病羊掉群，视力减退，呆立不动，驱赶时，步态摇晃，后期意识紊乱，不听呼唤，视力消失；头部肌肉痉挛，耳、唇震颤，空嚼，口流泡沫，头后仰，或偏向一侧，或转圈运动；病羊食欲下降，黏膜苍白或黄染，体温正常或低于正常	防治：适当补饲，25％葡萄糖液50～100毫升，静脉注射；饲喂醋酸钠每只每天11克，连用5天

病名	病因病原	主 要 特 点	防 治
有机磷中毒	有机磷制剂	羊接触、吸入或采食过有机磷制剂；病羊表现精神沉郁，流涎呕吐，疝痛腹泻，多汗，大小便失禁，全身或局部肌肉震颤，抽搐，眼球斜视，瞳孔缩小，呼吸困难，心跳加快，最终因呼吸中枢麻痹而死亡	预防：不到喷撒过农药的地方放牧 治疗：肌内注射 1％硫酸阿托品 2～3 毫升，病情严重时，每小时 1 次；静脉滴注每千克体重 20～50 毫克解磷定的 5％葡萄糖溶液 100～300 毫升

（六）以呼吸道症状为主的羊病

病名	病因病原	主 要 特 点	防 治
羊传染性胸膜肺炎	丝状支原体	病羊高热稽留，食欲减退；呼吸困难，咳嗽，流浆液性鼻液，严重时张口呼吸；常见吞咽动作或低声呻吟，眼睑浮肿流泪，且附黏液性分泌物，胸部听诊有胸膜摩擦音；肺、胸膜发炎，并粘连，孕羊死亡率较高	预防：定期注射羊传染性胸膜肺炎氢氧化铝菌苗 治疗：新肿凡纳明静脉注射，成羊每次 0.3～0.5 克，幼羊每次 0.1～0.3 克；磺胺嘧啶钠每千克体重 0.2～0.4 克，以 4％溶液皮下注射，每天 1 次
蓝舌病	蓝舌病毒	主要发生于绵羊；病羊高热（40℃以上）稽留，沉郁，厌食；双唇及面部水肿，口腔黏膜充血、发绀，呈青紫色，严重时糜烂，致使吞咽困难，口臭；流鼻涕，并结痂于鼻孔四周，引起呼吸困难，鼻黏膜和鼻镜糜烂、出血；部分病羊便秘或腹泻，乳房、蹄部发炎、溃烂，呈跛行，并发肺炎和胃肠炎而死亡	预防：用同型病毒疫苗接种 治疗：无特效药，以对症治疗为主，口腔用清水、食醋或 0.1％高锰酸钾液冲洗；再用 1％～3％硫酸铜、1％～2％明矾或碘甘油，涂疮烂面；蹄部先用 3％来苏儿洗，再用甘油、凡士林（1：1）、碘甘油或土霉素软膏涂拭，以绷带包扎
绵羊肺腺瘤	绵羊肺腺瘤病毒	多发于 3～5 岁的绵羊；病羊突然出现呼吸困难。病情随剧烈运动而呼吸加快，而后呼吸快而浅表，吸气时常见头颈伸直、鼻孔扩张；病羊常有湿性咳嗽，有时出现鼻塞音，低头时分泌物自鼻孔流出；肺脏上有大小不等的腺瘤；听诊和叩诊可听到湿啰音和肺实变区	防治：严格检疫，发现病羊，应全群淘汰；无特效疗法，也无特异性预防免疫制剂

病名	病因病原	主要特点	防治
绵羊巴氏杆菌病	巴氏杆菌	见以天然孔出血为主的羊病	见以天然孔出血为主的羊病
炭疽	炭疽杆菌	见以天然孔出血为主的羊病	见以天然孔出血为主的羊病
羊肺线虫病	线虫	羊群受感染时，首先个别羊干咳，继而成群咳嗽，运动和夜间更明显，此时呼吸声明显粗重，如拉风箱；在频繁而痛苦的咳嗽时，常咳出含成幼虫及虫卵的黏液团；咳嗽时伴发啰音及呼吸促迫，鼻孔排出黏稠分泌物，干涸后形成鼻痂，使呼吸更困难，病羊常打喷嚏；逐渐消瘦、贫血，头、胸、四肢水肿	预防：每年春、秋各驱虫一次治疗：丙硫咪唑每千克体重5～15毫克，口服；驱虫净（四咪唑）每千克体重7.5～25毫克，配成1%水溶液内服；阿维菌素：皮下注射，每千克体重0.2毫克
棘球蚴病	棘球蚴	病羊被毛逆立，脱毛，育肥不良，消瘦；肺部感染时咳嗽，咳后卧地不愿起立；肝脏和肺脏表面有数量不等的棘球蚴囊泡突起，实质中有棘球蚴包囊	预防：每季度一次对羊驱绦虫，吡喹酮每千克体重5～10毫克，口服，服药后，应将其粪便烧毁治疗：病羊无有效疗法
羊鼻蝇蛆病	羊鼻蝇幼虫	见以神经症状为主的羊病	见以神经症状为主的羊病
肺炎	寒冷或吸入异物	病羊表现为精神迟钝，体温升高1.5～2℃，呼吸急迫，鼻孔张大，咳嗽，鼻孔流出灰白色黏液或脓性鼻液，支气管啰音	防治：加强饲养管理；青霉素80万～100万国际单位，链霉素100万单位，肌内注射，每天2～3次；10%磺胺嘧啶钠20～30毫升，肌注每天2次，连用3～5天

病名	病因病原	主　要　特　点	防　　治
感冒	风寒或风热	精神不振，低头耷耳，结膜潮红，皮温不均，耳尖、鼻端发凉，体温升高达 40℃ 以上；鼻塞不通，初流清鼻涕，后鼻涕变黏，咳嗽，呼吸加快，听诊肺泡音粗；食欲减退，反刍减少	防治：同肺炎
氢氰酸中毒	高粱或玉米幼苗、烂白菜叶	病羊步样不稳，摇摇欲倒，卧地不起，口流白沫，呼吸困难，头颈伸直，张口喘气；眼结膜紫红，肌肉抽搐，心跳加快，体温下降，腹疼，神志不清，甚至昏迷，瞳孔散大，最后窒息死亡；死后血液鲜红，血凝不良，口腔内带血泡沫，气管和支气管出血	预防：防止吃高粱、玉米幼苗治疗：5%～10% 硫代硫酸钠溶液 50～100 毫升静脉注射；硫代硫酸钠 3～5 克，加水内服
有机磷中毒	有机磷	见以神经症状为主的羊病	见以神经症状为主的羊病

（七）以腹胀为主要症状的羊病

病名	病因病原	主　要　特　点	防　　治
瘤胃积食	过食不易消化饲料	发病较快，采食反刍停止，初不断嗳气，后嗳气停止；腹痛摇尾后蹄踢腹，拱背，咩叫，回头看腹，起卧不安，打滚，常呈右侧卧；左侧腹明显增大，触诊感觉瘤胃内容物或呈面团状，有压痕，或充盈坚实；瘤胃蠕动减弱或无蠕动；严重时，黏膜发紫，呼吸困难，脉搏加快，步态不稳，倒卧昏迷，但体温正常；羊过食谷物发生酸中毒时，瘤胃松软积液，有拍水感	防治：先禁食 1～2 天同时进行治疗，液体石蜡 100～150 毫升、硫酸镁 50 毫升，口服；补液盐 100 克，加水 1 000 毫升灌服；50% 碳酸氢钠 100 毫升加入 5% 葡萄糖 200 毫升中，静脉注射；呼吸和心衰时，尼可刹米 2 毫升，肌内注射；严重时，切开瘤胃，取出内容物

病名	病因病原	主 要 特 点	防 治
瓣胃阻塞	饲喂不当	病初症状与前胃弛缓相似，瘤胃蠕动音减弱，瓣胃蠕动音消失，此时可继发瘤胃臌气及积食；在病羊右侧第七至第九肋间肩关节水平线上下，触压瓣胃，疼痛不安；初粪便干少色暗，后期停止排粪；若病程延长，则体温升高，呼吸、心跳加快，全身衰弱，卧地不能站立，最后死亡	防治：将25%硫酸镁液30～50毫升，石蜡油100毫升，分别注入瓣胃内；第2天重复一次；用10%氯化钠50～100毫升，10%氧化钙10毫升，5%葡萄糖生理盐水150～300毫升，混合静脉注射；瓣胃软化后，皮下注射0.1%氨甲酰胆碱0.2～0.3毫升
急性瘤胃臌气	采食过量易发酵饲料	病羊表现不安，回顾腹部，拱背伸腰，肷窝突起，有时肷窝向外突出高于髋节或背中线，反刍和嗳气停止，触诊腹部紧张性增加，叩诊呈鼓音，听诊瘤胃蠕动音减弱，黏膜发绀，心律增快，呼吸困难，严重者张口呼吸，步态不稳，如不及时治疗，迅速发生窒息或心脏麻痹而死亡	防治：瘤胃穿刺放气；放气后，用鱼石脂5～8克，松节油10～11毫升，酒精15～20毫升，混合加水适量，一次内服；食醋50毫升，植物油100毫升，加水适量，一次灌服
前胃弛缓	粗硬难消化饲料	急性：食欲废绝，反刍停止，瘤胃蠕动减弱或停止；瘤胃内容物腐败发酵，产生多量气体，左腹增大，叩触不坚实 慢性：精神沉郁，倦怠无力，喜卧地；被毛粗乱；体温、呼吸、脉搏无变化，食欲减退，反刍缓慢，瘤胃蠕动力减弱，次数减少	治疗：饥饿疗法或禁食2～3次，然后供给易消化的饲料；成年羊用硫酸镁20～30克或人工盐20～30克，石蜡油100～200毫升，番木鳖酊2毫升，大黄酊10毫升，加水500毫升，一次灌服；10%氯化钠20毫升，生理盐水100毫升，10%氯化钙10毫升，混合后一次静脉注射
羊快疫	腐败梭病	见以突然死亡为特征的羊病	见以突然死亡为特征的羊病
羊肠毒血症	D型魏氏梭菌	见以突然死亡为特征的羊病	见以突然死亡为特征的羊病

（八）以口唇异常为特征的羊病

病名	病因病原	主 要 特 点	防 治
口蹄疫	口蹄疫病毒	本病以口腔和蹄部皮肤发生水疱和溃烂为特征，病羊体温升高，精神不振，食欲下降；病变皮肤出现红斑，很快形成丘疹，少数形成脓疱，然后结痂，痂皮逐渐增厚、干燥、呈疣状，最后痂皮脱落而痊愈	防治：定期给羊注射口蹄疫疫苗；引进种羊时应严格检疫，隔离观察；病羊无特效药治疗，应就地扑杀
羊传染性脓疱	传染性脓疱病毒	唇型先在口角和上唇发生散在的小红斑点，很快形成高粱粒大小的小结节，继而形成水疱和脓疱，破溃后形成黑褐色硬痂，严重病例，丘疹、脓疱、痂垢互相融合，波及整个口唇周围及颜面部，形成具有龟裂、易出血的污秽痂垢；蹄型是在蹄叉、蹄冠或系部皮肤形成水疱和脓疱，破裂后形成由脓覆盖的溃疡，病羊跛行；外阴型是在阴唇附近皮肤、乳房、阴囊、脐部等处见脓疱、溃疡、烂斑和痂垢	预防：流行区进行疫苗接种；严格检疫 治疗：先用 0.1%高锰酸钾液或 5%硼酸液洗患部，然后用 5%碘甘油或 5%土霉素呋喃西林软膏涂抹患部，每天 1～2 次
口炎	外伤、营养不良	口腔黏膜表层或深层发炎，表现口腔黏膜充血、肿胀、出血和溃疡（主要在齿龈和舌根），甚至糜烂，口腔温度增高，有腐败臭味，病羊疼痛、流涎，采食障碍，日渐消瘦	治疗：3%硼酸水、0.1%高锰酸钾水冲洗口腔；用碘甘油或龙胆紫抹患部，每天 3～4 次；用冰硼散（冰片 3 克，硼砂 9 克，青黛 12 克，研细）2～3 克，吹入羊口腔内每天 2 次
坏死杆菌病	坏死杆菌	常侵害蹄部，引起腐蹄病，初呈跛行，多为一肢患病，蹄间隙、蹄踵和蹄冠开始红、肿、热、痛，而后溃烂，挤压肿烂部有发臭的脓样液体流出，严重时可波及腱、韧带和关节，有时蹄匣脱落；绵羊羔可发生唇疮，在鼻、唇、眼部，甚至口腔发生小结节和水疱，随后成棕色痂块	治疗：首先清除羊腐蹄坏死组织，用食醋、3%来苏儿或 1%高锰酸钾液冲洗，然后用抗生素软膏涂抹，患部绷带包扎；可用磺胺嘧啶、土霉素全身治疗

病名	病因病原	主 要 特 点	防 治
羊痘	痘病毒	病羊初期体温升高至 40～42℃，精神沉郁，食欲减退或废绝，眼结膜潮红、流泪，1～4 天后，在皮肤无毛或少毛处，如眼周围、唇、鼻翼、颊、四肢和尾的内面、阴唇、乳房、阴囊及包皮上出现圆形红色斑疹，几天后，形成褐色痂皮	预防：每年春、秋定期注射羊痘疫苗，每只 5 毫升，皮下注射　治疗：用碘酊或紫药水涂抹皮肤上的痘疹；用 0.1％高锰酸钾水冲洗黏膜上的病灶后，再涂碘甘油或紫药水

参考文献

白移生 . 1996. 硝氯酚驱除绵羊双腔吸虫疗效试验〔J〕. 畜牧兽医杂志，15
　（1）：35 - 36.

陈济生 . 1997. 鲁西有角高腿小尾寒羊的饲养〔M〕. 北京：中国建材工业
　出版社 .

郭玉红，王俊东，梁占学，等 . 2002. 高氟低营养对山羊牙齿发育影响的扫
　描电镜研究〔J〕. 中国兽医学报，22（2），181 - 183.

胡振英，罗超应，尚若峰 . 2004. 国产克洛素隆驱除山羊肝片吸虫的临床试
　验〔J〕. 动物医学进展，25（2）：117 - 119.

李福刚 . 2002. 羔羊败血性大肠杆菌病的诊断和防治〔J〕. 畜牧兽医杂志，
　21（1）：43 - 44.

李宏全，郑明学，梁占学 . 2004. 门诊兽医手册〔M〕. 北京：中国农业出
　版社 .

林德贵 . 2003. 家畜外科手术学〔M〕. 第 4 版 . 北京：中国农业出版社 .

刘家伦 . 2003. 羊附红细胞体病的防治〔J〕. 养殖与饲料（9）：35 - 36.

刘月琴，张英杰 . 2003. 羊附红细胞体病的诊治〔J〕. 河北畜牧兽医，19
　（9）：42 - 43.

罗才文，钟细苟，龚冬尧 . 2003. 山羊传染性胸膜肺炎的诊断与防治〔J〕.
　中国兽医科技，33（10）：73 - 74.

祁文珍，胡义，杨什布加 . 2000. 丙硫苯咪唑缓释药弹驱除绵羊消化道线虫
　及肺线虫效果试验〔J〕. 中国草食动物，22（5）：51.

秦建华，杨鹏华，刘占民，等 . 2004. 舍饲小尾寒羊附红细胞体病的流行病
　学调查〔J〕. 河北农业大学学报，27（1）：86 - 88.

秦云 . 1995. 羊衣原体性流产〔J〕. 中国兽医杂志，21（5）：38 - 40.

孙书华，蒋正军.1996.用聚合酶链反应检测山羊关节炎脑炎及梅迪—维斯纳病毒［M］.中国动物检疫，13（4）：10-11.

孙维东.1994.我国牛羊阔盘吸虫病的防治［J］.中国兽医科技，24（5）：44-45.

田广浮，贾万忠，张克益.1991.杀绵羊细粒棘球蚴包囊原头蚴的药物筛选［J］.中国兽医科技，21（8）：9-12.

王洪斌.2002.家畜外科学［M］.第4版.北京：中国农业出版社.

王建辰.2001.羊病学［M］.北京：中国农业出版社.

王建华.2001.家畜内科学［M］.第3版.北京：中国农业出版社.

王俊东，董希德，梁占学.2001.畜禽营养代谢和中毒病［M］.北京：中国林业出版社.

王俊东，郭玉红，梁占学，等.2001.山羊氟中毒牙齿脱钙牙基质的病理组织学研究［J］.畜牧兽医学报，32（5）：476-479.

王俊东，郭玉红，梁占学，等.2002.高氟低蛋白对放牧山羊牙基质发育的影响［J］.中国农业科学，35（7）：836-838.

王梅芝，杨富业.2004.羊传染性胸膜肺炎的综合防制研究［J］.甘肃畜牧兽医（1）：20-22.

王水明，张常印.1996.土拉杆菌病［J］.动植物检疫（1）：32-34.

吴金花，包而华，韩英慧，等.2003.绵羊前后盘吸虫病的检疫及治疗试验［J］.内蒙古民族大学学报，自然科学版，18（2）：132-133.

岳文斌，孙效彪，郑明学，等.2001.羊场疾病控制与净化［M］.北京：中国农业出版社.

岳文斌.2000.现代养羊［M］.北京：中国农业出版社.

张书杰，于金玲，田丽丽.2004.羔羊大肠杆菌病的防治［J］.辽宁畜牧兽医（2）：22-23.

赵兴绪.2002.兽医产科学［M］.第3版.北京：中国农业出版社.

郑明学，孔小明，高作信，等.1993.山羊小花棘豆中毒的病理学研究［J］.畜牧兽医学报，24（4）：380-384.

郑明学，孔小明，刘凤翔，等.1993.山羊小花棘豆中毒羊乳对羔羊影响的病理学试验［J］.中国兽医科技，23（5）：25-26.

郑明学，仝富强，刘红霞.2001.口蹄疫的检测方法研究进展与疫苗［J］.畜禽业（12）：18-19.

钟奇兴，黄雄，姚家康 . 2003. 山羊传染性胸膜肺炎的诊治效果观察 [J] .
中国草食动物，23（1）：42－43.

周学章 . 1993. 绵羊梅迪（Maedi）和维斯纳（Visna）病 [J] . 中国养羊，
13（3）：43－44.

朱士盛，马洪超 . 1990. 土拉杆菌病 [J] . 动物检疫（3）：26－30.

Jundong Wang Yuhong Guo Zhan xue Liang et al. 2003. A study of Amino
Acid Composition and Histopathology of Goat Tooth in Industrial Fluoride
Pollution Area [J] . Fluoride，36（3）：177－184.

图书在版编目（CIP）数据

现代羊场兽医手册/任和平主编．—2版．—北京：
中国农业出版社，2013.12
（最受养殖户欢迎的精品图书）
ISBN 978-7-109-18796-2

Ⅰ．①现…　Ⅱ．①任…　Ⅲ．①羊病－兽医学　Ⅳ．
①S858.26

中国版本图书馆 CIP 数据核字（2013）第 321189 号

中国农业出版社出版
（北京市朝阳区麦子店街 18 号楼）
（邮政编码 100125）
责任编辑　张艳晶　郭永立　黄向阳

中国农业出版社印刷厂印刷　　新华书店北京发行所发行
2014 年 8 月第 2 版　　2014 年 8 月第 2 版北京第 1 次印刷

开本：850mm×1168mm 1/32　　印张：12.75
字数：320 千字
定价：26.00 元
（凡本版图书出现印刷、装订错误，请向出版社发行部调换）